特征值计算与应用

李大明　著

上海交通大學出版社
SHANGHAI JIAO TONG UNIVERSITY PRESS

内容简介

特征值理论与计算是科学计算的核心内容，在各学科中有广泛应用，建立这些理论与计算及其在其他学科的应用是本书的主要目标。本书主要内容包括矩阵特征值理论和数值计算，以及与特征值计算相关的应用如动力学模式分解和库普曼分析、逆散射变换、量子逆散射变换、张量网络、神经网络量子态和量子算法。本书的每个应用都给出理论推导、计算过程，指导性强。本书可作为数学、量子物理、量子化学相关专业高年级本科生、研究生教材，对于学生选题具有很好的指导作用。

图书在版编目（CIP）数据

特征值计算与应用 / 李大明著. — 上海：上海交通大学出版社，2024.6

ISBN 978-7-313-30552-7

Ⅰ.①特… Ⅱ.①李… Ⅲ.①特征值问题－研究 Ⅳ.①O175.9

中国国家版本馆CIP数据核字（2024）第068990号

特征值计算与应用

TEZHENG ZHI JISUAN YU YINGYONG

著　　者：李大明

出版发行：上海交通大学出版社　　地　　址：上海市番禺路951号

邮政编码：200030　　电　　话：021-64071208

印　　制：浙江天地海印刷有限公司　　经　　销：全国新华书店

开　　本：710mm × 1000mm　1/16　　印　　张：12

字　　数：235千字

版　　次：2024年6月第1版　　印　　次：2024年6月第1次印刷

书　　号：ISBN 978-7-313-30552-7

定　　价：49.00元

前　言

特征值理论和相关计算在自然科学领域中有广泛应用。复矩阵特征值相关理论包括谱分解、奇异值分解、舒尔分解、特征值和特征向量的稳定性等。豪斯霍尔德变换、复吉文斯变换和格拉姆-施密特正交化都可以实现正交化和酉相似变换，这些工具为矩阵的特征值计算提供基础。幂法求解按模最大特征值，QR算法求解稠密矩阵的所有特征值，它们都是子空间迭代的特例。对于厄米矩阵的特征值计算有两种方法。①直接用 QR 算法：即经过酉相似变换变为实对称矩阵，再对实对称矩阵用 QR 算法；②兰乔斯算法：构造 Krylov 子空间，把厄米矩阵投影到该子空间得到维数较低的厄米矩阵，用该矩阵的特征值逼近原矩阵的特征值。奇异值分解利用了厄米矩阵的 QR 算法的思想。瑞利-里茨投影方法、阿诺德迭代和雅可比-戴维森算法都采用子空间（特别是 Krylov 子空间）的思想。

动力学模式分解（DMD）是一种数据驱动的算法，最初来自流体动力学领域，后来也用于工程、生物和物理等领域。它的目的是根据测量数据重构系统的非线性动力学。通过测量数据构造一个矩阵，DMD 算法与该矩阵的特征值、奇异值有关。非线性动力学往往用常微分方程或离散动力系统描述，传统方法是直接对系统自由度（状态变量）进行描述，研究它在状态空间中的行为，动力学的非线性往往导致理论分析很难。库普曼分析从另一角度研究非线性动力学，它把状态提升到（无穷维、线性的）库普曼算符，再分析该算符的性质，将有限维状态空间中的非线性动力学转化为无穷维线性算符的研究，在维数上截断提供了与 DMD 密切相关的计算方法。

逆散射变换在工程领域称为非线性傅里叶变换。在数学物理领域，它是一种古典可积系统的求解工具。首先，获得可积系统的散射数据（称为散射变换），散射变换需要求解直接散射问题，它讨论了在势函数下的特征函数（Jost 函数），依赖于任意谱参数（特征值）。其次，对散射数据在时间方向演化，这一步计算非常简单。最后，对演化后的散射数据重构（称为逆散射变换）得到原可积系统的随时间演化的解。逆散射变换可解析求解很多古典可积系统，如薛定谔方程等。

量子场论模型往往需要求解哈密顿算符的特征值和特征函数，实际上，哈密顿算符和其他算符（如动量算符、粒子数算符）可交换，构造这些算符的公共特征态，相应的特征值对应于能量、动量和粒子数。如此构造后把问题转化为粒子数固定的量子力学问题。对于简单系统，该量子力学问题可解析处理，比如在周期边界条件下，问题可归结为代数贝特方程的求解。这些技巧推广到代数贝特方法。除了能量、动量和粒子数，可积系统的一个主要特点就是有无限多的其他守恒量。为了求出这些守恒量，引入单值延拓(monodromy)矩阵，它的迹(τ 函数)用于生成所有守恒量。这些量都是守恒量的原因在于存在古典 $\boldsymbol{r}$ 矩阵，它满足古典杨-巴克斯特方程。古典可积系统量子化后得到量子可积系统，古典 $\boldsymbol{r}$ 矩阵被 $\boldsymbol{R}$ 矩阵替换，单值延拓矩阵中的元素都是算符，从 τ 函数可生成所有守恒量算符。$\boldsymbol{R}$ 矩阵满足著名的杨-巴克斯特方程。

在凝聚态物理和格子规范理论模型中，常常碰到符号问题，传统的蒙特卡罗方法会失效。如何对这些问题求解是计算物理的研究热点。本书的第 7、8、9 章提供了三种方法，在数学上统称为变分方法，它们都可以计算哈密顿算符的基态能(最小特征值)。张量网络可以构造复杂的波函数，最简单的情形是矩阵乘积态。任何一种张量网络精确表示波函数都会引起指数灾难，所以在维数上进行截断才使得大规模计算成为可能。幸运的是，物理上感兴趣的基态、激发态等具有较低的缠绕熵，在维数上截断不会产生很大误差。在张量网络方法中，密度矩阵重整化群(DMRG)算法是最早出现的一种方法，它是基于矩阵乘积态的一种变分方法。该算法每步迭代都涉及矩阵的奇异值分解。目前，基于矩阵乘积态的算法可求解基态、激发态和实时间演化等。矩阵乘积态也被推广到连续矩阵乘积态，用于求解连续场模型，如 Lieb-Liniger 模型等。

在量子物理领域，机器学习技巧已经得到广泛运用。神经网络量子态(NQS)用于描述量子多体体系的波函数，利用变分方法研究多体体系的基态、激发态和其他量子现象。波函数依赖于神经网络量子态中的参数，对参数进行优化使目标函数达到最小。对于基态求解问题，目标函数是哈密顿算符在波函数下的均值，与张量网络方法不同，这里每步参数更新都要计算平均量，它往往通过取样实现。

量子变分方法是把量子算法和变分方法相结合，波函数通过量子电路实现，变分方法用于更新量子电路中的参数，这通过经典算法(如最速下降法)实现。除了哈密顿算符的基态求解，量子变分方法还用于多种问题的求解。随着未来通用量子计算机的普及，量子电路方法必定会得到极大发展。

本书的出版得到上海市科技创新行动计划项目(基金号:22JC1401500)资助，谨致谢忱！

鉴于编者水平所限，本书存在的不足之处，欢迎广大读者提出宝贵的批评和建议。

目　录

第1章 数学基础

本章讨论与矩阵特征值相关的数学理论。1.1 节给出矩阵的一些基本概念，1.2 节和 1.3 节给出矩阵的谱分解和其他分解，1.4 节和 1.5 节分别讨论特征值的稳定性和特征向量的稳定性。关于非厄米矩阵的应用可参考文献[1]。

1.1 基本概念

设 $\boldsymbol{A}\in\mathbb{C}^{n\times n}$ 为 n 阶复矩阵。若存在非零向量 $\boldsymbol{x}\in\mathbb{C}^{n}$，且有 $\lambda\in\mathbb{C}$ 并满足 $\boldsymbol{Ax}=\lambda\boldsymbol{x}$，则称 λ 为 $\boldsymbol{A}$ 的特征值，$\boldsymbol{x}$ 为 $\boldsymbol{A}$ 属于 λ 的(右)特征向量。λ 是 $\boldsymbol{A}$ 的特征值的充要条件为 $\det(\lambda\boldsymbol{I}-\boldsymbol{A})=0$，称 $p_{\boldsymbol{A}}(\lambda)\equiv\det(\lambda\boldsymbol{I}-\boldsymbol{A})$ 为 $\boldsymbol{A}$ 的特征多项式，它可表示为

$$p_{\boldsymbol{A}}(\lambda)=\prod_{j=1}^{J}(\lambda-\lambda_j)^{m_j^{\mathrm{a}}} \tag{1-1}$$

其中，$j\neq j'$，$\lambda_j\neq\lambda_{j'}$，即 $\boldsymbol{A}$ 有 J 个不同的特征值。正整数 m_j^{a} 称为特征值 λ_j 的代数重数(algebraic multiplicity)，满足 $\sum\limits_{j=1}^{J}m_j^{\mathrm{a}}=n$。$\boldsymbol{A}$ 的谱 $\Lambda(\boldsymbol{A})$ 为

$$\Lambda(\boldsymbol{A})\equiv\bigcup_{j=1}^{J}\{\lambda_j\}^{\cup m_j^{\mathrm{a}}} \tag{1-2}$$

当 $\boldsymbol{A}$ 为厄米矩阵($\boldsymbol{A}^{\dagger}=\boldsymbol{A}$)时，$\boldsymbol{A}$ 的所有特征值都是实数。我们用 †、T 和 * 分别表示矩阵的共轭转置、转置和共轭。$\boldsymbol{A}$ 的谱半径定义为

$$\rho(\boldsymbol{A})\equiv\max_{1\leqslant j\leqslant J}|\lambda_j| \tag{1-3}$$

满足下式：

$$\rho(\boldsymbol{A})=\lim_{k\to\infty}\|\boldsymbol{A}^k\|^{\frac{1}{k}}\leqslant\|\boldsymbol{A}\| \tag{1-4}$$

其中，$\|\boldsymbol{A}\|$ 为矩阵 $\boldsymbol{A}$ 的任意算子范数。比如，矩阵 $\boldsymbol{A}$ 的 2 范数为 $\|\boldsymbol{A}\|_2$。为了记号简单，用 $\|\boldsymbol{A}\|$ 表示矩阵的 2 范数。

$\boldsymbol{A}$ 的特征值 λ_j 对应的特征向量构成特征子空间：

$$\mathrm{Ker}(\boldsymbol{A}-\lambda_j\boldsymbol{I}_n)\equiv\mathrm{span}\{\boldsymbol{v}_j:\boldsymbol{Av}_j=\lambda_j\boldsymbol{v}_j,\boldsymbol{v}_j\in\mathbb{C}^n\} \tag{1-5}$$

它的维数 m_j^{g} 称为 λ_j 的几何重数。

定理 1.1 设 λ_j 为 n 阶复矩阵 $\boldsymbol{A}$ 的一个特征值，则 λ_j 的几何重数不超过它的代数重数，即

$$m_j^{\mathrm{g}}\leqslant m_j^{\mathrm{a}} \tag{1-6}$$

证明：与 λ_j 对应的特征向量 $\{\boldsymbol{v}_k\}_{k=1}^{m_j^{\mathrm{g}}}$ 经过单位正交化后还是 λ_j 对应的特征

向量,故不妨设$\{\boldsymbol{v}_k\}_{k=1}^{m_j^g}$是单位正交化的特征向量,$\boldsymbol{A}\boldsymbol{v}_k=\lambda_j\boldsymbol{v}_k$,$k=1,\cdots,m_j^g$。令$\boldsymbol{V}\in\mathbb{C}^{n\times n}$的前$m_j^g$列分别为$\boldsymbol{v}_1,\cdots,\boldsymbol{v}_{m_j^g}$,后$n-m_j^g$列是互相正交的单位向量,并且它们都与前$m_j^g$列正交。故$\boldsymbol{V}$为$n$阶酉矩阵:$\boldsymbol{V}^\dagger\boldsymbol{V}=\boldsymbol{I}_n$。根据$\boldsymbol{V}$的定义,存在$n$阶复矩阵$\boldsymbol{D}$使得$\boldsymbol{AV}=\boldsymbol{VD}$,其中,$\boldsymbol{D}=\begin{pmatrix}\lambda_j\boldsymbol{I}_{m_j^g} & \boldsymbol{D}_{12}\\ \boldsymbol{0} & \boldsymbol{D}_{22}\end{pmatrix}$,$\boldsymbol{I}_{m_j^g}$为$m_j^g$阶单位矩阵。由于$\boldsymbol{A}$和$\boldsymbol{D}$酉相似,故$\boldsymbol{A}$和$\boldsymbol{D}$的特征多项式相同。$\boldsymbol{D}$的特征多项式包含因子$(\lambda-\lambda_j)^{m_j^g}$,故$\boldsymbol{A}$的特征多项式也包含该因子,从而$m_j^g\leqslant m_j^a$,证毕。

当$\boldsymbol{A}$为厄米矩阵时,$m_j^g=m_j^a$。设$\boldsymbol{v}$是和λ_j对应的特征向量,令$\boldsymbol{P}=\boldsymbol{vv}^\dagger$,从厄米矩阵$\boldsymbol{A}$可知$\boldsymbol{PA}=\boldsymbol{AP}=\lambda_j\boldsymbol{P}$,从而$\boldsymbol{A}$可分解为

$$\boldsymbol{A}=\lambda_j\boldsymbol{P}+(\boldsymbol{I}-\boldsymbol{P})\boldsymbol{A}(\boldsymbol{I}-\boldsymbol{P}) \tag{1-7}$$

其中,$(\boldsymbol{I}-\boldsymbol{P})\boldsymbol{A}(\boldsymbol{I}-\boldsymbol{P})$的特征多项式为$\lambda(\lambda-\lambda_j)^{-1}p_{\boldsymbol{A}}(\lambda)$,即$\boldsymbol{A}$的特征多项式中的因子$\lambda-\lambda_j$被$\lambda$替换。若$m_j^a>1$,可重复上述过程直到特征多项式不再含有零点$\lambda_j$。故可以找到$m_j^a$个正交向量,它们构成了$\lambda_j$的特征子空间的标准正交基,从而有$m_j^g=m_j^a$。

当$\boldsymbol{A}$不是厄米矩阵时,m_j^g有可能小于m_j^a。比如,不可对角化矩阵$\boldsymbol{A}=\begin{pmatrix}\lambda & 1\\ 0 & \lambda\end{pmatrix}$的特征值$\lambda$的代数重数为2,$\lambda$对应的特征子空间只由特征向量$(1,0)^{\mathrm{T}}$组成,它的几何重数为1。

相似变换不改变矩阵的特征值,矩阵经过相似变换后的最简形式为若尔当标准型。

1.2 谱分解

定理 1.2 设$\boldsymbol{A}\in\mathbb{C}^{n\times n}$,存在可逆矩阵$\boldsymbol{V}\in\mathbb{C}^{n\times n}$使得$\boldsymbol{A}$相似于它的若尔当标准型

$$\boldsymbol{A}=\boldsymbol{V}\left[\bigoplus_{j=1}^{J}\bigoplus_{\alpha=1}^{m_j^g}\boldsymbol{J}_{n_{j\alpha}}(\lambda_j)\right]\boldsymbol{V}^{-1} \tag{1-8}$$

这里m_j^a和m_j^g分别是特征值λ_j的代数重数和几何重数。$\boldsymbol{J}_m(\lambda_j)\in\mathbb{C}^{m\times m}$是特征值为$\lambda_j$的若尔当块:

$$\boldsymbol{J}_m(\lambda_j)\equiv\begin{bmatrix}\lambda_j & 1 & 0 & \cdots & 0 & 0\\ 0 & \lambda_j & 1 & \cdots & 0 & 0\\ 0 & 0 & \lambda_j & \cdots & 0 & 0\\ \vdots & \vdots & \vdots & \ddots & \vdots & \vdots\\ 0 & 0 & 0 & \cdots & \lambda_j & 1\\ 0 & 0 & 0 & \cdots & 0 & \lambda_j\end{bmatrix}_{m\times m} \tag{1-9}$$

第j个特征值λ_j的第α个若尔当块$\boldsymbol{J}_{n_{j\alpha}}(\lambda_j)$的阶数为$n_{j\alpha}$,它满足下式:

$$\sum_{\alpha=1}^{m_j^{\mathrm{g}}} n_{j\alpha}=m_j^{\mathrm{a}},\quad j=1,2,\cdots,J \tag{1-10}$$

把若尔当块分为对角部分和非对角部分之和：

$$\boldsymbol{J}_{n_{j\alpha}}(\lambda_j)=\lambda_j\boldsymbol{I}_{n_{j\alpha}}+\boldsymbol{J}_{n_{j\alpha}} \tag{1-11}$$

$[\boldsymbol{I}_{n_{j\alpha}}]_{ab}=\delta_{ab}$称为单位矩阵，$[\boldsymbol{J}_{n_{j\alpha}}]_{ab}=\delta_{a,b-1}$，$a,b=1,2,\cdots,n_{j\alpha}$。从式(1-8)得到谱分解：

$$\mathbf{A}=\mathbf{D}+\mathbf{N} \tag{1-12}$$

其中，

$$\boldsymbol{D}=\sum_{j=1}^{J}\sum_{\alpha=1}^{m_j^{\mathrm{g}}}\lambda_j\boldsymbol{P}_{j\alpha},\quad \mathbf{N}=\sum_{j=1}^{J}\sum_{\alpha=1}^{m_j^{\mathrm{g}}}\mathbf{N}_{j\alpha} \tag{1-13}$$

$\boldsymbol{P}_{j\alpha}$是秩为$n_{j\alpha}$的投影矩阵：

$$\boldsymbol{P}_{j\alpha}=\mathbf{V}\boldsymbol{I}_{j\alpha}\mathbf{V}^{-1},\quad \boldsymbol{I}_{j\alpha}\equiv\bigoplus_{j'=1}^{J}\bigoplus_{\alpha'=1}^{m_{j'}^{\mathrm{g}}}\delta_{j'j}\delta_{\alpha'\alpha}\boldsymbol{I}_{n_{j'\alpha'}} \tag{1-14}$$

n 阶对角矩阵$\boldsymbol{I}_{j\alpha}$通过如下方式得到。与第 j 个特征值、第 α 个若尔当块对应的对角部分都为 1，其他对角部分全为 0。虽然$\boldsymbol{P}_{j\alpha}$不是厄米矩阵，但是它们是正交和完备的：

$$\boldsymbol{P}_{j\alpha}\boldsymbol{P}_{j'\alpha'}=\delta_{j'j}\delta_{\alpha'\alpha}\boldsymbol{P}_{j\alpha},\quad \sum_{j=1}^{J}\sum_{\alpha=1}^{m_j^{\mathrm{g}}}\boldsymbol{P}_{j\alpha}=\boldsymbol{I}_n \tag{1-15}$$

若 $n_{j\alpha}=1$，$\mathbf{N}_{j\alpha}=0$，则 n 阶矩阵 $\mathbf{N}_{j\alpha}$为

$$\mathbf{N}_{j\alpha}=\mathbf{V}\boldsymbol{J}_{j\alpha}\mathbf{V}^{-1},\quad \boldsymbol{J}_{j\alpha}\equiv\bigoplus_{j'=1}^{J}\bigoplus_{\alpha'=1}^{m_{j'}^{\mathrm{g}}}\delta_{j'j}\delta_{\alpha'\alpha}\boldsymbol{J}_{n_{j'\alpha'}} \tag{1-16}$$

$\mathbf{N}_{j\alpha}$是幂零的(nilpotent)：

$$\mathbf{N}_{j\alpha}^{n_{j\alpha}-1}\neq\mathbf{0},\quad \mathbf{N}_{j\alpha}^{n_{j\alpha}}=\mathbf{0} \tag{1-17}$$

并且满足下式：

$$\mathbf{N}_{j\alpha}\mathbf{N}_{j'\alpha'}=\delta_{j'j}\delta_{\alpha'\alpha}\mathbf{N}_{j\alpha}^2,\quad \boldsymbol{P}_{j'\alpha'}\mathbf{N}_{j\alpha}=\mathbf{N}_{j\alpha}\boldsymbol{P}_{j'\alpha'}=\delta_{j'j}\delta_{\alpha'\alpha}\mathbf{N}_{j\alpha} \tag{1-18}$$

若式(1.12)中 $\mathbf{N}=\mathbf{0}$，称 $\mathbf{A}$ 是可对角化的(diagonalizable)。显然，矩阵 $\mathbf{A}$ 可对角化的充要条件为 $n_{j\alpha}=1,j=1,\cdots,J,\alpha=1,\cdots,m_j^{\mathrm{g}}$。这也等价于 $m_j^{\mathrm{g}}=m_j^{\mathrm{a}}$，$j=1,\cdots,J$。厄米矩阵是可对角化的。

矩阵的谱分解可用于定义矩阵函数。设 $f(z)$在 $D\subset\mathbb{C}$ 中解析，它在 $z_0\in D$ 处的泰勒展开为 $f(z)=\sum\limits_{l=0}^{\infty}c_l(z-z_0)^l$，$z\in D$。不妨取 $z_0=0$，否则考虑 $f(z-z_0)$ 和矩阵 $\mathbf{A}+z_0\boldsymbol{I}$。

定理 1.3　$f(\mathbf{A})\equiv\sum\limits_{l=0}^{\infty}c_l\mathbf{A}^l$可表示为

$$f(\boldsymbol{A})=\sum_{j=1}^{J}\left[f(\lambda_j)\boldsymbol{P}_j+\sum_{\alpha=1}^{m_j^{\mathrm{g}}}\sum_{p=1}^{n_{j\alpha}-1}\frac{1}{p!}f^{(p)}(\lambda_j)\boldsymbol{N}_{j\alpha}^{p}\right] \tag{1-19}$$

其中，$\boldsymbol{P}_j\equiv\sum_{\alpha=1}^{m_j^{\mathrm{g}}}\boldsymbol{P}_{j\alpha}$，$f^{(p)}$ 是 f 的 p 阶导数。

证明：根据 $f(\boldsymbol{A})$ 的定义和 $\boldsymbol{A}$ 的谱分解式(1－12)，可得

$$\begin{aligned}f(\boldsymbol{A})&\equiv\sum_{l=0}^{\infty}c_l\boldsymbol{A}^l=\sum_{l=0}^{\infty}c_l\left[\sum_{j=1}^{J}\sum_{\alpha=1}^{m_j^{\mathrm{g}}}(\lambda_j\boldsymbol{P}_{j\alpha}+\boldsymbol{N}_{j\alpha})\right]^l=\sum_{l=0}^{\infty}\sum_{j=1}^{J}\sum_{\alpha=1}^{m_j^{\mathrm{g}}}c_l(\lambda_j\boldsymbol{P}_{j\alpha}+\boldsymbol{N}_{j\alpha})^l\\&=\sum_{j=1}^{J}\sum_{\alpha=1}^{m_j^{\mathrm{g}}}\sum_{l=0}^{\infty}\sum_{p=0}^{l}\frac{l!c_l}{p!(l-p)!}\lambda_j^{l-p}\boldsymbol{P}_{j\alpha}^{l-p}\boldsymbol{N}_{j\alpha}^{p}\\&=\sum_{l=0}^{\infty}\sum_{j=1}^{J}\sum_{\alpha=1}^{m_j^{\mathrm{g}}}\left[c_l\lambda_j^l\boldsymbol{P}_{j\alpha}+\sum_{p=1}^{l}\frac{l!c_l}{p!(l-p)!}\lambda_j^{l-p}\boldsymbol{N}_{j\alpha}^{p}\right]\end{aligned} \tag{1-20}$$

这里式(1－20)最后等式用到了式(1－15)和式(1－18)，式(1－20)中最后等式用到了 $\boldsymbol{P}_{j\alpha}^2=\boldsymbol{P}_{j\alpha}$。把 $f^{(p)}(z)=\sum_{l=p}^{\infty}\frac{l!c_l}{(l-p)!}z^{l-p}$ 和

$$\sum_{l=1}^{\infty}\sum_{p=1}^{l}\frac{l!c_l}{p!(l-p)!}\lambda_j^{l-p}\boldsymbol{N}_{j\alpha}^{p}=\sum_{p=1}^{\infty}\frac{\boldsymbol{N}_{j\alpha}^{p}}{p!}\sum_{l=p}^{\infty}\frac{l!c_l}{(l-p)!}\lambda_j^{l-p}=\sum_{p=1}^{\infty}\frac{\boldsymbol{N}_{j\alpha}^{p}}{p!}f^{(p)}(\lambda_j) \tag{1-21}$$

代入式(1－20)得到证明。

当 $\boldsymbol{A}$ 可对角化时，从上述定理得到

$$\boldsymbol{f}(\boldsymbol{A})=\sum_{j=1}^{J}f(\lambda_j)\boldsymbol{P}_j \tag{1-22}$$

对于任意 $\boldsymbol{A}\in\mathbb{C}^{n\times n}$，矩阵 $\boldsymbol{f}(\boldsymbol{A})$ 的迹为

$$\mathrm{tr}[f(\boldsymbol{A})]=\sum_{j=1}^{J}m_j^{\mathrm{a}}f(\lambda_j) \tag{1-23}$$

若 $f(z)=\mathrm{e}^{zt}$，则

$$\boldsymbol{f}(\boldsymbol{A})=\mathrm{e}^{\boldsymbol{A}t}=\sum_{j=1}^{J}\mathrm{e}^{\lambda_j t}\left(\boldsymbol{P}_j+\sum_{\alpha=1}^{m_j^{\mathrm{g}}}\sum_{p=1}^{n_{j\alpha}-1}\frac{t^p}{p!}\boldsymbol{N}_{j\alpha}^{p}\right) \tag{1-24}$$

1.3 奇异值分解、极分解和舒尔分解

矩阵的谱分解简化了矩阵的代数运算，特别地，它定义了矩阵函数。我们也可以从几何角度理解矩阵分解。把它看成旋转和收缩的几何操作，这就是矩阵的奇异值分解。

定理 1.4 任意复矩阵 $\boldsymbol{A}\in\mathbb{C}^{m\times n}$ 都可以分解为

$$\boldsymbol{A}=\boldsymbol{U\Sigma V}^{\dagger} \tag{1-25}$$

其中，$\boldsymbol{U}$ 和 $\boldsymbol{V}$ 分别为 m 阶和 n 阶酉矩阵，$\boldsymbol{\Sigma}$ 为 $m\times n$ 阶对角矩阵：

$$\boldsymbol{\Sigma}=\begin{pmatrix}\sigma_1 & & & & & & \\ & \sigma_2 & & & & & \\ & & \ddots & & & & \\ & & & \sigma_r & & & \\ & & & & 0 & & \\ & & & & & \ddots & \\ & & & & & & 0\end{pmatrix} \tag{1-26}$$

其中，$\sigma_i>0$，$1\leqslant i\leqslant r$，$r\leqslant\min\{m,n\}$。

式(1-25)称为 $\boldsymbol{A}$ 的奇异值分解，σ_1、σ_2、…、σ_r 称为 $\boldsymbol{A}$ 的奇异值。$\boldsymbol{V}$ 的第 i 列 $\boldsymbol{v}_i$ 称为 $\boldsymbol{A}$ 属于 σ_i 的一个单位右奇异向量，$\boldsymbol{U}$ 的第 i 列 $\boldsymbol{u}_i$ 称为 $\boldsymbol{A}$ 属于 σ_i 的一个单位左奇异向量。奇异值由 $\boldsymbol{A}$ 唯一确定，但每个奇异值 σ_i 对应的奇异向量一般不是唯一确定的。仅当 σ_i^2 是 $\boldsymbol{A}^\dagger\boldsymbol{A}$ 的简单特征值时才唯一(除了相差一个单位复数因子处)。当 σ_i^2 是 $\boldsymbol{A}^\dagger\boldsymbol{A}$ 的重特征值时，单位右奇异向量可以取为相应特征子空间中的任意一个单位向量。当右奇异特征向量确定后，左奇异特征向量也确定了，反之亦然。

定理 1.5　设 $\boldsymbol{A}=\boldsymbol{U\Sigma V}^\dagger$ 为 $\boldsymbol{A}$ 的奇异值分解，则

(1) $\boldsymbol{A}$ 的秩为 r，即奇异值的个数。

(2) $\{\boldsymbol{v}_i\}_{i=r+1}^n$ 为 $\boldsymbol{A}$ 的零空间的标准正交基。

(3) $\{\boldsymbol{u}_i\}_{i=1}^r$ 为 $\boldsymbol{A}$ 的值域的标准正交基。

(4) $\boldsymbol{A}$ 的 2 范数为 $\|\boldsymbol{A}\|_2=\max_{1\leqslant i\leqslant n}|\sigma_i|$。若 σ_1 为最大的奇异值，对应的右奇异向量为 $\boldsymbol{v}_1$，则 $\|\boldsymbol{A}\|_2=\|\boldsymbol{A}\boldsymbol{v}_1\|_2$。

记 $\boldsymbol{U}_1\in\mathbb{C}^{m\times r}$ 和 $\boldsymbol{V}_1\in\mathbb{C}^{n\times r}$ 分别是 $\boldsymbol{U}$ 和 $\boldsymbol{V}$ 的前 r 列组成，则

$$\boldsymbol{A}=\boldsymbol{U}_1\boldsymbol{\Sigma}_r\boldsymbol{V}_1^\dagger=\sum_{i=1}^r\sigma_i\boldsymbol{u}_i\boldsymbol{v}_i^\dagger \tag{1-27}$$

其中，$\boldsymbol{\Sigma}_r=\mathrm{diag}(\sigma_1,\cdots,\sigma_r)$ 为 r 阶对角矩阵，$\boldsymbol{u}_i$ 和 $\boldsymbol{v}_i$ 分别是 $\boldsymbol{U}_1$ 和 $\boldsymbol{V}_1$ 的第 i 列，$1\leqslant i\leqslant r$。式(1-27)称为 $\boldsymbol{A}$ 的满秩奇异值分解或归约(reduced)奇异值分解。这里 $\boldsymbol{U}_1$ 和 $\boldsymbol{V}_1$ 满足 $\boldsymbol{U}_1^\dagger\boldsymbol{U}_1=\boldsymbol{V}_1^\dagger\boldsymbol{V}_1=\boldsymbol{I}_r$，其中，$\boldsymbol{I}_r$ 为 r 阶单位矩阵。$\boldsymbol{U}_1$ 中的列向量是 $\boldsymbol{A}\boldsymbol{A}^\dagger=\boldsymbol{U}_1\boldsymbol{\Sigma}_r^2\boldsymbol{U}_1^\dagger$ 的归一化的特征向量，$\boldsymbol{V}_1$ 中的列向量是 $\boldsymbol{A}^\dagger\boldsymbol{A}=\boldsymbol{V}_1\boldsymbol{\Sigma}_r^2\boldsymbol{V}_1^\dagger$ 的归一化的特征向量，$\boldsymbol{A}$ 的奇异值是 $\boldsymbol{A}\boldsymbol{A}^\dagger$ 和 $\boldsymbol{A}^\dagger\boldsymbol{A}$ 的特征值的平方根。从式(1-27)可知，

$$\sum_{i=1}^m\sum_{j=1}^n|a_{ij}|^2=\mathrm{tr}(\boldsymbol{A}^\dagger\boldsymbol{A})=\mathrm{tr}(\boldsymbol{V}_1\boldsymbol{\Sigma}_r^2\boldsymbol{V}_1^\dagger)=\mathrm{tr}(\boldsymbol{V}_1^\dagger\boldsymbol{V}_1\boldsymbol{\Sigma}_r^2)=\mathrm{tr}(\boldsymbol{\Sigma}_r^2)=\sum_{i=1}^r\sigma_i^2 \tag{1-28}$$

定理 1.6 表明奇异值可以刻画矩阵到秩更低的矩阵之间的距离。

定理 1.6　设 $\boldsymbol{A}\in\mathbb{C}^{m\times n}$ 的秩为 r，它的奇异值分解由定理 1.4 给出，其中 $\sigma_1\geqslant\sigma_2\geqslant\cdots\geqslant\sigma_r>0$ 为它的奇异值，则

$$\min_{\mathrm{rank}(\boldsymbol{B})=k}\|\boldsymbol{A}-\boldsymbol{B}\|_2=\|\boldsymbol{A}-\boldsymbol{A}_k\|_2=\sigma_{k+1},\quad 0\leqslant k\leqslant r-1 \tag{1-29}$$

式中，

$$\boldsymbol{A}_k=\sum_{i=1}^{k}\sigma_i\boldsymbol{u}_i\boldsymbol{v}_i^{\dagger},\quad k>0,\quad \boldsymbol{A}_0=0 \tag{1-30}$$

从 $\boldsymbol{A}$ 的满秩奇异值分解式(1-27)得到厄米正定矩阵 $\boldsymbol{A}^{\dagger}\boldsymbol{A}$ 酉相似于对角阵：

$$\boldsymbol{V}_1^{\dagger}\boldsymbol{A}^{\dagger}\boldsymbol{A}\boldsymbol{V}_1=\boldsymbol{\Sigma}_r^2\in\mathbb{R}^{r\times r} \tag{1-31}$$

所以，$\boldsymbol{A}$ 的 r 个奇异值的平方就是 $\boldsymbol{A}^{\dagger}\boldsymbol{A}$ 的 r 个正的特征值。设 $m=n$，令 $\boldsymbol{W}=\boldsymbol{U}\boldsymbol{V}^{\dagger}$，$\boldsymbol{Q}=\boldsymbol{V}\boldsymbol{\Sigma}\boldsymbol{V}^{\dagger}=\sqrt{\boldsymbol{A}^{\dagger}\boldsymbol{A}}$，从 $\boldsymbol{A}$ 的满秩奇异值分解式(1-25)得到 n 阶复矩阵 $\boldsymbol{A}$ 的极分解，即

$$\boldsymbol{A}=\boldsymbol{W}\boldsymbol{Q} \tag{1-32}$$

其中，$\boldsymbol{W}$ 为 n 阶酉矩阵，$\boldsymbol{Q}$ 为 n 阶半正定矩阵。

设 $\boldsymbol{A}$ 为 n 阶正规矩阵，即 $\boldsymbol{A}\boldsymbol{A}^{\dagger}=\boldsymbol{A}^{\dagger}\boldsymbol{A}$，则 $\boldsymbol{A}$ 的奇异值分解可表示为

$$\boldsymbol{A}=\boldsymbol{V}\boldsymbol{\Sigma}\boldsymbol{V}^{\dagger} \tag{1-33}$$

其中，$\boldsymbol{V}$ 为 n 阶酉矩阵，$\boldsymbol{\Sigma}$ 为 n 阶对角矩阵。n 阶正规矩阵 $\boldsymbol{A}$ 的奇异值分解式(1-33)也可从它的谱分解式(1-12)得到。

不可对角化的矩阵不能通过相似变换变为对角矩阵，但是它能变为上三角矩阵，从而得到特征值。事实上，相似矩阵可以取为酉矩阵，这就是舒尔分解。

定理 1.7 （舒尔分解）设 $\boldsymbol{A}\in\mathbb{C}^{n\times n}$，则存在酉矩阵 $\boldsymbol{U}\in\mathbb{C}^{n\times n}$ 使得

$$\boldsymbol{U}^{\dagger}\boldsymbol{A}\boldsymbol{U}=\boldsymbol{T} \tag{1-34}$$

其中，$\boldsymbol{T}$ 为 n 阶上三角复矩阵，其对角元是 $\boldsymbol{A}$ 的特征值，而且可以通过选 $\boldsymbol{U}$，使得 $\boldsymbol{T}$ 的对角元可按任意次序排列。

当 $\boldsymbol{A}$ 为正规矩阵时，由舒尔分解得到 $\boldsymbol{U}\boldsymbol{T}\boldsymbol{T}^{\dagger}\boldsymbol{U}^{\dagger}=\boldsymbol{A}\boldsymbol{A}^{\dagger}=\boldsymbol{A}^{\dagger}\boldsymbol{A}=\boldsymbol{U}\boldsymbol{T}^{\dagger}\boldsymbol{T}\boldsymbol{U}^{\dagger}$，从而 $\boldsymbol{T}\boldsymbol{T}^{\dagger}=\boldsymbol{T}^{\dagger}\boldsymbol{T}$。由于 $\boldsymbol{T}$ 为上三角矩阵，故 $\boldsymbol{T}$ 必定为对角矩阵。反之，如果在 $\boldsymbol{A}$ 的舒尔分解中 $\boldsymbol{T}$ 为对角矩阵，则 $\boldsymbol{A}$ 为正规矩阵。当 $\boldsymbol{A}$ 为厄米矩阵时，对角矩阵 $\boldsymbol{T}$ 必定是实矩阵。

定理 1.8 设 $\boldsymbol{A}\in\mathbb{C}^{n\times n}$，则

(1) $\boldsymbol{A}$ 为正规矩阵的充要条件为存在酉矩阵 $\boldsymbol{U}$，使得

$$\boldsymbol{U}^{\dagger}\boldsymbol{A}\boldsymbol{U}=\mathrm{diag}(\lambda_1,\cdots,\lambda_n) \tag{1-35}$$

(2) $\boldsymbol{A}$ 为厄米矩阵的充要条件为存在酉矩阵 $\boldsymbol{U}$ 和实对角矩阵 $\boldsymbol{\Lambda}$，使得

$$\boldsymbol{U}^{\dagger}\boldsymbol{A}\boldsymbol{U}=\boldsymbol{\Lambda} \tag{1-36}$$

根据相似变换，可对矩阵做如下分类。当矩阵 $\boldsymbol{A}$ 相似一个对角矩阵，它为可对角化矩阵，所有特征向量构成 $\mathbb{C}^n$ 中的标准正交基。若矩阵能用酉相似实现对角化，它就是正规矩阵。当矩阵能用酉相似变为对角元为实数的对角矩阵时，它就是厄米矩阵。

当矩阵为实矩阵时，可用正交相似变换实现分解，这就是实矩阵的舒尔分解。

定理 1.9 （实舒尔分解）设 $\boldsymbol{A}\in\mathbb{R}^{n\times n}$，则存在正交矩阵 $\boldsymbol{Q}\in\mathbb{R}^{n\times n}$，使得

$$\boldsymbol{Q}^{\mathrm{T}}\boldsymbol{A}\boldsymbol{Q}=\begin{pmatrix} R_{11} & R_{12} & \cdots & R_{1m} \\ & R_{22} & \cdots & R_{2m} \\ & & \ddots & \vdots \\ & & & R_{mm} \end{pmatrix} \tag{1-37}$$

其中，每个 R_{ii} 或为实数或为 2×2 的矩阵。若 R_{ii} 为一个数，它就是 $\boldsymbol{A}$ 的一个实特征值。若 $\boldsymbol{R}_{ii}$ 为 2×2 的矩阵，则 $\boldsymbol{R}_{ii}$ 的特征值是 $\boldsymbol{A}$ 的一对共轭的复特征值。

1.4 特征值的稳定性

给定矩阵 $\boldsymbol{A}$、$\boldsymbol{E}\in\mathbb{C}^{n\times n}$，我们讨论 $\boldsymbol{A}$ 和 $\boldsymbol{A}+\boldsymbol{E}$ 的谱的差异。

定理 1.10 （外尔定理）设 $\boldsymbol{A}$、$\boldsymbol{E}\in\mathbb{C}^{n\times n}$ 都是厄米矩阵，$\Lambda(\boldsymbol{A})$ 和 $\Lambda(\boldsymbol{A}+\boldsymbol{E})$ 的第 j 个特征值分别为 λ_j 和 λ_j'，$j=1,\cdots,n$，则

$$|\lambda_j'-\lambda_j|\leqslant\|\boldsymbol{E}\|,\quad j=1,2,\cdots,n \tag{1-38}$$

式(1-38)对任意的厄米矩阵 $\boldsymbol{A}$ 和 $\boldsymbol{E}$ 都成立。定理 1.10 的一个应用就是任意 n 阶矩阵 $\boldsymbol{A}\in\mathbb{C}^{n\times n}$ 的奇异值在矩阵扰动下是稳定的。定义 $2n$ 阶厄米矩阵为

$$\boldsymbol{H}_{\boldsymbol{A}}=\begin{pmatrix} \boldsymbol{0} & \boldsymbol{A} \\ \boldsymbol{A}^{\dagger} & \boldsymbol{0} \end{pmatrix} \tag{1-39}$$

根据 $\boldsymbol{A}$ 的奇异值分解 $\boldsymbol{A}=\boldsymbol{U\Sigma V}^{\dagger}$，$\boldsymbol{H}_{\boldsymbol{A}}$ 的谱分解为

$$\boldsymbol{H}_{\boldsymbol{A}}=\boldsymbol{W}\begin{pmatrix} \boldsymbol{\Sigma} & \boldsymbol{0} \\ \boldsymbol{0} & -\boldsymbol{\Sigma} \end{pmatrix}\boldsymbol{W}^{\dagger},\quad \boldsymbol{W}=\frac{1}{\sqrt{2}}\begin{pmatrix} \boldsymbol{U} & \boldsymbol{U} \\ \boldsymbol{V} & -\boldsymbol{V} \end{pmatrix} \tag{1-40}$$

对 $\boldsymbol{H}_{\boldsymbol{A}}$ 和 $\boldsymbol{H}_{\boldsymbol{A}+\boldsymbol{E}}$ 用外尔定理，再根据 $\boldsymbol{H}_{\boldsymbol{E}}=\boldsymbol{H}_{\boldsymbol{A}+\boldsymbol{E}}-\boldsymbol{H}_{\boldsymbol{A}}$ 和 $\|\boldsymbol{H}_{\boldsymbol{E}}\|_2=\|\boldsymbol{E}\|_2$ 得到定理 1.11。

定理 1.11 （奇异值的稳定性）设 $\boldsymbol{A}$、$\boldsymbol{E}\in\mathbb{C}^{n\times n}$，$\boldsymbol{A}$ 和 $\boldsymbol{A}+\boldsymbol{E}$ 的第 j 个奇异值分别为 σ_j 和 σ_j'，则

$$|\sigma_j'-\sigma_j|\leqslant\|\boldsymbol{E}\|,\quad j=1,2,\cdots,n \tag{1-41}$$

若扰动矩阵 $\boldsymbol{E}$ 不是厄米矩阵，则得到定理 1.12。

定理 1.12 （鲍尔-菲克定理）设 $\boldsymbol{A}$、$\boldsymbol{E}\in\mathbb{C}^{n\times n}$，其中 $\boldsymbol{A}$ 为厄米矩阵，$\boldsymbol{A}$ 的第 j 个特征值为 λ_j，则

$$\min_j|\lambda'-\lambda_j|\leqslant\|\boldsymbol{E}\|,\quad \forall\lambda'\in\Lambda(\boldsymbol{A}+\boldsymbol{E}) \tag{1-42}$$

从该结论可知

$$\Lambda(\boldsymbol{A}+\boldsymbol{E})\subset\bigcup_{j=1}^{n}\{z\in\mathbb{C}:|z-\lambda_j|\leqslant\|\boldsymbol{E}\|\} \tag{1-43}$$

所以，厄米矩阵的谱在一般矩阵的扰动下也是稳定的。

非厄米矩阵的谱在扰动下可能不是稳定的。比如，n 阶若尔当块 $\boldsymbol{J}_n(\lambda)$ 的

谱为 $\Lambda[\boldsymbol{J}_n(\lambda)]=\{\lambda\}^{\cup n}$。令 $\boldsymbol{E}_0$ 是第 n 行、第 1 列元素为 ϵ、其他元素为 0 的 n 阶矩阵，则

$$\Lambda[\boldsymbol{J}_n(\lambda)+\boldsymbol{E}_0]=\{\lambda+\epsilon^{\frac{1}{n}}\mathrm{e}^{\mathrm{i}\frac{2\pi m}{n}}:m=1,2,\cdots,n\} \tag{1-44}$$

$\boldsymbol{J}_n(\lambda)+\boldsymbol{E}_0$ 的特征值分布在以 λ 为中心、半径为 $\epsilon^{\frac{1}{n}}$ 的圆周上。当 $0<\epsilon\ll 1$ 时，$\epsilon^{\frac{1}{n}}\gg\epsilon$；当 $n\to\infty$ 时，$\epsilon^{\frac{1}{n}}\to 1$。

定理 1.13 设 $\boldsymbol{A}\in\mathbb{C}^{n\times n}$ 是可对角化的，$\boldsymbol{A}=\boldsymbol{VDV}^{-1}$，其中 $\boldsymbol{V}$ 为可逆矩阵，$\boldsymbol{D}$ 为对角矩阵。$\boldsymbol{E}\in\mathbb{C}^{n\times n}$，$\boldsymbol{A}$ 和 $\boldsymbol{A}+\boldsymbol{E}$ 的谱分别记为 $\{\lambda_j\}_{j=1}^n$ 和 $\{\lambda'_j\}_{j=1}^n$，则

$$\max_j\min_{j'}|\lambda'_j-\lambda_{j'}|\leqslant\mathrm{cond}(\boldsymbol{V})\|\boldsymbol{E}\| \tag{1-45}$$

其中，$\mathrm{cond}(\boldsymbol{V})\equiv\|\boldsymbol{V}\|\|\boldsymbol{V}^{-1}\|(\geqslant 1)$ 为 $\boldsymbol{V}$ 的条件数。

令 $\boldsymbol{A}=\boldsymbol{J}_n(\lambda)+\boldsymbol{E}_0$。$\boldsymbol{A}$ 是可对角化的，$\boldsymbol{A}=\boldsymbol{VDV}^{-1}$，其中，

$$\boldsymbol{V}=\boldsymbol{D}_\epsilon\boldsymbol{F},\quad \boldsymbol{D}_\epsilon\equiv\mathrm{diag}\{\epsilon^{\frac{j-1}{n}}\}_{j=1}^n,\quad [\boldsymbol{F}]_{mm'}\equiv\frac{1}{\sqrt{n}}\mathrm{e}^{\mathrm{i}\frac{2\pi mm'}{n}} \tag{1-46}$$

$$\mathrm{cond}(\boldsymbol{V})=\|\boldsymbol{D}_\epsilon\|\|\boldsymbol{D}_\epsilon^{-1}\|=|\epsilon|^{\frac{1}{n}-1} \tag{1-47}$$

令 $\boldsymbol{E}=-\boldsymbol{E}_0$，$\boldsymbol{A}+\boldsymbol{E}=\boldsymbol{J}_n(\lambda)$ 的谱为 $\{\lambda\}^{\cup n}$，$\boldsymbol{A}$ 的谱为式(1-44)。式(1-45)的左边为 $\epsilon^{\frac{1}{n}}$，与右边 $\mathrm{cond}(\boldsymbol{V})\|\boldsymbol{E}\|=|\epsilon|^{\frac{1}{n}-1}|\epsilon|=\epsilon^{\frac{1}{n}}$ 相等。

为了刻画谱敏感性，引入下式：

$$\Lambda_\epsilon(\boldsymbol{A})\equiv\bigcup_{\boldsymbol{E}\in\mathbb{C}^{n\times n}:\|\boldsymbol{E}\|\leqslant\epsilon}\Lambda(\boldsymbol{A}+\boldsymbol{E}) \tag{1-48}$$

对于厄米矩阵 $\boldsymbol{A}$，满足下式：

$$\Lambda_\epsilon(\boldsymbol{A})=\bigcup_{\lambda\in\Lambda(\boldsymbol{A})}\{z\in\mathbb{C}:|z-\lambda|\leqslant\epsilon\}. \tag{1-49}$$

对于一般非厄米矩阵 $\boldsymbol{A}_n$，$\Lambda_\epsilon(\boldsymbol{A}_n)$ 和 $\Lambda(\boldsymbol{A}_n)$ 差异可能很大：

$$\lim_{n\to\infty}\lim_{\epsilon\to 0}\Lambda_\epsilon(\boldsymbol{A}_n)\neq\lim_{\epsilon\to 0}\lim_{n\to\infty}\Lambda_\epsilon(\boldsymbol{A}_n) \tag{1-50}$$

比如，

$$\lim_{n\to\infty}\lim_{\epsilon\to 0}\Lambda_\epsilon[\boldsymbol{J}_n(\lambda)]=\{\lambda\},\quad \lim_{\epsilon\to 0}\lim_{n\to\infty}\Lambda_\epsilon[\boldsymbol{J}_n(\lambda)]=\{z\in\mathbb{C}:|z-\lambda|<1\} \tag{1-51}$$

式(1-50)在物理上称为瞬时对称破缺(spontaneous symmetry breaking)，即热力学极限 $n\to\infty$ 和参数极限 $\epsilon\to 0$ 不可交换。

1.5 特征向量的稳定性

本节讨论特征向量对微扰的稳定性。首先，讨论特征向量的正交性。

厄米矩阵的所有(右)特征向量都可以单位正交化，特别地，两个不同的实特征值对应的特征向量互相正交。设 $\boldsymbol{v}_1$、$\boldsymbol{v}_2$ 分别是 λ_1、λ_2 对应的特征向量，即

$$v_1^\dagger A v_2 = \lambda_2 v_1^\dagger v_2 = (A v_1)^\dagger v_2 = \lambda_1 v_1^\dagger v_2 \tag{1-52}$$

当 $\lambda_1 \neq \lambda_2$ 时,则 v_1 和 v_2 正交。根据式(1-33),正规矩阵酉相似于对角矩阵,故正规矩阵的特征向量也可以正交化。

为了考虑一般矩阵的特征向量的正交性,需要右特征向量和左特征向量。设 v_2 是与 A 的特征值 λ_2 对应的右特征向量,$Av_2 = \lambda_2 v_2$。$\lambda_1(\neq\lambda_2)$ 是 A 的特征值,则 λ_1^* 是 $A^\dagger$ 的特征值,对应的右特征向量为 v_1,即

$$A^\dagger v_1 = \lambda_1^* v_1 \Longleftrightarrow v_1^\dagger A = \lambda_1 v_1^\dagger \tag{1-53}$$

故 v_1 是与 λ_1 对应的左特征向量。由于 $\lambda_2 v_1^\dagger v_2 = v_1^\dagger A v_2 = (A^\dagger v_1)^\dagger v_2 = \boldsymbol{\lambda}_1 v_1^\dagger v_2$,故 A 的两个不同特征值 λ_1、λ_2 对应的左、右特征向量 v_1、v_2 正交。左、右特征向量的正交性称为双正交性(biorthogonality),它可从矩阵的谱分解得出。

矩阵谱分解式(1-12)可写为

$$A = \sum_{j=1}^{J} \sum_{\alpha=1}^{m_j^g} \left(\sum_{p=1}^{n_{j\alpha}} \lambda_j r_{j\alpha p} l_{j\alpha p}^\dagger + \sum_{p=1}^{n_{j\alpha}-1} r_{j\alpha p+1} l_{j\alpha p}^\dagger \right) \tag{1-54}$$

其中,$r_{j\alpha p}$、$l_{j\alpha p}$ 分别是特征值 λ_j、第 α 个若尔当块的右、左广义特征向量,它们满足下式:

$$l_{j'\alpha' p'}^\dagger r_{j\alpha p} = \delta_{j'j} \delta_{\alpha'\alpha} \delta_{p'p} \tag{1-55}$$

当 $p = n_{j\alpha}$ 或 $n_{j\alpha} = 1$ 时,它们退化为右、左特征向量。虽然左、右特征向量之间正交,左、右广义特征向量之间不是正交的,即

$$r_{j'\alpha' p'}^\dagger r_{j\alpha p} \neq \delta_{j'j} \delta_{\alpha'\alpha} \delta_{p'p}, \quad l_{j'\alpha' p'}^\dagger l_{j\alpha p} \neq \delta_{j'j} \delta_{\alpha'\alpha} \delta_{p'p} \tag{1-56}$$

谱分解式(1-54)在如下变换下保持不变:

$$r_{j\alpha p} \to c_{j\alpha p} r_{j\alpha p}, \quad l_{j\alpha p} \to l_{j\alpha p} / c_{j\alpha p}^*, \quad c_{j\alpha p} \neq 0 \tag{1-57}$$

不妨取

$$r_{j\alpha p}^\dagger r_{j\alpha p} = 1 \tag{1-58}$$

在该归一化下,一般地,$l_{j\alpha p}^\dagger l_{j\alpha p} \neq 1$。

若 A 是可对角化的,$m_j^a = m_j^g$,$n_{j\alpha} = 1$,谱分解式(1-54)变为

$$A = \sum_{j=1}^{J} \sum_{\alpha=1}^{m_j^a} \lambda_j r_{j\alpha} l_{j\alpha}^\dagger, \quad l_{j'\alpha'}^\dagger r_{j\alpha} = \delta_{j'j} \delta_{\alpha'\alpha}, \quad r_{j\alpha}^\dagger r_{j\alpha} = 1 \tag{1-59}$$

把 A 看成作用在希尔伯特空间上的厄米算子,式(1-59)表示为

$$A = \sum_j \lambda_j |r_j\rangle\langle l_j|, \quad \langle l_{j'} | r_j \rangle = \delta_{j'j}, \quad \langle r_j | r_j \rangle = 1 \tag{1-60}$$

这里不同的 j 对应的 λ_j 可能相同。右广义特征向量之间的不可正交性($\langle r_{j'} | r_j \rangle \neq \delta_{j'j}$)往往有深刻的物理含义。我们可以估计 $\langle r_{j'} | r_j \rangle$。设 A 为非厄米矩阵,并假设厄米矩阵 $\mathrm{i}(A - A^\dagger)$ 为正定或负定,则

$$|\langle r_j | r_{j'} \rangle|^2 \leqslant \frac{4\gamma_j \gamma_{j'}}{\Delta_{jj'}^2 + (\gamma_j + \gamma_{j'})^2} \tag{1-61}$$

其中,$\gamma_j = \mathrm{Im}\,\lambda_j$ 是 λ_j 的虚部,$\Delta_{jj'} = \mathrm{Re}(\lambda_j - \lambda_{j'})$。当 $\lambda_j = \lambda_j'$ 时,达到最大的不

可正交性，$|\langle \boldsymbol{r}_j | \boldsymbol{r}_{j'} \rangle| = 1$。式(1-61)对于一般矩阵还是成立的，这是由于对于充分大的$|c|$，把 $\boldsymbol{A}$ 变为 $\boldsymbol{A} + \mathrm{i}c\boldsymbol{I}_n$，$\mathrm{i}(\boldsymbol{A} - \boldsymbol{A}^\dagger)$ 变为 $\mathrm{i}(\boldsymbol{A} - \boldsymbol{A}^\dagger) - 2c\boldsymbol{I}_n$ 为正定或负定，但是特征向量还是不变。

为了讨论特征向量的稳定性，考虑特征值 λ_j 的特征投影矩阵 $\boldsymbol{P}_j$，即

$$\boldsymbol{P}_j \equiv \sum_{\alpha=1}^{m_j^g} \sum_{p=1}^{n_{j\alpha}} \boldsymbol{r}_{j\alpha p} \boldsymbol{l}_{j\alpha p}^\dagger \tag{1-62}$$

$\boldsymbol{A}$ 被扰动为 $\boldsymbol{A}' = \boldsymbol{A} + \boldsymbol{E}$，$\boldsymbol{A}$ 的特征值 λ_j 被扰动成 $\boldsymbol{A}'$ 的若干个可能特征值，这些若干个特征值对应的投影矩阵记为 $\boldsymbol{P}_j'$。我们用$\|\boldsymbol{E}\|$估计$\|\boldsymbol{P}_j' - \boldsymbol{P}_j\|$。

为了计算投影矩阵，引入预子式(resolvent)，即

$$\boldsymbol{R}(z) \equiv (\boldsymbol{A} - z\boldsymbol{I})^{-1} \tag{1-63}$$

根据式(1-19)，

$$\boldsymbol{R}(z) = -\sum_{j=1}^{J} \left[\frac{\boldsymbol{P}_j}{z - \lambda_j} + \sum_{\alpha=1}^{m_j^g} \sum_{p=1}^{n_{j\alpha}-1} \frac{\boldsymbol{N}_{j\alpha}^p}{(z - \lambda_j)^{p+1}} \right], \quad z \in \mathbb{C} \tag{1-64}$$

在复平面中取仅包含 λ_j 的封闭曲线，则

$$\boldsymbol{P}_j = -\oint_{C_j} \frac{\mathrm{d}z}{2\pi\mathrm{i}} \boldsymbol{R}(z) \tag{1-65}$$

同理，幂零部分也可表示为

$$\boldsymbol{N}_j \equiv \sum_{\alpha=1}^{m_j^g} \boldsymbol{N}_{j\alpha} = -\oint_{C_j} \frac{\mathrm{d}z}{2\pi\mathrm{i}} (z - \lambda_j) \boldsymbol{R}(z) \tag{1-66}$$

由于 $\boldsymbol{A}$ 的特征值 λ_j 被扰动后变为 $\boldsymbol{A} + \boldsymbol{E}$ 的若干个特征值，假设 C_j 也包含了这些若干个特征值，则

$$\boldsymbol{P}_j' - \boldsymbol{P}_j = \oint_{C_j} \frac{\mathrm{d}z}{2\pi\mathrm{i}} \frac{1}{\boldsymbol{A} - z\boldsymbol{I}} \boldsymbol{E} \frac{1}{\boldsymbol{A} + \boldsymbol{E} - z\boldsymbol{I}} \tag{1-67}$$

令

$$\Delta_{C_j} \equiv (\max_{z \in C_j} \|\boldsymbol{R}(z)\|)^{-1}, \quad l_{C_j} \equiv \oint_{C_j} |\mathrm{d}z| \tag{1-68}$$

假设$\|\boldsymbol{E}\| < \Delta_{C_j}$，由展开

$$(\boldsymbol{A} + \boldsymbol{E} - z\boldsymbol{I})^{-1} = (\boldsymbol{A} - z\boldsymbol{I})^{-1} \sum_{m=0}^{\infty} \left(\boldsymbol{E} \frac{1}{z\boldsymbol{I} - \boldsymbol{A}} \right)^m \tag{1-69}$$

得到

$$\|\boldsymbol{P}_j' - P_j\| \leqslant \frac{l_{C_j} \|\boldsymbol{E}\|}{2\pi\Delta_{C_j} (\Delta_{C_j} - \|\boldsymbol{E}\|)} \tag{1-70}$$

由于 $l_{C_j} \geqslant 2\pi\min_{z \in C_j} |z - \lambda_j| \geqslant 2\pi\Delta_{C_j}$，右端至少为$\dfrac{\|\boldsymbol{E}\|}{\Delta_{C_j} - \|\boldsymbol{E}\|}$。对于厄米矩阵，$l_{C_j}/\Delta_{C_j} = O(1)$，右端近似为$\dfrac{\|\boldsymbol{E}\|}{\Delta_{C_j}}$(假设 $\Delta_{C_j} \gg \|\boldsymbol{E}\|$)。对于非厄米矩阵，$l_{C_j}$ 可能

远大于Δ_{C_j}，从而导致投影矩阵对扰动非常敏感。

设$\kappa>0$，$\boldsymbol{A}=\begin{pmatrix}0 & 1\\ \kappa & 0\end{pmatrix}$的特征值为$\pm\sqrt{\kappa}$，预子式为

$$\boldsymbol{R}(z)=\frac{1}{\kappa-z^2}\begin{pmatrix}z & 1\\ \kappa & z\end{pmatrix}$$

与$\pm\sqrt{\kappa}$对应的投影矩阵为

$$\boldsymbol{P}_{\pm}=-\oint_{C_{\pm}}\frac{\mathrm{d}z}{2\pi\mathrm{i}}\boldsymbol{R}(z)=\frac{1}{2}\begin{pmatrix}1 & \pm\kappa^{-\frac{1}{2}}\\ \pm\kappa^{\frac{1}{2}} & 1\end{pmatrix}$$

其中，$C_{\pm}=\{z:\left|z-(\pm\sqrt{\kappa})\right|=\sqrt{\kappa}\}$。若$\kappa$被扰动为$\kappa'$，对应的投影矩阵为$\boldsymbol{P}'_{\pm}$，则

$$\|\boldsymbol{P}'_{\pm}-\boldsymbol{P}_{\pm}\|=\left|\frac{\kappa'-\kappa}{2\sqrt{\kappa'\kappa}(\sqrt{\kappa'}+\sqrt{\kappa})}\right|$$

这里假设$|\kappa|\sim|\kappa'|\ll1$。取$\kappa'-\kappa\sim\kappa^{\frac{3}{2}}$，则$\|\boldsymbol{P}'_{\pm}-\boldsymbol{P}_{\pm}\|=O(1)$。此时，$\|\boldsymbol{E}\|\sim\kappa^{\frac{3}{2}}\ll\Delta_{C_{\pm}}=O(\kappa)\ll O(\kappa^{\frac{1}{2}})$。

厄米矩阵的特征值为实数，下面考虑更广的算符：假(pseudo)厄米线性算符，我们在可对角化的矩阵中考虑

$$\boldsymbol{A}=\sum_j\lambda_j|\boldsymbol{r}_j\rangle\langle\boldsymbol{l}_j|,\quad\langle\boldsymbol{l}_{j'}|\boldsymbol{r}_j\rangle=\delta_{j'j},\quad\sum_j|\boldsymbol{r}_j\rangle\langle\boldsymbol{l}_j|=1\tag{1-71}$$

这里$\boldsymbol{A}$有完备的双正交基，谱是离散的。若

$$\boldsymbol{A}^{\dagger}=\boldsymbol{\eta}\boldsymbol{A}\boldsymbol{\eta}^{-1}\tag{1-72}$$

其中，$\boldsymbol{\eta}=\boldsymbol{\eta}^{\dagger}$是厄米可逆算符，称$\boldsymbol{A}$是$\boldsymbol{\eta}$-假厄米算符。若存在厄米可逆算符$\boldsymbol{\eta}$使得它为$\boldsymbol{\eta}$-假厄米算符，称$\boldsymbol{A}$为假厄米算符。

定理1.14 设$\boldsymbol{A}$为作用在希尔伯特空间中的线性算符，它有完备的双正交基，并且谱是离散的。$\boldsymbol{A}$为假厄米算符的充要条件为下面条件之一成立：

(1) $\boldsymbol{A}$的谱都是实数。

(2) $\boldsymbol{A}$的成对互为共轭的特征值对的重数都相同。

第2章　正交化、酉相似变换、最小二乘法和偏最小二乘回归

本章讨论了与复矩阵相关的正交化、酉相似变换、最小二乘法和偏最小二乘回归。2.1节和2.2节分别给出复矩阵的豪斯霍尔德变换和复吉文斯变换。2.3节讨论正交化，包括向量组的正交化和Krylov子空间的正交化。2.4节中讨论酉相似变换，2.5节和2.6节分别讨论最小二乘法和偏最小二乘回归。本章的部分内容也可参考文献[2-3]。

2.1　豪斯霍尔德变换

关于复向量的豪斯霍尔德(Householder)变换可归结为定理2.1

定理2.1　设 $\boldsymbol{x}=(x_1,x_2,\cdots,x_n)^{\mathrm{T}}\in\mathbb{C}^n$，且 $\boldsymbol{x}\neq\boldsymbol{0}$，定义

$$\alpha=\begin{cases}\pm\|\boldsymbol{x}\|_2, & x_1=0\\ -\mathrm{e}^{\mathrm{i}\arg x_1}\|\boldsymbol{x}\|_2, & x_1\neq 0\end{cases}\tag{2-1}$$

其中，$\arg x_1$ 为复数 x_1 的幅角。令

$$\boldsymbol{H}=\boldsymbol{I}-2\boldsymbol{w}\boldsymbol{w}^{\dagger},\quad \boldsymbol{w}=\frac{\boldsymbol{x}-\alpha\boldsymbol{e}_1}{\|\boldsymbol{x}-\alpha\boldsymbol{e}_1\|_2}\tag{2-2}$$

则 $\boldsymbol{H}$ 是厄米矩阵，又是酉矩阵，且 $\boldsymbol{H}\boldsymbol{x}=\alpha\boldsymbol{e}_1$，这里 $\boldsymbol{e}_1$ 是第1个分量为1、其他分量为0的 n 维单位向量。式(2-2)定义的复矩阵 $\boldsymbol{H}$ 称为豪斯霍尔德矩阵。

证明：$\boldsymbol{H}$ 为厄米矩阵和酉矩阵是显然的。由豪斯霍尔德矩阵的定义可知：

$$\begin{aligned}\boldsymbol{H}\boldsymbol{x}&=\boldsymbol{x}-2\frac{(\boldsymbol{x}-\alpha\boldsymbol{e}_1)(\boldsymbol{x}-\alpha\boldsymbol{e}_1)^{\dagger}\boldsymbol{x}}{\|\boldsymbol{x}-\alpha\boldsymbol{e}_1\|_2^2}\\&=\frac{1}{\|\boldsymbol{x}-\alpha\boldsymbol{e}_1\|_2^2}[(\boldsymbol{x}-\alpha\boldsymbol{e}_1)^{\dagger}(\boldsymbol{x}-\alpha\boldsymbol{e}_1)\boldsymbol{x}-2(\|\boldsymbol{x}\|_2^2-\alpha^*x_1)(\boldsymbol{x}-\alpha\boldsymbol{e}_1)]\\&=\frac{1}{\|\boldsymbol{x}-\alpha\boldsymbol{e}_1\|_2^2}[(-\|\boldsymbol{x}\|_2^2-\alpha x_1^*+\alpha^*x_1+|\alpha|^2)\boldsymbol{x}+2\alpha(\|\boldsymbol{x}\|_2^2-\alpha^*x_1)\boldsymbol{e}_1]\end{aligned}$$

显然有下式：

$$\|\boldsymbol{x}-\alpha\boldsymbol{e}_1\|_2^2=(\boldsymbol{x}-\alpha\boldsymbol{e}_1)^{\dagger}(\boldsymbol{x}-\alpha\boldsymbol{e}_1)=\|\boldsymbol{x}\|_2^2-\alpha x_1^*-\alpha^*x_1+|\alpha|^2\tag{2-3}$$

当 $x_1=0$ 时，$\alpha=\pm\|\boldsymbol{x}\|_2$，则

$$\|\boldsymbol{x}-\alpha\boldsymbol{e}_1\|_2^2=2\|\boldsymbol{x}\|_2^2,\quad \boldsymbol{H}\boldsymbol{x}=\alpha\boldsymbol{e}_1\tag{2-4}$$

当 $x_1\neq 0$ 时，根据 α 的定义，$\alpha x_1^*=\alpha^*x_1=-\|\boldsymbol{x}\|_2|x_1|$，于是

$$\|\boldsymbol{x}-\alpha\boldsymbol{e}_1\|_2^2=2(\|\boldsymbol{x}\|_2^2-\alpha^* x_1)=2\|\boldsymbol{x}\|_2(\|\boldsymbol{x}\|_2+|x_1|) \tag{2-5}$$

$\boldsymbol{H}\boldsymbol{x}=\alpha\boldsymbol{e}_1$ 也成立。证毕。

可验证：豪斯霍尔德矩阵 $\boldsymbol{H}$ 的第 1 列构成的向量与 $\boldsymbol{x}$ 平行。由于 $\boldsymbol{H}$ 的列构成了$\mathbb{C}^n$ 中标准正交基，$\boldsymbol{H}$ 的后 $n-1$ 列刚好就是与 $\boldsymbol{x}$ 正交的 $n-1$ 维空间的正交基。

若 $\boldsymbol{x}\in\mathbb{R}^n$，根据式(2-1)中定义，可得

$$\alpha=\begin{cases}\pm\|\boldsymbol{x}\|_2, & x_1=0\\ -\operatorname{sign}(x_1)\|\boldsymbol{x}\|_2, & x_1\neq 0\end{cases} \tag{2-6}$$

则上述构造的复豪斯霍尔德矩阵变为实豪斯霍尔德矩阵。

豪斯霍尔德变换可实现矩阵的 QR 分解：

$$\boldsymbol{A}=\boldsymbol{Q}\boldsymbol{R} \tag{2-7}$$

其中，$\boldsymbol{A}$ 是给定的 n 阶复矩阵，$\boldsymbol{Q}$ 为 n 阶酉矩阵，$\boldsymbol{R}$ 为 n 阶复上三角矩阵。

首先，构造 n 阶豪斯霍尔德矩阵 $\boldsymbol{H}_1$ 使得 $\boldsymbol{H}_1\boldsymbol{A}(1:n,1)$ 的最后 $n-1$ 个元素为 0，这里 $\boldsymbol{A}(1:n,1)$ 表示 $\boldsymbol{A}$ 的第 1 列的第 1 个到第 n 个元素构成的列向量，$\boldsymbol{H}_1\boldsymbol{A}$ 的第 1 列满足上三角矩阵的要求。构造 $n-1$ 阶复豪斯霍尔德矩阵 $\widetilde{\boldsymbol{H}}_2$ 使得$\widetilde{\boldsymbol{H}}_2(\boldsymbol{H}_1\boldsymbol{A})(2:n,2)$ 的最后 $n-2$ 个元素为 0，取 $\boldsymbol{H}_2=\operatorname{diag}(1,\widetilde{\boldsymbol{H}}_2)$，则 $\boldsymbol{H}_2\boldsymbol{H}_1\boldsymbol{A}$ 的前 2 列满足上三角矩阵的要求。经过 $n-1$ 步后得到 $n-1$ 个豪斯霍尔德矩阵 $\{\boldsymbol{H}_i\}_{i=1}^{n-1}$，使得

$$\boldsymbol{H}_{n-1}\cdots\boldsymbol{H}_1\boldsymbol{A}=\boldsymbol{R} \tag{2-8}$$

其中，$\boldsymbol{R}$ 为复上三角矩阵，令 $\boldsymbol{Q}=(\boldsymbol{H}_{n-1}\cdots\boldsymbol{H}_1)^{-1}=\boldsymbol{H}_1\cdots H_{n-1}$，则 $\boldsymbol{Q}$ 为 n 阶酉矩阵，从而有 QR 分解式(2-7)。

如果要求复上三角矩阵 $\boldsymbol{R}$ 的对角元都是非负实数，上述的 $n-1$ 次豪斯霍尔德变换得到 $\boldsymbol{R}'=\boldsymbol{H}_{n-1}\cdots\boldsymbol{H}_1\boldsymbol{A}$，取 n 阶酉矩阵 $\boldsymbol{P}=\operatorname{diag}(\mathrm{e}^{-\mathrm{i}\arg R'_{11}},\cdots,\mathrm{e}^{-\mathrm{i}\arg R'_{nn}})$，则 $\boldsymbol{R}=\boldsymbol{P}\boldsymbol{H}_{n-1}\cdots\boldsymbol{H}_1\boldsymbol{A}$ 是对角元非负的复上三角矩阵，即 $\boldsymbol{A}=\boldsymbol{Q}\boldsymbol{R}$，其中，$\boldsymbol{Q}=\boldsymbol{H}_1\cdots\boldsymbol{H}_{n-1}\boldsymbol{P}^{-1}$ 为 n 阶酉矩阵，$\boldsymbol{R}$ 是对角元非负的复上三角矩阵。这样的 QR 分解是唯一的。原因如下：$\boldsymbol{A}=\boldsymbol{Q}\boldsymbol{R}$，则 $\boldsymbol{A}(:,1)=r_{11}\boldsymbol{Q}(:,1)$，其中 $\boldsymbol{A}(:,1)$ 和 $\boldsymbol{Q}(:,1)$ 分别是 $\boldsymbol{A}$ 和 $\boldsymbol{Q}$ 的第 1 列，r_{11} 是 $\boldsymbol{R}$ 的第 1 个对角元。酉矩阵 $\boldsymbol{Q}$ 的第 1 列 $\boldsymbol{Q}(:,1)$ 的 2 范数 1 为 1，$r_{11}\geqslant 0$，故 $r_{11}=\|\boldsymbol{A}(:,1)\|_2$，$\boldsymbol{Q}(:,1)=\boldsymbol{A}(:,1)/\|\boldsymbol{A}(:,1)\|_2$。同理，考虑 $\boldsymbol{A}=\boldsymbol{Q}\boldsymbol{R}$ 的第 2 列，可得

$$r_{12}\boldsymbol{Q}(:,1)+r_{22}\boldsymbol{Q}(:,2)=\boldsymbol{A}(:,2)$$

故 $r_{12}=[\boldsymbol{Q}(:,1),\boldsymbol{A}(:,2)]$，$r_{22}=\|\boldsymbol{A}(:,2)-r_{12}\boldsymbol{Q}(:,1)\|_2$ 和 $\boldsymbol{Q}(:,2)=[\boldsymbol{A}(:,2)-r_{12}\boldsymbol{Q}(:,1)]/r_{22}$。其中，$(:,1)$和$(:,2)$分别表示矩阵的第 1 列和第 2 列。重复这个过程可确定 $\boldsymbol{Q}$ 和 $\boldsymbol{R}$，也就是说，这样的 QR 分解是唯一的。

2.2 复吉文斯变换

定义 2 阶复矩阵：

$$Q=\begin{pmatrix}\cos\theta & \sin\theta e^{i\phi}\\ -\sin\theta e^{-i\phi} & \cos\theta\end{pmatrix},\quad \theta,\phi\in\mathbb{R} \tag{2-9}$$

显然，Q 为酉矩阵，但不是厄米矩阵，$Q^{\dagger}=\begin{pmatrix}\cos\theta & -\sin\theta e^{i\phi}\\ \sin\theta e^{-i\phi} & \cos\theta\end{pmatrix}\neq Q$。

我们计算 $c=\cos\theta$ 和 $s=\sin\theta e^{i\phi}$，使得

$$Q^{\dagger}\begin{pmatrix}u\\ v\end{pmatrix}=\begin{pmatrix}c & s\\ -s^{*} & c\end{pmatrix}^{\dagger}\begin{pmatrix}u\\ v\end{pmatrix}=\begin{pmatrix}\times\\ 0\end{pmatrix} \tag{2-10}$$

其中，$u=u_1+iu_2=r_u e^{-i\alpha}$ 和 $v=v_1+iv_2=r_v e^{-i\beta}$ 为给定的复数，$\times$ 表示一个复数，它的模为 $(r_u^2+r_v^2)^{\frac{1}{2}}$。该计算需要下面三步实吉文斯(Givens)变换。

根据 u，用实吉文斯变换计算 $\{c_\alpha,s_\alpha\}$：

$$\begin{pmatrix}c_\alpha & s_\alpha\\ -s_\alpha & c_\alpha\end{pmatrix}^{T}\begin{pmatrix}u_1\\ u_2\end{pmatrix}=\begin{pmatrix}r_u\\ 0\end{pmatrix} \tag{2-11}$$

其中，$c_\alpha=\cos\alpha$，$s_\alpha=\sin\alpha$，$r_u=|u|$ 是 u 的模。式(2-11)等价于 $u=r_u e^{-i\alpha}$。

根据 v，用实吉文斯变换计算 $\{c_\beta,s_\beta\}$：

$$\begin{pmatrix}c_\beta & s_\beta\\ -s_\beta & c_\beta\end{pmatrix}^{T}\begin{pmatrix}v_1\\ v_2\end{pmatrix}=\begin{pmatrix}r_v\\ 0\end{pmatrix} \tag{2-12}$$

其中，$c_\beta=\cos\beta$，$s_\beta=\sin\beta$，$r_v=|v|$ 是 v 的模。式(2-12)等价于 $v=r_v e^{-i\beta}$。

根据 r_u 和 r_v，用实吉文斯变换计算 $\{c_\theta,s_\theta\}$：

$$\begin{pmatrix}c_\theta & s_\theta\\ -s_\theta & c_\theta\end{pmatrix}^{T}\begin{pmatrix}r_u\\ r_v\end{pmatrix}=\begin{pmatrix}r\\ 0\end{pmatrix} \tag{2-13}$$

其中，$c_\theta=\cos\theta$，$s_\theta=\sin\theta$，$r=|r_u+ir_v|$ 是 r_u+ir_v 的模。式(2-13)等价于 $r_u+ir_v=re^{-i\theta}$。

现取

$$e^{i\phi}=e^{i(\beta-\alpha)}=(c_\alpha c_\beta+s_\alpha s_\beta)+i(c_\alpha s_\beta-c_\beta s_\alpha) \tag{2-14}$$

和

$$c=c_\theta,\quad s=s_\theta e^{i\phi} \tag{2-15}$$

则

$$s^{*}u+cv=s_\theta e^{-i\phi}r_u e^{-i\alpha}+c_\theta r_v e^{-i\beta}=e^{-i\beta}(s_\theta r_u+c_\theta r_v)=0 \tag{2-16}$$

式(2-16)是由于式(2-13)的第二个方程成立。式(2-16)表明式(2-10)的第二个方程成立。

另外，

$$cu-sv=c_\theta r_u \mathrm{e}^{-\mathrm{i}\alpha}-s_\theta \mathrm{e}^{\mathrm{i}\phi} r_v \mathrm{e}^{-\mathrm{i}\beta}=\mathrm{e}^{-\mathrm{i}\alpha}(c_\theta r_u-s_\theta r_v)=r\mathrm{e}^{-\mathrm{i}\alpha} \tag{2-17}$$

式(2-17)是由于式(2-13)的第一个方程成立。式(2-17)表明式(2-10)的第一个方程成立，其中 $\times=r\mathrm{e}^{-\mathrm{i}\alpha}$，它的模为 $(r_u^2+r_v^2)^{1/2}$。

虽然复吉文斯变换也可以实现复矩阵的 QR 分解，但它比复豪斯霍尔德变换需要更多工作量。

若 u 是实数，则 $u_2=\alpha=s_\alpha=0, c_\alpha=1, r_u=|u_1|$。若 v 是实数，则 $v_2=\beta=s_\beta=0, c_\beta=1, r_v=|v_1|$。当 u 和 v 都是实数时，$\phi=0$，$\boldsymbol{Q}$ 就是 2 阶正交矩阵，也就是说，复吉文斯变换退化到实吉文斯变换。

2.3　正交化

线性无关向量组往往需要正交化，这就是格拉姆-施密特正交化。Krylov 子空间是一类特殊的线性无关向量组构成的子空间，它的正交化就是阿诺德算法。

2.3.1　线性无关向量组的格拉姆-施密特正交化

给定 $m(m\leqslant n)$ 个线性无关的 n 维向量组 $\{\boldsymbol{x}_i\}_{i=1}^m$。记列满秩的 $n\times m$ 矩阵 $\boldsymbol{X}=(\boldsymbol{x}_1,\boldsymbol{x}_2,\cdots,\boldsymbol{x}_m)\in\mathbb{C}^{n\times m}$。对向量组 $\{\boldsymbol{x}_i\}_{i=1}^m$ 用格拉姆-施密特正交化产生相互正交的单位向量组 $\{\boldsymbol{q}_i\}_{i=1}^m$，使得

$$\operatorname{span}\{\boldsymbol{x}_1,\boldsymbol{x}_2,\cdots,\boldsymbol{x}_j\}=\operatorname{span}\{\boldsymbol{q}_1,\boldsymbol{q}_2,\cdots,\boldsymbol{q}_j\},\quad j=1,2,\cdots,m \tag{2-18}$$

按如下方式构造 $\{\boldsymbol{q}_i\}_{i=1}^m$。定义 $\boldsymbol{q}_1=\dfrac{\boldsymbol{x}_1}{\|\boldsymbol{x}_1\|_2}$。设已经构造了相互正交的单位向量组 $\{\boldsymbol{q}_i\}_{i=1}^{j-1}$ 使得式(2-18)对 $j-1$ 成立。构造

$$\boldsymbol{q}_j=\frac{\boldsymbol{x}_j-\sum_{i=1}^{j-1} r_{ij}\boldsymbol{q}_i}{\left\|\boldsymbol{x}_j-\sum_{i=1}^{j-1} r_{ij}\boldsymbol{q}_i\right\|_2},\quad r_{ij}=(\boldsymbol{q}_i,\boldsymbol{x}_j)\equiv\boldsymbol{q}_i^\dagger\boldsymbol{x}_j,\quad i=1,2,\cdots,j-1 \tag{2-19}$$

从而 $\boldsymbol{q}_j$ 与 $\boldsymbol{q}_1,\boldsymbol{q}_2,\cdots,\boldsymbol{q}_{j-1}$ 都正交。在 $\boldsymbol{q}_1,\boldsymbol{q}_2,\cdots,\boldsymbol{q}_{j-1}$ 已经单位正交化的前提下，式(2-19)表明 $\boldsymbol{x}_j$ 去掉了 $\boldsymbol{q}_1,\boldsymbol{q}_2,\cdots,\boldsymbol{q}_{j-1}$ 上的分量 $\sum_{i=1}^{j-1} r_{ij}\boldsymbol{q}_i$，使得它与 $\boldsymbol{q}_1,\cdots,\boldsymbol{q}_{j-1}$ 正交。格拉姆-施密特正交化可以写为算法 2.1。

算法 2.1　给定列满秩的 $n\times m$ 矩阵 $\boldsymbol{X}=(\boldsymbol{x}_1,\boldsymbol{x}_2,\cdots,\boldsymbol{x}_m)\in\mathbb{C}^{n\times m}$。该算法产生 $n\times m$ 矩阵 $\boldsymbol{Q}=(\boldsymbol{q}_1,\boldsymbol{q}_2,\cdots,\boldsymbol{q}_m)\in\mathbb{C}^{n\times m}$ 以及 $m\times m$ 属于 $\mathbb{C}^{m\times m}$ 阶的上三角矩阵 $\boldsymbol{R}=(r_{ij})$。该算法程序如下。

(1) $r_{11}=\|\boldsymbol{x}_1\|_2, \boldsymbol{q}_1=\boldsymbol{x}_1/r_{11}$。

(2) 对 j 从 2 到 m 循环(执行第 3 行到第 6 行)。

(3) $r_{ij}=(\boldsymbol{q}_i,\boldsymbol{x}_j)$，$i=1,2,\cdots,j-1$。

(4) $\widetilde{\boldsymbol{q}}=\boldsymbol{x}_j-\sum_{i=1}^{j-1} r_{ij}\boldsymbol{q}_i$。

(5) $r_{jj}=\|\widetilde{\boldsymbol{q}}\|_2$。

(6) $\boldsymbol{q}_j=\widetilde{\boldsymbol{q}}/\boldsymbol{r}_{jj}$。

由程序的第 4 行和第 6 行得到下式：

$$\boldsymbol{x}_j=\sum_{i=1}^{j} r_{ij}\boldsymbol{q}_i,\quad j=1,2,\cdots,m \tag{2-20}$$

写为矩阵的形式：

$$\boldsymbol{X}=\boldsymbol{QR} \tag{2-21}$$

式中，$n\times m$ 矩阵 $\boldsymbol{Q}=(\boldsymbol{q}_1,\boldsymbol{q}_2,\cdots,\boldsymbol{q}_m)$由相互正交的单位长度的列构成，$\boldsymbol{R}$ 为 m 阶上三角矩阵。$\boldsymbol{x}_1,\boldsymbol{x}_2,\cdots,\boldsymbol{x}_m$ 的线性无关可以保证算法 2.1 中作为分母的 r_{jj} 都不为 0。当 $\boldsymbol{x}_m$ 与以前的 $\boldsymbol{x}_i$ 接近线性相关时，r_{mm} 接近 0，它作为分母会导致很大的舍入误差，$\boldsymbol{q}_i$ 之间很快失去了正交性。为了加强数值稳定性，一个改进就是修改的格拉姆-施密特方法，它把算法 2.1 中第 3 行和第 4 行修改为如下循环：

$$\widetilde{\boldsymbol{q}}=\boldsymbol{x}_j,\quad r_{ij}=(\boldsymbol{q}_i,\widetilde{\boldsymbol{q}}),\quad \widetilde{\boldsymbol{q}}\leftarrow\widetilde{\boldsymbol{q}}-r_{ij}\boldsymbol{q}_i,\quad i=1,2,\cdots,j-1 \tag{2-22}$$

在不考虑舍入误差时，上述计算结果的 $\widetilde{\boldsymbol{q}}$ 与算法 2.1 中第 4 行的 $\widetilde{\boldsymbol{q}}$ 相同。实际上，修改的格拉姆-施密特方法利用了最新的 $\widetilde{\boldsymbol{q}}$ 有助于减少舍入误差影响。为了保证正交性，更可靠的方法就是重新正交化。

设已经用式(2-22)计算了 $\widetilde{\boldsymbol{q}}$。若$\|\widetilde{\boldsymbol{q}}\|_2$ 很小(与$\|\boldsymbol{x}_j\|_2$ 相比)，用它做分母计算 $\boldsymbol{q}_j$ 会有很大的舍入误差。此时，对已经计算的 $\widetilde{\boldsymbol{q}}$ 再正交化，可得

$$\widetilde{r}_{ij}=(\boldsymbol{q}_i,\widetilde{\boldsymbol{q}}),\quad \widetilde{\boldsymbol{q}}\leftarrow\widetilde{\boldsymbol{q}}-\widetilde{r}_{ij}\boldsymbol{q}_i,\quad i=1,2,\cdots,j-1 \tag{2-23}$$

由于 $\widetilde{\boldsymbol{q}}$ 已经与 $\boldsymbol{q}_i$ 接近正交，所以 $\widetilde{r}_{ij}$ 接近 0。把它累加到 r_{ij} 中，可得

$$r_{ij}\leftarrow r_{ij}+\widetilde{r}_{ij},\quad i=1,2,\cdots,j-1 \tag{2-24}$$

如果式(2-23)计算后的$\|\widetilde{\boldsymbol{q}}\|_2$ 与式(2-22)计算后的$\|\widetilde{\boldsymbol{q}}\|_2$ 相比还是很小，还可以继续正交化，但是两次正交化的缺点就是浮点操作加倍。

2.3.2 Krylov 子空间的正交化

$\mathbb{C}^n$ 的关于 $\boldsymbol{A}\in\mathbb{C}^{n\times n}$ 和 $\boldsymbol{v}_1\in\mathbb{C}^n$ 的 Krylov 子空间定义为

$$\mathcal{K}_m\equiv\mathcal{K}(\boldsymbol{A},\boldsymbol{v}_1,m)=\mathrm{span}\{\boldsymbol{v}_1,\boldsymbol{A}\boldsymbol{v}_1,\cdots,\boldsymbol{A}^{m-1}\boldsymbol{v}_1\} \tag{2-25}$$

其中，m 为给定的正整数。可以证明$\mathbb{C}^n$ 的$\mathcal{K}(\boldsymbol{A},\boldsymbol{v}_1,m)$的(复)维数为

$$\dim[\mathcal{K}(\boldsymbol{A},\boldsymbol{v}_1,m)]=\min\{m,\mathrm{grad}(\boldsymbol{A},\boldsymbol{v}_1)\} \tag{2-26}$$

其中，$\mathrm{grad}(\boldsymbol{A},\boldsymbol{v}_1)$表示使 $p(\boldsymbol{A})\boldsymbol{v}_1=0$ 成立的所有首项系数为 1 的多项式的最低阶数。

对$\mathcal{K}_m$用格拉姆-施密特正交化得到阿诺德算法。在格拉姆-施密特正交化的算法 2.1 中，被正交化的向量序列$\{\boldsymbol{x}_j\}$是已知的。Krylov 子空间的$\boldsymbol{A}^j\boldsymbol{v}_1$未知，在正交化过程中，基于工作量的考虑，它不应该被计算。那么 Krylov 子空间如何正交化呢？假设$\boldsymbol{v}_1,\boldsymbol{v}_2,\cdots,\boldsymbol{v}_j$是$\boldsymbol{v}_1,\boldsymbol{A}\boldsymbol{v}_1,\cdots,\boldsymbol{A}^{j-1}\boldsymbol{v}_1$的正交化序列，如果按格拉姆-施密特正交化的算法，$\boldsymbol{v}_{j+1}$是$\boldsymbol{A}^j\boldsymbol{v}_1$和$\boldsymbol{v}_1,\boldsymbol{v}_2,\cdots,\boldsymbol{v}_j$的组合，这需要计算$\boldsymbol{A}^j\boldsymbol{v}_1$。事实上，由于$\boldsymbol{v}_j$是$\boldsymbol{v}_1,\boldsymbol{A}\boldsymbol{v}_1,\cdots,\boldsymbol{A}^{j-1}\boldsymbol{v}_1$的线性组合，$\boldsymbol{A}\boldsymbol{v}_j$是$\boldsymbol{A}\boldsymbol{v}_1$，$\boldsymbol{A}^2\boldsymbol{v}_1,\cdots,\boldsymbol{A}^j\boldsymbol{v}_1$的线性组合，它包含了$\boldsymbol{A}^j\boldsymbol{v}_1$的成分。所以，构造$\boldsymbol{v}_{j+1}$是$\boldsymbol{A}\boldsymbol{v}_j$和$\boldsymbol{v}_1,\boldsymbol{v}_2,\cdots,\boldsymbol{v}_j$的线性组合，这就是阿诺德算法。

算法 2.2　给定$\boldsymbol{A}\in\mathbb{C}^{n\times n}$和$\boldsymbol{v}_1\in\mathbb{C}^n$以及正整数$m$。设$\|\boldsymbol{v}_1\|_2=1$。该算法程序如下。

(1) 对j从 1 到m循环(执行第 2 行到第 6 行)。

(2) $h_{ij}=(\boldsymbol{v}_i,\boldsymbol{A}\boldsymbol{v}_j),i=1,2,\cdots,j$。

(3) $\boldsymbol{w}_j=\boldsymbol{A}\boldsymbol{v}_j-\sum\limits_{i=1}^{j}h_{ij}\boldsymbol{v}_i$。

(4) $h_{j+1,j}=\|\boldsymbol{w}_j\|_2$。

(5) 若$h_{j+1,j}=0$，程序停止。

(6) $\boldsymbol{v}_{j+1}=\boldsymbol{w}_j/h_{j+1,j}$。

若程序经过第m次循环之前都未终止，即

$$h_{j+1,j}\neq0,\quad j=1,2,\cdots,m-1$$

则该算法产生$\{\boldsymbol{v}_j\}_{j=1}^m$，它刚好就是$\mathcal{K}_m$的标准正交基，即

$$\mathcal{K}_m=\mathrm{span}(\boldsymbol{v}_1,\boldsymbol{v}_2,\cdots,\boldsymbol{v}_m)\tag{2-27}$$

若程序经过第$m+1$次循环之前都未终止，即

$$h_{j+1,j}\neq0,\quad j=1,2,\cdots,m$$

通过第 3 行和第 6 行的关系式，可得

$$\boldsymbol{A}\boldsymbol{v}_j=\sum_{i=1}^{j+1}h_{ij}\boldsymbol{v}_i=\begin{pmatrix}h_{1j}\\ \vdots\\ h_{j+1,j}\end{pmatrix}(\boldsymbol{v}_1,\cdots,\boldsymbol{v}_{j+1}),\quad j=1,2,\cdots,m\tag{2-28}$$

即

$$(\boldsymbol{A}\boldsymbol{v}_1,\boldsymbol{A}\boldsymbol{v}_2,\cdots,\boldsymbol{A}\boldsymbol{v}_m)=(\boldsymbol{v}_1,\boldsymbol{v}_2,\cdots,\boldsymbol{v}_{m+1})\bar{\boldsymbol{H}}_m\tag{2-29}$$

这里$(m+1)\times m$阶矩阵$\bar{\boldsymbol{H}}_m=(h_{ij})$为上海森伯矩阵：

$$\bar{\boldsymbol{H}}_m=\begin{pmatrix}h_{11}&h_{12}&\cdots&h_{1m}\\ h_{21}&h_{22}&\cdots&h_{2m}\\ &\ddots&\ddots&\\ &&&h_{mm}\\ &&&h_{m+1,m}\end{pmatrix}$$

值得注意的是,$h_{j+1,j}$ $(1\leqslant j\leqslant m)$是非负的实数,$h_{ij}$ $(1\leqslant i\leqslant j\leqslant m)$为复数。式(2-29)的矩阵形式为

$$\boldsymbol{A}\boldsymbol{V}_m=\boldsymbol{V}_{m+1}\bar{\boldsymbol{H}}_m=\boldsymbol{V}_m\boldsymbol{H}_m+h_{m+1,m}\boldsymbol{v}_{m+1}\boldsymbol{e}_m^{\mathrm{T}} \tag{2-30}$$

其中,$\boldsymbol{V}_m=(\boldsymbol{v}_1,\boldsymbol{v}_2,\cdots,\boldsymbol{v}_m)$,$\boldsymbol{V}_{m+1}=(\boldsymbol{V}_m,\boldsymbol{v}_{m+1})$,$\boldsymbol{H}_m$ 是 $\bar{\boldsymbol{H}}_m=(h_{ij})$中删去最后一行得到的 m 阶上海森伯矩阵,$\boldsymbol{e}_m$ 是最后分量为 1、其他分量为 0 的 m 维列向量。在式(2-30)两边左乘 $\boldsymbol{V}_m^{\dagger}$,可得

$$\boldsymbol{V}_m^{\dagger}\boldsymbol{A}\boldsymbol{V}_m=\boldsymbol{H}_m \tag{2-31}$$

如果算法在第 j $(j\leqslant m)$步终止,即

$$h_{i+1,i}\neq 0,\quad i=1,2,\cdots,j-1,\quad h_{j+1,j}=0$$

我们只能得到$\{\boldsymbol{v}_i\}_{i=1}^{j}$,它们刚好构成$\mathcal{K}_m$ 的标准正交基,此时 $\dim(\mathcal{K}_m)=\operatorname{grad}(\boldsymbol{A},\boldsymbol{v}_1)=j$。

在阿诺德算法的第 j 步中,$\boldsymbol{w}_j$ 和$\{h_{ij}\}_{i=1}^{j}$可以耦合在一起计算,这就是修改的阿诺德算法。

算法 2.3 给定 $\boldsymbol{A}\in\mathbb{C}^{n\times n}$,$\boldsymbol{v}_1\in\mathbb{C}^n$ 以及正整数 m。设$\|\boldsymbol{v}_1\|_2=1$。该算法程序如下。

(1) 对 j 从 1 到 m 循环(执行第 2 行到第 8 行)。

(2) $\boldsymbol{w}_j=\boldsymbol{A}\boldsymbol{v}_j$。

(3) 对 i 从 1 到 j 循环(执行下面两行)。

(4) $h_{ij}=(\boldsymbol{v}_i,\boldsymbol{w}_j)$。

(5) $\boldsymbol{w}_j\equiv\boldsymbol{w}_j-h_{ij}\boldsymbol{v}_i$。

(6) $h_{j+1,j}=\|\boldsymbol{w}_j\|_2$。

(7) 若 $h_{j+1,j}=0$,程序停止。

(8) $\boldsymbol{v}_{j+1}=\boldsymbol{w}_j/h_{j+1,j}$。

从算法的第 4 行和第 5 行可得

$$h_{ij}=(\boldsymbol{v}_i,\boldsymbol{w}_j)=(\boldsymbol{v}_i,\boldsymbol{A}\boldsymbol{v}_j-\sum_{k=1}^{i-1}h_{kj}\boldsymbol{v}_k)=(\boldsymbol{v}_i,\boldsymbol{A}\boldsymbol{v}_j) \tag{2-32}$$

修改的阿诺德算法和阿诺德算法在数学上等价,但修改的阿诺德算法把 h_{ij} 和 $\boldsymbol{w}_j$ 耦合在一起有助于减少舍入误差的影响。

当 $\boldsymbol{A}$ 为厄米矩阵时,修改的阿诺德算法可以简化,这就是兰乔斯算法。根据修改的阿诺德算法 2.3,$\boldsymbol{V}_m^{\dagger}\boldsymbol{A}\boldsymbol{V}_m=\boldsymbol{H}_m$,其中 $\boldsymbol{H}_m$ 为 m 阶上海森伯矩阵。由于 $\boldsymbol{A}$ 为厄米矩阵,所以 $\boldsymbol{H}_m$ 为三对角厄米矩阵。由于算法 2.3 中 $h_{j+1,j}$ $(1\leqslant j\leqslant m)$是非负实数,所以,$\boldsymbol{H}_m$ 为三对角对称矩阵。根据以前记号,令 $\alpha_j=h_{jj}$,$\beta_j=h_{j-1,j}$,则有

$$\boldsymbol{T}_m=\boldsymbol{H}_m=\begin{pmatrix}\alpha_1 & \beta_2 & & & \\ \beta_2 & \alpha_2 & \beta_3 & & \\ & \ddots & \ddots & \ddots & \\ & & \beta_{m-1} & \alpha_{m-1} & \beta_m \\ & & & \beta_m & \alpha_m\end{pmatrix} \tag{2-33}$$

由于 $h_{ij}=0(i<j-1)$，算法 2.3 的第 3 行中的 i 只要从 $j-1$ 开始循环。当 $i=j-1$ 循环结束后，$\boldsymbol{w}_j=\boldsymbol{A}\boldsymbol{v}_j-h_{j-1,j}\boldsymbol{v}_{j-1}=\boldsymbol{A}\boldsymbol{v}_j-\beta_j\boldsymbol{v}_{j-1}$。当 $i=j$ 循环结束后，$\boldsymbol{w}_j$ 被更新为 $\boldsymbol{w}_j-h_{jj}\boldsymbol{v}_j=\boldsymbol{w}_j-\alpha_j\boldsymbol{v}_j$，其中 $\alpha_j=h_{jj}=(\boldsymbol{v}_j,\boldsymbol{w}_j)$，这里 $\boldsymbol{w}_j$ 是更新前的向量。当 $\boldsymbol{A}$ 为厄米矩阵时，算法 2.3 变为兰乔斯算法。

算法 2.4　给定厄米矩阵 $\boldsymbol{A}\in\mathbb{C}^{n\times n}$ 和向量 $\boldsymbol{v}_1\in\mathbb{C}^n$ 以及正整数 m，设 $\|\boldsymbol{v}_1\|_2=1$。

（1）对 j 从 1 到 m 循环（执行第 2 行到第 6 行）。

（2）计算 $\boldsymbol{w}_j=\boldsymbol{A}\boldsymbol{v}_j-\beta_j\boldsymbol{v}_{j-1}$，这里 $\beta_1 v_0=0$。

（3）令 $\alpha_j=(\boldsymbol{v}_j,\boldsymbol{w}_j)$。

（4）$\boldsymbol{w}_j\equiv\boldsymbol{w}_j-\alpha_j\boldsymbol{v}_j$。

（5）计算 $\beta_{j+1}=\|\boldsymbol{w}_j\|_2$。若 $\beta_{j+1}=0$，程序停止。

（6）计算 $\boldsymbol{v}_{j+1}=\boldsymbol{w}_j/\beta_{j+1}$。

该算法是算法 2.3 的特殊情况，所以

$$\boldsymbol{A}\boldsymbol{V}_m=\boldsymbol{V}_m\boldsymbol{T}_m+\beta_{m+1}\boldsymbol{v}_{m+1}\boldsymbol{e}_m^{\mathrm{T}}=\boldsymbol{V}_{m+1}\bar{\boldsymbol{T}}_m,\quad \boldsymbol{V}_m^{\dagger}\boldsymbol{A}\boldsymbol{V}_m=\boldsymbol{T}_m \tag{2-34}$$

这里 $\bar{\boldsymbol{T}}_m$ 是把 $\boldsymbol{T}_m$ 的最后一行之后添上一行 $(0,\cdots,0,\beta_{m+1})$ 得到的 $(m+1)\times m$ 矩阵。为了得到 $\{\boldsymbol{v}_j\}_{j=1}^{m+1}$，需要假设 $\beta_j\neq 0, 2\leqslant j\leqslant m+1$。

2.4　酉相似变换

确定稠密矩阵 $\boldsymbol{A}$ 的特征值和特征向量的有效方法就是通过相似变换，把 $\boldsymbol{A}$ 变为简单的形式 $\boldsymbol{B}$。再对 $\boldsymbol{B}$ 用相关的算法求出 $\boldsymbol{A}$ 的所有特征值。设 $\boldsymbol{A}_1=\boldsymbol{A}$，$\boldsymbol{A}_{i+1}=\boldsymbol{T}_i^{-1}\boldsymbol{A}_i\boldsymbol{T}_i, i=1,2,\cdots,m-1$。显然 $\boldsymbol{B}=\boldsymbol{A}_m=\boldsymbol{T}^{-1}\boldsymbol{A}\boldsymbol{T}$，其中 $\boldsymbol{T}=\boldsymbol{T}_1\boldsymbol{T}_2\cdots\boldsymbol{T}_{m-1}$。若 λ 是 $\boldsymbol{B}$ 的特征值，相应特征向量为 $\boldsymbol{y}$，则 λ 也是 $\boldsymbol{A}$ 的特征值，相应的特征向量为 $\boldsymbol{T}\boldsymbol{y}$。由于舍入误差的存在，在相似变换中要求 $\boldsymbol{B}$ 的扰动 $\delta\boldsymbol{B}$ 对 $\boldsymbol{A}$ 的影响不大。根据 $\boldsymbol{B}=\boldsymbol{T}^{-1}\boldsymbol{A}\boldsymbol{T}$，$\boldsymbol{A}$ 的扰动 $\delta\boldsymbol{A}$ 满足下式：

$$\boldsymbol{B}+\delta\boldsymbol{B}=\boldsymbol{T}^{-1}(\boldsymbol{A}+\delta\boldsymbol{A})\boldsymbol{T}\Longleftrightarrow\delta\boldsymbol{A}=\boldsymbol{T}\delta\boldsymbol{B}\boldsymbol{T}^{-1}$$

由于 $\|\boldsymbol{B}\|=\|\boldsymbol{T}^{-1}\boldsymbol{A}\boldsymbol{T}\|\leqslant\kappa(\boldsymbol{A})\|\boldsymbol{A}\|$，可得

$$\frac{\|\delta\boldsymbol{A}\|}{\|\boldsymbol{A}\|}\leqslant\frac{\|\boldsymbol{T}\|\|\boldsymbol{T}^{-1}\|\|\delta\boldsymbol{B}\|}{\|\boldsymbol{A}\|}\leqslant\kappa(\boldsymbol{T})^2\frac{\|\delta\boldsymbol{B}\|}{\|\boldsymbol{B}\|}$$

其中，$\kappa(\boldsymbol{T})=\|\boldsymbol{T}\|\|\boldsymbol{T}^{-1}\|$ 为矩阵 $\boldsymbol{T}$ 算子范数意义下的条件数。由于

$$\kappa(\boldsymbol{T})\leqslant\kappa(\boldsymbol{T}_1)\cdots\kappa(\boldsymbol{T}_{m-1})$$

为了使 $\kappa(\boldsymbol{T})$ 不至于太大，就要控制每个 $\kappa(\boldsymbol{T}_i)$。

对 $\boldsymbol{A}$ 进行分块：

$$\boldsymbol{A}_1=\boldsymbol{A}=\begin{pmatrix} a_{11} & \boldsymbol{A}_{12}^{(1)} \\ \boldsymbol{A}_{21}^{(1)} & \boldsymbol{A}_{22}^{(1)} \end{pmatrix} \tag{2-35}$$

其中，a_{11} 是一个数，设 $\boldsymbol{T}_1$ 可以表示为

$$\boldsymbol{T}_1=\begin{pmatrix}1 & 0\\ 0 & \boldsymbol{R}_1\end{pmatrix} \tag{2-36}$$

其中，$\boldsymbol{R}_1$ 为 $n-1$ 阶矩阵，则

$$\boldsymbol{A}_2=\boldsymbol{T}_1^{-1}\boldsymbol{A}_1\boldsymbol{T}_1=\begin{pmatrix}a_{11} & \boldsymbol{A}_{12}^{(1)}\boldsymbol{R}_1\\ \boldsymbol{R}_1^{-1}\boldsymbol{A}_{21}^{(1)} & \boldsymbol{R}_1^{-1}\boldsymbol{A}_{22}^{(1)}\boldsymbol{R}_1\end{pmatrix} \tag{2-37}$$

现取 $\boldsymbol{R}_1$，使得 $n-1$ 维向量 $\boldsymbol{R}_1^{-1}\boldsymbol{A}_{21}^{(1)}$ 除了第 1 个元素之外其他分量都为 0。这一过程通过豪斯霍尔德方法实现。对 $\boldsymbol{A}_2$ 中的子块 $\boldsymbol{R}_1^{-1}\boldsymbol{A}_{22}^{(1)}\boldsymbol{R}_1$ 重复上述过程得到 $\boldsymbol{A}_3$，这样一直进行下去，最多用 $n-2$ 次就可以把 $\boldsymbol{A}$ 变为相似矩阵 $\boldsymbol{B}$。这样的 $\boldsymbol{B}$ 必定为如下形式：

$$\boldsymbol{B}=\begin{pmatrix}\times & \times & \cdots & \cdots & \times\\ \times & \times & \cdots & \cdots & \times\\ & \times & \times & \cdots & \times\\ & & \ddots & \ddots & \vdots\\ & & & \times & \times\end{pmatrix} \tag{2-38}$$

即 $b_{ij}=0, i>j+1$，它就是上海森伯矩阵。

不妨设 $\boldsymbol{A}_{21}^{(1)}\neq 0$，否则，这一步不需要约化。选 $n-1$ 阶复豪斯霍尔德矩阵 $\boldsymbol{R}_1(\boldsymbol{R}_1^{-1}=\boldsymbol{R}_1^{\dagger}=\boldsymbol{R}_1)$，使得

$$\boldsymbol{R}_1\boldsymbol{A}_{21}^{(1)}=-\sigma_1\boldsymbol{e}_1,\quad \sigma_1\in\mathbb{C}$$

$$\boldsymbol{A}_2=\boldsymbol{T}_1^{-1}\boldsymbol{A}_1\boldsymbol{T}_1=\boldsymbol{T}_1\boldsymbol{A}_1\boldsymbol{T}_1=\begin{pmatrix}a_{11} & \times & \times & \cdots & \times\\ -\sigma_1 & \times & \times & \cdots & \times\\ 0 & \times & \times & \cdots & \times\\ \vdots & & \vdots & & \vdots\\ 0 & \times & \times & \cdots & \times\end{pmatrix} \tag{2-39}$$

显然，$\boldsymbol{T}_1$ 为 n 阶酉矩阵，$\kappa(\boldsymbol{T}_1)_2=1$。不断重复这个过程，就得到上海森伯矩阵。

定理 2.2 如果 $\boldsymbol{A}\in\mathbb{C}^{n\times n}$，则存在复海森伯矩阵 $\boldsymbol{T}_1,\boldsymbol{T}_2,\cdots,\boldsymbol{T}_{n-2}$，使得

$$\boldsymbol{B}=\boldsymbol{T}_{n-2}\cdots\boldsymbol{T}_1\boldsymbol{A}\boldsymbol{T}_1\cdots\boldsymbol{T}_{n-2} \tag{2-40}$$

为上海森伯矩阵。若 $\boldsymbol{A}$ 为厄米矩阵，则 $\boldsymbol{B}$ 为三对角厄米矩阵。

令 $\boldsymbol{T}=\boldsymbol{T}_{n-2}\cdots\boldsymbol{T}_1$，则

$$\boldsymbol{A}=\boldsymbol{T}^{-1}\boldsymbol{B}\boldsymbol{T} \tag{2-41}$$

其中，$\boldsymbol{T}$ 为 n 阶酉矩阵，$\boldsymbol{B}$ 为上海森伯矩阵，称式(2-41)为复矩阵 $\boldsymbol{A}$ 的海森伯分解。

复吉文斯变换也可以把复矩阵经过酉相似变换变为上海森伯矩阵，定理 2.3 解答了海森伯分解的唯一性问题。

定理 2.3 设 $\boldsymbol{A}\in\mathbb{C}^{n\times n}$ 有如下两个海森伯分解：

$$\boldsymbol{U}^{\dagger}\boldsymbol{A}\boldsymbol{U}=\boldsymbol{H},\quad \boldsymbol{V}^{\dagger}\boldsymbol{A}\boldsymbol{V}=\boldsymbol{G} \tag{2-42}$$

其中，$\boldsymbol{U}=(\boldsymbol{u}_1,\boldsymbol{u}_2,\cdots,\boldsymbol{u}_n)$和$\boldsymbol{V}=(\boldsymbol{v}_1,\boldsymbol{v}_2,\cdots,\boldsymbol{v}_n)$是 n 阶酉矩阵，$\boldsymbol{H}=(h_{ij})$和$\boldsymbol{G}=(g_{ij})$为上海森伯矩阵。若 $\boldsymbol{u}_1=\boldsymbol{v}_1$，$\boldsymbol{H}$ 的次对角元 $h_{i+1,i}\neq 0$，$i=1,2,\cdots,n-1$，则存在对角元的模为 1 的对角矩阵 $\boldsymbol{D}=\mathrm{diag}(\varepsilon_1,\cdots,\varepsilon_n)$，使得

$$\boldsymbol{U}=\boldsymbol{V}\boldsymbol{D},\quad \boldsymbol{H}=\boldsymbol{D}^{\dagger}\boldsymbol{G}\boldsymbol{D} \tag{2-43}$$

即 $\boldsymbol{u}_i=\varepsilon_i\boldsymbol{v}_i$，$h_{ij}=\varepsilon_i^*\varepsilon_j g_{ij}$，$i,j=1,2,\cdots,n$。这里 $\boldsymbol{D}$ 的对角元满足 $\varepsilon_1=1$，$|\varepsilon_i|=1$，$i=2,\cdots,n$。

证明：由分解式(2-42)得

$$\boldsymbol{AU}=\boldsymbol{UH},\quad \boldsymbol{AV}=\boldsymbol{VG}$$

比较两个矩阵等式的第 m 列：

$$\boldsymbol{A}\boldsymbol{u}_m=h_{1m}\boldsymbol{u}_1+\cdots+h_{mm}\boldsymbol{u}_m+h_{m+1,m}\boldsymbol{u}_{m+1} \tag{2-44}$$

$$\boldsymbol{A}\boldsymbol{v}_m=g_{1m}\boldsymbol{v}_1+\cdots+g_{mm}\boldsymbol{v}_m+g_{m+1,m}\boldsymbol{v}_{m+1} \tag{2-45}$$

根据 $\boldsymbol{U}$ 和 $\boldsymbol{V}$ 中列的正交性，由式(2-44)和式(2-45)可得

$$h_{im}=\boldsymbol{u}_i^{\dagger}\boldsymbol{A}\boldsymbol{u}_m,\quad g_{im}=\boldsymbol{v}_i^{\dagger}\boldsymbol{A}\boldsymbol{v}_m,\quad i=1,2,\cdots,m$$

设对某个 $m(1\leqslant m<n)$，

$$\boldsymbol{u}_i=\varepsilon_i\boldsymbol{v}_i,\quad i=1,2,\cdots,m \tag{2-46}$$

其中，$\varepsilon_1=1$，$|\varepsilon_i|=1$，$2\leqslant i\leqslant m$，则

$$h_{im}=\varepsilon_i^*\varepsilon_m g_{im},\quad i=1,2,\cdots,m \tag{2-47}$$

把式(2-47)代入式(2-44)得到

$$\begin{aligned}h_{m+1,m}\boldsymbol{u}_{m+1}&=\varepsilon_m\boldsymbol{A}\boldsymbol{v}_m-(\varepsilon_1^*\varepsilon_m g_{1m})(\varepsilon_1\boldsymbol{v}_1)-\cdots-(\varepsilon_m^*\varepsilon_m g_{mm})(\varepsilon_m\boldsymbol{v}_m)\\&=\varepsilon_m(\boldsymbol{A}\boldsymbol{v}_m-g_{1m}\boldsymbol{v}_1-\cdots-g_{mm}\boldsymbol{v}_m)\\&=\varepsilon_m g_{m+1,m}\boldsymbol{v}_{m+1}\end{aligned}$$

由于$\|\boldsymbol{u}_{m+1}\|_2=\|\boldsymbol{v}_{m+1}\|_2=1$，故

$$|h_{m+1,m}|=|g_{m+1,m}|$$

若 $h_{m+1,m}\neq 0$，则

$$\boldsymbol{u}_{m+1}=\varepsilon_{m+1}\boldsymbol{v}_{m+1}$$

其中，$\varepsilon_{m+1}=\varepsilon_m\dfrac{g_{m+1,m}}{h_{m+1,m}}$满足$|\varepsilon_{m+1}|=1$。根据归纳法完成了定理的证明。

2.5　最小二乘问题

设 $\boldsymbol{A}\in\mathbb{C}^{m\times n}$，$\boldsymbol{b}\in\mathbb{C}^m$。考虑最小二乘问题：

$$\min_{x\in\mathbb{C}^n}\|\boldsymbol{A}\boldsymbol{x}-\boldsymbol{b}\|_2 \tag{2-48}$$

使得$\|\boldsymbol{b}-\boldsymbol{A}\boldsymbol{x}\|_2$ 达到极小的 $\boldsymbol{x}\in\mathbb{C}^n$，称为最小二乘解或极小解。所有这些极小解构成的集合记为 S。把 $\boldsymbol{A}$ 写为 $\boldsymbol{A}=(\boldsymbol{a}_1,\boldsymbol{a}_2,\cdots,\boldsymbol{a}_n)$，$\boldsymbol{a}_i\in\mathbb{C}^m$，$i=1,2,\cdots,m$。最小二乘问题等价于求$\{\boldsymbol{a}_i\}_{i=1}^n$的线性组合使得它和 $\boldsymbol{b}$ 的 2 范数达到最小。分

为两种情况：第一种是$\{\boldsymbol{a}_i\}_{i=1}^n$线性无关，即 $\boldsymbol{A}$ 为列满秩。第二种是$\{\boldsymbol{a}_i\}_{i=1}^n$线性相关，即 $\boldsymbol{A}$ 为秩亏的。

下面介绍最小二乘问题的相关定理。

定理 2.4 给出了极小解的一个刻画。

定理 2.4 $\boldsymbol{x}\in S$ 的充要条件是 $\boldsymbol{x}$ 为

$$\boldsymbol{A}^{\dagger}\boldsymbol{A}\boldsymbol{x}=\boldsymbol{A}^{\dagger}\boldsymbol{b} \tag{2-49}$$

的解。

证明：定义 n 元二次函数，即

$$f(\boldsymbol{x})=\frac{1}{2}\|\boldsymbol{A}\boldsymbol{x}-\boldsymbol{b}\|_2^2=\frac{1}{2}\boldsymbol{x}^{\dagger}\boldsymbol{A}^{\dagger}\boldsymbol{A}\boldsymbol{x}-\boldsymbol{b}^{\dagger}\boldsymbol{A}\boldsymbol{x}+\frac{1}{2}\boldsymbol{b}^{\dagger}\boldsymbol{b}$$

$\boldsymbol{x}$ 为最小二乘问题式(2－48)的解，等价于 $\boldsymbol{x}$ 是 $f(\boldsymbol{x})$的极小值，这又等价于$\nabla f(\boldsymbol{x})=\boldsymbol{A}^{\dagger}(\boldsymbol{A}\boldsymbol{x}-\boldsymbol{b})=\boldsymbol{0}$。证毕。

当 $\boldsymbol{b}$ 在 $\boldsymbol{A}$ 的值域，即

$$\mathrm{range}(\boldsymbol{A})=\{\boldsymbol{A}\boldsymbol{x}:\boldsymbol{x}\in\mathbb{C}^n\}=\mathrm{span}\{\boldsymbol{a}_1,\boldsymbol{a}_2,\cdots,\boldsymbol{a}_n\}$$

则必定有 $\boldsymbol{x}\in\mathbb{C}^n$ 使得 $\boldsymbol{A}\boldsymbol{x}=\boldsymbol{b}$，从而$\|\boldsymbol{A}\boldsymbol{x}-\boldsymbol{b}\|_2=0$，即 $\boldsymbol{x}$ 为极小解。当 $\boldsymbol{b}\notin\mathrm{range}(\boldsymbol{A})$时，$\boldsymbol{b}$ 可以唯一的表示为

$$\boldsymbol{b}=\boldsymbol{b}_1+\boldsymbol{b}_2,\quad \boldsymbol{b}_1\in\mathrm{range}(\boldsymbol{A}),\quad \boldsymbol{b}_2\in\mathrm{range}(\boldsymbol{A})^{\perp} \tag{2-50}$$

由于 $\boldsymbol{b}_2$ 和 $\boldsymbol{A}\boldsymbol{x}-\boldsymbol{b}_1$ 正交，即

$$\|\boldsymbol{A}\boldsymbol{x}-\boldsymbol{b}\|_2^2=\|\boldsymbol{A}\boldsymbol{x}-\boldsymbol{b}_1-\boldsymbol{b}_2\|_2^2=\|\boldsymbol{A}\boldsymbol{x}-\boldsymbol{b}_1\|_2^2+\|\boldsymbol{b}_2\|_2^2$$

又因为 $\boldsymbol{b}_1\in\mathrm{range}(\boldsymbol{A})$，必定存在 $\boldsymbol{x}\in\mathbb{C}^n$ 使得 $\boldsymbol{A}\boldsymbol{x}=\boldsymbol{b}_1$，从而$\|\boldsymbol{A}\boldsymbol{x}-\boldsymbol{b}\|_2^2=\|\boldsymbol{b}_2\|_2^2$。以上讨论得到了最小二乘解的另一个刻画。

定理 2.5 $\boldsymbol{x}\in S$ 的充要条件是 $\boldsymbol{x}$ 为

$$\boldsymbol{A}\boldsymbol{x}=\boldsymbol{b}_1 \tag{2-51}$$

的解，其中 $\boldsymbol{b}_1$ 和 $\boldsymbol{b}_2$ 在式(2－50)式中定义。

该定理表明最小二乘问题式(2－48)必定有极小解，它就是 $\boldsymbol{b}_1$($\boldsymbol{b}$ 在 $\mathrm{range}(\boldsymbol{A})$上的投影)用$\{\boldsymbol{a}_i\}_{i=1}^n$线性表示中的系数。当 $\boldsymbol{A}$ 为列满秩，则方程组式(2－49)和式(2－51)的解唯一，从而 S 中元素唯一。若 $\boldsymbol{A}$ 为秩亏的，则方程组式(2－49)和式(2－51)都有无穷多个解，从而 S 也有无穷多个极小解。引入一般矩阵的广义逆，可以给出最小二乘问题极小解的通解。

定义 2.1 设 $\boldsymbol{A}\in\mathbb{C}^{m\times n}$。若 $\boldsymbol{A}^{+}\in\mathbb{C}^{n\times m}$满足下式：

(1) $\boldsymbol{A}\boldsymbol{A}^{+}\boldsymbol{A}=\boldsymbol{A}$，$\boldsymbol{A}^{+}\boldsymbol{A}\boldsymbol{A}^{+}=\boldsymbol{A}^{+}$。

(2) $(\boldsymbol{A}\boldsymbol{A}^{+})^{\dagger}=\boldsymbol{A}\boldsymbol{A}^{+}$，$(\boldsymbol{A}^{+}\boldsymbol{A})^{\dagger}=\boldsymbol{A}^{+}\boldsymbol{A}$。

称 $\boldsymbol{A}^{+}$为 $\boldsymbol{A}$ 的广义逆。

可以证明 $\boldsymbol{A}$ 的广义逆 $\boldsymbol{A}^{+}$存在并唯一。若 $\boldsymbol{A}$ 有奇异值分解，则

$$\boldsymbol{A}=\boldsymbol{U}\begin{pmatrix}\boldsymbol{\Sigma}_r & \boldsymbol{0}\\ \boldsymbol{0} & \boldsymbol{0}\end{pmatrix}\boldsymbol{V}^{\dagger}$$

其中，$\boldsymbol{U}$ 和 $\boldsymbol{V}$ 分别为 m 阶和 n 阶酉矩阵，$\boldsymbol{\Sigma}_r = \mathrm{diag}(\sigma_1, \sigma_2, \cdots, \sigma_r)$ 为 r 阶对角矩阵。$\boldsymbol{A}$ 的广义逆可以表示为

$$\boldsymbol{A}^+ = \boldsymbol{V}\begin{pmatrix} \boldsymbol{\Sigma}_r^{-1} & \boldsymbol{0} \\ \boldsymbol{0} & \boldsymbol{0} \end{pmatrix}\boldsymbol{U}^\dagger \tag{2-52}$$

记 $\boldsymbol{U} = (\boldsymbol{U}_1, \boldsymbol{U}_2)$，$\boldsymbol{V} = (\boldsymbol{V}_1, \boldsymbol{V}_2)$，其中，$\boldsymbol{U}_1 = (\boldsymbol{u}_1, \boldsymbol{u}_2, \cdots, \boldsymbol{u}_r)$，$\boldsymbol{U}_2 = (\boldsymbol{u}_{r+1}, \boldsymbol{u}_{r+2}, \cdots, \boldsymbol{u}_m)$分别为 $m \times r$ 和 $m \times (m-r)$ 矩阵，$\boldsymbol{V}_1 = (\boldsymbol{v}_1, \boldsymbol{v}_2, \cdots, \boldsymbol{v}_r)$，$\boldsymbol{V}_2 = (\boldsymbol{v}_{r+1}, \boldsymbol{v}_{r+2}, \cdots, \boldsymbol{v}_n)$分别为 $n \times r$ 和 $n \times (n-r)$矩阵。容易验证下式：

$$\boldsymbol{A}\boldsymbol{A}^+ = \boldsymbol{U}_1\boldsymbol{U}_1^\dagger, \quad \boldsymbol{A}^+\boldsymbol{A} = \boldsymbol{V}_1\boldsymbol{V}_1^\dagger$$

由于$\{\boldsymbol{u}_i\}_{i=1}^r$和$\{\boldsymbol{v}_i\}_{i=r+1}^n$分别为 range($\boldsymbol{A}$)和 null($\boldsymbol{A}$)的标准正交基，range($\boldsymbol{A}$)和 null($\boldsymbol{A}$)上的正交投影分别为

$$\boldsymbol{P}_{\mathrm{range}(\boldsymbol{A})} = \boldsymbol{U}_1\boldsymbol{U}_1^\dagger = \boldsymbol{A}\boldsymbol{A}^+, \quad \boldsymbol{P}_{\mathrm{null}(\boldsymbol{A})} = \boldsymbol{V}_2\boldsymbol{V}_2^\dagger = \boldsymbol{I}_n - \boldsymbol{V}_1\boldsymbol{V}_1^\dagger = \boldsymbol{I}_n - \boldsymbol{A}^+\boldsymbol{A} \tag{2-53}$$

range($\boldsymbol{A}$)$^\perp$ = null($\boldsymbol{A}^\dagger$)和 null($\boldsymbol{A}$)$^\perp$ 上的正交投影分别为

$$\boldsymbol{P}_{\mathrm{range}(\boldsymbol{A})^\perp} = \boldsymbol{I}_m - \boldsymbol{A}\boldsymbol{A}^+, \quad \boldsymbol{P}_{\mathrm{null}(\boldsymbol{A})^\perp} = \boldsymbol{A}^+\boldsymbol{A} \tag{2-54}$$

定理 2.6　最小二乘问题式(2-48)的极小解 $\boldsymbol{x} \in S$ 可以表示为

$$\boldsymbol{x} = \boldsymbol{A}^+\boldsymbol{b} + (\boldsymbol{I}_n - \boldsymbol{A}^+\boldsymbol{A})\boldsymbol{z} \tag{2-55}$$

其中 $\boldsymbol{z} \in \mathbb{C}^n$ 任意。在这些通解中最小二乘问题达到极小值 $\|\boldsymbol{b} - \boldsymbol{A}\boldsymbol{x}\|_2 = \|(\boldsymbol{I} - \boldsymbol{A}\boldsymbol{A}^+)\boldsymbol{b}\|_2$。这些通解中使得 2 范数达到最小的解为 $\boldsymbol{A}^+\boldsymbol{b}$。

证明：根据广义逆的定义，$\boldsymbol{A}^\dagger\boldsymbol{A}\boldsymbol{A}^+ = \boldsymbol{A}^\dagger$，故 $\boldsymbol{A}^\dagger\boldsymbol{A}(\boldsymbol{A}^+\boldsymbol{b}) = \boldsymbol{A}^\dagger\boldsymbol{b}$，即 $\boldsymbol{A}^+\boldsymbol{b}$ 是方程组式(2-49)的解。利用奇异值分解，可得

$$\mathrm{null}(\boldsymbol{A}^\dagger\boldsymbol{A}) = \mathrm{null}(\boldsymbol{A})$$

根据式(2-53)，可得

$$\mathrm{null}(\boldsymbol{A}^\dagger\boldsymbol{A}) = \mathrm{null}(\boldsymbol{A}) = \{(\boldsymbol{I}_n - \boldsymbol{A}^+\boldsymbol{A})\boldsymbol{z} : \boldsymbol{z} \in \mathbb{C}^n\}$$

所以方程组式(2-49)的解可以表示为式(2-55)中的形式。由于

$$((\boldsymbol{I}_n - \boldsymbol{A}^+\boldsymbol{A})\boldsymbol{z})^\dagger\boldsymbol{A}^+\boldsymbol{b} = \boldsymbol{z}^\dagger(\boldsymbol{I}_n - \boldsymbol{A}^+\boldsymbol{A})\boldsymbol{A}^+\boldsymbol{b} = 0$$

可知

$$\|\boldsymbol{A}^+\boldsymbol{b} + (\boldsymbol{I}_n - \boldsymbol{A}^+\boldsymbol{A})\boldsymbol{z}\|_2^2 = \|\boldsymbol{A}^+\boldsymbol{b}\|_2^2 + \|(\boldsymbol{I}_n - \boldsymbol{A}^+\boldsymbol{A})\boldsymbol{z}\|_2^2$$

这就是说，$\boldsymbol{A}^+\boldsymbol{b}$ 是通解中 2 范数最小的解。证毕。

根据定理 2.5，当 $\boldsymbol{b} \in$ range($\boldsymbol{A}$)时，最小二乘问题的极小解就是 $\boldsymbol{A}\boldsymbol{x} = \boldsymbol{b}$ 的解。下面的定理 2.7 给出了 $\boldsymbol{A}\boldsymbol{x} = \boldsymbol{b}$ 有解的另一个刻画。

定理 2.7　$\boldsymbol{A}\boldsymbol{x} = \boldsymbol{b}$ 有解的充要条件为

$$\boldsymbol{A}\boldsymbol{A}^+\boldsymbol{b} = \boldsymbol{b} \tag{2-56}$$

证明：若 $\boldsymbol{A}\boldsymbol{A}^+\boldsymbol{b} = \boldsymbol{b}$，则 $\boldsymbol{A}\boldsymbol{x} = \boldsymbol{b}$ 有解 $\boldsymbol{A}^+\boldsymbol{b}$。若 $\boldsymbol{A}\boldsymbol{x} = \boldsymbol{b}$，则

$$\boldsymbol{A}\boldsymbol{A}^+\boldsymbol{b} = \boldsymbol{A}\boldsymbol{A}^+\boldsymbol{A}\boldsymbol{x} = \boldsymbol{A}\boldsymbol{x} = \boldsymbol{b}$$

证毕。

2.6 偏最小二乘回归

设有 m 个自变量 $x_1,\cdots,x_m$，p 个因变量 $y_1,\cdots,y_p$。自变量 $\boldsymbol{X}=(x_1,\cdots,x_m)$ 和因变量 $\boldsymbol{Y}=(y_1,\cdots,y_p)$ 的 n 次观察数据为

$$\boldsymbol{X}_1=\begin{pmatrix} x_{11} & \cdots & x_{1m} \\ \vdots & & \vdots \\ x_{n1} & \cdots & x_{nm} \end{pmatrix}\in\mathbb{R}^{n\times m},\quad \boldsymbol{Y}_1=\begin{pmatrix} y_{11} & \cdots & y_{1p} \\ \vdots & & \vdots \\ y_{n1} & \cdots & y_{np} \end{pmatrix}\in\mathbb{R}^{n\times p} \tag{2-57}$$

假设 $\boldsymbol{X}_1$ 和 $\boldsymbol{Y}_1$ 中每列的 n 个观察数据都是归一化的，即均值为 0，方差为 1。

提取自变量 $\boldsymbol{X}$ 和因变量 $\boldsymbol{Y}$ 中的第一主成分：

$$t_1=u_{11}x_1+\cdots+u_{1m}x_m=\boldsymbol{X}\boldsymbol{u}_1,\quad s_1=v_{11}y_1+\cdots+v_{1p}y_p=\boldsymbol{Y}\boldsymbol{v}_1 \tag{2-58}$$

使得 t_1 和 s_1 之间有最大的相关度[协方差 $\mathrm{cov}(t_1,s_1)$]，其中 $\boldsymbol{u}_1=(u_{11},\cdots,u_{1m})^{\mathrm{T}}\in\mathbb{R}^m$ 和 $\boldsymbol{v}_1=(v_{11},\cdots,v_{1p})^{\mathrm{T}}\in\mathbb{R}^p$ 满足下式：

$$\boldsymbol{u}_1^{\mathrm{T}}\boldsymbol{u}_1=\boldsymbol{v}_1^{\mathrm{T}}\boldsymbol{v}_1=1 \tag{2-59}$$

对于样本数据式(2-57)，t_1 和 s_1 的得分向量分别为

$$\hat{\boldsymbol{t}}_1=\boldsymbol{X}_1\boldsymbol{u}_1\in\mathbb{R}^n,\quad \hat{\boldsymbol{s}}_1=\boldsymbol{Y}_1\boldsymbol{v}_1\in\mathbb{R}^n \tag{2-60}$$

协方差 $\mathrm{cov}(t_1,s_1)$ 可用 $\hat{\boldsymbol{t}}_1$ 和 $\hat{\boldsymbol{s}}_1$ 的内积计算，即

$$\hat{\boldsymbol{t}}_1^{\mathrm{T}}\hat{\boldsymbol{s}}_1=\boldsymbol{u}_1^{\mathrm{T}}\boldsymbol{X}_1^{\mathrm{T}}\boldsymbol{Y}_1\boldsymbol{v}_1 \tag{2-61}$$

在约束(2-59)下使得 $\hat{\boldsymbol{t}}_1^{\mathrm{T}}\hat{\boldsymbol{s}}_1$ 达到最大的 $\boldsymbol{u}_1$ 和 $\boldsymbol{v}_1$ 按如下计算。

$\boldsymbol{X}_1^{\mathrm{T}}\boldsymbol{Y}_1\in\mathbb{R}^{m\times p}$ 的奇异值分解为

$$\boldsymbol{X}_1^{\mathrm{T}}\boldsymbol{Y}_1=\boldsymbol{U}\boldsymbol{\Sigma}\boldsymbol{V}^{\mathrm{T}} \tag{2-62}$$

其中，$\boldsymbol{U}$ 和 $\boldsymbol{V}$ 分别是 $m\times r$ 矩阵和 $p\times r$ 矩阵，满足 $\boldsymbol{U}^{\mathrm{T}}\boldsymbol{U}=\boldsymbol{V}^{\mathrm{T}}\boldsymbol{V}=\boldsymbol{I}_r$，$\boldsymbol{\Sigma}=\mathrm{diag}(\sigma_1,\cdots,\sigma_r)$ 是 $\boldsymbol{X}_1^{\mathrm{T}}\boldsymbol{Y}_1$ 的 r 个非零奇异值组成的 r 阶对角矩阵，$\sigma_1\geqslant\cdots\geqslant\sigma_r>0$。代入式(2-61)，可得

$$\boldsymbol{u}_1^{\mathrm{T}}\boldsymbol{X}_1^{\mathrm{T}}\boldsymbol{Y}_1\boldsymbol{v}_1=(\boldsymbol{U}^{\mathrm{T}}\boldsymbol{u}_1)^{\mathrm{T}}\boldsymbol{\Sigma}(\boldsymbol{V}^{\mathrm{T}}\boldsymbol{v}_1)$$

$\boldsymbol{U}^{\mathrm{T}}\boldsymbol{u}_1$ 和 $\boldsymbol{V}^{\mathrm{T}}\boldsymbol{v}_1$ 都是 r 维的单位列向量，当 $\boldsymbol{U}^{\mathrm{T}}\boldsymbol{u}_1$ 和 $\boldsymbol{V}^{\mathrm{T}}\boldsymbol{v}_1$ 都是 $(1,0,\cdots,0)^{\mathrm{T}}\in\mathbb{R}^r$ 时，$\boldsymbol{u}_1^{\mathrm{T}}\boldsymbol{X}_1^{\mathrm{T}}\boldsymbol{Y}_1\boldsymbol{v}_1$ 达到最大，即 $\boldsymbol{u}_1$ 和 $\boldsymbol{v}_1$ 分别为 $\boldsymbol{U}$ 和 $\boldsymbol{V}$ 的第 1 列（$\boldsymbol{X}_1^{\mathrm{T}}\boldsymbol{Y}_1$ 的第 1 个左、右奇异向量）时达到最大值。事实上，$\boldsymbol{u}_1$ 和 $\boldsymbol{v}_1$ 分别是 $(\boldsymbol{X}_1^{\mathrm{T}}\boldsymbol{Y}_1)(\boldsymbol{X}_1^{\mathrm{T}}\boldsymbol{Y}_1)^{\mathrm{T}}=\boldsymbol{U}\boldsymbol{\Sigma}^2\boldsymbol{U}^{\mathrm{T}}$ 和 $(\boldsymbol{X}_1^{\mathrm{T}}\boldsymbol{Y}_1)^{\mathrm{T}}(\boldsymbol{X}_1^{\mathrm{T}}\boldsymbol{Y}_1)=\boldsymbol{V}\boldsymbol{\Sigma}^2\boldsymbol{V}^{\mathrm{T}}$ 的最大特征值 σ_1^2 对应的特征向量。

自变量 $\boldsymbol{X}$ 和因变量 $\boldsymbol{Y}$ 对第一主成分 t_1 回归。回归模型为

$$\boldsymbol{X}_1=\hat{\boldsymbol{t}}_1\boldsymbol{\alpha}_1^{\mathrm{T}}+\boldsymbol{X}_2,\quad \boldsymbol{Y}_1=\hat{\boldsymbol{t}}_1\boldsymbol{\beta}_1^{\mathrm{T}}+\boldsymbol{Y}_2 \tag{2-63}$$

其中，$\boldsymbol{X}_2\in\mathbb{R}^{n\times m}$ 和 $\boldsymbol{Y}_2\in\mathbb{R}^{n\times p}$ 为残差矩阵。$\boldsymbol{\alpha}_1\in\mathbb{R}^m$ 和 $\boldsymbol{\beta}_1\in\mathbb{R}^p$ 为回归系数向量（又称为模型效应负载量），用最小二乘法估计：

$$\boldsymbol{\alpha}_1=\frac{\boldsymbol{X}_1^{\mathrm{T}}\hat{\boldsymbol{t}}_1}{\hat{\boldsymbol{t}}_1^{\mathrm{T}}\hat{\boldsymbol{t}}_1},\quad \boldsymbol{\beta}_1=\frac{\boldsymbol{Y}_1^{\mathrm{T}}\hat{\boldsymbol{t}}_1}{\hat{\boldsymbol{t}}_1^{\mathrm{T}}\hat{\boldsymbol{t}}_1} \tag{2-64}$$

用 $\boldsymbol{X}_2$ 和 $\boldsymbol{Y}_2$ 分别代替 $\boldsymbol{X}_1$ 和 $\boldsymbol{Y}_1$，重复上述过程：计算 $\boldsymbol{X}_2^{\mathrm{T}}\boldsymbol{Y}_2$ 的第 1 个奇异特征值对应的左、右奇异特征向量 $\boldsymbol{u}_2 \in \mathbb{R}^m$ 和 $\boldsymbol{v}_2 \in \mathbb{R}^p$，计算得分向量 $\hat{\boldsymbol{t}}_2 = \boldsymbol{X}_2\boldsymbol{u}_2 \in \mathbb{R}^n$ 和 $\hat{\boldsymbol{s}}_2 = \boldsymbol{Y}_2\boldsymbol{v}_2 \in \mathbb{R}^n$，再用与式(2－64)类似的公式得到效应负载量 $\boldsymbol{\alpha}_2$ 和 $\boldsymbol{\beta}_2$。重复该过程 r 次后，得到

$$\boldsymbol{X}_1 = \hat{\boldsymbol{t}}_1\boldsymbol{\alpha}_1^{\mathrm{T}} + \cdots + \hat{\boldsymbol{t}}_r\boldsymbol{\alpha}_r^{\mathrm{T}} + \boldsymbol{X}_{r+1}, \quad \boldsymbol{Y}_1 = \hat{\boldsymbol{t}}_1\boldsymbol{\beta}_1^{\mathrm{T}} + \cdots + \hat{\boldsymbol{t}}_r\boldsymbol{\beta}_r^{\mathrm{T}} + \boldsymbol{Y}_{r+1} \tag{2-65}$$

其中，$t_1,\cdots,t_r$ 是 r 个主成分。把 $t_i = \boldsymbol{X}\boldsymbol{u}_i(i=1,\cdots,r)$ 代入

$$\boldsymbol{Y} = t_1\boldsymbol{\beta}_1^{\mathrm{T}} + \cdots + t_r\boldsymbol{\beta}_r^{\mathrm{T}} \tag{2-66}$$

可得

$$\boldsymbol{Y} = \sum_{i=1}^{r} t_i\boldsymbol{\beta}_i^{\mathrm{T}} = \sum_{i=1}^{r} (\boldsymbol{X}\boldsymbol{u}_i)\boldsymbol{\beta}_i^{\mathrm{T}} \tag{2-67}$$

它的第 j 个分量为

$$y_j = \sum_{i=1}^{r} (\boldsymbol{X}\boldsymbol{u}_i)\beta_{ij} = \sum_{i=1}^{r} \beta_{ij}(u_{i1}x_1 + \cdots + u_{im}x_m), \quad j=1,\cdots,p \tag{2-68}$$

其中，β_{ij} 是 $\boldsymbol{\beta}_i$ 的第 j 个分量，u_{ik} 是 $\boldsymbol{u}_i$ 的第 k 个分量。式(2－68)就是偏最小二乘回归公式。

第3章　矩阵特征值的数值计算

本章介绍矩阵特征值的数值计算，包括幂法(3.1节)、QR算法(3.2节)和奇异值分解的计算(3.3节)。最后3.4节和3.5节介绍大型稀疏矩阵的特征值计算，包括兰乔斯算法、子空间迭代、瑞利-里茨投影方法、阿诺德迭代和雅可比-戴维森方法。本章可参考文献[2-3]。

3.1　幂法及反幂法

在实际问题中常需要求矩阵的按模最大的特征值(称为主特征值)和相应的特征向量。对于这样的问题，幂法是合适的。幂法是计算主特征值的一种迭代方法，它的最大优点是方法简单，由于它主要是矩阵和向量的乘法运算，不改变原矩阵的稀疏结构，所以幂法对稀疏矩阵是合适的，但有时收敛速度很慢。

3.1.1　幂法

设 $\boldsymbol{A}\in\mathbb{C}^{n\times n}$ 的主特征值为 λ_1，满足

$$|\lambda_1|>|\lambda_2|\geqslant\cdots\geqslant|\lambda_n| \tag{3-1}$$

相应的 n 个线性无关的特征向量为 $\boldsymbol{x}_1,\boldsymbol{x}_2,\cdots,\boldsymbol{x}_n$。任意非零的初始向量 $\boldsymbol{v}_0$ 可表示为这些特征向量的线性组合 $\boldsymbol{v}_0=\sum_{i=1}^{n}a_i\boldsymbol{x}_i$，其中 $a_1\neq 0$，构造迭代向量序列 $\boldsymbol{v}_{k+1}=\boldsymbol{A}\boldsymbol{v}_k,k=0,1,\cdots$，则

$$\boldsymbol{v}_k=\boldsymbol{A}\boldsymbol{v}_{k-1}=\boldsymbol{A}^k\boldsymbol{v}_0=\sum_{i=1}^{n}a_i\lambda_i^k\boldsymbol{x}_i=\lambda_1^k(a_1\boldsymbol{x}_1+\boldsymbol{\varepsilon}_k) \tag{3-2}$$

这里

$$\boldsymbol{\varepsilon}_k=\sum_{i=2}^{n}a_i\left(\frac{\lambda_i}{\lambda_1}\right)^k\boldsymbol{x}_i \tag{3-3}$$

从而 $\frac{\boldsymbol{v}_k}{\lambda_1^k}\to a_1\boldsymbol{x}_1(k\to\infty)$。当 $|\lambda_1|>1$ 时，λ_1^k 增长非常快，计算 $\boldsymbol{v}_k$ 会导致溢出。为了解决这个问题，引入记号：

$$\max(\boldsymbol{w})=w_i,\quad 其中\ w_i\ 满足\ |w_i|=\max_{1\leqslant j\leqslant n}|w_j| \tag{3-4}$$

它表示取 $\boldsymbol{w}$ 的按模最大的分量。构造迭代序列(称为幂法)

$$\begin{cases} \boldsymbol{v}_0=\sum\limits_{i=1}^{n} a_i\boldsymbol{x}_i\neq 0, \quad a_1\neq 0 \\ \boldsymbol{u}_k=\boldsymbol{A}\boldsymbol{v}_{k-1} \\ \boldsymbol{v}_k=\dfrac{\boldsymbol{u}_k}{\max(\boldsymbol{u}_k)}, \quad k=1,2,\cdots \end{cases} \tag{3-5}$$

容易证明

$$\max(\boldsymbol{u}_k)\neq 0, \quad k=1,2,\cdots \tag{3-6}$$

根据迭代式(3-5)，

$$\boldsymbol{v}_k=\frac{\boldsymbol{A}\boldsymbol{v}_{k-1}}{\max(\boldsymbol{u}_k)}=\frac{\boldsymbol{A}^k\boldsymbol{v}_0}{\prod\limits_{i=1}^{k}\max(\boldsymbol{u}_i)}. \tag{3-7}$$

由于 $\boldsymbol{v}_k$ 的最大分量为 1，从式(3-7)及式(3-2)得到 $\boldsymbol{v}_k=\dfrac{\boldsymbol{A}^k\boldsymbol{v}_0}{\max(\boldsymbol{A}^k\boldsymbol{v}_0)}\rightarrow\dfrac{\boldsymbol{x}_1}{\max(\boldsymbol{x}_1)}$。

另外，由 $\boldsymbol{u}_k=\boldsymbol{A}\boldsymbol{v}_{k-1}=\dfrac{\boldsymbol{A}^k\boldsymbol{v}_0}{\max(\boldsymbol{A}^{k-1}\boldsymbol{v}_0)}$ 可知

$$\max(\boldsymbol{u}_k)=\frac{\max(\boldsymbol{A}^k\boldsymbol{v}_0)}{\max(\boldsymbol{A}^{k-1}\boldsymbol{v}_0)}=\lambda_1\frac{\max(a_1\boldsymbol{x}_1+\boldsymbol{\varepsilon}_k)}{\max(a_1\boldsymbol{x}_1+\boldsymbol{\varepsilon}_{k-1})}\rightarrow\lambda_1$$

设 $\boldsymbol{A}$ 的主特征值为重根，即

$$\lambda_1=\lambda_2=\cdots=\lambda_r, \quad |\lambda_r|>|\lambda_{r+1}|\geqslant\cdots\geqslant|\lambda_n|$$

在上述推导中，把 $\boldsymbol{\varepsilon}_k$ 修改为 $\sum\limits_{i=r+1}^{n} a_i\left(\dfrac{\lambda_i}{\lambda_1}\right)^k\boldsymbol{x}_i$ 及 $a_1\boldsymbol{x}_1$ 修改为 $\sum\limits_{i=1}^{r} a_i\boldsymbol{x}_i$ 后，$\boldsymbol{v}_k$ 还是会收敛到 λ_1 对应的特征向量，即

$$\boldsymbol{v}_k\rightarrow\frac{a_1\boldsymbol{x}_1+\cdots+a_r\boldsymbol{x}_r}{\max(a_1\boldsymbol{x}_1+\cdots+a_r\boldsymbol{x}_r)}, \quad \max(\boldsymbol{u}_k)\rightarrow\lambda_1$$

当特征值的分布为 $|\lambda_1|=|\lambda_2|=\cdots=|\lambda_r|>|\lambda_{r+1}|\geqslant\cdots\geqslant|\lambda_n|$ 时，情况比较复杂，这里不做讨论。

幂法的收敛速度与初始向量 $\boldsymbol{v}_0$ 的选取有关。根据式(3-3)，当 $\boldsymbol{v}_0$（不妨设 $\|\boldsymbol{v}_0\|_2=1$）在 $\boldsymbol{x}_1$ 上的投影 a_1 比较大，而在其他特征向量 $\boldsymbol{x}_i$ 上的投影比较小时，收敛会较快。这说明了当初始向量和主特征值对应的特征向量 $\boldsymbol{x}_1$ 靠得很近时，收敛会很快。幂法的收敛性主要由因子 $|\lambda_2/\lambda_1|$ 确定，收敛速度是线性的。当 $|\lambda_2/\lambda_1|$ 较小时，主特征值和其他特征值比较远，从而要计算的特征值可以很好地和其他特征值分离开，幂法收敛也较快。当收敛因子 $\left|\dfrac{\lambda_2}{\lambda_1}\right|\approx 1$ 时，幂法收敛会很慢。此时可用原点平移法进行加速，这可以看成是使收敛速度变快的一种预处理过程。

设 $\boldsymbol{A}$ 的特征值为 λ_i，对应的特征向量为 $\boldsymbol{x}_i$，$i=1,\cdots,n$。令 $\boldsymbol{B}=\boldsymbol{A}-p\boldsymbol{I}$，其中 p 为待定系数，$\boldsymbol{B}$ 的特征值为 λ_i-p，对应的特征向量为 $\boldsymbol{x}_i$，$i=1,\cdots,n$。现取

p 使得

$$|\lambda_j - p| > \max_{i \neq j} |\lambda_i - p| \tag{3-8}$$

则 $\lambda_j - p$ 为 $\boldsymbol{B}$ 的主特征值。对 $\boldsymbol{B}$ 施行幂法，求出它的主特征值 $\lambda_j - p$ 和特征向量 $\boldsymbol{x}_j$，从而也就得到 λ_j 和 $\boldsymbol{x}_j$。对 $\boldsymbol{B}$ 施行幂法的收敛速度由如下因子确定：

$$\max_{i \neq j} \frac{|\lambda_i - p|}{|\lambda_j - p|} \tag{3-9}$$

希望选取 p 使得式(3-9)尽可能小，这种方法称为原点平移的幂法。

3.1.2 反幂法

反幂法用于计算按模最小的特征值和特征向量。设 $\boldsymbol{A}$ 为非奇异矩阵，特征值次序为

$$|\lambda_1| \geqslant |\lambda_2| \geqslant \cdots \geqslant |\lambda_{n-1}| > |\lambda_n|$$

相应的特征向量为 $\boldsymbol{x}_1, \boldsymbol{x}_2, \cdots, \boldsymbol{x}_n$，则 $\boldsymbol{A}^{-1}$ 的特征值次序为

$$\left|\frac{1}{\lambda_n}\right| > \left|\frac{1}{\lambda_{n-1}}\right| \geqslant \cdots \geqslant \left|\frac{1}{\lambda_1}\right|$$

对应的特征向量为 $\boldsymbol{x}_n, \boldsymbol{x}_{n-1}, \cdots, \boldsymbol{x}_1$。对 $\boldsymbol{A}^{-1}$ 应用幂法求 $\boldsymbol{A}^{-1}$ 的主特征值 $\frac{1}{\lambda_n}$ 及特征向量 $\boldsymbol{x}_n$，称为反幂法。反幂法收敛速度由因子 $\left|\frac{\lambda_n}{\lambda_{n-1}}\right|$ 确定。当它越小时，收敛越快。

反幂法结合原点平移加速可以求 $\boldsymbol{A}$ 的所有特征值和特征向量。若 $(\boldsymbol{A} - p\boldsymbol{I})^{-1}$ 存在，它对应的特征值为 $\frac{1}{\lambda_1 - p}, \cdots, \frac{1}{\lambda_n - p}$。设 p 靠近 λ_j 使得

$$\frac{1}{|\lambda_j - p|} > \max_{i \neq j} \left(\frac{1}{|\lambda_i - p|} \right)$$

对应的特征向量仍为 $\boldsymbol{x}_1, \boldsymbol{x}_2, \cdots, \boldsymbol{x}_n$。对 $(\boldsymbol{A} - p\boldsymbol{I})^{-1}$ 应用幂法，求 $(\boldsymbol{A} - p\boldsymbol{I})^{-1}$ 的主特征值 $\frac{1}{\lambda_j - p}$，这就是平移的反幂法，即

$$\begin{cases} \boldsymbol{u}_k = (\boldsymbol{A} - p\boldsymbol{I})^{-1} \boldsymbol{v}_{k-1} \\ \boldsymbol{v}_k = \dfrac{\boldsymbol{u}_k}{\max(\boldsymbol{u}_k)} \end{cases}, \quad k = 1, 2, \cdots$$

其中 $\boldsymbol{v}_0 = \sum_{i=1}^{n} a_i \boldsymbol{x}_i \neq 0$。由幂法的收敛性可得

$$\lim_{k \to \infty} \boldsymbol{v}_k = \frac{\boldsymbol{x}_j}{\max(\boldsymbol{x}_j)}, \quad \lim_{k \to \infty} \max(\boldsymbol{u}_k) = \frac{1}{\lambda_j - p}$$

收敛速度的比值为 $\max_{i \neq j} \left|\frac{\lambda_j - p}{\lambda_i - p}\right|$。由于原点平移的反幂法可以对 p 最近的

特征值求和，所以选择适当的 p，可以求 $\boldsymbol{A}$ 的任意特征值和特征向量。为了使迭代法收敛较快，所取 p 和 λ_j 需要非常近，但此时 $\boldsymbol{A}-p\boldsymbol{I}$ 接近奇异矩阵。当 λ_j 的条件数不是很大，且初始向量在 $\boldsymbol{x}_j$ 方向的投影比较大时，就能较好地计算出结果。如果已知 λ_j 的近似，只要取 p 为该近似值，对 $(\boldsymbol{A}-p\boldsymbol{I})^{-1}$ 应用幂法，迭代若干次后，就能得到特征值 λ_j 的近似特征向量。

3.2　QR 算法

QR 算法常用于计算稠密矩阵 $\boldsymbol{A}\in\mathbb{C}^{n\times n}$ 的所有特征值和特征向量。但由于巨大的计算量，往往先对原矩阵用酉相似变换，变为简单矩阵 $\boldsymbol{B}$，如海森伯矩阵，再对 $\boldsymbol{B}$ 应用 QR 算法求所有的特征值。

设 $\boldsymbol{A}_1=\boldsymbol{A}$，建立分解和递推过程，具体为

$$\begin{cases}\boldsymbol{A}_k=\boldsymbol{Q}_k\boldsymbol{R}_k, & \text{QR 分解}\\ \boldsymbol{A}_{k+1}=\boldsymbol{R}_k\boldsymbol{Q}_k\end{cases},\quad k=1,2,\cdots \tag{3-10}$$

这里 $\boldsymbol{Q}_k$ 和 $\boldsymbol{R}_k$ 分别为 n 阶酉矩阵和上三角矩阵。迭代格式(3-10)称为 QR 算法。

QR 算法有如下性质。

定理 3.1　记

$$\widetilde{\boldsymbol{Q}}_k=\boldsymbol{Q}_1\boldsymbol{Q}_2\cdots\boldsymbol{Q}_k,\quad \widetilde{\boldsymbol{R}}_k=\boldsymbol{R}_k\cdots\boldsymbol{R}_2\boldsymbol{R}_1 \tag{3-11}$$

(1) $\boldsymbol{A}_{k+1}$ 酉相似于 $\boldsymbol{A}_k$，即 $\boldsymbol{A}_{k+1}=\boldsymbol{Q}_k^{\dagger}\boldsymbol{A}_k\boldsymbol{Q}_k$，且有下式：

$$\boldsymbol{A}_{k+1}=(\boldsymbol{Q}_1\boldsymbol{Q}_2\cdots\boldsymbol{Q}_k)^{\dagger}\boldsymbol{A}_1(\boldsymbol{Q}_1\boldsymbol{Q}_2\cdots\boldsymbol{Q}_k)=\widetilde{\boldsymbol{Q}}_k^{\dagger}\boldsymbol{A}_1\widetilde{\boldsymbol{Q}}_k \tag{3-12}$$

(2) $\boldsymbol{A}^k$ 的 QR 分解式为

$$\boldsymbol{A}^k=\widetilde{\boldsymbol{Q}}_k\widetilde{\boldsymbol{R}}_k \tag{3-13}$$

(3) $\widetilde{\boldsymbol{Q}}_k$ 的递推关系为

$$\widetilde{\boldsymbol{Q}}_k\boldsymbol{R}_k=\boldsymbol{A}\widetilde{\boldsymbol{Q}}_{k-1},\quad k\geqslant 1,\quad \widetilde{\boldsymbol{Q}}_0=\boldsymbol{I} \tag{3-14}$$

在执行 QR 算法之前，先把 $\boldsymbol{A}$ 通过酉相似变换变为上海森伯矩阵，它们的特征值保持不变。不妨设 $\boldsymbol{A}_1$ 为上海森伯矩阵，构造复吉文斯矩阵 $\boldsymbol{Q}_{12}$，把它作用于 $\boldsymbol{A}_1$ 后得到($n=5$)

$$\boldsymbol{Q}_{12}^{\dagger}\boldsymbol{A}_1=\begin{pmatrix} c & s & 0 & 0 & 0\\ -s^* & c & 0 & 0 & 0\\ 0 & 0 & 1 & 0 & 0\\ 0 & 0 & 0 & 1 & 0\\ 0 & 0 & 0 & 0 & 1\end{pmatrix}^{\dagger}\begin{pmatrix} * & * & * & * & *\\ * & * & * & * & *\\ 0 & * & * & * & *\\ 0 & 0 & * & * & *\\ 0 & 0 & 0 & * & *\end{pmatrix}=\begin{pmatrix} \times & \times & \times & \times & \times\\ 0 & \times & \times & \times & \times\\ 0 & * & * & * & *\\ 0 & 0 & * & * & *\\ 0 & 0 & 0 & * & *\end{pmatrix}$$

其中，c 和 s 的选取可参考式(2-10)。经过 $n-1$ 次复吉文斯变换后得到复吉文斯矩阵 $\{\boldsymbol{Q}_{1i}\}_{i=2}^{n}$ 使得

$$\boldsymbol{Q}_{1n}^{\dagger}\cdots\boldsymbol{Q}_{12}^{\dagger}\boldsymbol{A}_1=\boldsymbol{R}_1$$

变为复上三角矩阵，故 $\boldsymbol{A}_1=\boldsymbol{Q}_1\boldsymbol{R}_1$，其中 $\boldsymbol{Q}_1=(\boldsymbol{Q}_{1n}^{\dagger}\cdots\boldsymbol{Q}_{12}^{\dagger})^{-1}=\boldsymbol{Q}_{12}\cdots\boldsymbol{Q}_{1n}$ 为酉矩阵。为了计算 $\boldsymbol{A}_2=\boldsymbol{R}_1\boldsymbol{Q}_1$，首先

$$\boldsymbol{R}_1\boldsymbol{Q}_{12}=\begin{pmatrix} * & * & * & * & * \\ 0 & * & * & * & * \\ 0 & 0 & * & * & * \\ 0 & 0 & 0 & * & * \\ 0 & 0 & 0 & 0 & * \end{pmatrix}\begin{pmatrix} c & s & 0 & 0 & 0 \\ -s^* & c & 0 & 0 & 0 \\ 0 & 0 & 1 & 0 & 0 \\ 0 & 0 & 0 & 1 & 0 \\ 0 & 0 & 0 & 0 & 1 \end{pmatrix}=\begin{pmatrix} \times & \times & * & * & * \\ \times & \times & * & * & * \\ 0 & 0 & * & * & * \\ 0 & 0 & 0 & * & * \\ 0 & 0 & 0 & 0 & * \end{pmatrix}$$

不断地右乘 $\boldsymbol{Q}_{1j}(2\leqslant j\leqslant n)$ 可知 $\boldsymbol{A}_2$ 还是上海森伯矩阵。这表明对上海森伯矩阵用 QR 算法产生的矩阵序列都是上海森伯矩阵。

如果 $\boldsymbol{A}_1$ 为厄米矩阵，由式(2-8)可知，$\boldsymbol{A}_1$ 经过 $n-1$ 次豪斯霍尔德变换后得到 $\boldsymbol{R}_1=\boldsymbol{Q}_1^{\dagger}\boldsymbol{A}_1$ 为上三角矩阵，其中 $\boldsymbol{Q}_1^{\dagger}$ 是 $n-1$ 次豪斯霍尔德矩阵的乘积，故它是酉矩阵。由于 $\boldsymbol{A}_1$ 为厄米矩阵，故 $\boldsymbol{A}_2=\boldsymbol{R}_1\boldsymbol{Q}_1=\boldsymbol{Q}_1^{\dagger}\boldsymbol{A}_1\boldsymbol{Q}_1$ 也是厄米矩阵。这表明对厄米矩阵用 QR 算法产生的矩阵序列都是厄米矩阵。

如果 $\boldsymbol{A}_1$ 为三对角厄米矩阵，它是特殊的上海森伯矩阵，所以上述方法产生的 $\boldsymbol{A}_2$ 也是上海森伯矩阵。由于 $\boldsymbol{A}_2=\boldsymbol{Q}_1^{\dagger}\boldsymbol{A}_1\boldsymbol{Q}_1$ 也是厄米矩阵，$\boldsymbol{A}_2$ 也是三对角厄米矩阵。这表明对三对角厄米矩阵用 QR 算法产生的矩阵序列都是三对角厄米矩阵。下面对三对角厄米矩阵讨论 QR 算法。

带位移的三对角厄米矩阵的 QR 迭代为

$$\begin{cases}\boldsymbol{T}_k-\mu_k\boldsymbol{I}=\boldsymbol{Q}_k\boldsymbol{R}_k, \\ \boldsymbol{T}_{k+1}=\boldsymbol{R}_k\boldsymbol{Q}_k+\mu_k\boldsymbol{I},\end{cases}\quad k=1,2,\cdots \tag{3-15}$$

其中，$\boldsymbol{Q}_k$ 为酉矩阵，$\boldsymbol{R}_k$ 为上三角矩阵，μ_k 为位移。显然，$\boldsymbol{T}_{k+1}=\boldsymbol{Q}_k^{\dagger}\boldsymbol{T}_k\boldsymbol{Q}_k$。

厄米三对角矩阵 $\boldsymbol{T}_k$ 为

$$\boldsymbol{T}_k=\begin{pmatrix} \alpha_1 & \beta_2 & & & \\ \beta_2^* & \alpha_2 & \beta_3 & & \\ & \ddots & \ddots & \ddots & \\ & & \beta_{n-1}^* & \alpha_{n-1} & \beta_n \\ & & & \beta_n^* & \alpha_n \end{pmatrix} \tag{3-16}$$

这里假设 $\boldsymbol{T}_k$ 不可约，即 $\beta_i^{(0)}\neq 0, 2\leqslant i\leqslant n$。位移由矩阵 $\begin{pmatrix}\alpha_{n-1} & \beta_n \\ \beta_n^* & \alpha_n\end{pmatrix}$ 确定。一种位移的取法就是 $\mu_k=\alpha_n$，另一种更好的取法就是取该矩阵靠近 α_n 的特征值(称为 Wilkinson 位移)，即

$$\mu_k=\alpha_n+\delta-\operatorname{sign}\delta\sqrt{\delta^2+\beta_n\beta_n^*},\quad \delta=\frac{\alpha_{n-1}-\alpha_n}{2}$$

在迭代式(3-15)中，$\boldsymbol{T}_k$ 变为 $\boldsymbol{T}_{k+1}$ 需要经过两步，在每一个迭代中，直接计

算这两步,称为显式方法。由于 $\boldsymbol{T}_{k+1}=\boldsymbol{Q}_k^\dagger\boldsymbol{T}_k\boldsymbol{Q}_k$,$\boldsymbol{T}_{k+1}$ 酉相似 $\boldsymbol{T}_k$ 本质上是由 $\boldsymbol{Q}_k$ 的第 1 列决定的,我们把 $\boldsymbol{T}_k$ 经过酉相似变换变为 $\boldsymbol{T}_{k+1}$,其中相似矩阵的第 1 列与 $\boldsymbol{Q}_k$ 的第 1 列相同,这种方法称为隐式方法。下面给出隐式方法的计算过程。

用复吉文斯旋转变换将 $\boldsymbol{T}_k-\mu_k\boldsymbol{I}$ 变为上三角矩阵,即

$$\boldsymbol{P}_{n-1,n}^\dagger\cdots\boldsymbol{P}_{23}^\dagger\boldsymbol{P}_{12}^\dagger(\boldsymbol{T}_k-\mu_k\boldsymbol{I})=\boldsymbol{R}_k,$$

其中,$\boldsymbol{P}_{i,i+1}^\dagger$ 表示把矩阵中第$(i+1,i)$位置的元素变为 0 的复吉文斯矩阵,如 $\boldsymbol{P}_{12}=\mathrm{diag}(\widetilde{\boldsymbol{P}}_{12},\boldsymbol{I}_{n-2})$,其中 2 阶复吉文斯矩阵 $\widetilde{\boldsymbol{P}}_{12}^\dagger$ 满足 $\widetilde{\boldsymbol{P}}_{12}^\dagger\begin{pmatrix}\alpha_1-\mu_k\\ \beta_2^*\end{pmatrix}=\begin{pmatrix}\times\\ 0\end{pmatrix}$[参考式(2-10)]。显然,$\boldsymbol{Q}_k=\boldsymbol{P}_{12}\cdots\boldsymbol{P}_{n-1,n}$ 的第 1 列就是 $\boldsymbol{P}_{12}$ 的第 1 列。

令

$$\boldsymbol{G}_1=\boldsymbol{P}_{12},\quad \boldsymbol{B}=\boldsymbol{G}_1^\dagger\boldsymbol{T}_k\boldsymbol{G}_1 \tag{3-17}$$

其中,$\boldsymbol{G}_1$ 的第一列就是 $\boldsymbol{Q}_k$ 的第一列。可验证厄米矩阵 $\boldsymbol{B}$ 的形式为$(n=5)$

$$\boldsymbol{B}=\begin{pmatrix}\times & \times & \oplus & 0 & 0\\ \times & \times & \times & 0 & 0\\ \oplus & \times & \times & \times & 0\\ 0 & 0 & \times & \times & \times\\ 0 & 0 & 0 & \times & \times\end{pmatrix}$$

在(3,1)和(1,3)位置出现两个非零元。下面找酉相似变换把 $\boldsymbol{B}$ 变为三对角矩阵。取复吉文斯矩阵 $\boldsymbol{G}_2$ 使得 $\boldsymbol{G}_2^\dagger\boldsymbol{B}$ 的(3,1)位置的非零元变为 0。与 $\boldsymbol{B}$ 的非零模式相比,$\boldsymbol{G}_2^\dagger\boldsymbol{B}\boldsymbol{G}_2$ 把 $\boldsymbol{B}$ 的两个非零元$\oplus$移到了(4,2)和(2,4)位置。故经过 $n-2$ 次这样变换后,$\boldsymbol{B}$ 变为三对角厄米矩阵 $\boldsymbol{G}_{n-1}^\dagger\cdots G_2^\dagger\boldsymbol{B}\boldsymbol{G}_2\cdots\boldsymbol{G}_{n-1}$。酉矩阵 $\boldsymbol{G}_1\cdots\boldsymbol{G}_{n-1}$ 的第 1 列和 $\boldsymbol{G}_1$ 的第 1 列相同,即它就是 $\boldsymbol{Q}_k$ 的第 1 列,所以这样得到的三对角厄米矩阵可以作为 $\boldsymbol{T}_{k+1}$,即

$$\boldsymbol{T}_{k+1}=\boldsymbol{G}_{n-1}^\dagger\cdots\boldsymbol{G}_1^\dagger\boldsymbol{T}_k\boldsymbol{G}_1\cdots\boldsymbol{G}_{n-1}$$

这就是一步带位移 QR 迭代的隐格式。

3.3 奇异值分解的计算

设 $\boldsymbol{A}\in\mathbb{C}^{m\times n}$,$m\geqslant n$。奇异值分解可以从厄米矩阵的 QR 算法来实现。由于计算 $\boldsymbol{A}^\dagger\boldsymbol{A}$ 需要 $O(n^3)$的乘法,这与厄米矩阵的 QR 算法中每步迭代需要 $O(n)$ 的时间复杂度是不吻合的。所以问题就是如何在不计算 $\boldsymbol{A}^\dagger\boldsymbol{A}$ 的前提下实现 QR 算法。Golub 和 Kahan 在 20 世纪 60 年代提出一种非常稳定而有效的计算奇异值分解的算法,在不计算 $\boldsymbol{A}^\dagger\boldsymbol{A}$ 的前提下,实现了 $\boldsymbol{A}^\dagger\boldsymbol{A}$ 的 QR 算法。

首先对 $\boldsymbol{A}$ 进行分解得到

$$\boldsymbol{U}_1^\dagger\boldsymbol{A}\boldsymbol{V}_1=\begin{pmatrix}\boldsymbol{B}\\ \boldsymbol{0}\end{pmatrix}_{m\times n} \tag{3-18}$$

其中,$\boldsymbol{U}_1$ 和 $\boldsymbol{V}_1$ 分别是 m 阶和 n 阶酉交阵,n 阶复矩阵 $\boldsymbol{B}$ 为

$$\boldsymbol{B}=\begin{pmatrix}\delta_1 & \gamma_2 & & & \\ & \delta_2 & \gamma_3 & & \\ & & \ddots & \ddots & \\ & & & \delta_{n-1} & \gamma_n \\ & & & & \delta_n\end{pmatrix} \tag{3-19}$$

与 $\boldsymbol{A}$ 的奇异值分解相比,这里要求 $\boldsymbol{B}$ 为二对角矩阵。如果 $\boldsymbol{A}$ 有分解式(3-18),则

$$\boldsymbol{V}_1^{\dagger}\boldsymbol{A}^{\dagger}\boldsymbol{A}\boldsymbol{V}_1=\boldsymbol{B}^{\dagger}\boldsymbol{B}$$

即 $\boldsymbol{A}^{\dagger}\boldsymbol{A}$ 酉相似于三对角厄米矩阵 $\boldsymbol{B}^{\dagger}\boldsymbol{B}$,这刚好就是厄米矩阵 $\boldsymbol{A}^{\dagger}\boldsymbol{A}$ 的 QR 算法的第一步。分解式(3-18)可用豪斯霍尔德变换来实现。

构造 m 阶复豪斯霍尔德矩阵 $\boldsymbol{P}_1^{\dagger}=\boldsymbol{P}_1$ 使得 $\boldsymbol{P}_1^{\dagger}$ 左乘 $\boldsymbol{A}$ 的第 1 列后得到的向量与 $\boldsymbol{e}_1$ 平行。构造 n 阶复豪斯霍尔德矩阵 $\boldsymbol{Q}_1^{\dagger}=\boldsymbol{Q}_1$ 使得 $\boldsymbol{Q}_1$ 右乘 $\boldsymbol{P}_1^{\dagger}\boldsymbol{A}$ 的第 1 行后,得到的 n 维行向量中第 3 个到最后一个元素都为 0。此时,$\boldsymbol{P}_1^{\dagger}\boldsymbol{A}\boldsymbol{Q}_1$ 的第 1 行和第 1 列都符合分解式(3-18)。重复该过程,直到实现分解式(3-18),即存在 $n-1$ 个 m 阶复豪斯霍尔德矩阵$\{\boldsymbol{P}_i\}_{i=1}^{n-1}$和 $n-2$ 个 n 阶复豪斯霍尔德矩阵$\{\boldsymbol{Q}_i\}_{i=1}^{n-2}$,使得

$$(\boldsymbol{P}_1\cdots\boldsymbol{P}_{n-1})^{\dagger}\boldsymbol{A}\boldsymbol{Q}_1\cdots\boldsymbol{Q}_{n-2}=\boldsymbol{P}_{n-1}^{\dagger}\cdots\boldsymbol{P}_1^{\dagger}\boldsymbol{A}\boldsymbol{Q}_1\cdots\boldsymbol{Q}_{n-2}=\begin{pmatrix}\boldsymbol{B}\\ \boldsymbol{0}\end{pmatrix} \tag{3-20}$$

我们对 $\boldsymbol{B}^{\dagger}\boldsymbol{B}$ 用隐式 QR 迭代求其特征值(也是 $\boldsymbol{A}^{\dagger}\boldsymbol{A}$ 的特征值,$\boldsymbol{A}$ 的奇异值就是 $\boldsymbol{A}^{\dagger}\boldsymbol{A}$ 的特征值的平方根)。计算 $\boldsymbol{B}^{\dagger}\boldsymbol{B}$ 的计算量与厄米矩阵的 QR 迭代的计算量相比,可以忽略。但先求 $\boldsymbol{B}^{\dagger}\boldsymbol{B}$ 再用 QR 迭代的问题在于 $\boldsymbol{B}^{\dagger}\boldsymbol{B}$ 的计算可能会导致大的舍入误差。下面过程可避免 $\boldsymbol{B}^{\dagger}\boldsymbol{B}$ 的计算实现它的 QR 迭代。令 n 阶三对角厄米矩阵 $\boldsymbol{T}$ 为

$$\boldsymbol{T}=\boldsymbol{B}^{\dagger}\boldsymbol{B}=\begin{pmatrix}\alpha_1 & \beta_2 & & & \\ \beta_2^* & \alpha_2 & \beta_3 & & \\ & \ddots & \ddots & \ddots & \\ & & \beta_{n-1}^* & \alpha_{n-1} & \beta_n \\ & & & \beta_n^* & \alpha_n\end{pmatrix}$$

计算威尔金森位移,即

$$\mu=\alpha_n+\delta-\operatorname{sign}\delta\sqrt{\delta^2+\beta_n\beta_n^*},\quad \delta=\frac{\alpha_{n-1}-\alpha_n}{2} \tag{3-21}$$

其中,

$$\begin{pmatrix}\alpha_{n-1} & \beta_n\\ \beta_n & \alpha_n\end{pmatrix}=\begin{pmatrix}\delta_{n-1}^2+\gamma_{n-1}^2 & \delta_{n-1}\gamma_n\\ \delta_{n-1}\gamma_n & \delta_n^2+\gamma_n^2\end{pmatrix} \tag{3-22}$$

求 n 阶复吉文斯矩阵 $\boldsymbol{G}_1=\operatorname{diag}(\widetilde{\boldsymbol{G}}_1,\boldsymbol{I}_{n-2})$使得 $\widetilde{\boldsymbol{G}}_1^{\dagger}\begin{pmatrix}\alpha_1-\mu\\ \beta_2^*\end{pmatrix}=\begin{pmatrix}\times\\ 0\end{pmatrix}$,这里 $\widetilde{\boldsymbol{G}}_1$ 是

2 阶复吉文斯矩阵，$\alpha_1=\delta_1^2$，$\beta_2=\delta_1\gamma_2$。根据厄米矩阵的 QR 算法，我们要把 $\boldsymbol{G}_1^\dagger\boldsymbol{B}^\dagger\boldsymbol{B}\boldsymbol{G}_1=(\boldsymbol{B}\boldsymbol{G}_1)^\dagger\boldsymbol{B}\boldsymbol{G}_1$ 经过酉相似变换变为三对角厄米矩阵，同时保持该酉矩阵的第 1 列为 $\boldsymbol{e}_1$。如果能找到 n 阶酉矩阵 $\boldsymbol{P}$、$\boldsymbol{Q}$ 使得 $\boldsymbol{P}^\dagger(\boldsymbol{B}\boldsymbol{G}_1)\boldsymbol{Q}=\widetilde{\boldsymbol{B}}$ 为二对角矩阵，则 $\boldsymbol{Q}^\dagger(\boldsymbol{G}_1^\dagger\boldsymbol{B}^\dagger\boldsymbol{B}\boldsymbol{G}_1)\boldsymbol{Q}=\widetilde{\boldsymbol{B}}^\dagger\widetilde{\boldsymbol{B}}$ 为三对角厄米矩阵。这里要求 $\boldsymbol{Q}$ 的第 1 列为 $\boldsymbol{e}_1$。我们需要找到这样的 $\boldsymbol{P}$ 和 $\boldsymbol{Q}$。$\boldsymbol{B}\boldsymbol{G}_1(n=4)$可表示为

$$\boldsymbol{B}\boldsymbol{G}_1=\begin{pmatrix}\times & \times & & \\ \oplus & \times & \times & \\ & & \times & \times \\ & & & \times\end{pmatrix}$$

与 $\boldsymbol{B}$ 相比，$\boldsymbol{B}\boldsymbol{G}_1$ 在(2,1)位置多了一个非零元。为了把 $\boldsymbol{B}\boldsymbol{G}_1$ 经过酉相似变换变为二对角矩阵，构造吉文斯矩阵 $\boldsymbol{P}_1^\dagger$ 使得 $\boldsymbol{P}_1^\dagger\boldsymbol{B}\boldsymbol{G}_1$ 的第 1 列只有第 1 个元素非零，但此时在 $\boldsymbol{P}_1^\dagger\boldsymbol{B}\boldsymbol{G}_1$ 的(1,3)位置多了一个非零元。为了消除这个非零元，构造吉文斯矩阵 $\boldsymbol{P}_1$ 使得 $\boldsymbol{P}_1^\dagger\boldsymbol{B}\boldsymbol{G}_1\boldsymbol{Q}_1$ 的第 1 行除了第 1 个和第 2 个元素非零之外其他都为 0。此时，$\boldsymbol{P}_1^\dagger\boldsymbol{B}\boldsymbol{G}_1\boldsymbol{Q}_1$ 的第 1 行和第 1 列都符合分解的要求。但 $\boldsymbol{P}_1^\dagger\boldsymbol{B}\boldsymbol{G}_1\boldsymbol{Q}_1$ 的(3,2)位置又多了一个非零元。重复上述过程，直到该矩阵变为二对角矩阵。$\boldsymbol{B}\boldsymbol{G}_1$ 中这个不受欢迎的非零元的变化可表示如下($n=4$)：

$$\begin{pmatrix}\times & \times & & \\ \oplus & \times & \times & \\ & & \times & \times \\ & & & \times\end{pmatrix}\to\begin{pmatrix}\times & \times & \oplus & \\ & \times & \times & \\ & & \times & \times \\ & & & \times\end{pmatrix}\to\begin{pmatrix}\times & \times & & \\ & \times & \times & \\ & \oplus & \times & \times \\ & & & \times\end{pmatrix}\to$$

$$\begin{pmatrix}\times & \times & & \\ & \times & \times & \oplus \\ & & \times & \times \\ & & & \times\end{pmatrix}\to\begin{pmatrix}\times & \times & & \\ & \times & \times & \\ & & \times & \times \\ & & \oplus & \times\end{pmatrix}$$

上述过程表明存在 $n-1$ 个吉文斯矩阵$\{\boldsymbol{P}_i\}_{i=1}^{n-1}$和 $n-2$ 个吉文斯矩阵$\{\boldsymbol{Q}_i\}_{i=1}^{n-2}$满足下式：

$$\boldsymbol{P}_{n-1}^\dagger\cdots\boldsymbol{P}_1^\dagger\boldsymbol{B}\boldsymbol{G}_1\boldsymbol{Q}_1\cdots\boldsymbol{Q}_{n-2}=\widetilde{\boldsymbol{B}} \tag{3-23}$$

所以找到了 n 阶正交矩阵 $\boldsymbol{P}$、$\boldsymbol{Q}$ 使得 $\boldsymbol{P}^\dagger(\boldsymbol{B}\boldsymbol{G}_1)\boldsymbol{Q}=\widetilde{\boldsymbol{B}}$ 为二对角矩阵。显然，$\boldsymbol{Q}=\boldsymbol{Q}_1\cdots\boldsymbol{Q}_{n-2}$的第 1 列为 $\boldsymbol{e}_1$。

因此，我们实现了 $\boldsymbol{T}=\boldsymbol{B}^\dagger\boldsymbol{B}$ 经过一步迭代后得到 $\widetilde{\boldsymbol{T}}=\widetilde{\boldsymbol{B}}^\dagger\widetilde{\boldsymbol{B}}$：

$$\begin{cases}\boldsymbol{T}-\mu\boldsymbol{I}=\boldsymbol{Q}\boldsymbol{R}\\ \widetilde{\boldsymbol{T}}=\boldsymbol{R}\boldsymbol{Q}+\mu\boldsymbol{I}\end{cases}$$

这里的 $\boldsymbol{Q}$ 应为 $\boldsymbol{G}_1\boldsymbol{Q}$，其中 $\boldsymbol{G}_1$ 和 $\boldsymbol{Q}$ 的构造参见上面讨论。注意到 $\boldsymbol{T}=\boldsymbol{B}^\dagger\boldsymbol{B}$ 和

$\widetilde{T}=\widetilde{B}^{\dagger}\widetilde{B}$ 都没有计算,在内存中只保存 $\boldsymbol{B}$,再根据式(3-23)计算 $\widetilde{B}$。

以上推导是在 $\boldsymbol{B}^{\dagger}\boldsymbol{B}$ 不可约的条件下进行的。容易验证 $\boldsymbol{B}^{\dagger}\boldsymbol{B}$ 不可约的充要条件为 $\delta_i\gamma_{i+1}\neq 0, 1\leqslant i\leqslant n-1$。如果 $\boldsymbol{B}^{\dagger}\boldsymbol{B}$ 可约,只要考虑 $\boldsymbol{B}=\operatorname{diag}(\boldsymbol{B}_{11},\boldsymbol{B}_{22},\boldsymbol{B}_{33})$ 中的二对角子矩阵 $\boldsymbol{B}_{22}$,该子矩阵的次对角线元素非零,具体形式为

$$\boldsymbol{B}_{22}=\begin{pmatrix}\delta_p & \gamma_{p+1} & & & & \\ & \ddots & \ddots & & & \\ & & \delta_i & \gamma_{i+1} & & \\ & & & \ddots & \ddots & \\ & & & & & \delta_q\end{pmatrix}\tag{3-24}$$

由于 $\boldsymbol{B}^{\dagger}\boldsymbol{B}$ 可约,故存在 $i(p\leqslant i\leqslant q-1)$ 使得 $\delta_i=0$。于是可以构造复吉文斯矩阵 $\boldsymbol{G}_{i,i+1},\cdots,\boldsymbol{G}_{i,q}$ 使得 $\boldsymbol{G}_{i,q}\cdots\boldsymbol{G}_{i,i+1}\boldsymbol{B}_{22}\equiv\boldsymbol{B}_{22}'$ 为二对角矩阵,但 $\boldsymbol{B}_{22}'$ 中的 γ_{i+1} 所在的行都是 0。定义 m 阶酉矩阵

$$\boldsymbol{G}_l=\operatorname{diag}(\boldsymbol{I}_{p-1},\boldsymbol{G}_{i,l},\boldsymbol{I}_{n-q},\boldsymbol{I}_{m-n})$$

$l=i+1,i+2,\cdots,q$。根据式(3-18)得到

$$(\boldsymbol{U}_1\boldsymbol{G}_{i+1}^{\dagger}\cdots\boldsymbol{G}_q^{\dagger})^{\dagger}\boldsymbol{A}\boldsymbol{V}_1=\boldsymbol{G}_q\cdots\boldsymbol{G}_{i+1}\begin{pmatrix}\boldsymbol{B}\\ \boldsymbol{0}\end{pmatrix}=\begin{pmatrix}\operatorname{diag}(\boldsymbol{B}_{11},\boldsymbol{G}_{i,q}\cdots\boldsymbol{G}_{i,i+1}\boldsymbol{B}_{22},\boldsymbol{B}_{33})\\ \boldsymbol{0}\end{pmatrix}$$

它还是具有式(3-18)的形式。但该矩阵的某一行都为 0。这说明在 $\boldsymbol{B}_{22}$ 的次对角线元都不为 0 且 $\boldsymbol{B}_{22}^{\dagger}\boldsymbol{B}_{22}$ 可约的条件下,可以找到酉矩阵 $\boldsymbol{U}_1$ 和 $\boldsymbol{V}_1$ 使得式(3-18)成立,且满足 $\boldsymbol{B}$ 中的某一行都为 0。这样,$\boldsymbol{B}$ 中总是可以找到子块 $\boldsymbol{B}_{22}$,使得 $\boldsymbol{B}_{22}^{\dagger}\boldsymbol{B}_{22}$ 是不可约的,如有式(3-24)中的形式,其中除了 δ_q 之外,主对角线和次对角线上的元素都不为 0。

至此,在假设 $m\geqslant n$ 时已经给出了矩阵 $\boldsymbol{A}\in\mathbb{C}^{m\times n}$ 的奇异值分解。当 $m<n$ 时,只要把 $\begin{pmatrix}\boldsymbol{B}\\ \boldsymbol{0}\end{pmatrix}$ 换成 $m\times n$ 矩阵 $(\boldsymbol{B},\boldsymbol{0})$ 即可,其中 $\boldsymbol{B}$ 为 m 阶的二对角矩阵。算法只要做适当修改,具体过程留给读者思考。

3.4 兰乔斯算法求解大型稀疏厄米矩阵的特征值

设 $\boldsymbol{A}\in\mathbb{C}^{n\times n}$ 为大型稀疏厄米矩阵,兰乔斯算法可以求 $\boldsymbol{A}$ 的少数几个最大或最小的特征值。设 $\boldsymbol{A}$ 的 n 个实特征值分布为 $\lambda_1\leqslant\lambda_2\leqslant\cdots\leqslant\lambda_n$,相应的特征向量为 $\boldsymbol{x}_1,\boldsymbol{x}_2,\cdots,\boldsymbol{x}_n$,且满足 $(\boldsymbol{x}_i,\boldsymbol{x}_j)=\delta_{ij}, 1\leqslant i,j\leqslant n$。

给定非零向量 $\boldsymbol{x}\in\mathbb{C}^n$,记 $r(\boldsymbol{x})=\dfrac{(\boldsymbol{A}\boldsymbol{x},\boldsymbol{x})}{(\boldsymbol{x},\boldsymbol{x})}=r\left(\dfrac{\boldsymbol{x}}{\|\boldsymbol{x}\|_2}\right)$ 为 $\boldsymbol{x}$ 的瑞利商。$r(\boldsymbol{x})$ 的最大值和最小值分别为 λ_n 和 λ_1。任意给定 $\boldsymbol{q}_1\in\mathbb{C}^n$ 满足 $\|\boldsymbol{q}_1\|_2=1$,$r(\boldsymbol{q}_1)=\boldsymbol{q}_1^{\dagger}\boldsymbol{A}\boldsymbol{q}_1$ 往往作为 $\boldsymbol{A}$ 的特征值估计。现在加入一个与 $\boldsymbol{q}_1$ 正交的单位向量 $\boldsymbol{q}_2$,令

$\boldsymbol{Q}_2=(\boldsymbol{q}_1,\boldsymbol{q}_2)$。根据特征值分割定理，2 阶矩阵 $\boldsymbol{Q}_2^{\dagger}\boldsymbol{A}\boldsymbol{Q}_2$ 的最大和最小特征值满足下式：

$$\lambda_1\leqslant\lambda_{\min}(\boldsymbol{Q}_2^{\dagger}\boldsymbol{A}\boldsymbol{Q}_2)\leqslant\lambda_{\max}(\boldsymbol{Q}_2^{\dagger}\boldsymbol{A}\boldsymbol{Q}_2)\leqslant\lambda_n$$

希望选取 $\boldsymbol{q}_2$ 使得 $\boldsymbol{Q}_2^{\dagger}\boldsymbol{A}\boldsymbol{Q}_2$ 的两个特征值（与 $r(\boldsymbol{q}_1)$ 相比）更好地逼近 λ_1 和 λ_n，这需要满足下式：

$$\lambda_{\min}(\boldsymbol{Q}_2^{\dagger}\boldsymbol{A}\boldsymbol{Q}_2)<r(\boldsymbol{q}_1)<\lambda_{\max}(\boldsymbol{Q}_2^{\dagger}\boldsymbol{A}\boldsymbol{Q}_2) \tag{3-25}$$

容易验证 $r(\boldsymbol{x})$ 的梯度为

$$\nabla r(\boldsymbol{x})=\frac{2[\boldsymbol{A}\boldsymbol{x}-r(\boldsymbol{x})\boldsymbol{x}]}{\|\boldsymbol{x}\|_2^2}$$

如果能选取 $\boldsymbol{q}_2$ 使得

$$\nabla r(\boldsymbol{q}_1)\in\mathrm{span}(\boldsymbol{q}_1,\boldsymbol{q}_2) \tag{3-26}$$

则式(3-25)成立，这里假设 $\nabla r(\boldsymbol{q}_1)\neq 0$。事实上，存在 $\boldsymbol{u}=\boldsymbol{q}_1+d\,\nabla r(\boldsymbol{q}_1)\,(d>0)$，使得 $r(\boldsymbol{u})>r(\boldsymbol{q}_1)$ 成立。由式(3-26)得到 $\boldsymbol{u}\in\mathrm{span}(\boldsymbol{q}_1,\boldsymbol{q}_2)$，即 $\boldsymbol{u}=\boldsymbol{Q}_2\boldsymbol{y}$。所以

$$r(\boldsymbol{q}_1)<r(\boldsymbol{u})=r(\boldsymbol{Q}_2\boldsymbol{y})=r\left(\boldsymbol{Q}_2\frac{\boldsymbol{y}}{\|\boldsymbol{y}\|_2}\right)\leqslant\lambda_{\max}(\boldsymbol{Q}_2^{\dagger}\boldsymbol{A}\boldsymbol{Q}_2) \tag{3-27}$$

同理可以证明 $\lambda_{\min}(\boldsymbol{Q}_2^{\dagger}\boldsymbol{A}\boldsymbol{Q}_2)<r(\boldsymbol{q}_1)$。该结论和式(3-27)合并就是式(3-25)中的结论。

如何保证式(3-26)成立呢？由于 $\nabla r(\boldsymbol{q}_1)$ 是 $\boldsymbol{q}_1$ 和 $\boldsymbol{A}\boldsymbol{q}_1$ 的线性组合，可取 $\boldsymbol{q}_2$ 使得

$$\mathrm{span}\{\boldsymbol{q}_1,\boldsymbol{A}\boldsymbol{q}_1\}=\mathrm{span}\{\boldsymbol{q}_1,\boldsymbol{q}_2\}$$

则式(3-26)成立。引入与 $\boldsymbol{q}_1$、$\boldsymbol{q}_2$ 正交的单位向量 $\boldsymbol{q}_3$，记 $\boldsymbol{Q}_3=(\boldsymbol{q}_1,\boldsymbol{q}_2,\boldsymbol{q}_3)$。为了实现 $\lambda_{\max}(\boldsymbol{Q}_3^{\dagger}\boldsymbol{A}\boldsymbol{Q}_3)\geqslant\lambda_{\max}(\boldsymbol{Q}_2^{\dagger}\boldsymbol{A}\boldsymbol{Q}_2)$ 和 $\lambda_{\min}(\boldsymbol{Q}_3^{\dagger}\boldsymbol{A}\boldsymbol{Q}_3)\leqslant\lambda_{\min}(\boldsymbol{Q}_2^{\dagger}\boldsymbol{A}\boldsymbol{Q}_2)$，只要取 $\boldsymbol{q}_3$ 满足下式：

$$\mathrm{span}(\boldsymbol{q}_1,\boldsymbol{A}\boldsymbol{q}_1,\boldsymbol{A}^2\boldsymbol{q}_1)=\mathrm{span}(\boldsymbol{q}_1,\boldsymbol{q}_2,\boldsymbol{q}_3)$$

这个过程可以一直进行下去，使得 k 阶矩阵 $\boldsymbol{Q}_k^{\dagger}\boldsymbol{A}\boldsymbol{Q}_k$ 的最小特征值和最大特征值分别收敛到 λ_1 和 λ_n，其中 $\boldsymbol{Q}_m=(\boldsymbol{q}_1,\boldsymbol{q}_2,\cdots,\boldsymbol{q}_m)$ 满足 $(\boldsymbol{q}_i,\boldsymbol{q}_j)=\delta_{ij}$，且有

$$\mathcal{K}_m(\boldsymbol{A},\boldsymbol{q}_1)=\mathrm{span}(\boldsymbol{q}_1,\boldsymbol{A}\boldsymbol{q}_1,\cdots,\boldsymbol{A}^{m-1}\boldsymbol{q}_1)=\mathrm{span}(\boldsymbol{q}_1,\boldsymbol{q}_2,\cdots,\boldsymbol{q}_m) \tag{3-28}$$

这里 $\boldsymbol{Q}_m$ 和 $\boldsymbol{Q}_m^{\dagger}\boldsymbol{A}\boldsymbol{Q}_m$ 刚好可以通过 k 维 Krylov 子空间 $\mathcal{K}_m(\boldsymbol{A},\boldsymbol{q}_1)$ 的正交化得到，此时满足下式：

$$\boldsymbol{A}\boldsymbol{Q}_m=\boldsymbol{Q}_m\boldsymbol{T}_m+\beta_{m+1}\boldsymbol{q}_{m+1}\boldsymbol{e}_m^{\dagger}, \tag{3-29}$$

其中，

$$\boldsymbol{T}_m=\boldsymbol{Q}_m^{\dagger}\boldsymbol{A}\boldsymbol{Q}_m=\begin{pmatrix}\alpha_1 & \beta_2 & & & \\ \beta_2 & \alpha_2 & \beta_3 & & \\ & \ddots & \ddots & \ddots & \\ & & \beta_{m-1} & \alpha_{m-1} & \beta_m \\ & & & \beta_m & \alpha_m\end{pmatrix} \tag{3-30}$$

我们强调的是 $\boldsymbol{T}_m$ 的特征值由 $\mathcal{K}_m(\boldsymbol{A},\boldsymbol{q}_1)$ 决定，而与该 Krylov 子空间中的标准正交基的选取无关。但 $\boldsymbol{T}_m$ 的具体表达式与正交基的选取有关，用上述的 Krylov 子空间正交化方法产生的 $\boldsymbol{T}_m$ 为对称三对角实矩阵，这比任意取一组正交基产生 $\boldsymbol{T}_m$ 的形式(往往是满厄米矩阵)要简单得多。

设 $\boldsymbol{T}_m$ 的特征值分布为 $\mu_1 \leqslant \mu_2 \leqslant \cdots \leqslant \mu_m$，相应的特征向量为 $\boldsymbol{y}_1,\boldsymbol{y}_2,\cdots,\boldsymbol{y}_m$，并满足 $(\boldsymbol{y}_i,\boldsymbol{y}_j)=\delta_{ij}$，$1\leqslant i,j\leqslant m$。定义：

$$\boldsymbol{z}_i=\boldsymbol{Q}_m\boldsymbol{y}_i,\quad i=1,2,\cdots,m$$

其中，μ_i 和 $\boldsymbol{z}_i$ 为 $\boldsymbol{A}$ 关于 Krylov 子空间 $\mathcal{K}_m(\boldsymbol{A},\boldsymbol{q}_1)$ 的里茨值和里茨向量，并满足下式：

$$\boldsymbol{z}_i^{\dagger}\boldsymbol{z}_j=\delta_{ij},\quad \boldsymbol{z}_i^{\dagger}\boldsymbol{A}\boldsymbol{z}_j=\mu_i\delta_{ij},\quad 1\leqslant i,j\leqslant m,$$
$$\operatorname{span}\{\boldsymbol{z}_1,\boldsymbol{z}_2,\cdots,\boldsymbol{z}_m\}=\operatorname{span}\{\boldsymbol{q}_1,\boldsymbol{q}_2,\cdots,\boldsymbol{q}_m\}$$

下面定理给出了里茨值和里茨向量作为 $\boldsymbol{A}$ 的特征对的近似程度。

定理 3.2 对矩阵 $\boldsymbol{A}$ 的任意关于 Krylov 子空间 $\mathcal{K}_m(\boldsymbol{A},\boldsymbol{q}_1)$ 的里茨特征向量对 $(\mu_i,\boldsymbol{z}_i)$，存在 $\boldsymbol{A}$ 的特征值 λ 使得

$$|\lambda-\mu_i|\leqslant\|\boldsymbol{A}\boldsymbol{z}_i-\mu_i\boldsymbol{z}_i\|_2=|\beta_{m+1}|\,|\boldsymbol{e}_m^{\dagger}\boldsymbol{y}_i| \tag{3-31}$$

证明：在式(3-29)的两边右乘 $\boldsymbol{y}_i$，可得

$$\boldsymbol{A}\boldsymbol{z}_i-\mu_i\boldsymbol{z}_i=\beta_{m+1}(\boldsymbol{e}_m^{\dagger}\boldsymbol{y}_i)\boldsymbol{q}_{m+1}$$

考虑到 $\|\boldsymbol{q}_{m+1}\|_2=1$，上面等式两边取 2 范数得到式(3-31)的第二个等式。设残差向量 $\boldsymbol{w}=\boldsymbol{A}\boldsymbol{z}_i-\mu_i\boldsymbol{z}_i$，则它可重新写为

$$(\boldsymbol{A}-\boldsymbol{w}\boldsymbol{z}_i^{\dagger})\boldsymbol{z}_i=\mu_i\boldsymbol{z}_i$$

即 $(\mu_i,\boldsymbol{z}_i)$ 是矩阵 $\boldsymbol{A}-\boldsymbol{w}\boldsymbol{z}_i^{\dagger}$ 的特征对。把 $\boldsymbol{A}-\boldsymbol{w}\boldsymbol{z}_i^{\dagger}$ 看成厄米矩阵 $\boldsymbol{A}$ 的扰动，必定存在 $\boldsymbol{A}$ 的特征值 λ 使得

$$|\lambda-\mu_i|\leqslant\|\boldsymbol{w}\boldsymbol{z}_i^{\dagger}\|_2\leqslant\|\boldsymbol{w}\|_2\|\boldsymbol{z}_i\|_2=\|\boldsymbol{w}\|_2$$

这就是式(3-31)中的第一个不等式。

该定理说明，里茨值是否可以很好地逼近 $\boldsymbol{A}$ 的特征值可用 β_{m+1} 和 0 是否接近来判断。

实际计算时，在兰乔斯算法产生的 $\boldsymbol{T}_m=\boldsymbol{Q}_m^{\dagger}\boldsymbol{A}\boldsymbol{Q}_m$ 逼近 $\boldsymbol{A}$ 的特征值这一过程中，遇到的主要问题在于 $\boldsymbol{Q}_m=(\boldsymbol{q}_1,\boldsymbol{q}_2,\cdots,\boldsymbol{q}_m)$ 中列向量之间会很快失去正交性。由算法 2.4 的第 6 行知道 $\boldsymbol{q}_{m+1}=\boldsymbol{w}_m/\beta_{m+1}$。当 β_{m+1} 接近 0 时，$\boldsymbol{q}_{m+1}$ 的舍入误差会很严重。这种舍入误差还是会保证 $\|\boldsymbol{q}_{m+1}\|_2$ 和 1 之间有机器精度，但 $\boldsymbol{q}_{m+1}^{\dagger}\boldsymbol{q}_i\,(i\leqslant m)$ 和 0 会相差很远，即 $\boldsymbol{q}_{m+1}$ 和以前的 $\boldsymbol{q}_i$ 很容易失去正交性。有意思的是这种正交性的失去也意味着里茨值已经是 $\boldsymbol{A}$ 特征值的很好近似！这可以从以下事实得到一些启发：失去了正交性意味着 β_m 和 0 靠得很近，而式(3-31)说明了里茨值是一个很好的近似。为了避免失去正交性的危险，m 不能取得太大。所以只能选取初始向量 $\boldsymbol{q}_1$，使得它在所要求的特征向量上有更大的投影，这些内容可以进一步参考 3.5 节中的 Arnoldi 迭代。

3.5　大型稀疏矩阵的特征值计算

当 $\boldsymbol{A}\in\mathbb{C}^{n\times n}$ 为大型稀疏矩阵时，QR 算法会破坏矩阵的稀疏性。实际中常常只要计算 $\boldsymbol{A}$ 的最大或最小的几个特征值，我们在不改变矩阵稀疏性的前提下讨论这个问题。幂法、反幂法和原点平移都不改变矩阵的稀疏性。幂法和反幂法用于求解按模最大和最小的特征值，原点平移技巧加速幂法的收敛，它和反幂法相结合可以求任意特征值。幂法的直接推广就是计算多个特征值的子空间迭代方法。与幂法一样，这种迭代法的收敛可能很慢。为了改进迭代性能，往往将子空间迭代方法和瑞利-里茨投影方法结合起来。如果用 Krylov 子空间构造投影矩阵，就得到了 Arnoldi 子空间方法。

3.5.1　子空间迭代

子空间迭代可以看成幂法的推广，设 $\boldsymbol{A}\in\mathbb{C}^{n\times n}$。给定$\mathbb{C}^n$ 的一个 m 维子空间 $\text{span}\{\boldsymbol{q}_1^{(0)},\boldsymbol{q}_2^{(0)},\cdots,\boldsymbol{q}_m^{(0)}\}$，其中$\{\boldsymbol{q}_i^{(0)}\}_{i=1}^m$互为正交，且$\|\boldsymbol{q}_i^{(0)}\|_2=1,1\leqslant i\leqslant m$。定义 $n\times m$ 矩阵 $\boldsymbol{Q}_0=[\boldsymbol{q}_1^{(0)},\boldsymbol{q}_2^{(0)},\cdots,\boldsymbol{q}_m^{(0)}]$，做如下子空间迭代：

$$\begin{cases}\boldsymbol{Z}_k=\boldsymbol{A}\boldsymbol{Q}_{k-1}\\ \boldsymbol{Z}_k=\boldsymbol{Q}_k\boldsymbol{R}_k\quad(\text{QR 分解})\end{cases}\qquad k=1,2,\cdots \tag{3-32}$$

这里 $n\times m$ 矩阵 $\boldsymbol{Q}_k=[\boldsymbol{q}_1^{(k)},\boldsymbol{q}_2^{(k)},\cdots,\boldsymbol{q}_m^{(k)}]$中的 m 个列是互相正交的单位向量，$\boldsymbol{R}_k$ 为 m 阶上三角矩阵。这种迭代法也称为正交迭代法或同时迭代法。$\boldsymbol{Z}_k$ 的 QR 分解可用豪斯霍尔德变换或格拉姆-施密特正交化实现。

设当 $k\to\infty,\boldsymbol{Q}_k\to\boldsymbol{Q},\boldsymbol{R}_k\to\boldsymbol{R}$，则对 $\boldsymbol{Q}_k\boldsymbol{R}_k=\boldsymbol{A}\boldsymbol{Q}_{k-1}$取极限得到 $\boldsymbol{A}\boldsymbol{Q}=\boldsymbol{Q}\boldsymbol{R}$。其中，$\boldsymbol{Q}$ 的 m 列是互为正交的单位向量，$\boldsymbol{R}$ 是上三角矩阵。称 $\boldsymbol{Q}$ 的 m 列为 $\boldsymbol{A}$ 的 m 个舒尔向量。当 $\boldsymbol{R}$ 是对角矩阵时，这些舒尔向量就是 $\boldsymbol{A}$ 的特征向量。所以，对 $\boldsymbol{A}$ 的子空间迭代就是为了计算 $\boldsymbol{A}$ 的舒尔向量。

当 $\boldsymbol{A}$ 的 m 个主特征值$\{\lambda_i\}_{i=1}^m$和其他特征值很好地分离时，子空间迭代会很快收敛。如果要计算 m 个主特征值中每个特征值的舒尔向量，还要求 m 个主特征值中的每个特征值都要很好地分离。如果取 $m=1$，子空间迭代变为幂法，此时 $\boldsymbol{Q}_k\in\mathbb{C}^n,\boldsymbol{R}_k\in\mathbb{R}$。

3.5.2　瑞利-里茨投影方法

设$\mathcal{K}=\text{span}\{\boldsymbol{v}_1,\boldsymbol{v}_2,\cdots,\boldsymbol{v}_m\}$，$\{\boldsymbol{v}_i\}_{i=1}^m$为$\mathcal{K}$ 中的标准正交基，记 $\boldsymbol{V}_m=(\boldsymbol{v}_1,\boldsymbol{v}_2,\cdots,\boldsymbol{v}_m)\in\mathbb{C}^{n\times m}$。在$\mathbb{C}^n$ 的子空间$\mathcal{K}$ 中考虑特征值问题：找到 $\widetilde{\boldsymbol{u}}\in\mathcal{K},\widetilde{\lambda}\in\mathbb{C}$，则

$$(\boldsymbol{v},\boldsymbol{A}\widetilde{\boldsymbol{u}}-\widetilde{\lambda}\widetilde{\boldsymbol{u}})=0,\quad \boldsymbol{v}\in\mathcal{K} \tag{3-33}$$

由于$\widetilde{\boldsymbol{u}}\in\mathcal{K}$，则$\widetilde{\boldsymbol{u}}=\boldsymbol{V}_m\boldsymbol{y},\boldsymbol{y}\in\mathbb{C}^m$，代入式(3-33)得到

$$(\boldsymbol{v}_j, \boldsymbol{A}\boldsymbol{V}_m\boldsymbol{y} - \widetilde{\lambda}\boldsymbol{V}_m\boldsymbol{y}) = 0, \quad j = 1, 2, \cdots, m$$

或表示成矩阵形式：

$$\boldsymbol{A}_m\boldsymbol{y} = \widetilde{\lambda}\,\boldsymbol{y} \tag{3-34}$$

其中，$\boldsymbol{A}_m = \boldsymbol{V}_m^{\dagger}\boldsymbol{A}\boldsymbol{V}_m$ 为 m 阶复矩阵。一般来说，$m \ll n$，只要考虑比原特征值问题 $\boldsymbol{A}\boldsymbol{x} = \lambda\boldsymbol{x}$ 的阶数低得多的特征值问题。通过计算特征值问题式(3-34)，给出原特征值问题在子空间 $\mathcal{K}$ 中的最好估计。这就是瑞利-里茨(子空间投影)方法。

算法 3.1 给定 m 维子空间 $\mathcal{K} = \mathrm{span}\{\boldsymbol{v}_1, \boldsymbol{v}_2, \cdots, \boldsymbol{v}_m\}$，$\{\boldsymbol{v}_i\}_{i=1}^{n}$ 为 $\mathcal{K}$ 中标准正交基，设 $\boldsymbol{V}_m = (\boldsymbol{v}_1, \boldsymbol{v}_2, \cdots, \boldsymbol{v}_m)$。

(1) 计算 m 阶矩阵 $\boldsymbol{A}_m = \boldsymbol{V}_m^{\dagger}\boldsymbol{A}\boldsymbol{V}_m$；

(2) 计算 $\boldsymbol{A}_m$ 的 m 个特征值 $\{\widetilde{\lambda}_i\}_{i=1}^{m}$ 和相应的特征向量 $\{\boldsymbol{y}_i\}_{i=1}^{m}$；

(3) 计算 $\widetilde{\boldsymbol{u}}_i = \boldsymbol{V}_m\boldsymbol{y}_i$，$i = 1, 2, \cdots, m$。

该过程给出了 $\boldsymbol{A}$ 的 m 个里茨特征向量对 $(\widetilde{\lambda}_i, \widetilde{\boldsymbol{u}}_i)_{i=1}^{m}$，近似程度由 $\mathcal{K}$ 确定。

若 $\mathcal{K}$ 的标准正交基 $\{\boldsymbol{v}_j\}_{j=1}^{m}$ 是 $\boldsymbol{A}$ 的舒尔向量，即 $\boldsymbol{A}\boldsymbol{V}_m = \boldsymbol{V}_m\boldsymbol{R}_m$，其中 m 阶上三角矩阵 $\boldsymbol{R}_m$ 的对角元为 $\boldsymbol{A}$ 的特征值。此时，上述的瑞利-里茨投影方法中，$\boldsymbol{A}_m = \boldsymbol{V}_m^{\dagger}\boldsymbol{A}\boldsymbol{V}_m = \boldsymbol{R}_m$ 的特征值就是 $\boldsymbol{A}$ 的特征值。投影方法和子空间迭代相结合得到如下算法。

算法 3.2 给定 $n \times m$ 矩阵 $\boldsymbol{Q}_0 = [\boldsymbol{q}_1^{(0)}, \boldsymbol{q}_2^{(0)}, \cdots, \boldsymbol{q}_m^{(0)}] \in \mathbb{C}^{n\times m}$，$\{\boldsymbol{q}_i^{(0)}\}_{i=1}^{m}$ 互为正交，且 $\|\boldsymbol{q}_i\|_2 = 1$，$i = 1, 2, \cdots, m$。算法步骤如下：

(1) 对 k 从 $1, 2, \cdots$，循环。

(2) 计算 $n \times m$ 矩阵 $\boldsymbol{Z}_k = \boldsymbol{A}\boldsymbol{Q}_{k-1} \in \mathbb{C}^{n\times m}$。

(3) 求 $\boldsymbol{Z}_k$ 的 $\boldsymbol{QR}$ 分解 $\boldsymbol{Z}_k = \widetilde{\boldsymbol{Q}}_k\boldsymbol{R}_k$，其中 $n \times m$ 矩阵 $\widetilde{\boldsymbol{Q}}_k$ 满足 $\widetilde{\boldsymbol{Q}}_k^{\dagger}\widetilde{\boldsymbol{Q}}_k = \boldsymbol{I}_m$，$\boldsymbol{R}_m$ 为 m 阶上三角矩阵。

(4) 对 $\boldsymbol{A}_m = \widetilde{\boldsymbol{Q}}_k^{\dagger}\boldsymbol{A}\widetilde{\boldsymbol{Q}}_k \in \mathbb{C}^{m\times m}$ 用 QR 算法求它的 m 个舒尔向量 $\{\boldsymbol{v}_i\}_{i=1}^{m}$，$\boldsymbol{V}_m^{(k)} = (\boldsymbol{v}_1, \boldsymbol{v}_2, \cdots, \boldsymbol{v}_m) \in \mathbb{C}^{m\times m}$。

(5) 令 $\boldsymbol{Q}_k = \widetilde{\boldsymbol{Q}}_k\boldsymbol{V}_m^{(k)} \in \mathbb{C}^{n\times m}$。

(6) 与上一次迭代相比，若 $\boldsymbol{Q}_k$ 改变很小，则退出循环。

与投影算法不同，第 4 行没有计算 $\boldsymbol{A}_m$ 的特征向量，而是求它的舒尔向量。由于阶数 m 一般比较小，因此 $\boldsymbol{A}_m$ 的 QR 算法代价不大。上述算法的 $\boldsymbol{Q}_k$ 通过低阶矩阵 $\boldsymbol{A}_m$ 的舒尔向量得到(第 5 行)。由于子空间迭代就是希望找按模最大的 m 个舒尔向量，所以算法中 $\boldsymbol{Q}_k$ 比 $\widetilde{\boldsymbol{Q}}_k$ 更接近要找的舒尔向量。该算法中每次迭代的 $\widetilde{\boldsymbol{Q}}_k$ 都不相同，即每次投影空间 $\mathcal{K}$ 不一样，但 $\widetilde{\boldsymbol{Q}}_k$ 会越来越接近 $\boldsymbol{A}$ 的按模最大的 m 个舒尔向量，这也表明投影子空间 $\mathcal{K}$ 变得越来越好。

3.5.3 阿诺德迭代

下面讨论子空间的取法。给定 $\boldsymbol{v}_1\in\mathbb{C}^n$ 及整数 $m>0$，定义 Krylov 子空间：

$$\mathcal{K}_m(\boldsymbol{A},\boldsymbol{v}_1)=\mathrm{span}\{\boldsymbol{v}_1,\boldsymbol{A}\boldsymbol{v}_1,\cdots,\boldsymbol{A}^{m-1}\boldsymbol{v}_1\} \tag{3-35}$$

这里$\{\boldsymbol{A}^j\boldsymbol{v}_1\}_{j=0}^{m-1}$线性无关。对这组基$\{\boldsymbol{A}^j\boldsymbol{v}_1\}_{j=0}^{m-1}$正交化，产生$\{\boldsymbol{v}_j\}_{j=1}^{m+1}$并满足下式：

$$\boldsymbol{v}_i^{\dagger}\boldsymbol{v}_j=\delta_{ij},\quad \|\boldsymbol{v}_i\|_2=1,\quad i,j=1,2,\cdots,m+1 \tag{3-36}$$

$$\mathcal{K}_m(\boldsymbol{A},\boldsymbol{v}_1)=\mathrm{span}\{\boldsymbol{v}_1,\boldsymbol{v}_2,\cdots,\boldsymbol{v}_m\} \tag{3-37}$$

正交化过程产生了 m 阶上海森伯矩阵 $\boldsymbol{H}_m=(h_{ij})$及非负数 $h_{m+1,m}\in\mathbb{R}$，且满足

$$\boldsymbol{A}\boldsymbol{V}_m=\boldsymbol{V}_m\boldsymbol{H}_m+h_{m+1,m}\boldsymbol{v}_{m+1}\boldsymbol{e}_m^{\dagger} \tag{3-38}$$

这里 $\boldsymbol{e}_m$ 是第 m 个分量为 1、其他分量为 0 的 m 维列向量。由式(3-36)以及上式得到

$$\boldsymbol{V}_m^{\dagger}\boldsymbol{A}\boldsymbol{V}_m=\boldsymbol{H}_m \tag{3-39}$$

其中，$\boldsymbol{V}_m=(\boldsymbol{v}_1,\boldsymbol{v}_2,\cdots,\boldsymbol{v}_m)$。给定 $\boldsymbol{v}_1$，满足上述要求的 $\boldsymbol{V}_m\in\mathbb{C}^{n\times m}$ 和 $\boldsymbol{H}_m\in\mathbb{C}^{m\times m}$ 称为长度为 m 的阿诺德迭代。

当子空间取为 Krylov 子空间后，从该子空间得到的里茨特征向量对是否能作为 $\boldsymbol{A}$ 的特征向量的近似呢？可以证明：在适当条件下，当 $m\to\infty$，这个近似会变得越来越好。实际中由于受到内存空间的限制和存在失去正交化的危险，m 不能取得很大，所以需要考虑在子空间维数 m 不变的情况下，如何把子空间取得越来越好。对于 Krylov 子空间来说，需要考虑如何选取 $\boldsymbol{v}_1$。现在要计算 $\boldsymbol{A}$ 按模最大的 $j(j<m)$个特征值。

根据投影方法，取子空间$\mathcal{K}=\mathcal{K}_m(\boldsymbol{A},\boldsymbol{v}_1)$，对 $\boldsymbol{A}$ 限制在该子空间上的 m 阶矩阵 $\boldsymbol{V}_m^{\dagger}\boldsymbol{A}\boldsymbol{V}_m=\boldsymbol{H}_m$，求它的按模最大特征值 $\widetilde{\lambda}_1$ 和相应的特征向量 $\boldsymbol{y}_1$，令 $\widetilde{\boldsymbol{u}}_1=\boldsymbol{V}_m\boldsymbol{y}_1$。$(\widetilde{\lambda}_1,\widetilde{\boldsymbol{u}}_1)$是 $\boldsymbol{A}$ 的一个近似特征对。怎样衡量近似程度呢？由于存在下面关系式：

$$\begin{aligned}\boldsymbol{A}\widetilde{\boldsymbol{u}}_1-\widetilde{\lambda}_1\widetilde{\boldsymbol{u}}_1&=\boldsymbol{A}\boldsymbol{V}_m\boldsymbol{y}_1-\widetilde{\lambda}_1\boldsymbol{V}_m\boldsymbol{y}_1=\boldsymbol{V}_m\boldsymbol{H}_m\boldsymbol{y}_1+h_{m+1,m}\boldsymbol{v}_{m+1}\boldsymbol{e}_m^{\dagger}\boldsymbol{y}_1-\widetilde{\lambda}_1\boldsymbol{V}_m\boldsymbol{y}_1\\&=h_{m+1,m}\boldsymbol{v}_{m+1}\boldsymbol{e}_m^{\dagger}\boldsymbol{y}_1\ \|(\boldsymbol{A}-\widetilde{\lambda}_1\boldsymbol{I})\widetilde{\boldsymbol{u}}_1\|_2=h_{m+1,m}\,|\boldsymbol{e}_m^{\dagger}\boldsymbol{y}_1|\end{aligned}$$

当 $h_{m+1,m}=0$ 时，$(\widetilde{\lambda}_1,\widetilde{\boldsymbol{u}}_1)$是 $\boldsymbol{A}$ 的一个特征对。如果 $h_{m+1,m}$很大，表明这个特征对近似得不好，也就是说 $\boldsymbol{v}_1$ 取得不好，导致投影方法产生的近似误差比较大。令 $\boldsymbol{v}_1=\widetilde{\boldsymbol{u}}_1$，重复上述过程，直到这个近似特征对的误差足够小，这就是重新启动的 Arnoldi 迭代方法。

接下来的问题是如何计算多个特征对。先计算特征对$(\lambda_1,\boldsymbol{u}_1)$满足精度要求的近似特征对$(\widetilde{\lambda}_1,\widetilde{\boldsymbol{u}}_1)$，再计算下一个特征对$(\lambda_2,\boldsymbol{u}_2)$的近似特征对$(\widetilde{\lambda}_2,\widetilde{\boldsymbol{u}}_2)$。不妨设$(\boldsymbol{u}_1,\boldsymbol{u}_2)=0$，取 $m-1$ 维子空间 $\mathrm{span}\{\boldsymbol{v}_2,\boldsymbol{A}\boldsymbol{v}_2,\cdots,\boldsymbol{A}^{m-2}\boldsymbol{v}_2\}$，其中 $\boldsymbol{v}_2$ 可以任

意选取，不妨取在计算$(\widetilde{\lambda}_1, \widetilde{\boldsymbol{u}}_1)$时用到的 $\boldsymbol{v}_2$。与计算$(\widetilde{\lambda}_1, \widetilde{\boldsymbol{u}}_1)$一样，求出精度足够高的近似特征对$(\widetilde{\lambda}_2, \widetilde{\boldsymbol{u}}_2)$。如果要计算和近似特征值 $\widetilde{\lambda}_1$、$\widetilde{\lambda}_2$ 对应的近似舒尔向量，可以把 $\widetilde{\boldsymbol{u}}_2$ 和 $\widetilde{\boldsymbol{u}}_1$ 正交得到的新向量以及 $\widetilde{\boldsymbol{u}}_1$ 作为 $\widetilde{\lambda}_1$、$\widetilde{\lambda}_2$ 对应的近似舒尔向量。这个过程可以继续求其他的近似特征对。

当近似特征对$(\widetilde{\lambda}_1, \widetilde{\boldsymbol{u}}_1)$不够精确时，要重新计算长度为 m 的 Arnoldi 迭代。重新开始的初始向量 $\boldsymbol{v}_+$ 能否比 $\widetilde{\boldsymbol{u}}_1 = \boldsymbol{V}_m \boldsymbol{y}_1 \in \mathcal{K}_m(\boldsymbol{A}, \boldsymbol{v}_1)$有更好的选择呢？一般地，在$\mathcal{K}_m(\boldsymbol{A}, \boldsymbol{v}_1)$中选取

$$\boldsymbol{v}_1^+ = q(\boldsymbol{A})\boldsymbol{v}_1 \tag{3-40}$$

作为下一次长度为 m 的 Arnoldi 迭代中的初始向量。式(3-40)中的 $\boldsymbol{v}_1$ 是上一次长度为 m 的 Arnoldi 过程中的初始向量，q 为次数不超过 $m-1$ 的多项式。设 $\boldsymbol{A}$ 的特征向量对$(\lambda_i, \boldsymbol{u}_i)_{i=1}^n$满足 $\boldsymbol{A}\boldsymbol{u}_i = \lambda_i \boldsymbol{u}_i$。把 $\boldsymbol{v}_1$ 在这组特征向量系中展开为 $\boldsymbol{v}_1 = \sum_{i=1}^n a_i \boldsymbol{u}_i$，则

$$\boldsymbol{v}_1^+ = \sum_{i=1}^n a_i q(\lambda_i) \boldsymbol{u}_i$$

为了使得 $\boldsymbol{v}_1^+$ 尽量靠近特征向量 $\boldsymbol{u}_i$，$|q(\lambda_i)|$比其他$|q(\lambda_j)|$要大。下面介绍隐式重新开始的 Arnoldi 方法，它给出了多项式 q 的选取，从而隐含决定了初始向量 $\boldsymbol{v}_1^+$ 的选取。

设已做了一次长度为 m 的 Arnoldi 迭代，即式(3-35)～式(3-39)成立。对 m 阶上海森伯矩阵 $\boldsymbol{H}_m$ 做 $p = m - j$ 次带位移的 QR 迭代，则

$$\begin{cases} \boldsymbol{H}^{(i)} - \mu_i \boldsymbol{I}_m = \boldsymbol{Q}_i \boldsymbol{R}_i & (\text{QR 分解}) \\ \boldsymbol{H}^{(i+1)} = \boldsymbol{R}_i \boldsymbol{Q}_i + \mu_i \boldsymbol{I}_m \end{cases} \quad i = 1, 2, \cdots, p \tag{3-41}$$

这里 $\boldsymbol{H}^{(1)} = \boldsymbol{H}_m$。令

$$\boldsymbol{H}_m^+ = \boldsymbol{H}^{(p+1)}, \quad \boldsymbol{Q} = \boldsymbol{Q}_1 \boldsymbol{Q}_2 \cdots \boldsymbol{Q}_p, \quad \boldsymbol{R} = \boldsymbol{R}_p \boldsymbol{R}_{p-1} \cdots \boldsymbol{R}_1 \tag{3-42}$$

则

$$\boldsymbol{H}_m^+ = \boldsymbol{Q}^\dagger \boldsymbol{H}_m \boldsymbol{Q} \tag{3-43}$$

其中，$\boldsymbol{Q}$ 为 m 阶酉矩阵。由于$\{\boldsymbol{Q}_j\}_{j=1}^p$都是三对角矩阵，故 $\boldsymbol{Q}$ 的下带宽为 p。另外，可以证明

$$\boldsymbol{Q}\boldsymbol{R} = (\boldsymbol{H}_m - \mu_p \boldsymbol{I})(\boldsymbol{H}_m - \mu_{p-1} \boldsymbol{I}) \cdots (\boldsymbol{H}_m - \mu_1 \boldsymbol{I})$$

由于 $\boldsymbol{R}$ 为上三角矩阵，所以 $\boldsymbol{Q}$ 的第一列为

$$\boldsymbol{Q}\boldsymbol{e}_1 = \alpha (\boldsymbol{H}_m - \mu_p \boldsymbol{I})(\boldsymbol{H}_m - \mu_{p-1} \boldsymbol{I}) \cdots (\boldsymbol{H}_m - \mu_1 \boldsymbol{I}) \boldsymbol{e}_1 \tag{3-44}$$

其中，α 为常数。下面解释如何做下一次长度为 m 的 Arnoldi 迭代。

在式(3-38)中右乘以 Q 并考虑到式(3-43)，得到

$$\boldsymbol{A}\boldsymbol{V}_m \boldsymbol{Q} = \boldsymbol{V}_m \boldsymbol{H}_m \boldsymbol{Q} + h_{m+1,m} \boldsymbol{v}_{m+1} \boldsymbol{e}_m^\dagger \boldsymbol{Q} = \boldsymbol{V}_m \boldsymbol{Q} \boldsymbol{H}_m^+ + h_{m+1,m} \boldsymbol{v}_{m+1} \boldsymbol{e}_m^\dagger \boldsymbol{Q}$$

记 $n\times m$ 矩阵 $\boldsymbol{V}_m^+=\boldsymbol{V}_m\boldsymbol{Q}$，它满足 $(\boldsymbol{V}_m^+)^\dagger\boldsymbol{V}_m^+=\boldsymbol{I}_m$。上式变为

$$\boldsymbol{A}\boldsymbol{V}_m^+=\boldsymbol{V}_m^+\boldsymbol{H}_m^++h_{m+1,m}\boldsymbol{v}_{m+1}\boldsymbol{e}_m^\dagger\boldsymbol{Q} \tag{3-45}$$

由于 $\boldsymbol{e}_m^\dagger\boldsymbol{Q}$ 不是 $\boldsymbol{e}_m^\dagger$ 的倍数，故式(3-45)不是长度为 m 的 Arnoldi 迭代。由于 m 阶矩阵 $\boldsymbol{Q}$ 的下带宽为 $p=m-j$，$\boldsymbol{Q}$ 的最后一行(m 维行向量)$\boldsymbol{e}_m^\dagger\boldsymbol{Q}$ 的前 j 个元素构成的行向量为 $\boldsymbol{e}_j^\dagger q_{m,j}$，其中 $q_{m,j}$ 为 $\boldsymbol{Q}$ 的第(m,j)位置的元素，$\boldsymbol{e}_j=(0,\cdots,0,1)^\dagger\in\mathbb{R}^j$。从式(3-45)得到 $\boldsymbol{A}\boldsymbol{V}_m^+$ 的前 j 列为

$$\begin{aligned}\boldsymbol{A}\boldsymbol{V}_m^+(:,1:j)=&\boldsymbol{V}_m^+(:,1:j)\boldsymbol{H}_m^+(1:j,1:j)+\boldsymbol{V}_m^+(:,j+1:m)\boldsymbol{H}_m^+(j+1:m,1:j)+\\&h_{m+1,m}\boldsymbol{v}_{m+1}\boldsymbol{e}_j^\dagger q_{m,j}\end{aligned} \tag{3-46}$$

由于 $\boldsymbol{H}_m^+$ 为 m 阶下海森伯矩阵，$\boldsymbol{H}_m^+(j+1:m,1:j)$ 只有右上角为 $h_{j+1,j}^+$($\boldsymbol{H}_m^+$ 的第 $j+1$ 行、第 j 列元素)，其他位置元素都为 0。$\boldsymbol{V}_m^+(:,j+1:m)\boldsymbol{H}_m^+(j+1:m,1:j)=h_{j+1,j}^+\boldsymbol{V}_m^+(:,j+1)\boldsymbol{e}_j^\dagger$，这里 $\boldsymbol{V}_m^+(:,j+1)$ 为 $\boldsymbol{V}_m^+$ 的第 $j+1$ 列。式(3-46)化为

$$\begin{aligned}\boldsymbol{A}\boldsymbol{V}_m^+(:,1:j)=&\boldsymbol{V}_m^+(:,1:j)\boldsymbol{H}_m^+(1:j,1:j)+[h_{j+1,j}^+\boldsymbol{V}_m^+(:,j+1)+\\&q_{m,j}h_{m+1,m}\boldsymbol{v}_{m+1}]\boldsymbol{e}_j^\dagger.\end{aligned} \tag{3-47}$$

容易验证 $h_{j+1,j}^+\boldsymbol{V}_m^+(:,j+1)+q_{m,j}h_{m+1,m}\boldsymbol{v}_{m+1}$ 与 $\boldsymbol{V}_m^+(:,1:j)$ 中每列都正交，所以式(3-47)刚好就是初始向量为 $\boldsymbol{V}_m^+(:,1)$ 的长度为 j 的 Arnoldi 迭代。对它再进行 $p=m-j$ 次 Arnoldi 迭代，就得到了初始向量为 $\boldsymbol{V}_m^+(:,1)$ 的长度为 m 的 Arnoldi 迭代。这就是我们要找的下一次长度为 m 的 Arnoldi 迭代。

根据式(3-44)可得

$$\boldsymbol{V}_m^+(:,1)=\boldsymbol{V}_m\boldsymbol{Q}\boldsymbol{e}_1=\alpha\boldsymbol{V}_m(\boldsymbol{H}_m-\mu_p\boldsymbol{I})\cdots(\boldsymbol{H}_m-\mu_1\boldsymbol{I})\boldsymbol{e}_1 \tag{3-48}$$

这里 $\boldsymbol{e}_1$ 是第一个元素为 1，其他元素为 0 的 m 维单位向量。由于

$$\begin{aligned}(\boldsymbol{A}-\mu_p\boldsymbol{I})\cdots(\boldsymbol{A}-\mu_1\boldsymbol{I})\boldsymbol{V}_m&=(\boldsymbol{A}-\mu_{p-1}\boldsymbol{I})\cdots(\boldsymbol{A}-\mu_1\boldsymbol{I})(\boldsymbol{A}-\mu_p\boldsymbol{I})\boldsymbol{V}_m\\&=(\boldsymbol{A}-\mu_{p-1}\boldsymbol{I})\cdots(\boldsymbol{A}-\mu_1\boldsymbol{I})[\boldsymbol{V}_m(\boldsymbol{H}_m-\mu_p\boldsymbol{I})+h_{m+1,m}\boldsymbol{v}_{m+1}\boldsymbol{e}_m^\dagger]\end{aligned}$$

所以

$$(\boldsymbol{A}-\mu_p\boldsymbol{I})\cdots(\boldsymbol{A}-\mu_1\boldsymbol{I})\boldsymbol{V}_m\boldsymbol{e}_1=(\boldsymbol{A}-\mu_{p-1}\boldsymbol{I})\cdots(\boldsymbol{A}-\mu_1\boldsymbol{I})\boldsymbol{V}_m(\boldsymbol{H}_m-\mu_p\boldsymbol{I})\boldsymbol{e}_1$$

不断运用这种方法，并考虑到 $f(\boldsymbol{H}_m)$ 的第 m 行、第 1 列元素 $\boldsymbol{e}_m^\dagger f(\boldsymbol{H}_m)\boldsymbol{e}_1=0$ 对于任意次数不高于 $m-2$ 的多项式 f 都成立，式(3-48)变为

$$\boldsymbol{V}_m^+(:,1)=\alpha(\boldsymbol{A}-\mu_p\boldsymbol{I})\cdots(\boldsymbol{A}-\mu_1\boldsymbol{I})\boldsymbol{V}_m\boldsymbol{e}_1=\alpha(\boldsymbol{A}-\mu_p\boldsymbol{I})\cdots(\boldsymbol{A}-\mu_1\boldsymbol{I})\boldsymbol{v}_1=q(\boldsymbol{A})\boldsymbol{v}_1 \tag{3-49}$$

其中，

$$q(\lambda)=\alpha(\lambda-\mu_p)(\lambda-\mu_{p-1})\cdots(\lambda-\mu_1)$$

为 $p(p=m-j\leqslant m-1)$ 次多项式。根据前面的讨论，q 在要计算的 j 个按模最大的特征值$\{\lambda_i\}_{i=1}^j$处的函数值尽可能大。这些按模最大的特征值可用 $\boldsymbol{H}_m$ 的按模最大特征值$\{\widetilde{\lambda}_i\}_{i=1}^j$逼近。$\boldsymbol{H}_m$ 的其他特征值为

$$|\widetilde{\lambda}_{j+1}|\geqslant|\widetilde{\lambda}_{j+2}|\geqslant\cdots\geqslant|\widetilde{\lambda}_m| \tag{3-50}$$

取 q 的 p 个零点 $\{\mu_i\}_{i=1}^{p}$ 为 $\boldsymbol{H}_m$ 的其他特征值 $\{\widetilde{\lambda}_i\}_{i=j+1}^{m}$，也即 QR 迭代(3-41)中的位移选为

$$\mu_i=\widetilde{\lambda}_{i+j},\quad i=1,2,\cdots,p$$

这保证了 q 在需要计算的 j 个特征值 $\{\lambda_i\}_{i=1}^{j}$ 处的函数值的模比在不需要计算的 $m-j$ 个特征值处的函数值的模要大。下面给出了隐式重新启动的 Arnoldi 迭代方法的具体算法。

算法 3.3 设 $\boldsymbol{A}\in\mathbb{C}^{n\times n}$，计算 $\boldsymbol{A}$ 的按模最大的 j 个特征值。取 m 使得 $j\leqslant m$，令 $p=m-j$。给定 $\boldsymbol{v}_1\in\mathbb{C}^n$，$\|\boldsymbol{v}_1\|_2=1$。对子空间 $\mathcal{K}(\boldsymbol{A},\boldsymbol{v}_1)$ 用长度为 m 的阿诺德迭代产生 $\boldsymbol{V}_m=(\boldsymbol{v}_1,\boldsymbol{v}_2,\cdots,\boldsymbol{v}_m)$ 以及 $\boldsymbol{H}_m$，它们满足式(3-37)至式(3-39)。对以下三步循环操作，直到达到精度为止。

(1) 计算 $\boldsymbol{H}_m$ 的按模最大特征值 $\{\widetilde{\lambda}_i\}_{i=1}^{j}$ 以及式(3-50)中其他的特征值，令 $\mu_i=\widetilde{\lambda}_{i+j}$，$i=1,2,\cdots,p$。

(2) 对 m 阶上海森伯矩阵 $\boldsymbol{H}_m$ 做 p 次带位移的 QR 迭代，产生 m 阶正交矩阵 $\boldsymbol{Q}$ 以及 m 阶上海森伯矩阵 $\boldsymbol{H}_m^+$。见式(3-42)，令 $\boldsymbol{V}_m^+=\boldsymbol{V}_m\boldsymbol{Q}$。

(3) 在式(3-46)的基础上再做 p 次阿诺德迭代(这就完成了下一步的长度为 m 的阿诺德迭代)。

式(3-41)中的 p 次带位移的 QR 迭代的目的就是实现初始向量为 $\boldsymbol{v}_1^+=\boldsymbol{V}_m^+(:,1)$[见式(3-49)]的 j 次阿诺德迭代(称为隐式重新启动)。

3.5.4 雅可比-戴维森方法

阿诺德迭代利用 Krylov 子空间作为投影子空间，这一节给出投影子空间的另一取法，相应的方法称为雅可比-戴维森方法。沿用 3.5.3 节的记号。设 $\boldsymbol{A}\in\mathbb{C}^{n\times n}$，$\mathcal{K}=\mathrm{span}\{\boldsymbol{v}_1,\boldsymbol{v}_2,\cdots,\boldsymbol{v}_m\}$ 为 $\mathbb{C}^n$ 的子空间，$\{\boldsymbol{v}_i\}_{i=1}^{m}$ 为 $\mathcal{K}$ 中标准正交基，记 $\boldsymbol{V}_m=(\boldsymbol{v}_1,\boldsymbol{v}_2,\cdots,\boldsymbol{v}_m)$。$\boldsymbol{A}$ 限制在 $\mathcal{K}$ 上的特征值问题见式(3-33)和式(3-34)。设 $(\widetilde{\lambda},\boldsymbol{y})$($\|\boldsymbol{y}\|_2=1$)为 $\boldsymbol{A}_m$ 的特征对，$(\widetilde{\lambda},\boldsymbol{u}=\boldsymbol{V}_m\boldsymbol{y})$($\|\boldsymbol{u}\|_2=1$)为 $\boldsymbol{A}$ 的里茨特征向量对，它是 $\boldsymbol{A}$ 的某个特征对的近似。现取 $\boldsymbol{t}\in\mathbb{C}^n$ 满足 $\boldsymbol{t}^\dagger\boldsymbol{u}=0$，且有

$$\boldsymbol{A}(\boldsymbol{u}+\boldsymbol{t})=\lambda(\boldsymbol{u}+\boldsymbol{t})\Longleftrightarrow(\boldsymbol{A}-\lambda\boldsymbol{I})\boldsymbol{t}=-(\boldsymbol{A}-\lambda\boldsymbol{I})\boldsymbol{u}\tag{3-51}$$

即 $\boldsymbol{u}+\boldsymbol{t}$ 是 $\boldsymbol{A}$ 的特征向量。

把方程(3-51)限制在与 $\boldsymbol{u}$ 正交的子空间上，可得

$$(\boldsymbol{I}-\boldsymbol{u}\boldsymbol{u}^\dagger)(\boldsymbol{A}-\lambda\boldsymbol{I})(\boldsymbol{I}-\boldsymbol{u}\boldsymbol{u}^\dagger)\boldsymbol{t}=-(\boldsymbol{A}-\widetilde{\lambda}\boldsymbol{I})\boldsymbol{u}\tag{3-52}$$

事实上，考虑到下式：

$$\boldsymbol{u}^\dagger\boldsymbol{A}\boldsymbol{u}=(\boldsymbol{V}_m\boldsymbol{y})^\dagger\boldsymbol{A}\boldsymbol{V}_m\boldsymbol{y}=\boldsymbol{y}^\dagger\boldsymbol{A}_m\boldsymbol{y}=\widetilde{\lambda}\tag{3-53}$$

$\boldsymbol{u}$ 和 $\boldsymbol{t}$ 正交以及式(3-51)，则有

$$(\boldsymbol{I}-\boldsymbol{u}\boldsymbol{u}^{\dagger})(\boldsymbol{A}-\lambda\boldsymbol{I})(\boldsymbol{I}-\boldsymbol{u}\boldsymbol{u}^{\dagger})\boldsymbol{t}=(\boldsymbol{I}-\boldsymbol{u}\boldsymbol{u}^{\dagger})(\boldsymbol{A}-\lambda\boldsymbol{I})\boldsymbol{t}$$

$$=-(\boldsymbol{I}-\boldsymbol{u}\boldsymbol{u}^{\dagger})(\boldsymbol{A}-\lambda\boldsymbol{I})\boldsymbol{u}=-(\boldsymbol{A}-\lambda\boldsymbol{I})\boldsymbol{u}+(\boldsymbol{u}\boldsymbol{u}^{\dagger}\boldsymbol{A}\boldsymbol{u}-\lambda\boldsymbol{u})=-(\boldsymbol{A}-\widetilde{\lambda}\boldsymbol{I})\boldsymbol{u}.$$

这就是式(3-52)。

由于式(3-52)中 λ 未知，用 $\widetilde{\lambda}$ 近似得到

$$\widetilde{\boldsymbol{A}}\boldsymbol{t}=-\boldsymbol{r},\quad \boldsymbol{t}^{\dagger}\boldsymbol{u}=0 \tag{3-54}$$

其中，

$$\widetilde{\boldsymbol{A}}=(\boldsymbol{I}-\boldsymbol{u}\boldsymbol{u}^{\dagger})(\boldsymbol{A}-\widetilde{\lambda}\boldsymbol{I})(\boldsymbol{I}-\boldsymbol{u}\boldsymbol{u}^{\dagger})$$

为 $\boldsymbol{A}-\widetilde{\lambda}\boldsymbol{I}$ 在与 $\boldsymbol{u}$ 正交的子空间上的限制，$\boldsymbol{r}=(\boldsymbol{A}-\widetilde{\lambda}\boldsymbol{I})\boldsymbol{u}$ 表示里茨特征对($\widetilde{\lambda}$，$\boldsymbol{u}$)的残差。从式(3-53)知道 $\boldsymbol{u}^{\dagger}\boldsymbol{r}=\boldsymbol{u}^{\dagger}(\boldsymbol{A}-\widetilde{\lambda}\boldsymbol{I})\boldsymbol{u}=0$，即 $\boldsymbol{r}\in\boldsymbol{V}_u^{\perp}=\mathrm{range}(\boldsymbol{I}-\boldsymbol{u}\boldsymbol{u}^{\dagger})$。式(3-54)可表示为

$$(\boldsymbol{A}-\widetilde{\lambda}\boldsymbol{I})\boldsymbol{t}=-\boldsymbol{r}+\widetilde{\alpha}\boldsymbol{u},\quad \widetilde{\alpha}=\boldsymbol{u}^{\dagger}(\boldsymbol{A}-\widetilde{\lambda}\boldsymbol{I})\boldsymbol{t},\quad \boldsymbol{t}^{\dagger}\boldsymbol{u}=0.$$

设 $\widetilde{\lambda}$ 不是 $\boldsymbol{A}$ 的特征值，$\boldsymbol{t}=(\boldsymbol{A}-\widetilde{\lambda}\boldsymbol{I})^{-1}(-\boldsymbol{r}+\widetilde{\alpha}\boldsymbol{u})$，从而

$$\boldsymbol{u}^{\dagger}(\boldsymbol{A}-\widetilde{\lambda}\boldsymbol{I})\boldsymbol{t}=\boldsymbol{u}^{\dagger}(-\boldsymbol{r}+\widetilde{\alpha}\boldsymbol{u})=\widetilde{\alpha}.$$

考虑到 $\boldsymbol{t}$ 和 $\boldsymbol{u}$ 正交，则有

$$\widetilde{\alpha}=\frac{\boldsymbol{u}^{\dagger}(\boldsymbol{A}-\widetilde{\lambda}\boldsymbol{I})^{-1}\boldsymbol{r}}{\boldsymbol{u}^{\dagger}(\boldsymbol{A}-\widetilde{\lambda}\boldsymbol{I})^{-1}\boldsymbol{u}}.$$

这表明当 $\widetilde{\lambda}$ 不是 $\boldsymbol{A}$ 的特征值时，方程组(3-54)有唯一解。

上面讨论了从子空间 $\mathrm{span}\{\boldsymbol{v}_1,\boldsymbol{v}_2,\cdots,\boldsymbol{v}_m\}$ 出发求出里茨向量 $\boldsymbol{u}$，并把它校正为 $\boldsymbol{u}+\boldsymbol{t}$，这里 $\boldsymbol{u}$ 在该子空间中，现用 $\boldsymbol{t}$ 构造一个更大的空间，即取 $\boldsymbol{v}_{m+1}$ 为 $\boldsymbol{t}-\sum_{j=1}^{m}(\boldsymbol{v}_j^{\dagger}\boldsymbol{t})\boldsymbol{v}_j$ 的单位化。下面给出了雅可比-戴维森算法。

算法 3.4　给定 $\boldsymbol{A}\in\mathbb{C}^{n\times n}$，$\boldsymbol{v}_1\in\mathbb{C}$，$\|\boldsymbol{v}_1\|_2=1$.

(1) 对 $m=1,2,\cdots$ 循环(执行第 2 到第 6 行)。

(2) 根据 $\boldsymbol{V}_m=(\boldsymbol{v}_1,\cdots,\boldsymbol{v}_m)$ 产生 $\boldsymbol{A}_m=\boldsymbol{V}_m^{\dagger}\boldsymbol{A}\boldsymbol{V}_m\in\mathbb{C}^{m\times m}$。

(3) 求 $\boldsymbol{A}_m$ 的某个特征向量对($\widetilde{\lambda}$，$\boldsymbol{y}$)，令 $\boldsymbol{u}=\boldsymbol{V}_m\boldsymbol{y}$。

(4) 令 $\boldsymbol{r}=\boldsymbol{A}\boldsymbol{u}-\widetilde{\lambda}\boldsymbol{u}$，若 $\|\boldsymbol{r}\|_2$ 很小，程序结束。

(5) 解式(3-54)得到 $\boldsymbol{t}$。

(6) 取 $\boldsymbol{v}_{m+1}$ 为 $\boldsymbol{t}-\sum_{j=1}^{m}(\boldsymbol{v}_j^{\dagger}\boldsymbol{t})\boldsymbol{v}_j$ 的单位化。

由于

$$\boldsymbol{A}_{m+1}=\boldsymbol{V}_{m+1}^{\dagger}\boldsymbol{A}\boldsymbol{V}_{m+1}=\begin{pmatrix}\boldsymbol{V}_m^{\dagger}\\ \boldsymbol{v}_{m+1}^{\dagger}\end{pmatrix}\boldsymbol{A}(\boldsymbol{V}_m,\boldsymbol{v}_{m+1})=\begin{pmatrix}\boldsymbol{A}_m & \boldsymbol{V}_m^{\dagger}\boldsymbol{A}\boldsymbol{v}_{m+1}\\ \boldsymbol{v}_{m+1}^{\dagger}\boldsymbol{A}\boldsymbol{V}_m & \boldsymbol{v}_{m+1}^{\dagger}\boldsymbol{A}\boldsymbol{v}_{m+1}\end{pmatrix}$$

在第 $m+1$ 次循环时，为了计算 $\boldsymbol{A}_{m+1}$，只要计算 $\boldsymbol{V}_m^{\dagger}\boldsymbol{A}\boldsymbol{v}_{m+1}$、$\boldsymbol{v}_{m+1}^{\dagger}\boldsymbol{A}\boldsymbol{V}_m$ 和 $\boldsymbol{v}_{m+1}^{\dagger}\boldsymbol{A}\boldsymbol{v}_{m+1}$。

为了计算与 τ 最接近的特征值，算法 3.4 中第 3 行应该计算与 τ 最接近的里茨值。当 m 变大时，每步执行的代价也变大，所以，我们把重新启动技巧结合到该算法中。设 D 表示子空间最大的维数。假设 $\boldsymbol{A}_D$ 的特征值分布为

$$|\widetilde{\lambda}_D-\tau|\geqslant\cdots\geqslant|\widetilde{\lambda}_d-\tau|\geqslant\cdots\geqslant|\widetilde{\lambda}_1-\tau|$$

相应正交的特征向量和正交的里茨向量分别为 $\{\boldsymbol{y}_i\}_{i=1}^{m_{\max}}$ 和 $\{\boldsymbol{u}_i=\boldsymbol{V}_{m_{\max}}\boldsymbol{y}_i\}_{i=1}^{m_{\max}}$。当算法 3.4 中 $m>D$ 时，取 $\boldsymbol{v}_1$ 为最新的里茨向量的单位化，重新执行算法 3.4。所能找到最好的子空间就是与 τ 最近的特征值对应的不变子空间，所以选用多个里茨向量 $\{\boldsymbol{u}_i\}_{i=1}^{D}$ 作为初始的子空间会付出更少的代价，即 $\boldsymbol{v}_i$ 取为 $\boldsymbol{u}_i$ 的单位化，$i=1,2,\cdots,m_{\min}$，这里 d 为给定整数。当 $d=1$ 时，它就是前面提到的从 $\boldsymbol{v}_1=\boldsymbol{u}_1/\|\boldsymbol{u}_1\|_2$ 开始的重新启动过程。

至此，我们讨论了求一个与 τ 最近的特征值以及相应的特征向量，那么如何求其他特征向量对呢？假设 $(\widetilde{\lambda}_1,\boldsymbol{u}_1)$ 已经足够精确，不妨设在算法 3.4 中第 m 步退出执行，此时设 $\boldsymbol{A}_m$ 的特征值分布为

$$|\widetilde{\lambda}_m-\tau|\geqslant\cdots\geqslant|\widetilde{\lambda}_2-\tau|\geqslant|\widetilde{\lambda}_1-\tau|$$

相应特征向量和里茨向量分别为 $\{\boldsymbol{y}_i\}_{i=1}^{m}$ 和 $\{\boldsymbol{u}_i=\boldsymbol{V}_m\boldsymbol{y}_i\}_{i=1}^{m}$。现取 $\boldsymbol{v}_i=\dfrac{\boldsymbol{u}_{i+1}}{\|\boldsymbol{u}_{i+1}\|_2}$，$i=1,2,\cdots,m-1$，取子空间 $\mathcal{K}=\mathrm{span}\{\boldsymbol{v}_1,\boldsymbol{v}_2,\cdots,\boldsymbol{v}_{m-1}\}$，故该子空间与 $\boldsymbol{u}_1$ 正交。由于我们要计算与 τ 第二接近的特征值 λ_2，而 λ_2 对应的不变子空间与 λ_1 对应的特征向量正交，所以如此选取 $m-1$ 维子空间 $\mathcal{K}$ 是合理的。

设 $\boldsymbol{A}$ 在 $m-1$ 维子空间 $\mathcal{K}$ 上的限制产生的矩阵中与 τ 最近的特征值记为 $\widetilde{\lambda}_2$，相应的里茨向量为 $\boldsymbol{u}_2$。显然，$\boldsymbol{u}_2$ 和 $\boldsymbol{u}_1$ 正交。如何对 $\boldsymbol{u}_2$ 校正呢？令 $\boldsymbol{Q}=(\boldsymbol{u}_1,\boldsymbol{u}_2)$，则 $\boldsymbol{Q}^{\dagger}\boldsymbol{Q}=\boldsymbol{I}_2$ 为 2 阶单位矩阵。$\boldsymbol{u}_2$ 被校正为 $\boldsymbol{u}_2+\boldsymbol{t}$，使得

$$\boldsymbol{A}(\boldsymbol{u}_2+\boldsymbol{t})=\lambda(\boldsymbol{u}_2+\boldsymbol{t}),\quad \boldsymbol{Q}^{\dagger}\boldsymbol{t}=\boldsymbol{0}$$

这确保了 $\boldsymbol{u}_2+\boldsymbol{t}$ 还是与 $\boldsymbol{u}_1$ 正交，同时校正量 $\boldsymbol{t}$ 与被校正量 $\boldsymbol{u}_2$ 正交。上述方程限制在与 $\boldsymbol{Q}$ 正交的子空间上变为

$$\begin{aligned}(\boldsymbol{I}-\boldsymbol{Q}\boldsymbol{Q}^{\dagger})(\boldsymbol{A}-\lambda\boldsymbol{I})(\boldsymbol{I}-\boldsymbol{Q}\boldsymbol{Q}^{\dagger})\boldsymbol{t}&=(\boldsymbol{I}-\boldsymbol{Q}\boldsymbol{Q}^{\dagger})(\boldsymbol{A}-\lambda\boldsymbol{I})\boldsymbol{t}\\&=-(\boldsymbol{I}-\boldsymbol{Q}\boldsymbol{Q}^{\dagger})(\boldsymbol{A}-\lambda\boldsymbol{I})\boldsymbol{u}_2=-(\boldsymbol{A}-\lambda\boldsymbol{I})\boldsymbol{u}_2+\boldsymbol{Q}\boldsymbol{Q}^{\dagger}(\boldsymbol{A}-\lambda\boldsymbol{I})\boldsymbol{u}_2\\&=-(\boldsymbol{A}-\widetilde{\lambda}_2\boldsymbol{I})\boldsymbol{u}_2+(\boldsymbol{u}_1^{\dagger}\boldsymbol{A}\boldsymbol{u}_2)\boldsymbol{u}_1\equiv-\boldsymbol{r}\end{aligned}\tag{3-55}$$

最后等式用到了

$$\boldsymbol{Q}\boldsymbol{Q}^{\dagger}\boldsymbol{A}\boldsymbol{u}_2=(\boldsymbol{u}_1\boldsymbol{u}_1^{\dagger}+\boldsymbol{u}_2\boldsymbol{u}_2^{\dagger})\boldsymbol{A}\boldsymbol{u}_2=(\boldsymbol{u}_1^{\dagger}\boldsymbol{A}\boldsymbol{u}_2)\boldsymbol{u}_1+\widetilde{\lambda}_2\boldsymbol{u}_2,\quad \boldsymbol{Q}\boldsymbol{Q}^{\dagger}\boldsymbol{u}_2=\boldsymbol{u}_2$$

容易验证 $\boldsymbol{Q}^{\dagger}\boldsymbol{r}=\boldsymbol{0}$。由于式(3-55)中的 λ 未知，用它的近似 $\widetilde{\lambda}_2$ 代替得到

$$\widetilde{\boldsymbol{A}}\boldsymbol{t}=-\boldsymbol{r},\quad \boldsymbol{Q}^{\dagger}\boldsymbol{t}=\boldsymbol{0} \tag{3-56}$$

其中 $\widetilde{\boldsymbol{A}}=(\boldsymbol{I}-\boldsymbol{Q}\boldsymbol{Q}^{\dagger})(\boldsymbol{A}-\widetilde{\lambda}_2\boldsymbol{I})(\boldsymbol{I}-\boldsymbol{Q}\boldsymbol{Q}^{\dagger})$。方程组(3-56)和(3-54)的求解类似。要计算其他特征向量对时，把上述讨论中的 $\boldsymbol{u}_1$ 的列理解为已经计算的里茨向量，然后重复上述讨论即可。

第 4 章　动力学模式分解和库普曼分析

动力学模式分解(DMD)最早出自文献[4],后来该方法在流体领域中得到广泛应用,该算法可参考文献[5-6]。有限维的非线性动力系统等价于一个无限维的线性系统,这可通过库普曼分析实现。对无限维的线性系统在维数上进行截断从而提供一条计算途径。库普曼分析也有非常广泛的应用,参见文献[7]。

4.1　线性动力系统

考虑连续线性动力系统

$$\frac{\mathrm{d}z}{\mathrm{d}t}=\mathcal{A}\boldsymbol{z} \tag{4-1}$$

其中,$\boldsymbol{z}(t)\in\mathbb{C}^n$,$\mathcal{A}\in\mathbb{C}^{n\times n}$。式(4-1)的解可表示为

$$\boldsymbol{z}(t)=\sum_{k=1}^{n}\boldsymbol{\phi}_k \mathrm{e}^{\omega_k t}\boldsymbol{b}_k=\boldsymbol{\Phi}\mathrm{e}^{\boldsymbol{\Omega}t}\boldsymbol{b} \tag{4-2}$$

其中,$\boldsymbol{\Phi}=(\boldsymbol{\phi}_1,\cdots,\boldsymbol{\phi}_n)\in\mathbb{C}^{n\times n}$,$\boldsymbol{\Omega}=\mathrm{diag}(\omega_1,\cdots,\omega_n)$,$(\omega_k,\boldsymbol{\phi}_k)$是$\mathcal{A}$的特征对,$\mathcal{A}\boldsymbol{\phi}_k=\omega_k\boldsymbol{\phi}_k$,$k=1,\cdots,n$,即$\mathcal{A}\boldsymbol{\Phi}=\boldsymbol{\Phi\Omega}$。$\boldsymbol{b}=(b_1,\cdots,b_n)^{\mathrm{T}}\in\mathbb{C}^n$ 由初始条件 $\boldsymbol{z}(0)$ 确定,即

$$\boldsymbol{z}(0)=\sum_{k=1}^{n}\boldsymbol{\phi}_k\boldsymbol{b}_k=\boldsymbol{\Phi b}\Longleftrightarrow\boldsymbol{b}=\boldsymbol{\Phi}^{+}\boldsymbol{z}(0) \tag{4-3}$$

其中,$\boldsymbol{\Phi}^{+}$ 为矩阵 $\boldsymbol{\Phi}$ 的伪逆矩阵。

在时间方向取离散时间格点 $t_k=t_0+k\Delta t$,$t_0=0$,Δt 为时间步长。方程(4-1)的解 $\boldsymbol{z}$ 在 t_k 处的值为

$$\boldsymbol{z}_k=\boldsymbol{z}(t_k) \tag{4-4}$$

它满足离散线性动力系统:

$$\boldsymbol{z}_{k+1}=\boldsymbol{A}\boldsymbol{z}_k \tag{4-5}$$

其中,$\boldsymbol{A}=\mathrm{e}^{\mathcal{A}\Delta t}\in\mathbb{C}^{n\times n}$。式(4-5)的解为

$$\boldsymbol{z}_k=\sum_{j=1}^{n}\boldsymbol{\phi}_j\lambda_j^k b_j=\boldsymbol{\Phi\Lambda b} \tag{4-6}$$

其中,$\boldsymbol{\Lambda}=\mathrm{diag}(\lambda_1,\cdots,\lambda_n)$,$(\lambda_j,\boldsymbol{\phi}_j)$是 $\boldsymbol{A}$ 的特征对,$\boldsymbol{A}\boldsymbol{\phi}_j=\lambda_j\boldsymbol{\phi}_j$,$j=1,\cdots,n$,即 $\boldsymbol{A\Phi}=\boldsymbol{\Phi\Lambda}$。由 $\boldsymbol{A}=\mathrm{e}^{\mathcal{A}\Delta t}$ 得到 $\boldsymbol{A}$ 和 $\mathcal{A}$ 的特征向量相同,它们的特征值 λ_k 和 ω_k 满足

$$\lambda_k = e^{\omega_k \Delta t} \Longleftrightarrow \omega_k = \frac{\ln(\lambda_k)}{\Delta t}, \quad k = 1, \cdots, n \tag{4-7}$$

$\boldsymbol{b} = (b_1, \cdots, b_n)^{\mathrm{T}} \in \mathbb{C}^n$ 由初始条件 $\boldsymbol{z}_0$ 确定，即

$$\boldsymbol{z}_0 = \sum_{j=1}^{n} \boldsymbol{\phi}_j b_j = \boldsymbol{\Phi b} \Longleftrightarrow \boldsymbol{b} = \boldsymbol{\Phi}^+ \boldsymbol{z}_0 \tag{4-8}$$

由于 $\boldsymbol{z}_0 = \boldsymbol{z}(0)$，如此确定的 $\boldsymbol{b}$ 和式(4－3)中的 $\boldsymbol{b}$ 相同。

本节表明：对线性动力系统进行谱分析可给出一般解。当离散系统来自连续系统的取样时，它们对应矩阵的特征向量相同，特征值之间的关系由式(4－7)给出。

4.2　非线性动力系统

考虑连续非线性动力系统：

$$\frac{\mathrm{d}\boldsymbol{z}}{\mathrm{d}t} = F(\boldsymbol{z}) \tag{4-9}$$

其中，$F: \mathbb{C}^n \to \mathbb{C}^n$ 为给定函数。由于 F 是非线性的，不能直接对它进行谱分析，以后讲到库普曼分析是对无穷维的线性算子做谱分析。

与式(4－4)相同，令 $\boldsymbol{z}_k = \boldsymbol{z}(t_k)$，其中 $\boldsymbol{z}$ 满足式(4－9)，则 $\boldsymbol{z}_k$ 满足离散非线性动力系统，即

$$\boldsymbol{z}_{k+1} = T(\boldsymbol{z}_k) \equiv \boldsymbol{z}_k + \int_{t_k}^{t_{k+1}} F[\boldsymbol{z}(\tau)]\mathrm{d}\tau \tag{4-10}$$

T 是式(4－9)的解的演化算子。F 的非线性导致不能对非线性算子 T 进行谱分析。

现用离散线性动力系统式(4－5)逼近离散非线性动力系统式(4－10)，从而连续线性动力系统式(4－1)逼近连续非线性动力系统式(4－9)。

假设有来自离散非动力系统式(4－10)的数据：

$$\boldsymbol{z}_i \in \mathbb{C}^n, \quad i = 0, \cdots, m \tag{4-11}$$

这些数据不一定保证式(4－5)对所有 $k = 0, \cdots, m-1$ 都成立，但是希望它们能近似成立，即找 $\boldsymbol{A} \in \mathbb{C}^{n \times n}$ 满足

$$\boldsymbol{z}_{k+1} \approx \boldsymbol{A}\boldsymbol{z}_k, \quad k = 0, \cdots, m-1 \tag{4-12}$$

它等价于求 $\boldsymbol{A}$ 使得

$$\sum_{k=0}^{m-1} \|\boldsymbol{A}\boldsymbol{z}_k - \boldsymbol{z}_{k+1}\|_2^2 = \|\boldsymbol{AX} - \boldsymbol{Y}\|_F^2 = \mathrm{tr}[(\boldsymbol{AX} - \boldsymbol{Y})^\dagger (\boldsymbol{AX} - \boldsymbol{Y})] \tag{4-13}$$

达到最小，这里下标 F 表示弗罗贝尼乌斯模，† 表示共轭转置，tr 表示矩阵的迹，

$$\boldsymbol{X} = (\boldsymbol{z}_0, \cdots, \boldsymbol{z}_{m-1}) \in \mathbb{C}^{n \times m}, \quad \boldsymbol{Y} = (\boldsymbol{z}_1, \cdots, \boldsymbol{z}_m) \in \mathbb{C}^{n \times m} \tag{4-14}$$

式(4－13)的极小解为

$$\boldsymbol{A} = \boldsymbol{YX}^+ + \boldsymbol{B}(\boldsymbol{I}_n - \boldsymbol{XX}^+), \quad \boldsymbol{B} \in \mathbb{C}^{n \times n} \tag{4-15}$$

当 $\boldsymbol{X}$ 的列线性无关时，$\boldsymbol{X}\boldsymbol{X}^{+}=\boldsymbol{I}_n$，极小解 $\boldsymbol{Y}\boldsymbol{X}^{+}$ 是唯一的。这表明了式(4-12)中的 $\boldsymbol{A}$ 应取 $\boldsymbol{A}=\boldsymbol{Y}\boldsymbol{X}^{+}$，对它进行谱分析，从而得到连续线性动力系统(4-1)的解式(4-2)，该解近似连续非线性动力系统式(4-9)的解。

下面我们计算 $\boldsymbol{Y}\boldsymbol{X}^{+}$ 的特征值，这就是动力学模式分解算法。

4.3 动力学模式分解

动力学模式分解(dynamic mode decomposition，DMD)是数据驱动算法，最初来自流体动力学领域，近几年也应用于工程、生物和物理等领域。

把式(4-14)中的矩阵推广为

$$\boldsymbol{X}=(\boldsymbol{x}_1,\cdots,\boldsymbol{x}_m)\in\mathbb{C}^{n\times m},\quad \boldsymbol{Y}=(\boldsymbol{y}_1,\cdots,\boldsymbol{y}_m)\in\mathbb{C}^{n\times m} \tag{4-16}$$

$\boldsymbol{x}_i,\boldsymbol{y}_i\in\mathbb{C}^n$ 为任意向量，$i=1,\cdots,m$。一般地，$\boldsymbol{Y}\boldsymbol{X}^{+}$ 不一定满足方程

$$(\boldsymbol{Y}\boldsymbol{X}^{+})\boldsymbol{X}=\boldsymbol{Y} \tag{4-17}$$

定义 4.1 给定矩阵 $\boldsymbol{X},\boldsymbol{Y}\in\mathbb{C}^{n\times m}$。对于任意 $\boldsymbol{c}\in\mathbb{C}^m$，若 $\boldsymbol{X}\boldsymbol{c}=\boldsymbol{0}$，则 $\boldsymbol{Y}\boldsymbol{c}=\boldsymbol{0}$，称 $\boldsymbol{X}$ 和 $\boldsymbol{Y}$ 是线性一致的(linearly consistent)。

当式(4-17)成立时，$\boldsymbol{X}$ 和 $\boldsymbol{Y}$ 是线性一致的。若 $\boldsymbol{X}$ 和 $\boldsymbol{Y}$ 是线性一致的，$\boldsymbol{X}$ 的零空间在 $\boldsymbol{Y}$ 的零空间中，$\text{null}(\boldsymbol{X})\subset\text{null}(\boldsymbol{Y})$。$\boldsymbol{X}^{+}\boldsymbol{X}$ 是 $\boldsymbol{X}^{\dagger}$ 的值域 $\text{range}(\boldsymbol{X}^{\dagger})$ 上的正交投影，故 $\boldsymbol{I}-\boldsymbol{X}^{+}\boldsymbol{X}$ 是 $\text{range}(\boldsymbol{X}^{\dagger})^{\perp}=\text{null}(\boldsymbol{X})$ 上的正交投影。由于 $\text{null}(\boldsymbol{X})\subset\text{null}(\boldsymbol{Y})$，$\boldsymbol{Y}(\boldsymbol{I}-\boldsymbol{X}^{+}\boldsymbol{X})=0$，故方程(4-17)成立。这表明(4-17)成立的充要条件是 $\boldsymbol{X}$ 和 $\boldsymbol{Y}$ 是线性一致的。值得注意的是，当 $\boldsymbol{X}$ 的列是线性无关的，则 $\boldsymbol{X}$ 和 $\boldsymbol{Y}$ 是线性一致的。反之，不一定成立。

算法 4.1 精确 DMD 算法[5]。$\boldsymbol{X}$ 和 $\boldsymbol{Y}$ 由式(4-16)给出，算法返回 $\boldsymbol{Y}\boldsymbol{X}^{+}$ 的特征值 λ 和对应的特征向量 $\boldsymbol{\varphi}$。

(1) 计算 $\boldsymbol{X}$ 的满秩奇异值分解：

$$\boldsymbol{X}=\boldsymbol{U}\boldsymbol{\Sigma}\boldsymbol{V}^{\dagger} \tag{4-18}$$

其中，$\boldsymbol{U}\in\mathbb{C}^{n\times r}$，$\boldsymbol{\Sigma}\in\mathbb{R}^{r\times r}$ 为对角矩阵，$\boldsymbol{V}\in\mathbb{C}^{m\times r}$，$r$ 为 $\boldsymbol{X}$ 的秩。

(2) 令 $\boldsymbol{B}=\boldsymbol{Y}\boldsymbol{V}\boldsymbol{\Sigma}^{-1}\in\mathbb{C}^{n\times r}$。计算 $\widetilde{\boldsymbol{A}}=\boldsymbol{U}^{\dagger}\boldsymbol{B}\in\mathbb{C}^{r\times r}$ 的特征值 λ 和特征向量 $\boldsymbol{w}$：

$$\widetilde{\boldsymbol{A}}\boldsymbol{w}=\lambda\boldsymbol{w} \tag{4-19}$$

(3) 与特征值 λ 对应的 DMD 模式为

$$\boldsymbol{\varphi}=\frac{1}{\lambda}\boldsymbol{B}\boldsymbol{w}\in\mathbb{C}^n \tag{4-20}$$

根据该算法中 $\widetilde{\boldsymbol{A}}$ 和 $\boldsymbol{B}$ 的定义，可得

$$\widetilde{\boldsymbol{A}}=\boldsymbol{U}^{\dagger}\boldsymbol{B}=\boldsymbol{U}^{\dagger}\boldsymbol{Y}\boldsymbol{V}\boldsymbol{\Sigma}^{-1}=\boldsymbol{U}^{\dagger}(\boldsymbol{Y}\boldsymbol{X}^{+})\boldsymbol{U} \tag{4-21}$$

这里用到了 $\boldsymbol{X}^{+}=\boldsymbol{V}\boldsymbol{\Sigma}^{-1}\boldsymbol{U}^{\dagger}$。由式(4-19)得到

$$(YX^{+})\varphi=(YV\Sigma^{-1}U^{\dagger})\varphi=BU^{\dagger}\left(\frac{1}{\lambda}Bw\right)=B\left(\frac{1}{\lambda}\widetilde{A}w\right)=Bw=\lambda\varphi \tag{4-22}$$

故 λ 是 YX^{+} 的特征值，对应的特征向量为 φ。当 $\widetilde{A}$ 的特征值 $\lambda=0$ 时，与 λ 对应的 DMD 模式取为 $\varphi=Bw$，它仍满足式(4-22)。

反之，$\widetilde{A}$ 的特征值可以从 YX^{+} 的特征值得到。设 $YX^{+}\varphi=\lambda\varphi,\lambda\neq 0$。令 $w=U^{\dagger}\varphi$，则

$$\widetilde{A}w=U^{\dagger}BU^{\dagger}\varphi=U^{\dagger}YV\Sigma^{-1}U^{\dagger}\varphi=U^{\dagger}YX^{+}\varphi=\lambda U^{\dagger}\varphi=\lambda w \tag{4-23}$$

即 λ 是 $\widetilde{A}$ 的非零特征值，相应的特征向量为 w。

一般地，$r\leqslant m\ll n$，直接对 n 阶矩阵 YX^{+} 计算特征值的代价很大。由于该 n 阶矩阵是两个矩阵 Y 和 X^{+} 的乘积，精确 DMD 算法利用 X 的奇异值分解和求解一个低阶(r 阶)矩阵 $\widetilde{A}$ 的特征值实现了 YX^{+} 的特征值和特征向量的计算。

当 $Bw=0$ 时，按式(4-20)定义的 DMD 模式 φ 为 $\mathbf{0}$，为了使得模式为非零，模式(4-20)修正为

$$\hat{\varphi}=Uw\in\mathbb{C}^{n} \tag{4-24}$$

由于 U 是列满秩的，$w\neq\mathbf{0}$ 导致了 $\hat{\varphi}=Uw\neq\mathbf{0}$。在式(4-21)的右边乘以 w，左边乘以 U 得到

$$\lambda\hat{\varphi}=[\mathbb{P}_{X}(YX^{+})]\hat{\varphi} \tag{4-25}$$

这里 $\mathbb{P}_{X}=UU^{\dagger}\in\mathbb{C}^{n\times n}$ 是在 X(也是 U)的值域上的正交投影。故修正后的 DMD 模式 $\hat{\varphi}$ 是 $\mathbb{P}_{X}(YX^{+})$ 的特征向量，而不是 YX^{+} 的特征向量，$\hat{\varphi}$ 是 φ 在 X 的值域上的正交投影，即

$$\mathbb{P}_{X}\varphi=UU^{\dagger}\frac{1}{\lambda}Bw=U\frac{1}{\lambda}\widetilde{A}w=Uw=\hat{\varphi} \tag{4-26}$$

精确 DMD 算法的式(4-20)用式(4-24)替换得到的算法称为标准 DMD 算法。根据式(4-26)，标准 DMD 算法也称为投影 DMD 算法，它的 DMD 模式 $\hat{\varphi}$ 在 X 的值域中，精确 DMD 算法的 DMD 模式 φ 在 Y 的值域中。这两个算法都满足式(4-21)，其中 U 的值域与 X 的值域相同。事实上，如果在 $(X,Y)\in\mathbb{C}^{n\times 2m}$ 中构造 $\widetilde{A}$，则得到精确 DMD 算法的另一个实现途径。

算法 4.2　精确 DMD 算法的另一版本

(1) 计算 (X,Y) 的 $2m$ 列的正交基得到 $Q\in\mathbb{C}^{n\times r}$ 使得 $Q^{\dagger}Q$ 为 r 阶单位矩阵，其中 r 为 (X,Y) 的秩。比如，Q 通过 (X,Y) 的奇异值分解或 QR 分解得到。

(2) 计算 $\widetilde{A}=Q^{\dagger}(YX^{+})Q\in\mathbb{C}^{r\times r}$ 的特征值和特征向量：

$$\widetilde{A}w=\lambda w \tag{4-27}$$

(3) 与特征值 λ 对应的 DMD 模式为

$$\boldsymbol{\varphi}=\boldsymbol{Q}\boldsymbol{w}\in\mathbb{C}^n \tag{4-28}$$

算法的第 1 步表明 $\boldsymbol{Y}$ 是 $\boldsymbol{Q}$ 和一个 $r\times m$ 矩阵的乘积，故 $(\boldsymbol{Q}\boldsymbol{Q}^{\dagger})\boldsymbol{Y}=\boldsymbol{Y}$，有

$$(\boldsymbol{Y}\boldsymbol{X}^{+})\boldsymbol{\varphi}=(\boldsymbol{Q}\boldsymbol{Q}^{\dagger})(\boldsymbol{Y}\boldsymbol{X}^{+})\boldsymbol{Q}\boldsymbol{w}=\boldsymbol{Q}\widetilde{\boldsymbol{A}}\boldsymbol{w}=\lambda\boldsymbol{Q}\boldsymbol{w}=\lambda\boldsymbol{\varphi} \tag{4-29}$$

即 λ 是 $\boldsymbol{Y}\boldsymbol{X}^{+}$ 的特征值，对应的特征向量为 $\boldsymbol{\varphi}$。$\widetilde{\boldsymbol{A}}=\boldsymbol{Q}^{\dagger}\boldsymbol{Y}\boldsymbol{X}^{+}\boldsymbol{Q}$ 依赖于 $\boldsymbol{Y}\boldsymbol{X}^{+}$，其中 $\boldsymbol{X}^{+}$ 可用 $\boldsymbol{X}$ 的满秩奇异值分解式(4-18)得到。

4.4 伯格斯模型

一维伯格斯方程为

$$\partial_t v=-av\,\partial_x v+\partial_x^2 v \tag{4-30}$$

其中，a 为常数，$v(x,t)$ 表示 $t\in[t_0,t_f]$ 时刻 $x\in\mathbb{R}$ 处的函数值，它是关于 $x\in\left[-\frac{L}{2},\frac{L}{2}\right]$ 的周期函数。初始条件为

$$v(x,0)=\sin\left(\frac{2\pi x}{L}\right),\quad x\in\left[-\frac{L}{2},\frac{L}{2}\right] \tag{4-31}$$

为了记号方便，取 $a=1$。我们在傅里叶空间中求解伯格斯方程。在傅里叶空间中，伯格斯方程(4-30)变为

$$\frac{\mathrm{d}}{\mathrm{d}t}\hat{v}(k,t)=-\widehat{v\,\partial_x v}(k)-\left(\frac{2\pi k}{L}\right)^2\hat{v}(k,t),\quad k\in\mathbb{Z},t\in[t_0,t_f] \tag{4-32}$$

其中，

$$\widehat{v\,\partial_x v}(k,t)=\frac{1}{L}\int_{-\frac{L}{2}}^{\frac{L}{2}}\mathrm{d}x v\,\partial_x v\mathrm{e}^{-\frac{\mathrm{i}2\pi kx}{L}}=\frac{\mathrm{i}2\pi k}{L}\frac{1}{L}\int_{-\frac{L}{2}}^{\frac{L}{2}}\mathrm{d}x\,\frac{1}{2}v^2(x,t)\mathrm{e}^{-\frac{\mathrm{i}2\pi kx}{L}}=\frac{\mathrm{i}2\pi k}{L}\widehat{v^2/2}(k) \tag{4-33}$$

由于式(4-33)包含了无穷多个模式，把式(4-32)截断得到

$$\frac{\mathrm{d}}{\mathrm{d}t}\hat{v}(k,t)=-\frac{\mathrm{i}2\pi k}{L}\frac{1}{2}\widehat{v^2}(k)-\left(\frac{2\pi k}{L}\right)^2\hat{v}(k,t),\quad k=-\frac{N}{2},\cdots,\frac{N}{2}-1 \tag{4-34}$$

这里 N 为偶数。

周期函数 v 可表示为(忽略 t 的书写)

$$v(x)=\sum_{k\in\mathbf{Z}}\hat{v}(k)\mathrm{e}^{\frac{\mathrm{i}2\pi kx}{L}},\quad x\in\mathbb{R} \tag{4-35}$$

其中，

$$\hat{v}(k)=\frac{1}{L}\int_{-\frac{L}{2}}^{\frac{L}{2}}\mathrm{d}x v(x)\mathrm{e}^{-\frac{\mathrm{i}2\pi kx}{L}},\quad k\in\mathbb{Z} \tag{4-36}$$

是 v 的傅里叶逆变换。由于方程(4-34)中只有 N 个模式，为了从(4-35)重构 $v(x)$，取 $[0,L]$ 中等分布的 N 个节点，即

$$x_l=-\frac{L}{2}+(l-1)\Delta x,\quad l=1,\cdots,N,\quad \Delta x=\frac{L}{N} \tag{4-37}$$

Δx 为空间步长。当 $k=-\frac{N}{2},\cdots,\frac{N}{2}-1$，由式(4-36)得到

$$\begin{aligned}\hat{v}(k)&\approx\frac{1}{N}\sum_{l=1}^{N}v(x_l)\mathrm{e}^{-\frac{\mathrm{i}2\pi k x_l}{L}}=\frac{1}{N}\sum_{l=1}^{N}v(x_l)\mathrm{e}^{-\mathrm{i}2\pi k\left[-\frac{1}{2}+\frac{(l-1)}{N}\right]}\\&=\frac{(-1)^k}{N}\sum_{l=1}^{N}v(x_l)\mathrm{e}^{-\frac{\mathrm{i}2\pi k(l-1)}{N}}=\frac{(-1)^k}{N}\widetilde{v}(j)\end{aligned} \tag{4-38}$$

这里

$$j=\begin{cases}k+1, & 0\leqslant k\leqslant\frac{N}{2}-1\\ k+1+N, & -\frac{N}{2}\leqslant k\leqslant -1\end{cases} \tag{4-39}$$

$[\widetilde{v}(j)]_{j=1}^{N}$ 是 $[v(x_l)]_{l=1}^{N}$ 的离散傅里叶变换：

$$\widetilde{v}(j)=\sum_{l=1}^{N}v(x_l)\mathrm{e}^{-\frac{\mathrm{i}2\pi(j-1)(l-1)}{N}},\quad j=1,\cdots,N \tag{4-40}$$

根据式(4-35)和式(4-38)，可得

$$\begin{aligned}v(x_l)&\approx\sum_{k=-\frac{N}{2}}^{\frac{N}{2}-1}\hat{v}(k)\mathrm{e}^{\frac{\mathrm{i}2\pi k x_l}{L}}=\sum_{k=-\frac{N}{2}}^{\frac{N}{2}-1}(-1)^k\hat{v}(k)\mathrm{e}^{\frac{\mathrm{i}2\pi k(l-1)}{N}}\\&\approx\frac{1}{N}\sum_{j=1}^{N}\widetilde{v}(j)\mathrm{e}^{\frac{\mathrm{i}2\pi(j-1)(l-1)}{N}},\quad l=1,\cdots,N\end{aligned} \tag{4-41}$$

右边刚好是 $[\widetilde{v}(j)]_{j=1}^{N}$ 的逆离散傅里叶变换。与式(4-38)类似，则有

$$\widehat{v^2}(k)\approx\frac{1}{N}\sum_{l=1}^{N}v^2(x_l)\mathrm{e}^{-\frac{\mathrm{i}2\pi k x_l}{L}}=\frac{(-1)^k}{N}\sum_{l=1}^{N}v^2(x_l)\mathrm{e}^{-\frac{\mathrm{i}2\pi k(l-1)}{N}}=\frac{(-1)^k}{N}\widetilde{w}(j) \tag{4-42}$$

其中，$[\widetilde{w}(j)]_{j=1}^{N}$ 是 $[v^2(x_l)]_{l=1}^{N}$ 的离散傅里叶变换，即

$$\widetilde{w}(j)=\sum_{l=1}^{N}v^2(x_l)\mathrm{e}^{-\frac{\mathrm{i}2\pi(j-1)(l-1)}{N}},\quad j=1,\cdots,N \tag{4-43}$$

根据式(4-38)，式(4-34)可表示为

$$\frac{\mathrm{d}}{\mathrm{d}t}\widetilde{v}(j,t)=-\frac{\mathrm{i}2\pi k}{L}\frac{1}{2}\widetilde{w}(j,t)-\left(\frac{2\pi k}{L}\right)^2\widetilde{v}(j,t),\quad j=1,\cdots,N \tag{4-44}$$

其中，k 和 j 由式(4-39)确定。我们用龙格-库塔(4,5)格式求解式(4-44)。式(4-44)的右边可如下计算：由式(4-41)计算 $[\widetilde{v}(j,t)]_{j=1}^{N}$ 的逆离散傅里叶变换

$[v(x_l,t)]_{l=1}^N$，由式(4-43)计算$[v^2(x_l,t)]_{l=1}^N$的离散傅里叶变换$[\widetilde{w}(j,t)]_{j=1}^N$。

取$L=30$，$[t_0,t_f]=[0,\pi]$，初始条件为式(4-31)。图4-1是数值模拟和DMD重构的结果，其中$a=4$，DMD算法中$r=5$。图4-1表明了DMD基本重构了数值模拟的结果。当$a=10$时，图4-2表明DMD重构的结果与模拟结果有些差异。

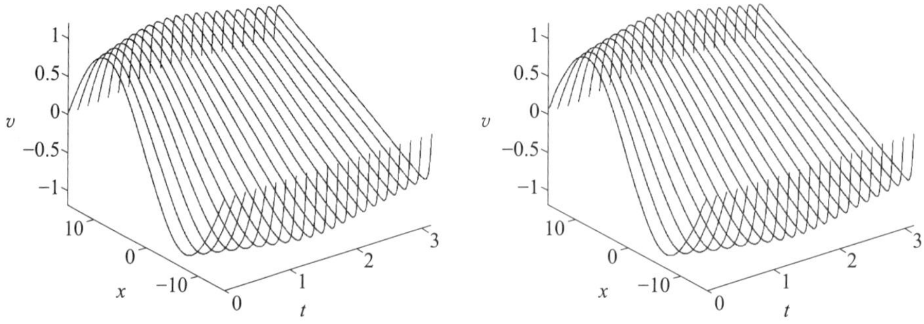

图4-1　数值模拟(左)与DMD重构(右)($a=5$)

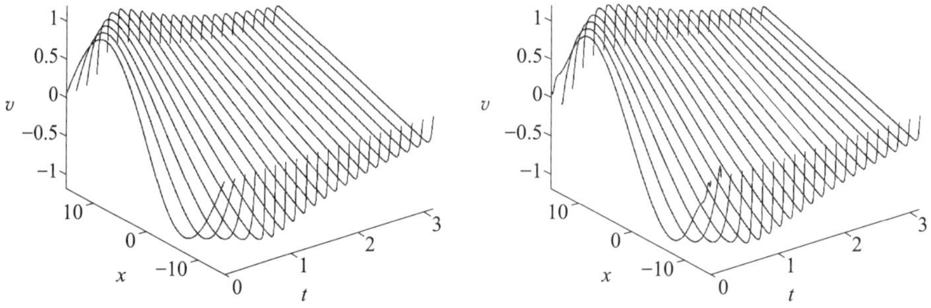

图4-2　数值模拟(左)与DMD重构(右)($a=10$)

4.5　库普曼分析

库普曼分析是研究非线性动力系统的有力工具。考虑离散时间动力系统：

$$\boldsymbol{z} \mapsto T(\boldsymbol{z}) \tag{4-45}$$

其中，$\boldsymbol{z}$是流形M上的点，T是从M到自身的非线性映射。

库普曼算符$\mathcal{K}$定义为

$$\mathcal{K}f(z)=f[T(z)],\quad z\in M \tag{4-46}$$

其中，$f:M\to\mathbb{C}$是从M到复数域的映射，也称为观察量。库普曼算符$\mathcal{K}$把f映射为$f\circ T$，它是线性算符：对于任意观察量f、g以及常数c_1、c_2有

$$\mathcal{K}(c_1f+c_2g)=(c_1f+c_2g)\circ T=c_1f\circ T+c_2g\circ T=c_1\mathcal{K}f+c_2\mathcal{K}g \tag{4-47}$$

虽然 $\boldsymbol{T}$ 是非线性的，但是库普曼算符是线性的无穷维算符。

若 $\lambda \in \mathbb{C}$ 以及函数 $\theta: M \to \mathbb{C}$ 满足

$$\mathcal{K}\theta(\boldsymbol{z}) = \lambda\theta(\boldsymbol{z}), \quad \boldsymbol{z} \in M \tag{4-48}$$

称 λ 为 $\mathcal{K}$ 的特征值，相应的特征函数为 θ。若 λ_1 和 λ_2 为 $\mathcal{K}$ 的两个特征值，对应的特征函数分别为 θ_1 和 θ_2，则对任意 l_1 和 $l_2 \in \mathbb{R}$，有

$$\begin{aligned} \mathcal{K}(\theta_1^{l_1}\theta_2^{l_2})(\boldsymbol{z}) &= (\theta_1^{l_1}\theta_2^{l_2})[T(\boldsymbol{z})] = \{\theta_1[T(\boldsymbol{z})]\}^{l_1}\{\theta_2[T(\boldsymbol{z})]\}^{l_2} \\ &= [\lambda_1\theta_1(\boldsymbol{z})]^{l_1}[\lambda_2\theta_2(\boldsymbol{z})]^{l_2} = \lambda_1^{l_1}\lambda_2^{l_2}(\theta_1^{l_1}\theta_2^{l_2})(\boldsymbol{z}) \end{aligned} \tag{4-49}$$

即 $\lambda_1^{l_1}\lambda_2^{l_2}$ 也是 $\mathcal{K}$ 的特征值，对应的特征函数为 $\theta_1^{l_1}\theta_2^{l_2}$。所以，库普曼算符的特征值有无限多个，甚至它的谱是连续的。设 λ_j 是库普曼算符的特征值，相应的特征函数为 θ_j，$j=1,\cdots,\infty$。

给定 p 个观察量：

$$h_j: M \to \mathbb{C}, \quad j=1,\cdots,p \tag{4-50}$$

记 $\boldsymbol{h}: M \to \mathbb{C}^p$ 为观察向量 $\boldsymbol{h}=(h_1,\cdots,h_p)^{\mathrm{T}}$。假设 $\boldsymbol{h}$ 可在特征函数系 $(\theta_k)_{k=1}^{\infty}$ 下展开：

$$\boldsymbol{h}(\boldsymbol{z}) = \sum_{k=1}^{\infty}\theta_k(\boldsymbol{z})\boldsymbol{v}_k, \quad \boldsymbol{z} \in M \tag{4-51}$$

$\boldsymbol{v}_k \in \mathbb{C}^p$ 称为第 k 个特征函数 θ_k 对应的第 k 个库普曼（特征）模式。如果特征函数系互相正交，则有

$$(\theta_i,\theta_j) \equiv \int_M \theta_i(\boldsymbol{z})\theta_j(\boldsymbol{z})\mathrm{d}\mu(\boldsymbol{z}) = \delta_{ij}, \quad i,j=1,2,\cdots \tag{4-52}$$

其中，$\mathrm{d}\mu(\boldsymbol{z})$ 是流形 M 的测度，第 k 个特征模式可表示为

$$\boldsymbol{v}_k = \begin{pmatrix} (\theta_k, h_1) \\ \vdots \\ (\theta_k, h_p) \end{pmatrix} \equiv (\theta_k, \boldsymbol{h}) \tag{4-53}$$

观察向量 $\boldsymbol{h}$ 被库普曼算符作用后得到

$$\boldsymbol{h}[T(\boldsymbol{z})] = \mathcal{K}\boldsymbol{h}(\boldsymbol{z}) = \sum_{k=1}^{\infty}\mathcal{K}\theta_k(\boldsymbol{z})\boldsymbol{v}_k = \sum_{k=1}^{\infty}\lambda_k\theta_k(\boldsymbol{z})\boldsymbol{v}_k \tag{4-54}$$

与式(4-51)比较，式(4-54)表明当前状态 $\boldsymbol{z}$ 被 T 作用后状态 $T(\boldsymbol{z})$ 处的观察向量为库普曼模式 $(\boldsymbol{v}_k)_{k=1}^{\infty}$ 的线性组合，组合系数为库普曼算符的特征值和特征函数的乘积。特别地，取观测向量为状态向量：$\boldsymbol{h}(\boldsymbol{z})=\boldsymbol{z}$，这里假设流形 M 嵌入到 $\mathbb{C}^n$，从而 $\boldsymbol{z} \in M$ 可表示为 $\boldsymbol{z}=(z_1,\cdots,z_n)^{\mathrm{T}} \in \mathbb{C}^n$。如此选取后，式(4-54)变为

$$T(\boldsymbol{z}) = \sum_{k=1}^{\infty}\lambda_k\theta_k(\boldsymbol{z})\boldsymbol{v}_k \tag{4-55}$$

即下一个状态 $T(\boldsymbol{z})$ 是库普曼模式的线性组合，组合系数仍是库普曼算符的特征值和特征函数的乘积。式(4-54)和式(4-55)表明库普曼分析是从一般的观测量来研究动力学，而不仅仅是从状态来研究动力学的。库普曼分析归结为库普

曼算符的谱分析。

设有 m 个状态

$$\{\boldsymbol{z}_1,\boldsymbol{z}_2,\cdots,\boldsymbol{z}_m\} \tag{4-56}$$

它们不一定满足离散动力学(4-45),即不一定满足

$$\boldsymbol{z}_{i+1}=T(\boldsymbol{z}_i),\quad i=1,\cdots,m-1 \tag{4-57}$$

为了对式(4-56)中 m 个状态进行观察,定义

$$\boldsymbol{x}_k=\boldsymbol{h}(\boldsymbol{z}_k),\quad \boldsymbol{y}_k=\boldsymbol{h}[T(\boldsymbol{z}_k)],\quad k=1,\cdots,m \tag{4-58}$$

数据矩阵 $\boldsymbol{X}\in\mathbb{C}^{p\times m}$ 和 $\boldsymbol{Y}\in\mathbb{C}^{p\times m}$ 根据式(4-16)构造,应用精确 DMD 算法 4.1。这里一般假设观察量个数 p 远远大于状态个数 m。

定理 4.1 若 θ 是库普曼算符 $\mathcal{K}$ 的特征函数,对应的特征值为 λ。设 $\theta\in\operatorname{span}\{h_j\}_{j=1}^p$,即存在 $\boldsymbol{\psi}\in\mathbb{C}^p$ 使得

$$\theta=\boldsymbol{\psi}^\dagger\boldsymbol{h} \tag{4-59}$$

若 $\boldsymbol{\psi}\in\operatorname{range}(\boldsymbol{X})$,则 $\boldsymbol{\psi}$ 是 $\boldsymbol{YX}^+\in\mathbb{C}^{p\times p}$ 的左特征向量,对应的特征值为 λ。另外,

$$\boldsymbol{\psi}^\dagger(\boldsymbol{YX}^+)\boldsymbol{X}=\boldsymbol{\psi}^\dagger\boldsymbol{Y} \tag{4-60}$$

证明:由于$\mathcal{K}\theta=\lambda\theta$,把式(4-59)代入得到

$$\boldsymbol{\psi}^\dagger\boldsymbol{h}[T(\boldsymbol{z})]=\lambda\boldsymbol{\psi}^\dagger\boldsymbol{h}(\boldsymbol{z}),\quad \boldsymbol{z}\in M \tag{4-61}$$

它在 $\boldsymbol{z}_k$ 取值得到 $\boldsymbol{\psi}^\dagger\boldsymbol{y}_k=\lambda\boldsymbol{\psi}^\dagger\boldsymbol{x}_k,k=1,\cdots,m$,从而有

$$\boldsymbol{\psi}^\dagger\boldsymbol{Y}=\lambda\boldsymbol{\psi}^\dagger\boldsymbol{X} \tag{4-62}$$

该方程右边乘以 $\boldsymbol{X}^+$,可得

$$\boldsymbol{\psi}^\dagger\boldsymbol{YX}^+=\lambda\boldsymbol{\psi}^\dagger\,\mathbb{P}_{\boldsymbol{X}} \tag{4-63}$$

这里$\mathbb{P}_{\boldsymbol{X}}=\boldsymbol{XX}^+$是 $\operatorname{range}(\boldsymbol{X})$的正交投影。由于 $\boldsymbol{\psi}\in\operatorname{range}(\boldsymbol{X})$,$\boldsymbol{\psi}^\dagger\mathbb{P}_{\boldsymbol{X}}=\boldsymbol{\psi}^\dagger$(这里用到 $\boldsymbol{X}^\dagger\boldsymbol{XX}^+=\boldsymbol{X}^\dagger$),故 $\boldsymbol{\psi}^\dagger\boldsymbol{YX}^+=\lambda\boldsymbol{\psi}^\dagger$,即 $\boldsymbol{\psi}$ 是 $\boldsymbol{YX}^+$ 的左特征向量,对应的特征值为 λ。另外,根据式(4-62),可得

$$\boldsymbol{\psi}^\dagger(\boldsymbol{YX}^+)\boldsymbol{X}=\lambda\boldsymbol{\psi}^\dagger\boldsymbol{X}=\boldsymbol{\psi}^\dagger\boldsymbol{Y} \tag{4-64}$$

该定理表明,$\boldsymbol{YX}^+$的特征值 λ 和左特征向量 $\boldsymbol{\psi}$ 分别成为库普曼算符 $\mathcal{K}$ 的特征值 λ 和特征函数 θ 需要满足两个条件:①观测量个数 p 足够多使得特征函数可表示这些观测量的线性组合 $\theta\in\operatorname{span}\{h_j\}_{j=1}^p$;②式(4-56)中状态个数 m 足够多使得 $\boldsymbol{\psi}\in\operatorname{range}(\boldsymbol{X})$。

式(4-60)表明 $\boldsymbol{X}$ 和 $\boldsymbol{Y}$ 不需要线性一致的:$(\boldsymbol{YX}^+)\boldsymbol{X}=\boldsymbol{Y}$,但是为了计算 θ,它们在 $\boldsymbol{\psi}\in\mathbb{C}^n$ 方向上是线性一致的。

定理 4.1 给出了库普曼算符的特征值和特征函数的刻画,它们可用数据驱动的 DMD 算法计算。库普曼分析还需要计算库普曼模式。假设 $\boldsymbol{YX}^+\in\mathbb{C}^{p\times p}$ 的特征值 λ_j 对应的右特征向量 $\boldsymbol{\varphi}_j$(DMD 模式)和左特征向量 $\boldsymbol{\psi}_j$(对偶 DMD 模式),$j=1,\cdots,p$。设 p 个右特征向量构成$\mathbb{C}^p$ 中的基,并且左、右特征向量互相正交并归一化:$\boldsymbol{\psi}_i^\dagger\boldsymbol{\varphi}_j=\delta_{ij},i,j=1,\cdots,p$。观察向量 $\boldsymbol{h}(\boldsymbol{z})\in\mathbb{C}^p$ 可表示为

$$\boldsymbol{h}(\boldsymbol{z})=\sum_{j=1}^{p}\theta_j(\boldsymbol{z})\boldsymbol{\varphi}_j \tag{4-65}$$

其中，

$$\theta_j(\boldsymbol{z})=\boldsymbol{\psi}_j^{\dagger}\boldsymbol{h}(\boldsymbol{z}),\quad j=1,\cdots,p \tag{4-66}$$

假设 $\boldsymbol{X}$ 和 $\boldsymbol{Y}$ 是线性一致的：由式(4-17)得到$(\boldsymbol{YX}^{+})\boldsymbol{x}_k=\boldsymbol{y}_k$，$k=1,\cdots,m$。从式(4-66)中取 $\boldsymbol{z}=T(\boldsymbol{z}_k)$得到

$$\theta_j[T(\boldsymbol{z}_k)]=\boldsymbol{\psi}_j^{\dagger}\boldsymbol{h}[T(\boldsymbol{z}_k)]=\boldsymbol{\psi}_j^{\dagger}\boldsymbol{y}_k=\boldsymbol{\psi}_j^{\dagger}(\boldsymbol{YX}^{+})\boldsymbol{x}_k=\lambda_j\boldsymbol{\psi}_j^{\dagger}\boldsymbol{x}_k=\lambda_j\boldsymbol{\psi}_j^{\dagger}\boldsymbol{h}(\boldsymbol{z}_k)=\lambda_j\theta_j(\boldsymbol{z}_k) \tag{4-67}$$

由式(4-65)和式(4-67)得到

$$\boldsymbol{h}[T(\boldsymbol{z}_k)]=\sum_{j=1}^{p}\theta_j[T(\boldsymbol{z}_k)]\boldsymbol{\varphi}_j=\sum_{j=1}^{p}\lambda_j\theta_j(\boldsymbol{z}_k)\boldsymbol{\varphi}_j,\quad k=1,\cdots,m \tag{4-68}$$

因此，在下一个状态 $T(\boldsymbol{z}_k)$处的观察向量可表示为库普曼特征模式 $\boldsymbol{\varphi}_j$ 的线性组合，组合系数为特征值 λ_j 和特征函数 θ_j 的乘积。由式(4-65)和式(4-68)可知 $\boldsymbol{YX}^{+}$的右特征向量 $\boldsymbol{\varphi}_j$ 可看成库普曼模式。

若状态(4-56)满足式(4-57)，则式(4-67)和式(4-68)表明

$$\theta_j(\boldsymbol{z}_k)=\lambda_j^{k-1}\theta_j(\boldsymbol{z}_1),\quad k=1,\cdots,m \tag{4-69}$$

$$\boldsymbol{h}(\boldsymbol{z}_k)=\sum_{j=1}^{p}\lambda_j^{k-1}\theta_j(\boldsymbol{z}_1)\boldsymbol{\varphi}_j=(\boldsymbol{\varphi}_1,\cdots,\boldsymbol{\varphi}_p)\mathrm{diag}(\lambda_1^{k-1},\cdots,\lambda_p^{k-1})\boldsymbol{b},\quad k=1,\cdots,m \tag{4-70}$$

这里 $\boldsymbol{b}=[\theta_1(\boldsymbol{z}_1),\cdots,\theta_p(\boldsymbol{z}_1)]^{\mathrm{T}}$ 由 $\boldsymbol{h}(\boldsymbol{z}_1)=(\boldsymbol{\varphi}_1,\cdots,\boldsymbol{\varphi}_p)\boldsymbol{b}$ 确定。非线性动力学式(4-9)的解在观测量 h 下的估计为

$$\boldsymbol{h}[\boldsymbol{z}(t)]=(\boldsymbol{\varphi}_1,\cdots,\boldsymbol{\varphi}_p)\mathrm{diag}[\mathrm{e}^{\omega_1(t-t_1)},\cdots,\mathrm{e}^{\omega_p(t-t_1)}]\boldsymbol{b} \tag{4-71}$$

其中，ω_k 由式(4-7)确定。显然，$\boldsymbol{h}[\boldsymbol{z}(t_k)]=\boldsymbol{h}(\boldsymbol{z}_k)$，$k=1,\cdots,m$。当 $t\neq t_k(k=1,\cdots,m)$时，式(4-71)给出了 t 时刻状态 $\boldsymbol{z}(t)$的观察量 $\boldsymbol{h}[\boldsymbol{z}(t)]$的预测。

若式(4-66)中 $\theta_j(j=1,\cdots,p)$是库普曼特征函数，由式(4-65)可得

$$\boldsymbol{h}[T(\boldsymbol{z})]=\sum_{j=1}^{p}\lambda_j\theta_j(\boldsymbol{z})\boldsymbol{\varphi}_j \tag{4-72}$$

即 $\boldsymbol{\varphi}_j\in\mathbb{C}^p$ 是库普曼模式。式(4-72)在 $\boldsymbol{z}_k$ 取值得到式(4-68)。由式(4-72)可得

$$\boldsymbol{h}[T^l(\boldsymbol{z})]=\sum_{j=1}^{p}\lambda_j^l\theta_j(\boldsymbol{z})\boldsymbol{\varphi}_j,\quad l=1,2,\cdots \tag{4-73}$$

4.6　扩展 DMD 算法

本节可参考文献[8]。我们从算子逼近角度看库普曼特征值(特征函数)和 $\boldsymbol{YX}^{+}$的特征值(特征向量)的关系。式(4-50)中 p 个观察量定义了 p 维线

性空间：

$$\mathcal{H}=\operatorname{span}\{h_1,\cdots,h_p\} \tag{4-74}$$

希望在该空间中找库普曼算符$\mathcal{K}$的最好近似。把库普曼算符$\mathcal{K}$作用于$g=\sum_{i=1}^{p}a_ih_i\in\mathcal{H}$得到

$$\mathcal{K}g=\sum_{i=1}^{p}a_i\mathcal{K}h_i=\sum_{i=1}^{p}(\boldsymbol{Ka})_ih_i+r \tag{4-75}$$

其中，$\boldsymbol{K}\in\mathbb{C}^{p\times p}$，$\boldsymbol{a}=(a_1,\cdots,a_p)^{\mathrm{T}}\in\mathbb{C}^p$。由于$\mathcal{K}g$ 不在$\mathcal{H}$中，余项 r 不为 0。给定式(4-56)中的 m 个状态，确定 $\boldsymbol{K}$ 使得余项 r 在如下意义下达到最小，即

$$\begin{aligned}\sum_{j=1}^{m}|r(\boldsymbol{z}_j)|^2&=\sum_{j=1}^{m}\left|\sum_{i=1}^{p}[a_i\mathcal{K}h_i(\boldsymbol{z}_j)-(\boldsymbol{Ka})_ih_i(\boldsymbol{z}_j)]\right|^2\\&=\sum_{j=1}^{m}\left|\sum_{i=1}^{p}\{a_ih_i[T(\boldsymbol{z}_j)]-(\boldsymbol{Ka})_ih_i(\boldsymbol{z}_j)\}\right|^2\\&=\sum_{j=1}^{m}\left|\sum_{i=1}^{p}[a_i(\boldsymbol{y}_j)_i-(\boldsymbol{Ka})_i(\boldsymbol{x}_j)_i]\right|^2\quad\text{[这一步应用了式(4-58)]}\\&=\sum_{j=1}^{m}|(\boldsymbol{y}_j^{\mathrm{T}}-\boldsymbol{x}_j^{\mathrm{T}}\boldsymbol{K})\boldsymbol{a}|^2\\&\leqslant\sum_{j=1}^{m}\|(\boldsymbol{y}_j^{\mathrm{T}}-\boldsymbol{x}_j^{\mathrm{T}}\boldsymbol{K})\|_2\|\boldsymbol{a}\|_2\\&=\|\boldsymbol{a}\|_2m\|\boldsymbol{Y}^{\mathrm{T}}-\boldsymbol{X}^{\mathrm{T}}\boldsymbol{K}\|_F\end{aligned} \tag{4-76}$$

其中，$\|\ \|_F$ 为弗罗贝尼乌斯模，则有

$$\|\boldsymbol{Y}^{\mathrm{T}}-\boldsymbol{X}^{\mathrm{T}}\boldsymbol{K}\|_F^2=\sum_{j=1}^{m}\|(\boldsymbol{y}_j^{\mathrm{T}}-\boldsymbol{x}_j^{\mathrm{T}}\boldsymbol{K})\|_2^2 \tag{4-77}$$

当

$$\boldsymbol{K}=(\boldsymbol{X}^{\mathrm{T}})^{+}\boldsymbol{Y}^{\mathrm{T}}=(\boldsymbol{YX}^{+})^{\mathrm{T}} \tag{4-78}$$

则式(4-77)达到最小，从而式(4-76)的右端项也达到最小。式(4-78)定义的矩阵 $\boldsymbol{K}$ 称为库普曼算符在由 p 个观察量构成的有限维空间$\mathcal{H}$中的近似。从上一节讨论知道，式(4-78)表明库普曼算符的特征函数的近似 $\boldsymbol{\psi}^{\dagger}\boldsymbol{h}(\boldsymbol{z})$ 可通过 $\boldsymbol{K}(\boldsymbol{YX}^{+})$右(左)特征向量 $\boldsymbol{\psi}$ 得到，$\mathcal{K}$的库普曼模式通过 $\boldsymbol{K}(\boldsymbol{YX}^{+})$的左(右)特征向量得到。

第5章 逆散射变换

一般地，很难解析求解非线性偏微分方程（PDE）。Gardner、Greene、Kruskal 和 Miura 在 1967 年用逆散射变换求解 Korteweg-de Vries（KdV）方程[11]。之后，人们做了很多努力来求解可积 PDE 系统，比如用 Lax 对[12]。1972 年，Zakharov 和 Shabat 用该技巧求解薛定谔方程[13]。Ablowitz、Kaup、Newell 和 Segur（AKNS）用 AKNS 对求解一类可积系统[14][15]。该技巧也用于其他可积系统，比如修改的 KdV 方程[16][17]、sine-Gordon 方程[18]、Kadomtsev-Petviashvili 方程[19]、Camassa-Holm 方程[20]、Benjamin-Ono Equation 方程[21]、Degasperis-Procesi 方程[22]等。逆散射变换也可参考[9][10]。

5.1 AKNS 对

考虑非线性系统：

$$\begin{aligned} \mathrm{i}q_t &= q_{xx} - 2rq^2 \\ -\mathrm{i}r_t &= r_{xx} - 2qr^2 \end{aligned}, \quad x\in\mathbb{R}, t>0 \tag{5-1}$$

依赖空间 x 和时间 t 的复函数 q 和 r 在无穷远处衰减足够快，确保它们以及关于 x 导数在无穷远处的极限值为 0。初始条件 $q(x,0)$、$r(x,0)$ 给定。若 $r=q^*$，方程(5-1)变为非线性(defocusing)薛定谔方程，即

$$\mathrm{i}q_t(x,t)=q_{xx}(x,t)-2|q(x,t)|^2q(x,t), \quad x\in\mathbb{R}, t>0 \tag{5-2}$$

若 $r=-q^*$，方程(5-1)变为非线性(focusing)薛定谔方程，即

$$\mathrm{i}q_t(x,t)=q_{xx}(x,t)+2|q(x,t)|^2q(x,t), \quad x\in\mathbb{R}, t>0 \tag{5-3}$$

把 q 和 r 看成依赖时间 t 的势函数，构造直接散射问题，即

$$\boldsymbol{v}_x=\begin{pmatrix} -\mathrm{i}k & q \\ r & \mathrm{i}k \end{pmatrix}\boldsymbol{v}\equiv\boldsymbol{\mathcal{X}}\boldsymbol{v} \Longleftrightarrow \begin{pmatrix} \partial_x & -q \\ -r & \partial_x \end{pmatrix}\boldsymbol{v}=\mathrm{i}k\begin{pmatrix} -1 & 0 \\ 0 & 1 \end{pmatrix}\boldsymbol{v} \tag{5-4}$$

算子 $\boldsymbol{\mathcal{X}}$ 依赖于 q、r 和谱参数 $k\in\mathbb{C}$。在适当边界条件下，式(5-4)的解 $\boldsymbol{v}=(v_1, v_2)^{\mathrm{T}}$ 唯一确定，它依赖于 q、r 和 k。当 q 和 r 满足时间演化方程(5-1)时，$\boldsymbol{v}$ 的时间演化方程为

$$\boldsymbol{v}_t=(\boldsymbol{\mathcal{T}}+c\boldsymbol{I})\boldsymbol{v} \tag{5-5}$$

$\boldsymbol{\mathcal{T}}$ 为矩阵算子，c 是与 x、t 无关的常数，$\boldsymbol{I}$ 为二阶单位矩阵。为了得到 $\boldsymbol{\mathcal{T}}$，式(5-4)和式(5-5)两边分别对 t、x 求导，

$$(\mathcal{X}\boldsymbol{v})_t=[(\mathcal{T}+c\boldsymbol{I})\boldsymbol{v}]_x \Longleftrightarrow \mathcal{X}_t\boldsymbol{v}+\mathcal{X}(\mathcal{T}\boldsymbol{v}+c\boldsymbol{v})=\mathcal{T}_x\boldsymbol{v}+\mathcal{T}\mathcal{X}\boldsymbol{v}+c\boldsymbol{v}_x \quad (5-6)$$

根据式(5-4)的左边方程，式(5-6)中两边与 c 相关的项消去，可得

$$\mathcal{X}_t\boldsymbol{v}+\mathcal{X}\mathcal{T}\boldsymbol{v}=\mathcal{T}_x\boldsymbol{v}+\mathcal{T}\mathcal{X}\boldsymbol{v} \quad (5-7)$$

为了使得式(5-7)成立，取$\mathcal{T}$满足下式：

$$\mathcal{X}_t-\mathcal{T}_x+\mathcal{X}\mathcal{T}-\mathcal{T}\mathcal{X}=0 \quad (5-8)$$

满足式(5-8)的$\mathcal{X}$和$\mathcal{T}$称为 AKNS 对。反之，如果式(5-8)成立，式(5-6)也成立，从而

$$(\boldsymbol{v}_t)_x=(\boldsymbol{v}_x)_t=(\mathcal{X}\boldsymbol{v})_t=[(\mathcal{T}+c\boldsymbol{I})\boldsymbol{v}]_x \quad (5-9)$$

两边关于 x 积分，$\boldsymbol{v}_t$ 和$(\mathcal{T}+c\boldsymbol{I})\boldsymbol{v}$ 相差一个与 x 无关的常向量。取 c 使得 $\boldsymbol{v}_t$ 和$(\mathcal{T}+c\boldsymbol{I})\boldsymbol{v}$ 在 $x\to-\infty$(或 $+\infty$)的极限相等，确保该常向量为 0，满足从而式(5-5)。

根据 q 和 r 满足的演化方程(5-1)，满足式(5-8)的$\mathcal{T}$的一种选法是

$$\mathcal{T}=\begin{pmatrix} 2\mathrm{i}k^2+\mathrm{i}qr & -2kq-\mathrm{i}q_x \\ -2kr+\mathrm{i}r_x & -2\mathrm{i}k^2-\mathrm{i}qr \end{pmatrix}\equiv\begin{pmatrix} A & B \\ C & -A \end{pmatrix} \quad (5-10)$$

5.2 直接散射问题

构造直接散射问题式(5-4)的特殊解(特征函数)，它们在无穷远处的渐近形式为

$$\boldsymbol{\phi}(x,t,k)\sim\begin{pmatrix}1\\0\end{pmatrix}\mathrm{e}^{-\mathrm{i}kx},\quad \bar{\boldsymbol{\phi}}(x,t,k)\sim\begin{pmatrix}0\\1\end{pmatrix}\mathrm{e}^{\mathrm{i}kx},\quad x\to-\infty \quad (5-11)$$

$$\boldsymbol{\psi}(x,t,k)\sim\begin{pmatrix}0\\1\end{pmatrix}\mathrm{e}^{\mathrm{i}kx},\quad \bar{\boldsymbol{\psi}}(x,t,k)\sim\begin{pmatrix}1\\0\end{pmatrix}\mathrm{e}^{-\mathrm{i}kx},\quad x\to+\infty \quad (5-12)$$

q 和 r 在无穷远处的极限为 0，在该极限下，直接散射问题式(5-4)退化到线性系统，即

$$\begin{pmatrix}v_1\\v_2\end{pmatrix}_x=\begin{pmatrix}-\mathrm{i}k & 0\\0 & \mathrm{i}k\end{pmatrix}\begin{pmatrix}v_1\\v_2\end{pmatrix} \quad (5-13)$$

显然，式(5-11)和式(5-12)的渐近形式是线性系统(5-13)的特殊解。

为了使得 $\boldsymbol{\phi}_t$ 和$(\mathcal{T}+c\boldsymbol{I})\boldsymbol{\phi}$ 在 $x\to-\infty$的极限相等，即

$$0=\begin{pmatrix}A_\infty+c & 0\\0 & -A_\infty+c\end{pmatrix}\begin{pmatrix}1\\0\end{pmatrix}\mathrm{e}^{-\mathrm{i}kx} \quad (5-14)$$

常数 c 满足 $c=-2\mathrm{i}k^2=-A_\infty$，其中 $A_\infty=\lim\limits_{x\to\pm\infty}A$。故 $\boldsymbol{\phi}$ 满足下式：

$$\partial_t\boldsymbol{\phi}=(\mathcal{T}-A_\infty\boldsymbol{I})\boldsymbol{\phi} \quad (5-15)$$

同理，$\bar{\boldsymbol{\phi}}$、$\boldsymbol{\psi}$ 和 $\bar{\boldsymbol{\psi}}$ 满足时间演化方程，即

$$\partial_t \bar{\boldsymbol{\phi}} = (\mathcal{T} + A_\infty \boldsymbol{I})\bar{\boldsymbol{\phi}}, \quad \partial_t \boldsymbol{\psi} = (\mathcal{T} + A_\infty \boldsymbol{I})\boldsymbol{\psi}, \quad \partial_t \bar{\boldsymbol{\psi}} = (\mathcal{T} - A_\infty \boldsymbol{I})\bar{\boldsymbol{\psi}} \tag{5-16}$$

直接散射问题式(5-4)是关于 x 的一阶线性偏微分方程组,它只有两个独立的特征函数,比如式(5-11)中的 $\boldsymbol{\phi}$ 和 $\bar{\boldsymbol{\phi}}$,或式(5-12)中的 $\boldsymbol{\psi}$ 和 $\bar{\boldsymbol{\psi}}$。以 $\boldsymbol{\psi}$ 和 $\bar{\boldsymbol{\psi}}$ 作为两个独立的特征函数,$\boldsymbol{\phi}$ 和 $\bar{\boldsymbol{\phi}}$ 可展开为

$$\boldsymbol{\phi}(x,k) = a(k)\bar{\boldsymbol{\psi}}(x,k) + b(k)\boldsymbol{\psi}(x,k) \tag{5-17}$$

$$\bar{\boldsymbol{\phi}}(x,k) = \bar{a}(k)\boldsymbol{\psi}(x,k) + \bar{b}(k)\bar{\boldsymbol{\psi}}(x,k) \tag{5-18}$$

系数 a、b、$\bar{a}$ 和 $\bar{b}$ 与 x 无关。由于直接散射问题仅在固定时刻 t 进行分析,我们忽略这些系数和基函数等对 t 的书写。

设 $\boldsymbol{u}$ 和 $\boldsymbol{v}$ 都是式(5-4)的解,则 $\boldsymbol{u}$ 和 $\boldsymbol{v}$ 的 Wronskains 行列式 $W(\boldsymbol{u},\boldsymbol{v}) \equiv \det(\boldsymbol{u},\boldsymbol{v}) = u_1v_2 - u_2v_1$ 与 x 无关,这是由于

$$W(\boldsymbol{u},\boldsymbol{v})_x = \det(\boldsymbol{u}_x,\boldsymbol{v}) + \det(\boldsymbol{u},\boldsymbol{v}_x) = \det\begin{pmatrix} -\mathrm{i}ku_1 + qu_2 & v_1 \\ ru_1 + \mathrm{i}ku_2 & v_2 \end{pmatrix} + \det\begin{pmatrix} u_1 & -\mathrm{i}kv_1 + qv_2 \\ u_2 & rv_1 + \mathrm{i}kv_2 \end{pmatrix} = 0 \tag{5-19}$$

从而由式(5-11)和式(5-12)得到

$$W(\boldsymbol{\phi},\bar{\boldsymbol{\phi}}) = \det\left[\begin{pmatrix}1\\0\end{pmatrix}\mathrm{e}^{-\mathrm{i}kx}, \begin{pmatrix}0\\1\end{pmatrix}\mathrm{e}^{\mathrm{i}kx}\right] = 1, \quad W(\boldsymbol{\psi},\bar{\boldsymbol{\psi}}) = \det\left[\begin{pmatrix}0\\1\end{pmatrix}\mathrm{e}^{\mathrm{i}kx}, \begin{pmatrix}1\\0\end{pmatrix}\mathrm{e}^{-\mathrm{i}kx}\right] = -1 \tag{5-20}$$

另外,由式(5-17)和式(5-18)得到这些系数满足下式:

$$\begin{aligned} W(\boldsymbol{\phi},\bar{\boldsymbol{\phi}}) &= W(a\bar{\boldsymbol{\psi}} + b\boldsymbol{\psi}, \bar{a}\boldsymbol{\psi} + \bar{b}\bar{\boldsymbol{\psi}}) \\ &= (a\bar{a} - b\bar{b})W(\bar{\boldsymbol{\psi}},\boldsymbol{\psi}) \Rightarrow a(k)\bar{a}(k) - b(k)\bar{b}(k) = 1 \end{aligned} \tag{5-21}$$

另外,这些系数可表示 $\boldsymbol{\phi}$、$\bar{\boldsymbol{\phi}}$ 和 $\boldsymbol{\psi}$、$\bar{\boldsymbol{\psi}}$ 之间的 Wronskains 行列式:

$$W(\boldsymbol{\phi},\boldsymbol{\psi}) = a(k)W(\bar{\boldsymbol{\psi}},\boldsymbol{\psi}) \Rightarrow a(k) = W(\boldsymbol{\phi},\boldsymbol{\psi}) \tag{5-22}$$

$$W(\boldsymbol{\phi},\bar{\boldsymbol{\psi}}) = b(k)W(\boldsymbol{\psi},\bar{\boldsymbol{\psi}}) \Rightarrow b(k) = W(\bar{\boldsymbol{\psi}},\boldsymbol{\phi}) \tag{5-23}$$

$$W(\bar{\boldsymbol{\phi}},\bar{\boldsymbol{\psi}}) = \bar{a}(k)W(\boldsymbol{\psi},\bar{\boldsymbol{\psi}}) \Rightarrow \bar{a}(k) = W(\bar{\boldsymbol{\psi}},\bar{\boldsymbol{\phi}}) \tag{5-24}$$

$$W(\bar{\boldsymbol{\phi}},\boldsymbol{\psi}) = \bar{b}(k)W(\bar{\boldsymbol{\psi}},\boldsymbol{\psi}) \Rightarrow \bar{b}(k) = W(\bar{\boldsymbol{\phi}},\boldsymbol{\psi}) \tag{5-25}$$

特征函数的渐近形式依赖于 x,为了得到常向量的渐近形式,定义 Jost 函数为

$$\boldsymbol{M}(x,k) = \boldsymbol{\phi}(x,k)\mathrm{e}^{\mathrm{i}kx}, \quad \bar{\boldsymbol{M}}(x,k) = \bar{\boldsymbol{\phi}}(x,k)\mathrm{e}^{-\mathrm{i}kx} \tag{5-26}$$

$$\boldsymbol{N}(x,k) = \boldsymbol{\psi}(x,k)\mathrm{e}^{-\mathrm{i}kx}, \quad \bar{\boldsymbol{N}}(x,k) = \bar{\boldsymbol{\psi}}(x,k)\mathrm{e}^{\mathrm{i}kx} \tag{5-27}$$

它们的渐近形式为

$$\boldsymbol{M}(x,k)\sim\begin{pmatrix}1\\0\end{pmatrix},\quad \bar{\boldsymbol{M}}(x,k)\sim\begin{pmatrix}0\\1\end{pmatrix},\quad x\to-\infty \tag{5-28}$$

$$\boldsymbol{N}(x,k)\sim\begin{pmatrix}0\\1\end{pmatrix},\quad \bar{\boldsymbol{N}}(x,k)\sim\begin{pmatrix}1\\0\end{pmatrix},\quad x\to+\infty \tag{5-29}$$

由于特征函数满足式(5－4)，即

$$\boldsymbol{v}_x=(\mathrm{i}k\boldsymbol{J}+\boldsymbol{Q})\boldsymbol{v} \tag{5-30}$$

其中，

$$\boldsymbol{J}=\begin{pmatrix}-1&0\\0&1\end{pmatrix},\quad \boldsymbol{Q}=\begin{pmatrix}0&q\\r&0\end{pmatrix} \tag{5-31}$$

Jost 函数 $\boldsymbol{M}$ 满足下式：

$$\boldsymbol{M}_x=\mathrm{i}k(\boldsymbol{J}+\boldsymbol{I})\boldsymbol{M}+\boldsymbol{QM} \tag{5-32}$$

$\bar{\boldsymbol{N}}$ 也满足式(5－32)。Jost 函数 $\boldsymbol{N}$ 满足下式：

$$\boldsymbol{N}_x=\mathrm{i}k(\boldsymbol{J}-\boldsymbol{I})\boldsymbol{N}+\boldsymbol{QN} \tag{5-33}$$

$\bar{\boldsymbol{M}}$ 也满足式(5－33)，这里 $\boldsymbol{I}$ 为 2 阶单位矩阵。

为了研究 Jost 函数，需要把微分方程(5－32)和(5－33)表示为积分方程，为此引入格林函数。与微分方程(5－32)对应的格林函数 $\boldsymbol{G}$ 满足

$$\boldsymbol{G}_x=\mathrm{i}k(\boldsymbol{J}+\boldsymbol{I})\boldsymbol{G}+\delta(x)\boldsymbol{I}\Longleftrightarrow\begin{pmatrix}\partial_x&0\\0&\partial_x-2\mathrm{i}k\end{pmatrix}\begin{pmatrix}G_{11}&G_{12}\\G_{21}&G_{22}\end{pmatrix}=\delta(x)\begin{pmatrix}1&0\\0&1\end{pmatrix} \tag{5-34}$$

故 $G_{12}(x)=G_{21}(x)=0$，

$$\partial_x G_{11}=\delta(x) \tag{5-35}$$

$$\partial_x G_{22}-2\mathrm{i}kG_{22}=\delta(x) \tag{5-36}$$

在方程(5－36)两边乘以 $\mathrm{e}^{-\mathrm{i}px}$，再对 x 积分得到

$$\mathrm{i}p\int_{-\infty}^{+\infty}G_{22}(x,k)\mathrm{e}^{-\mathrm{i}px}\,\mathrm{d}x-2\mathrm{i}k\int_{-\infty}^{+\infty}G_{22}(x,k)\mathrm{e}^{-\mathrm{i}px}\,\mathrm{d}x=1$$

$G_{22}(x,k)$的傅里叶变换为

$$\hat{G}_{22}(p,k)\equiv\frac{1}{2\pi}\int_{-\infty}^{+\infty}G_{22}(x,k)\mathrm{e}^{-\mathrm{i}px}\,\mathrm{d}x=\frac{1}{2\pi\mathrm{i}}\frac{1}{p-2k}$$

$\hat{G}_{22}(p,k)$的傅里叶逆变换为

$$G_{22}(x,k)=\int_{-\infty}^{+\infty}\hat{G}_{22}(p,k)\mathrm{e}^{\mathrm{i}px}\,\mathrm{d}p=\frac{1}{2\pi\mathrm{i}}\int_{-\infty}^{+\infty}\frac{\mathrm{e}^{\mathrm{i}px}}{p-2k}\mathrm{d}p$$

当 k 为实数时，右边积分没有定义。为此，引入积分曲线 C_+，它从 $-\infty$ 到 $+\infty$，在 $2k$ 附近 C_+ 从它的下方绕过。从而

$$G_{+,22}(x,k)=\frac{1}{2\pi\mathrm{i}}\int_{C_+}\frac{\mathrm{e}^{\mathrm{i}px}}{p-2k}\mathrm{d}p=\theta(x)\mathrm{e}^{2\mathrm{i}kx} \tag{5-37}$$

其中，$\theta(x)$为 Heviside 函数。当 $x>0$，把 C_+ 和复上半平面中一个半径充分大

的半圆连接构成一个封闭曲线，$2k$ 在该封闭曲线内部，由留数定理可知上述积分为 e^{2ikx}。当 $x<0$ 时，把 C_+ 和复下半平面中一个半径充分大的半圆连接构成一个封闭曲线，$2k$ 不在该封闭曲线内部，由留数定理可知上述积分为 0。当 $k=0$时，式(5-36)变为式(5-35)，故

$$G_{+,11}(x,k)=\theta(x) \tag{5-38}$$

总之，

$$\boldsymbol{G}_+(x,k)=\begin{pmatrix}1 & 0\\ 0 & e^{2ikx}\end{pmatrix}\theta(x) \tag{5-39}$$

Jost 函数 $\boldsymbol{M}$ 满足积分方程：

$$\begin{aligned}\boldsymbol{M}(x,k)&=\begin{pmatrix}1\\0\end{pmatrix}+\int_{-\infty}^{+\infty}\boldsymbol{G}_+(x-\xi,k)\boldsymbol{Q}(\xi)\boldsymbol{M}(\xi,k)d\xi\\ &=\begin{pmatrix}1\\0\end{pmatrix}+\int_{-\infty}^{x}\begin{pmatrix}1 & 0\\ 0 & e^{2ik(x-\xi)}\end{pmatrix}\boldsymbol{Q}(\xi)\boldsymbol{M}(\xi,k)d\xi\end{aligned} \tag{5-40}$$

显然，$\boldsymbol{M}$ 满足式(5-28)。

$\bar{\boldsymbol{N}}$ 和 $\boldsymbol{M}$ 满足相同的方程，它们的边界条件不同。为此，要构造 $G_{-,22}$，即

$$G_{-,22}(x,k)=\frac{1}{2\pi i}\int_{C_-}\frac{e^{ipx}}{p-2k}dp=-\theta(-x)e^{2ikx} \tag{5-41}$$

这里积分曲线 C_- 从 $-\infty$ 到 $+\infty$，在 $2k$ 附近 C_- 从它的上方绕过。格林函数为

$$\boldsymbol{G}_-(x,k)=-\begin{pmatrix}1 & 0\\ 0 & e^{2ikx}\end{pmatrix}\theta(-x) \tag{5-42}$$

Jost 函数 $\bar{\boldsymbol{N}}$ 满足积分方程：

$$\begin{aligned}\bar{\boldsymbol{N}}(x,k)&=\begin{pmatrix}1\\0\end{pmatrix}+\int_{-\infty}^{+\infty}\boldsymbol{G}_-(x-\xi,k)\boldsymbol{Q}(\xi)\bar{\boldsymbol{N}}(\xi,k)d\xi\\ &=\begin{pmatrix}1\\0\end{pmatrix}-\int_{x}^{+\infty}\begin{pmatrix}1 & 0\\ 0 & e^{2ik(x-\xi)}\end{pmatrix}\boldsymbol{Q}(\xi)\bar{\boldsymbol{N}}(\xi,k)d\xi\end{aligned} \tag{5-43}$$

显然，$\bar{\boldsymbol{N}}$ 满足式(5-29)。

同理，Jost 函数 $\boldsymbol{N}$ 和 $\bar{\boldsymbol{M}}$ 分别满足下式：

$$\begin{aligned}\boldsymbol{N}(x,k)&=\begin{pmatrix}0\\1\end{pmatrix}+\int_{-\infty}^{+\infty}\widetilde{\boldsymbol{G}}_+(x-\xi,k)\boldsymbol{Q}(\xi)\boldsymbol{N}(\xi,k)d\xi\\ &=\begin{pmatrix}0\\1\end{pmatrix}-\int_{x}^{+\infty}\begin{pmatrix}e^{-2ik(x-\xi)} & 0\\ 0 & 1\end{pmatrix}\boldsymbol{Q}(\xi)\boldsymbol{N}(\xi,k)d\xi\end{aligned} \tag{5-44}$$

$$\begin{aligned}\bar{\boldsymbol{M}}(x,k)&=\begin{pmatrix}0\\1\end{pmatrix}+\int_{-\infty}^{+\infty}\widetilde{\boldsymbol{G}}_-(x-\xi,k)\boldsymbol{Q}(\xi)\bar{\boldsymbol{M}}(\xi,k)d\xi\\ &=\begin{pmatrix}0\\1\end{pmatrix}+\int_{-\infty}^{x}\begin{pmatrix}e^{-2ik(x-\xi)} & 0\\ 0 & 1\end{pmatrix}\boldsymbol{Q}(\xi)\bar{\boldsymbol{M}}(\xi,k)d\xi\end{aligned} \tag{5-45}$$

其中，

$$\widetilde{\boldsymbol{G}}_{+}(x,k)=-\begin{pmatrix}e^{-2ikx} & 0\\ 0 & 1\end{pmatrix}\theta(-x),\quad \widetilde{\boldsymbol{G}}_{-}(x,k)=\begin{pmatrix}e^{-2ikx} & 0\\ 0 & 1\end{pmatrix}\theta(x) \tag{5-46}$$

当 q、$r\in L^1(\mathbb{R})$，$\boldsymbol{M}(x,k)$和 $\boldsymbol{N}(x,k)$关于 k 在 $\operatorname{Im}k>0$ 中解析，在 $\operatorname{Im}k\geqslant 0$ 中连续。在式(5-40)中的积分变量 ξ 满足 $x-\xi>0$，当 $\operatorname{Im}k\to+\infty$，$e^{2ik(x-\xi)}$ 指数衰减到 0，从而确保了 $\boldsymbol{M}(x,k)$关于 k 在 $\operatorname{Im}k>0$ 中解析。同理可证，$\bar{\boldsymbol{M}}(x,k)$和 $\bar{\boldsymbol{N}}(x,k)$关于 k 在 $\operatorname{Im}k<0$ 中解析，在 $\operatorname{Im}k\leqslant 0$ 中连续。证明参考文献[10]。

我们讨论 Jost 函数关于 k 的渐近性质。由 $\boldsymbol{M}$ 的积分方程(5-40)可得

$$\boldsymbol{M}(x,k)=\begin{pmatrix}1\\0\end{pmatrix}+\int_{-\infty}^{x}\begin{pmatrix}0 & q(\xi)\\ e^{2ik(x-\xi)}r(\xi) & 0\end{pmatrix}\boldsymbol{M}(\xi,k)\mathrm{d}\xi \tag{5-47}$$

它的分量形式为

$$M_1(x,k)=1+\int_{-\infty}^{x}q(\xi)M_2(\xi,k)\mathrm{d}\xi \tag{5-48}$$

$$M_2(x,k)=\int_{-\infty}^{x}e^{2ik(x-\xi)}r(\xi)M_1(\xi,k)\mathrm{d}\xi \tag{5-49}$$

把 M_2 代入式(5-48)的右边，可得

$$\begin{aligned}
M_1(x;k)&=1+\int_{-\infty}^{x}q(\xi)\mathrm{d}\xi\int_{-\infty}^{\xi}e^{2ik(\xi-\eta)}r(\eta)M_1(\eta,k)\mathrm{d}\eta\quad\text{（交换积分次序）}\\
&=1+\int_{-\infty}^{x}r(\eta)M_1(\eta,k)\mathrm{d}\eta\int_{\eta}^{x}q(\xi)e^{2ik(\xi-\eta)}\mathrm{d}\xi\\
&=1+\int_{-\infty}^{x}r(\eta)M_1(\eta,k)\mathrm{d}\eta\,\frac{1}{2ik}\left[\int_{\eta}^{x}q(\xi)\mathrm{d}e^{2ik(\xi-\eta)}\right]\\
&=1+\int_{-\infty}^{x}r(\eta)M_1(\eta,k)\mathrm{d}\eta\,\frac{1}{2ik}\left[q(x)e^{2ik(x-\eta)}-q(\eta)-\int_{\eta}^{x}e^{2ik(\xi-\eta)}\mathrm{d}q(\xi)\right]\\
&=1-\frac{1}{2ik}\int_{-\infty}^{x}q(\eta)r(\eta)M_1(\eta,k)\mathrm{d}\eta+\frac{1}{2ik}\int_{-\infty}^{x}r(\eta)M_1(\eta,k)\mathrm{d}\eta\\
&\qquad\left[q(x)e^{2ik(x-\eta)}-\int_{\eta}^{x}e^{2ik(\xi-\eta)}\mathrm{d}q(\xi)\right]\\
&=1-\frac{1}{2ik}\int_{-\infty}^{x}q(\eta)r(\eta)M_1(\eta,k)\mathrm{d}\eta+\frac{o(1)}{2ik}\quad\text{（对方括号中每一项用 Riemann 引理）}\\
&=1-\frac{1}{2ik}\int_{-\infty}^{x}q(\eta)r(\eta)\mathrm{d}\eta+\frac{o(1)}{2ik}\quad(M_1(x,k)\sim 1)
\end{aligned} \tag{5-50}$$

由于 $M_1\approx 1$ 可得

$$M_2(x;k)\approx\int_{-\infty}^{x}\mathrm{e}^{2ik(x-\xi)}r(\xi)\mathrm{d}\xi=-\frac{1}{2ik}\int_{-\infty}^{x}r(\xi)\mathrm{d}\mathrm{e}^{2ik(x-\xi)}$$
$$=-\frac{1}{2ik}\left[r(x)-\int_{-\infty}^{x}\mathrm{e}^{2ik(x-\xi)}\mathrm{d}r(\xi)\right]=-\frac{1}{2ik}r(x)+\frac{o(1)}{2ik}\tag{5-51}$$

所以，

$$\boldsymbol{M}(x,k)=\begin{pmatrix}1-\dfrac{1}{2ik}\displaystyle\int_{-\infty}^{x}q(\eta)r(\eta)\mathrm{d}\eta\\ -\dfrac{1}{2ik}r(x)\end{pmatrix}+\frac{o(1)}{2ik}\tag{5-52}$$

类似地，

$$\bar{\boldsymbol{N}}(x,k)=\begin{pmatrix}1+\dfrac{1}{2ik}\displaystyle\int_{x}^{+\infty}q(\eta)r(\eta)\mathrm{d}\eta\\ -\dfrac{1}{2ik}r(x)\end{pmatrix}+\frac{o(1)}{2ik}\tag{5-53}$$

$$\boldsymbol{N}(x,k)=\begin{pmatrix}\dfrac{1}{2ik}q(x)\\ 1-\dfrac{1}{2ik}\displaystyle\int_{x}^{+\infty}q(\eta)r(\eta)\mathrm{d}\eta\end{pmatrix}+\frac{o(1)}{2ik}\tag{5-54}$$

$$\bar{\boldsymbol{M}}(x,k)=\begin{pmatrix}\dfrac{1}{2ik}q(x)\\ 1+\dfrac{1}{2ik}\displaystyle\int_{-\infty}^{x}q(\eta)r(\eta)\mathrm{d}\eta\end{pmatrix}+\frac{o(1)}{2ik}\tag{5-55}$$

式(5 - 17)和式(5 - 18)也可写为

$$\boldsymbol{M}(x,k)=a(k)\bar{\boldsymbol{N}}(x,k)+b(k)\boldsymbol{N}(x,k)\mathrm{e}^{2ikx}\tag{5-56}$$

$$\bar{\boldsymbol{M}}(x,k)=\bar{a}(k)\boldsymbol{N}(x,k)+\bar{b}(k)\bar{\boldsymbol{N}}(x,k)\mathrm{e}^{-2ikx}\tag{5-57}$$

由于 Jost 函数有积分表示，则系数 a、b、$\bar{a}$ 和 $\bar{b}$ 也有积分表示。记

$$\boldsymbol{\Delta}(x,k)=\boldsymbol{M}(x,k)-a(k)\bar{\boldsymbol{N}}(x,k)\tag{5-58}$$

把式(5 - 40)和式(5 - 43)代入式(5 - 58)，可得

$$\begin{aligned}\boldsymbol{\Delta}(x,k)&=\boldsymbol{M}(x,k)-a(k)\bar{\boldsymbol{N}}(x,k)\\&=\begin{pmatrix}1-a(k)\\0\end{pmatrix}+\int_{-\infty}^{+\infty}[\boldsymbol{G}_{+}(x-\xi,k)\boldsymbol{Q}(\xi)\boldsymbol{M}(\xi,k)-a(k)\boldsymbol{G}_{-}(x-\xi,k)\\&\quad\boldsymbol{Q}(\xi)\bar{\boldsymbol{N}}(\xi,k)]\mathrm{d}\xi\\&=\begin{pmatrix}1-a(k)\\0\end{pmatrix}+\int_{-\infty}^{+\infty}\boldsymbol{G}_{-}(x-\xi,k)\boldsymbol{Q}(\xi)\boldsymbol{\Delta}(\xi,k)\mathrm{d}\xi+\int_{-\infty}^{+\infty}\begin{pmatrix}1&0\\0&\mathrm{e}^{2ik(x-\xi)}\end{pmatrix}\\&\quad\boldsymbol{Q}(\xi)\boldsymbol{M}(\xi,k)\mathrm{d}\xi\end{aligned}\tag{5-59}$$

这里用到了

$$\boldsymbol{G}_{+}(x,k)=\boldsymbol{G}_{-}(x,k)+\begin{pmatrix}1 & 0\\ 0 & \mathrm{e}^{2\mathrm{i}kx}\end{pmatrix} \tag{5-60}$$

另外，

$$\boldsymbol{G}_{-}(x,k)=\mathrm{e}^{2\mathrm{i}kx}\widetilde{\boldsymbol{G}}_{+}(x,k) \tag{5-61}$$

根据式(5－58)和式(5－44)，可得

$$\begin{aligned}\boldsymbol{\Delta}(x,k)&=b(k)\boldsymbol{N}(x,k)\mathrm{e}^{2\mathrm{i}kx}\\&=b(k)\mathrm{e}^{2\mathrm{i}kx}\left[\begin{pmatrix}0\\1\end{pmatrix}+\int_{-\infty}^{+\infty}\widetilde{\boldsymbol{G}}_{+}(x-\xi,k)\boldsymbol{Q}(\xi)\boldsymbol{N}(\xi,k)\mathrm{d}\xi\right]\\&=b(k)\mathrm{e}^{2\mathrm{i}kx}\begin{pmatrix}0\\1\end{pmatrix}+b(k)\int_{-\infty}^{+\infty}\mathrm{e}^{2\mathrm{i}k\xi}\boldsymbol{G}_{-}(x-\xi,k)\boldsymbol{Q}(\xi)\boldsymbol{N}(\xi,k)\mathrm{d}\xi\\&=b(k)\mathrm{e}^{2\mathrm{i}kx}\begin{pmatrix}0\\1\end{pmatrix}+\int_{-\infty}^{+\infty}\boldsymbol{G}_{-}(x-\xi,k)\boldsymbol{Q}(\xi)\boldsymbol{\Delta}(\xi,k)\mathrm{d}\xi\end{aligned} \tag{5-62}$$

把式(5－62)和式(5－59)比较得到

$$\begin{aligned}b(k)\mathrm{e}^{2\mathrm{i}kx}\begin{pmatrix}0\\1\end{pmatrix}-\begin{pmatrix}1-a(k)\\0\end{pmatrix}&=\int_{-\infty}^{+\infty}\begin{pmatrix}1 & 0\\0 & \mathrm{e}^{2\mathrm{i}k(x-\xi)}\end{pmatrix}\begin{pmatrix}0 & q(\xi)\\r(\xi) & 0\end{pmatrix}\begin{pmatrix}M_1(\xi,k)\\M_2(\xi,k)\end{pmatrix}\mathrm{d}\xi\\&=\int_{-\infty}^{+\infty}\begin{pmatrix}q(\xi)M_2(\xi,k)\\\mathrm{e}^{2\mathrm{i}k(x-\xi)}r(\xi)M_1(\xi,k)\end{pmatrix}\mathrm{d}\xi\end{aligned} \tag{5-63}$$

故

$$a(k)=1+\int_{-\infty}^{+\infty}q(\xi)M_2(\xi,k)\mathrm{d}\xi\sim 1-\frac{1}{2\mathrm{i}k}\int_{-\infty}^{+\infty}q(\xi)r(\xi)\mathrm{d}\xi \tag{5-64}$$

$$b(k)=\int_{-\infty}^{+\infty}\mathrm{e}^{-2\mathrm{i}k\xi}r(\xi)M_1(\xi,k)\mathrm{d}\xi \tag{5-65}$$

由于 $M_2(x,k)$关于 k 在 $\mathrm{Im}\,k>0(\mathrm{Im}\,k\geqslant 0)$中也解析(连续)，$a(k)$关于 k 在 $\mathrm{Im}\,k>0(\mathrm{Im}\,k\geqslant 0)$中解析(连续)。虽然 $M_1(x,k)$关于 k 在 $\mathrm{Im}\,k>0$ 中解析，当 $\mathrm{Im}\,k\to+\infty$，$\mathrm{e}^{-2\mathrm{i}k\xi}$指数发散($\xi>0$)，$b(k)$关于 k 在 $\mathrm{Im}\,k>0$ 中不是解析的。同理，$\boldsymbol{N}(x,k)$和 $\bar{\boldsymbol{N}}(x,k)$分别在 $\mathrm{Im}\,k>0$ 和 $\mathrm{Im}\,k\leqslant 0$ 中解析。

同理，从式(5－57)构造 Δ，重复上述过程得到

$$\bar{a}(k)=1+\int_{-\infty}^{+\infty}r(\xi)\bar{M}_1(\xi,k)\mathrm{d}\xi\sim 1+\frac{1}{2\mathrm{i}k}\int_{-\infty}^{+\infty}q(\xi)\mathrm{d}\xi \tag{5-66}$$

$$\bar{b}(k)=\int_{-\infty}^{+\infty}\mathrm{e}^{2\mathrm{i}k\xi}q(\xi)\bar{M}_2(\xi,k)\mathrm{d}\xi \tag{5-67}$$

$\bar{a}(k)$关于 k 在 $\mathrm{Im}\,k<0(\mathrm{Im}\,k\leqslant 0)$中解析(连续)。$\bar{b}(k)$关于 k 在 $\mathrm{Im}\,k<0$ 中不是解析的。

由于 $a(k)$、$\bar{a}(k)\sim 1$，

$$\frac{\boldsymbol{M}(x,k)}{a(k)} \sim \begin{pmatrix} 1-\frac{1}{2\mathrm{i}k}\int_x^{+\infty} q(\xi)r(\xi)\mathrm{d}\xi \\ -\frac{r(x)}{2\mathrm{i}k} \end{pmatrix},\quad \frac{\bar{\boldsymbol{M}}(x,k)}{\bar{a}(k)} \sim \begin{pmatrix} \frac{1}{2\mathrm{i}k}q(x) \\ 1+\frac{1}{2\mathrm{i}k}\int_{-\infty}^{x} q(\eta)r(\eta)\mathrm{d}\eta \end{pmatrix} \tag{5-68}$$

式(5－58)和式(5－57)分别表示为

$$\frac{\boldsymbol{M}(x,k)}{a(k)} = \bar{\boldsymbol{N}}(x,k)+\rho(k)\mathrm{e}^{2\mathrm{i}kx}\boldsymbol{N}(x,k) \tag{5-69}$$

$$\frac{\bar{\boldsymbol{M}}(x,k)}{\bar{a}(k)} = \boldsymbol{N}(x,k)+\bar{\rho}(k)\mathrm{e}^{-2\mathrm{i}kx}\bar{\boldsymbol{N}}(x,k) \tag{5-70}$$

其中，

$$\rho(k)=\frac{b(k)}{a(k)},\quad \bar{\rho}(k)=\frac{\bar{b}(k)}{\bar{a}(k)} \tag{5-71}$$

为反射系数。

设 $a(k)$在复上半平面有零点：$a(k_j)=0, k_j=\xi_j+\mathrm{i}\eta_j, \eta_j>0, j=1,\cdots,J$。由于$a(k)$在 $\mathrm{Im}\, k\geqslant 0$ 上连续，$a(k)$在复上半平面中零点个数 J 有限。根据式(5－22)可得

$$W[\boldsymbol{\phi}(x,k_j),\boldsymbol{\psi}(x,k_j)]=0 \tag{5-72}$$

即存在不依赖于 x 的 $c_j\in\mathbb{C}$ 使得

$$\boldsymbol{\phi}(x,k_j)=c_j\boldsymbol{\psi}(x,k_j),\quad j=1,\cdots,J \tag{5-73}$$

假设 b 在包含这些零点的复上半平面的某区域中解析，由式(5－17)可得

$$c_j=b(k_j),\quad j=1,\cdots,J \tag{5-74}$$

根据特征函数的渐近性质，如式(5－11)和式(5－12)，可得

$$\boldsymbol{\phi}(x,k_j)\sim\begin{pmatrix}1\\0\end{pmatrix}\mathrm{e}^{-\mathrm{i}k_jx}=\begin{pmatrix}1\\0\end{pmatrix}\mathrm{e}^{\eta_ix-\mathrm{i}\xi_jx},\quad x\to-\infty \tag{5-75}$$

$$c_j\boldsymbol{\psi}(x,k_j)=c_j\begin{pmatrix}0\\1\end{pmatrix}\mathrm{e}^{-\eta_ix+\mathrm{i}\xi_jx},\quad x\to+\infty \tag{5-76}$$

由于 $\eta_j>0$，与零点 k_j 对应的特征函数 $\boldsymbol{\phi}(x,k_j)$、$\boldsymbol{\psi}(x,k_j)$关于 $x\in\mathbb{R}$ 是有界的。值得注意的是，k_j 对应的特征函数 $\bar{\boldsymbol{\phi}}(x,k_j)$、$\bar{\boldsymbol{\psi}}(x,k_j)$关于 $x\in\mathbb{R}$ 还是无界的。若$a(k)\neq0$，$\mathrm{Im}\,(k)>0$。由式(5－11)可知，$\boldsymbol{\phi}(x,k)$在 x 趋向$-\infty$时有界。$\boldsymbol{\psi}(x,k)$在 x 趋向$+\infty$时有界，$\bar{\boldsymbol{\psi}}(x,k)$在 x 趋向$+\infty$时无界。故式(5－17)的右端项在 x 趋向$+\infty$时无界，从而 $\boldsymbol{\phi}(x,k)$关于 $x\in\mathbb{R}$ 是无界的。同理可知，$\boldsymbol{\psi}(x,k)$关于 $x\in\mathbb{R}$ 也是无界的。所以，只有在 a 的复上半平面中有限个零点处才可得到有界的特征函数，这些特征函数称为束缚态。

设 $\bar{a}(k)$在复下半平面有零点：$\bar{a}(\bar{k}_j)=0, j=1,\cdots,\bar{J}$。根据式(5－24)，

可得

$$W[\bar{\boldsymbol{\phi}}(x,\bar{k}_j),\bar{\boldsymbol{\psi}}(x,\bar{k}_j)]=0 \tag{5-77}$$

即存在 $\bar{c}_j\in\mathbb{C}$ 使得

$$\bar{\boldsymbol{\phi}}(x,\bar{k}_j)=\bar{c}_j\bar{\boldsymbol{\psi}}(x,\bar{k}_j),\quad j=1,\cdots,\bar{J} \tag{5-78}$$

假设 $\bar{b}$ 在包含这些零点的复下半平面的某区域中解析，由式(5-18)可得

$$\bar{c}_j=\bar{b}(\bar{k}_j),\quad j=1,\cdots,\bar{J} \tag{5-79}$$

与零点 $\bar{k}_j$ 对应的特征函数 $\bar{\boldsymbol{\phi}}(x,\bar{k}_j)$、$\bar{\boldsymbol{\psi}}(x,\bar{k}_j)$关于 $x\in\mathbb{R}$ 是有界的。只有在 $\bar{a}$ 的复下半平面中有限个零点处才可得到有界的特征函数，这些特征函数也称为束缚态。

总之，我们得到了散射数据：

$$\{(k_j,c_j)_{j=1}^{J},(\bar{k}_j,\bar{c}_j)_{j=1}^{\bar{J}},\rho(k),\bar{\rho}(k)\} \tag{5-80}$$

它们从系数 a、b、$\bar{a}$ 和 $\bar{b}$ 得到，这些系数又依赖于 q 和 r 的 4 个特征函数。得到散射数据的过程称为散射变换。从散射数据得到 q 和 r 就是下节讨论的逆散射变换。我们假设零点都是简单零点。

取

$$r=\sigma q^*,\quad \sigma=\pm \tag{5-81}$$

若 $\boldsymbol{v}(x,k)=[v_1(x,k),v_2(x,k)]^{\mathrm{T}}$ 是直接散射问题式(5-4)的解，即

$$\begin{cases}\partial_x v_1(x,k)-q(x)v_2(x,k)=\mathrm{i}kv_1(x,k)\\ \partial_x v_2(x,k)-r(x)v_1(x,k)=-\mathrm{i}kv_2(x,k)\end{cases}\Longleftrightarrow$$

$$\begin{cases}\partial_x v_1^*(x,k^*)-\sigma r(x)v_2^*(x,k^*)=-\mathrm{i}k^*v_1^*(x,k^*)\\ \partial_x v_2^*(x,k^*)-\sigma q(x)v_1^*(x,k^*)=\mathrm{i}k^*v_2^*(x,k^*)\end{cases} \tag{5-82}$$

这里用到了式(5-81)和$[v_1(x,k)]^*=v_1^*(x,k^*)$等。所以，$[v_2^*(x,k^*),\sigma v_1^*(x,k^*)]^{\mathrm{T}}$ 也是直接散射问题(5-4)的解，其中式(5-4)的谱参数 k 用k^* 替换。为了把(5-4)中的谱参数重新写为 k，式(5-82)的右边方程中 k^* 用 k 替换，则$[v_2^*(x,k),\sigma v_1^*(x,k)]^{\mathrm{T}}$ 是直接散射问题式(5-4)的解，其中的谱参数还是 k。

直接散射问题(5-4)的解为

$$\boldsymbol{\phi}(x,k)=\begin{pmatrix}\phi_1(x,k)\\ \phi_2(x,k)\end{pmatrix}\sim\begin{pmatrix}1\\0\end{pmatrix}\mathrm{e}^{-\mathrm{i}kx},\quad x\to-\infty \tag{5-83}$$

根据上述讨论，式(5-4)的另一个解为

$$\begin{pmatrix}\sigma\phi_2^*(x,k)\\ \phi_1^*(x,k)\end{pmatrix}\sim\begin{pmatrix}0\\1\end{pmatrix}\mathrm{e}^{\mathrm{i}kx},\quad x\to-\infty \tag{5-84}$$

与式(5-11)的 $\bar{\boldsymbol{\phi}}$ 在$-\infty$处渐近形式比较，上述解就是特征函数 $\bar{\boldsymbol{\phi}}$，从而得到 $\boldsymbol{\phi}$

和 $\bar{\boldsymbol{\phi}}$ 的关系：

$$\bar{\boldsymbol{\phi}}(x,k)=\begin{pmatrix}\bar{\phi}_1(x,k)\\ \bar{\phi}_2(x,k)\end{pmatrix}=\begin{pmatrix}\sigma\phi_2^*(x,k)\\ \phi_1^*(x,k)\end{pmatrix} \tag{5-85}$$

同理，在 $+\infty$ 处渐近形式给出的两个特征函数 $\boldsymbol{\psi}$ 和 $\bar{\boldsymbol{\psi}}$ 的关系，即

$$\bar{\boldsymbol{\psi}}(x,k)=\begin{pmatrix}\bar{\psi}_1(x,k)\\ \bar{\psi}_2(x,k)\end{pmatrix}=\begin{pmatrix}\psi_2^*(x,k)\\ \sigma\psi_1^*(x,k)\end{pmatrix} \tag{5-86}$$

由式(5-85)得到

$$\bar{\boldsymbol{M}}(x,k)=\bar{\boldsymbol{\phi}}(x,k)\mathrm{e}^{-\mathrm{i}kx}=\begin{pmatrix}\sigma\phi_2^*(x,k)\\ \phi_1^*(x,k)\end{pmatrix}\mathrm{e}^{-\mathrm{i}kx}=\begin{pmatrix}\sigma M_2^*(x,k)\\ M_1^*(x,k)\end{pmatrix} \tag{5-87}$$

由式(5-86)得到

$$\bar{\boldsymbol{N}}(x,k)=\bar{\boldsymbol{\psi}}(x,k)\mathrm{e}^{\mathrm{i}kx}=\begin{pmatrix}\psi_2^*(x,k)\\ \sigma\psi_1^*(x,k)\end{pmatrix}\mathrm{e}^{\mathrm{i}kx}=\begin{pmatrix}N_2^*(x,k)\\ \sigma N_1^*(x,k)\end{pmatrix} \tag{5-88}$$

将式(5-17)两边取共轭，再把 k^* 用 k 替换：

$$\boldsymbol{\phi}^*(x,k)=a^*(k)\bar{\boldsymbol{\psi}}^*(x,k)+b^*(k)\boldsymbol{\psi}^*(x,k) \tag{5-89}$$

把式(5-89)的两个分量方程交换位置，再把第一个方程乘以 σ，可得

$$\begin{aligned}\begin{pmatrix}\sigma\phi_2^*(x,k)\\ \phi_1^*(x,k)\end{pmatrix}&=a^*(k)\begin{pmatrix}\sigma\bar{\psi}_2^*(x,k)\\ \bar{\psi}_1^*(x,k)\end{pmatrix}+b^*(k)\begin{pmatrix}\sigma\psi_2^*(x,k)\\ \psi_1^*(x,k)\end{pmatrix}\\ &=a^*(k)\begin{pmatrix}\psi_1(x,k)\\ \psi_2(x,k)\end{pmatrix}+\sigma b^*(k)\begin{pmatrix}\bar{\psi}_1(x,k)\\ \bar{\psi}_2(x,k)\end{pmatrix}\end{aligned} \tag{5-90}$$

第 2 个等式用了式(5-86)。比较式(5-18)、式(5-85)和式(5-90)得到

$$\bar{a}(k)=a^*(k)=[a(k^*)]^*,\quad \bar{b}(k)=\sigma b^*(k)=\sigma[b(k^*)]^* \tag{5-91}$$

a 和 $\bar{a}$ 的零点满足下式：

$$\bar{k}_j=k_j^*,\quad j=1,\cdots,\bar{J} \tag{5-92}$$

$$\bar{a}'(\bar{k}_j)=[a'(k_j)]^*,\quad j=1,\cdots,J \tag{5-93}$$

其中，$\bar{J}=J$。从式(5-21)知道这些零点不在实数轴上。若式(5-74)和式(5-79)成立，则

$$\bar{c}_j=\bar{b}(\bar{k}_j)=\sigma[b(\bar{k}_j^*)]^*=\sigma[b(k_j)]^*=\sigma c_j^*,\quad j=1,\cdots,J \tag{5-94}$$

反射系数满足下式：

$$\bar{\rho}(k)=\sigma[\rho(k^*)]^* \tag{5-95}$$

5.3 逆散射变换

$\boldsymbol{M}(x,k)$和 $a(k)$关于 k 在 $\mathrm{Im}\,k>0$ 中解析，由于 a 在 $\mathrm{Im}\,k>0$ 可能有零点，所以式(5-69)的左边 $\boldsymbol{M}(x,k)/a(k)$在 $\mathrm{Im}\,k>0$ 中为亚纯函数。$\boldsymbol{N}(x,k)$关于 k 在$\mathrm{Im}\,k<0$中解析，所以式(5-69)在 $k\in\mathbb{R}$ 中定义

$$\frac{\boldsymbol{M}(x,k)}{a(k)}-\bar{\boldsymbol{N}}(x,k)=\rho(k)\mathrm{e}^{2\mathrm{i}kx}\boldsymbol{N}(x,k),\quad k\in\mathbb{R} \tag{5-96}$$

左边是限制在实轴上的两项的差，它被右端项确定，该问题称为黎曼-希尔伯特边值问题。

定义投影算子 $P^{\pm}$ 为

$$(P^{\pm}f)(k)=\frac{1}{2\pi\mathrm{i}}\int_{-\infty}^{+\infty}\frac{f(\xi)}{\xi-(k\pm\mathrm{i}0)}\mathrm{d}\xi \tag{5-97}$$

当 $f^{+}(k)$和 $f^{-}(k)$分别是 $\mathrm{Im}\,k>0$ 和 $\mathrm{Im}\,k<0$ 中解析，并且 $\lim\limits_{\mathrm{Im}\,k>0,k\to\infty}f^{+}(k)=0$，$\lim\limits_{\mathrm{Im}\,k<0,k\to\infty}f^{-}(k)=0$，由留数定理得到

$$P^{\pm}f^{\pm}(k)=\pm f^{\pm}(k),\quad P^{\pm}f^{\mp}(k)=0 \tag{5-98}$$

当 a 有零点$\{k_j\}_{j=1}^{J}$，亚纯函数 $\boldsymbol{M}(x,k)/a(k)$的 Laurent 级数为

$$\frac{\boldsymbol{M}(x,k)}{a(k)}=\sum_{j=1}^{J}\frac{\boldsymbol{M}(x,k_j)}{a'(k_j)(k-k_j)}+\boldsymbol{\mu}_{+}(x,k) \tag{5-99}$$

$\boldsymbol{\mu}_{+}(x,k)$为 $\mathrm{Im}\,k>0$ 中解析。由于 $a(k_j)=0$，由式(5-73)得到

$$\boldsymbol{M}(x,k_j)=c_j\boldsymbol{N}(x,k_j)\mathrm{e}^{2\mathrm{i}k_jx},\quad j=1,\cdots,J \tag{5-100}$$

把式(5-96)重新写为

$$\frac{\boldsymbol{M}(x,k)}{a(k)}-\begin{pmatrix}1\\0\end{pmatrix}-\sum_{j=1}^{J}\frac{\boldsymbol{M}(x,k_j)}{a'(k_j)(k-k_j)}=\bar{\boldsymbol{N}}(x,k)-\begin{pmatrix}1\\0\end{pmatrix}-\sum_{j=1}^{J}\frac{\boldsymbol{M}(x,k_j)}{a'(k_j)(k-k_j)}+\rho(k)\mathrm{e}^{2\mathrm{i}kx}\boldsymbol{N}(x,k) \tag{5-101}$$

根据$\dfrac{\boldsymbol{M}(x,k)}{a(k)}$的渐近性质式(5-68)，式(5-101)的左边在 $\mathrm{Im}\,k>0$ 中解析，且趋向无穷远时极限为 0。由于 $\mathrm{Im}\,k_j>0$，

$$\bar{\boldsymbol{N}}(x,k)-\begin{pmatrix}1\\0\end{pmatrix}-\sum_{j=1}^{J}\frac{\boldsymbol{M}(x,k_j)}{a'(k_j)(k-k_j)}$$

在 $\mathrm{Im}\,k<0$ 中解析，且趋向无穷远时极限为 0。用投影算子 P^{-} 作用于方程(5-101)两边得到

$$\bar{\boldsymbol{N}}(x,k)=\begin{pmatrix}1\\0\end{pmatrix}+\sum_{j=1}^{J}\frac{C_j\boldsymbol{N}(x,k_j)\mathrm{e}^{2\mathrm{i}k_jx}}{k-k_j}+\frac{1}{2\pi\mathrm{i}}\int_{-\infty}^{+\infty}\frac{\rho(\xi)\mathrm{e}^{2\mathrm{i}\xi x}\boldsymbol{N}(x,\xi)}{\xi-(k-i0)}\mathrm{d}\xi \tag{5-102}$$

其中，

$$C_j = \frac{c_j}{a'(k_j)}, \quad j = 1, \cdots, J \tag{5-103}$$

由式(5-102)得到

$$\bar{\boldsymbol{N}}(x,k) \sim \begin{pmatrix}1\\0\end{pmatrix} + \frac{1}{k}\sum_{j=1}^{J} C_j \boldsymbol{N}(x,k_j)\mathrm{e}^{2\mathrm{i}k_j x} - \frac{1}{2\pi\mathrm{i}k}\int_{-\infty}^{+\infty}\rho(\xi)\mathrm{e}^{2\mathrm{i}\xi x}\boldsymbol{N}(x,\xi)\mathrm{d}\xi + \frac{o(1)}{k}, \quad k \to \infty \tag{5-104}$$

与式(5-53)比较得到

$$r(x) = -2\mathrm{i}\left[\sum_{j=1}^{J} C_j N_2(x,k_j)\mathrm{e}^{2\mathrm{i}k_j x} - \frac{1}{2\pi\mathrm{i}}\int_{-\infty}^{+\infty}\rho(\xi)\mathrm{e}^{2\mathrm{i}\xi x}N_2(x,\xi)\mathrm{d}\xi\right] \tag{5-105}$$

当 $\bar{a}$ 有零点$\{\bar{k}_j\}_{j=1}^{\bar{J}}$时，亚纯函数 $\bar{\boldsymbol{M}}(x,k)/\bar{a}(k)$的 Laurent 级数为

$$\frac{\bar{\boldsymbol{M}}(x,k)}{\bar{a}(k)} = \sum_{j=1}^{\bar{J}} \frac{\bar{\boldsymbol{M}}(x,\bar{k}_j)}{\bar{a}'(\bar{k}_j)(k-\bar{k}_j)} + \boldsymbol{\mu}_-(x,k) \tag{5-106}$$

$\boldsymbol{\mu}_-(x,k)$为 $\mathrm{Im}\,k<0$ 中解析。由于 $\bar{a}(\bar{k}_j)=0$，由式(5-78)得到

$$\bar{\boldsymbol{M}}(x,\bar{k}_j) = \bar{c}_j \bar{\boldsymbol{N}}(x,\bar{k}_j)\mathrm{e}^{-2\mathrm{i}\bar{k}_j x}, \quad j = 1, \cdots, \bar{J} \tag{5-107}$$

式(5-70)重新表示为

$$\frac{\bar{\boldsymbol{M}}(x,k)}{\bar{a}(k)} - \begin{pmatrix}0\\1\end{pmatrix} - \sum_{j=1}^{\bar{J}} \frac{\bar{\boldsymbol{M}}(x,\bar{k}_j)}{\bar{a}'(\bar{k}_j)(k-\bar{k}_j)} = \boldsymbol{N}(x,k) - \begin{pmatrix}0\\1\end{pmatrix} - \sum_{j=1}^{\bar{J}} \frac{\bar{\boldsymbol{M}}(x,\bar{k}_j)}{\bar{a}'(\bar{k}_j)(k-\bar{k}_j)} + \bar{\rho}(k)\mathrm{e}^{-2\mathrm{i}kx}\bar{\boldsymbol{N}}(x,k) \tag{5-108}$$

根据 $\dfrac{\bar{\boldsymbol{M}}(x,k)}{\bar{a}(k)}$ 的渐近性质式(5-68)，式(5-108)的左边在 $\mathrm{Im}\,k<0$ 中解析，且趋向无穷远时极限为 0。由于 $\mathrm{Im}\,\bar{k}_j<0$，则

$$\boldsymbol{N}(x,k) - \begin{pmatrix}0\\1\end{pmatrix} - \sum_{j=1}^{\bar{J}} \frac{\bar{\boldsymbol{M}}(x,\bar{k}_j)}{\bar{a}'(\bar{k}_j)(k-\bar{k}_j)}$$

在 $\mathrm{Im}\,k>0$ 中解析，且趋向无穷远时极限为 0。用投影算子 P^+ 作用于方程(5-108)两边得到

$$\boldsymbol{N}(x,k) = \begin{pmatrix}0\\1\end{pmatrix} + \sum_{j=1}^{\bar{J}} \frac{\bar{C}_j \bar{\boldsymbol{N}}(x,\bar{k}_j)\mathrm{e}^{-2\mathrm{i}\bar{k}_j x}}{k-\bar{k}_j} - \frac{1}{2\pi\mathrm{i}}\int_{-\infty}^{+\infty}\frac{\bar{\rho}(\xi)\mathrm{e}^{-2\mathrm{i}\xi x}\bar{\boldsymbol{N}}(x,\xi)}{\xi-(k+\mathrm{i}0)}\mathrm{d}\xi \tag{5-109}$$

其中，

$$\bar{C}_j = \frac{\bar{c}_j}{\bar{a}'(\bar{k}_j)}, \quad j = 1, \cdots, \bar{J} \tag{5-110}$$

从式(5-109)得到

$$\boldsymbol{N}(x,k)\sim\begin{pmatrix}0\\1\end{pmatrix}+\frac{1}{k}\sum_{j=1}^{\bar{J}}\bar{C}_j\bar{\boldsymbol{N}}(x,\bar{k}_j)\mathrm{e}^{-2\mathrm{i}\bar{k}_j x}+\frac{1}{2\pi\mathrm{i}k}\int_{-\infty}^{+\infty}\bar{\rho}(\xi)\mathrm{e}^{-2\mathrm{i}\xi x}\bar{\boldsymbol{N}}(x,\xi)\mathrm{d}\xi+\frac{o(1)}{k},\quad k\to\infty \tag{5-111}$$

与式(5-54)比较得到

$$q(x)=2\mathrm{i}\left[\sum_{j=1}^{\bar{J}}\bar{C}_j\bar{N}_1(x,\bar{k}_j)\mathrm{e}^{-2\mathrm{i}\bar{k}_j x}+\frac{1}{2\pi\mathrm{i}}\int_{-\infty}^{+\infty}\bar{\rho}(\xi)\mathrm{e}^{-2\mathrm{i}\xi x}\bar{N}_1(x,\xi)\mathrm{d}\xi\right] \tag{5-112}$$

式(5-105)和式(5-112)表明势函数 q、r 可以从散射数据 $\{C_j\}_{j=1}^{J}$、$\{\bar{C}_j\}_{j=1}^{\bar{J}}$,反射系数 ρ、$\bar{\rho}$ 以及 Jost 函数 N_2、$\bar{N}_1$ 得到重构,该过程称为逆散射变换。式(5-102)和式(5-109)是关于 $\bar{\boldsymbol{N}}(x,k)$ 和 $\boldsymbol{N}(x,k)$ 的耦合的线性积分方程,但是需要知道 $\bar{\boldsymbol{N}}(x,\bar{k}_j)$ 和 $\boldsymbol{N}(x,k_j)$。在式(5-102)中取 $k=\bar{k}_j$ 得到

$$\bar{\boldsymbol{N}}(x,\bar{k}_j)=\begin{pmatrix}1\\0\end{pmatrix}+\sum_{j=1}^{J}\frac{C_j\boldsymbol{N}(x,k_j)\mathrm{e}^{2\mathrm{i}k_j x}}{\bar{k}_j-k_j}+\frac{1}{2\pi\mathrm{i}}\int_{-\infty}^{+\infty}\frac{\rho(\xi)\mathrm{e}^{2\mathrm{i}\xi x}\boldsymbol{N}(x,\xi)}{\xi-(\bar{k}_j-\mathrm{i}0)}\mathrm{d}\xi,\quad j=1,\cdots,\bar{J} \tag{5-113}$$

在式(5-109)中取 $k=k_j$ 得到

$$\boldsymbol{N}(x,k_j)=\begin{pmatrix}0\\1\end{pmatrix}+\sum_{j=1}^{\bar{J}}\frac{\bar{C}_j\bar{\boldsymbol{N}}(x,\bar{k}_j)\mathrm{e}^{-2\mathrm{i}\bar{k}_j x}}{k_j-\bar{k}_j}-\frac{1}{2\pi\mathrm{i}}\int_{-\infty}^{+\infty}\frac{\bar{\rho}(\xi)\mathrm{e}^{-2\mathrm{i}\xi x}\bar{\boldsymbol{N}}(x,\xi)}{\xi-(k_j+\mathrm{i}0)}\mathrm{d}\xi,\quad j=1,\cdots,J \tag{5-114}$$

已知散射数据,式(5-102)、式(5-109)、式(5-113)和式(5-114)是关于 $\bar{\boldsymbol{N}}(x,k)$、$\boldsymbol{N}(x,k)$、$\{\bar{\boldsymbol{N}}(x,\bar{k}_j)\}_{j=1}^{\bar{J}}$ 和 $\{\boldsymbol{N}(x,k_j)\}_{j=1}^{J}$ 封闭的线性积分方程组。

5.4 散射数据的时间演化

式(5-17)和式(5-18)重写为

$$\begin{aligned}\boldsymbol{\phi}(x,t,k)&=b(t,k)\boldsymbol{\psi}(x,t,k)+a(t,k)\bar{\boldsymbol{\psi}}(x,t,k)\sim b(t,k)\begin{pmatrix}0\\1\end{pmatrix}\mathrm{e}^{\mathrm{i}kx}+a(t,k)\begin{pmatrix}1\\0\end{pmatrix}\mathrm{e}^{-\mathrm{i}kx},\quad x\to+\infty\\ \bar{\boldsymbol{\phi}}(x,t,k)&=\bar{a}(t,k)\boldsymbol{\psi}(x,t,k)+\bar{b}(t,k)\bar{\boldsymbol{\psi}}(x,t,k)\sim\bar{a}(t,k)\begin{pmatrix}0\\1\end{pmatrix}\mathrm{e}^{\mathrm{i}kx}+\bar{b}(t,k)\begin{pmatrix}1\\0\end{pmatrix}\mathrm{e}^{-\mathrm{i}kx},\quad x\to+\infty\end{aligned} \tag{5-115}$$

为了确定系数 a、b、$\bar{a}$ 和 $\bar{b}$ 随时间演化，需要确定 $\boldsymbol{\phi}$ 和 $\bar{\boldsymbol{\phi}}$ 随时间演化。由于这些系数不依赖于 x，只要考虑 $\boldsymbol{\phi}$ 和 $\bar{\boldsymbol{\phi}}$ 在随时间演化的方程中取极限 $x\rightarrow+\infty$。$\boldsymbol{\phi}(x,k,t)$满足 $\partial_t\boldsymbol{\phi}=(\mathcal{T}-A_\infty\boldsymbol{I})\boldsymbol{\phi}$，方程两边取极限 $x\rightarrow+\infty$，即

$$\partial_t b\begin{pmatrix}0\\1\end{pmatrix}e^{ikx}+\partial_t a\begin{pmatrix}1\\0\end{pmatrix}e^{-ikx}=\begin{pmatrix}0 & 0\\0 & -2A_\infty\end{pmatrix}\left[b(t,k)\begin{pmatrix}0\\1\end{pmatrix}e^{ikx}+a(t,k)\begin{pmatrix}1\\0\end{pmatrix}e^{-ikx}\right] \tag{5-116}$$

比较 e^{-ikx}和 e^{ikx}的系数得到

$$\partial_t a=0,\quad \partial_t b=-2A_\infty b \tag{5-117}$$

即

$$a(k,t)=a(k,0),\quad b(k,t)=e^{-4ik^2t}b(k,0) \tag{5-118}$$

$$\rho(k,t)=e^{-4ik^2t}\rho(k,0),\quad C_j(t)=e^{-4ik_j^2t}C_j(0),\quad j=1,\cdots,J \tag{5-119}$$

式(5-117)、式(5-118)和式(5-119)表明了散射数据的时间演化非常简单，它们可直接求解。

$\bar{\boldsymbol{\phi}}(x,k,t)$满足 $\partial_t\bar{\boldsymbol{\phi}}=(\mathcal{T}+A_\infty\boldsymbol{I})\bar{\boldsymbol{\phi}}$，方程两边取极限 $x\rightarrow+\infty$，即

$$\partial_t\bar{a}\begin{pmatrix}0\\1\end{pmatrix}e^{ikx}+\partial_t\bar{b}\begin{pmatrix}1\\0\end{pmatrix}e^{-ikx}=\begin{pmatrix}2A_\infty & 0\\0 & 0\end{pmatrix}\left[\bar{a}(t,k)\begin{pmatrix}0\\1\end{pmatrix}e^{ikx}+\bar{b}(t,k)\begin{pmatrix}1\\0\end{pmatrix}e^{-ikx}\right] \tag{5-120}$$

比较 e^{-ikx}和 e^{ikx}的系数得到

$$\partial_t\bar{a}=0,\quad \partial_t\bar{b}=2A_\infty\bar{b} \tag{5-121}$$

即

$$\bar{a}(k,t)=\bar{a}(k,0),\quad \bar{b}(k,t)=e^{4ik^2t}\bar{b}(k,0) \tag{5-122}$$

$$\bar{\rho}(k,t)=e^{4ik^2t}\bar{\rho}(k,0),\quad \bar{C}_j(t)=e^{4i\bar{k}_j^2t}\bar{C}_j(0),\quad j=1,\cdots,\bar{J} \tag{5-123}$$

式(5-118)和式(5-122)表明 a、$\bar{a}$ 和时间无关，从而它们的零点 k_j、$\bar{k}_j$ 也与时间无关。

逆散射变换求解时间演化非线性系统(5-1)的过程如下：

(1) 根据初始条件 $q(x,0)$、$r(x,0)$确定 $a(k,0)$、$\bar{a}(k,0)$、$b(k,0)$和 $\bar{b}(k,0)$。

(2) 由式(5-118)和式(5-122)得到 t 时刻的散射数据 $a(k,t)$、$\bar{a}(k,t)$、$b(k,t)$和 $\bar{b}(k,t)$。

(3) 根据 t 时刻的散射数据重构 t 时刻的势 $q(x,t)$和 $r(x,t)$。

5.5　无反射孤子解

设 $b(k,t)=\bar{b}(k,t)=0$，则 $\rho(k,t)=\bar{\rho}(k,t)=0$，此时构造出来的解析解称

为无反射孤子解。式(5-113)和式(5-114)变为

$$\bar{\boldsymbol{N}}(x,\bar{k}_j)=\begin{pmatrix}1\\0\end{pmatrix}+\sum_{j=1}^{J}\frac{C_j\boldsymbol{N}(x,k_j)\mathrm{e}^{2\mathrm{i}k_jx}}{\bar{k}_j-k_j},\quad j=1,\cdots,\bar{J} \tag{5-124}$$

$$\boldsymbol{N}(x,k_j)=\begin{pmatrix}0\\1\end{pmatrix}+\sum_{j=1}^{\bar{J}}\frac{\bar{C}_j\bar{\boldsymbol{N}}(x,\bar{k}_j)\mathrm{e}^{-2\mathrm{i}\bar{k}_jx}}{k_j-\bar{k}_j}\quad j=1,\cdots,J \tag{5-125}$$

对于一般的 J 和 $\bar{J}$,很难解析给出$\{\boldsymbol{N}(x,k_j)\}_{j=1}^{J}$和$\{\bar{\boldsymbol{N}}(x,\bar{k}_j)\}_{j=1}^{\bar{J}}$。

当 $J=\bar{J}=1$ 时,消去 $\bar{\boldsymbol{N}}(x,\bar{k}_1)$得到

$$\boldsymbol{N}(x,k_1)=\begin{pmatrix}0\\1\end{pmatrix}+\frac{\bar{C}_1\mathrm{e}^{-2\mathrm{i}\bar{k}_1x}}{k_1-\bar{k}_1}\begin{pmatrix}1\\0\end{pmatrix}-\frac{C_1\bar{C}_1\boldsymbol{N}(x,k_1)\mathrm{e}^{2\mathrm{i}(k_1-\bar{k}_1)x}}{(k_1-\bar{k}_1)^2} \tag{5-126}$$

故

$$\boldsymbol{N}(x,k_1)=\left[1+\frac{C_1\bar{C}_1\mathrm{e}^{2\mathrm{i}(k_1-\bar{k}_1)^2x}}{(k_1-\bar{k}_1)}\right]^{-1}\left[\begin{pmatrix}0\\1\end{pmatrix}+\frac{\bar{C}_1\mathrm{e}^{-2\mathrm{i}\bar{k}_1x}}{k_1-\bar{k}_1}\begin{pmatrix}1\\0\end{pmatrix}\right] \tag{5-127}$$

同理,消去 $\boldsymbol{N}(x,k_1)$得到

$$\bar{\boldsymbol{N}}(x,\bar{k}_1)=\begin{pmatrix}1\\0\end{pmatrix}+\frac{C_1\mathrm{e}^{2\mathrm{i}k_1x}}{\bar{k}_1-k_1}\begin{pmatrix}0\\1\end{pmatrix}-\frac{C_1\bar{C}_1\bar{\boldsymbol{N}}(x,\bar{k}_1)\mathrm{e}^{2\mathrm{i}(k_1-\bar{k}_1)x}}{(\bar{k}_1-k_1)^2} \tag{5-128}$$

故

$$\bar{\boldsymbol{N}}(x,\bar{k}_1)=\left[1+\frac{C_1\bar{C}_1\mathrm{e}^{2\mathrm{i}(k_1-\bar{k}_1)x}}{(\bar{k}_1-k_1)^2}\right]^{-1}\left[\begin{pmatrix}1\\0\end{pmatrix}+\frac{C_1\mathrm{e}^{2\mathrm{i}k_1x}}{\bar{k}_1-k_1}\begin{pmatrix}0\\1\end{pmatrix}\right] \tag{5-129}$$

当 $r=-q^*$ 时,$\bar{k}_1=k_1^*$,

$$\bar{C}_1=\frac{\bar{c}_1}{\bar{a}'(\bar{k}_1)}=-\frac{c_1^*}{[a'(k_1)]^*}=-\left[\frac{c_1}{a'(k_1)}\right]^*=-C_1^*$$

令 $k_1=\xi+\mathrm{i}\eta$。从式(5-112)得到

$$\begin{aligned}q(x)&=2\mathrm{i}\bar{C}_1\bar{N}_1(x,\bar{k}_1)\mathrm{e}^{-2\mathrm{i}\bar{k}_1x}=2\mathrm{i}\bar{C}_1\left[1+\frac{C_1\bar{C}_1\mathrm{e}^{2\mathrm{i}(k_1-\bar{k}_1)x}}{(\bar{k}_1-k_1)^2}\right]^{-1}\mathrm{e}^{-2\mathrm{i}\bar{k}_1x}\\
&=-2\mathrm{i}C_1^*\left(1+\frac{|C_1|^2\mathrm{e}^{-4\eta x}}{4\eta^2}\right)^{-1}\mathrm{e}^{-2\eta x}\mathrm{e}^{-2\mathrm{i}\xi x}\\
&=-2\mathrm{i}C_1^*[1+\mathrm{e}^{4(\delta-\eta x)}]^{-1}\mathrm{e}^{2\delta-2\eta x}\mathrm{e}^{-2\delta}\mathrm{e}^{-2\mathrm{i}\xi x}\\
&=-2\mathrm{i}\eta\frac{C_1^*}{|C_1|}\{2[1+\mathrm{e}^{4(\delta-\eta x)}]^{-1}\mathrm{e}^{2\delta-2\eta x}\}\mathrm{e}^{-2\mathrm{i}\xi x}\\
&=-2\mathrm{i}\eta\frac{C_1^*}{|C_1|}\operatorname{sech}(2\eta x-2\delta)\mathrm{e}^{-2\mathrm{i}\xi x}\end{aligned} \tag{5-130}$$

其中,$\mathrm{e}^{2\delta}=\dfrac{|C_1|}{2\eta}$。$C_1(t)=\mathrm{e}^{-4\mathrm{i}k_1^2t}C_1(0)$代入得到(focusing)薛定谔(NLS)方程

的单孤子解：

$$q(x,t)=-2\mathrm{i}\eta\frac{\mathrm{e}^{4\mathrm{i}(\xi^2-\eta^2)t}C_1(0)^*}{|C_1(0)|}\operatorname{sech}(2\eta x-2\delta)\mathrm{e}^{-2\mathrm{i}\xi x}$$

$$=2\eta\mathrm{e}^{-2\mathrm{i}\xi x+4\mathrm{i}(\xi^2-\eta^2)t-\mathrm{i}(\psi_0+\frac{\pi}{2})}\operatorname{sech}(2\eta x-8\xi\eta t-2\delta_0)\tag{5-131}$$

其中，

$$C_1(0)=2\eta\mathrm{e}^{2\delta_0+\mathrm{i}\psi_0}\tag{5-132}$$

这里我们用到了

$$C_1^*=[\mathrm{e}^{-4\mathrm{i}(\xi+\mathrm{i}\eta)^2t}]^*C_1(0)^*=[\mathrm{e}^{-4\mathrm{i}(\xi^2-\eta^2+2\mathrm{i}\xi\eta)t}]^*C_1(0)^*$$
$$=\mathrm{e}^{8\xi\eta t}\mathrm{e}^{4\mathrm{i}(\xi^2-\eta^2)t}C_1(0)^*$$

$$|C_1|=\mathrm{e}^{8\xi\eta t}|C_1(0)|$$

$$\mathrm{e}^{2\delta_0}=\frac{|C_1(0)|}{2\eta},\quad \mathrm{e}^{2\delta}=\mathrm{e}^{8\xi\eta t}\mathrm{e}^{2\delta_0},\quad 2\delta=8\xi\eta t+2\delta_0$$

由式(5-131)给出的单孤子解 q 依赖与时间、空间无关的参数 ξ、η、δ_0 和 ψ_0，q 的模 $|q|=2\eta\operatorname{sech}(2\eta x-8\xi\eta t-2\delta_0)$ 的波形不随时间 t 改变，但单峰的中心 $x_c=4\xi t+\dfrac{\delta_0}{\eta}$ 随时间 t 线性变化。q 的幅角为 $-2\xi x+4(\xi^2-\eta^2)t-\left(\psi_0+\dfrac{\pi}{2}\right)$ 也随时间 t 线性改变。

第 6 章　量子逆散射变换

量子可积系统往往可用量子逆散射变换解决。本章主以薛定谔模型为例说明量子逆散射变换的相关数学理论(可参考文献[23]),古典 $\boldsymbol{r}$ 矩阵连续问题离散化后的格子系统,以及量子逆散射变换和代数贝特方法。

6.1　量子薛定谔模型

一维玻色气体可用规范量子玻色场算符 $\psi(x,t)$ 描述,它满足规范等时交换规则:

$$[\psi(x,t),\psi^{\dagger}(y,t)]=\delta(x-y),\quad [\psi(x,t),\psi(y,t)]=0,\quad [\psi^{\dagger}(x,t),\psi^{\dagger}(y,t)]=0 \tag{6-1}$$

为了记号方便,有时省去 t 的书写。$[\psi(x),\psi^{\dagger}(y)]\equiv\psi(x)\psi^{\dagger}(y)-\psi^{\dagger}(y)\psi(x)$ 表示算符 $\psi(x)$ 和 $\psi^{\dagger}(y)$ 的对易子。一维玻色气体的哈密顿量为

$$H=\int \mathrm{d}x[\partial_x\psi^{\dagger}(x)\partial_x\psi(x)+c\psi^{\dagger}(x)\psi^{\dagger}(x)\psi(x)\psi(x)] \tag{6-2}$$

c 为耦合常数。运动方程为

$$\mathrm{i}\partial_t\psi=\frac{\delta H}{\delta\psi^{\dagger}}=-\partial_x^2\psi+2c\psi^{\dagger}\psi\psi \tag{6-3}$$

称为量子薛定谔方程。

当 $c>0$ 时,在零温度下的基态是费米球。福克真空态 $|0\rangle$ 定义为

$$\psi(x)|0\rangle=0,\quad x\in\mathbb{R} \tag{6-4}$$

$|0\rangle$ 不是物理上的基态,故称为假基态。$\langle 0|=|0\rangle^{\dagger}$ 是 $|0\rangle$ 的对偶假基态,满足

$$\langle 0|\psi^{\dagger}(x)=0,\quad \langle 0|0\rangle=1 \tag{6-5}$$

动量算符和粒子数算符分别定义为

$$P=-\frac{\mathrm{i}}{2}\int[\psi^{\dagger}(x)\partial_x\psi(x)-\partial_x\psi^{\dagger}(x)\psi(x)]\mathrm{d}x \tag{6-6}$$

$$Q=\int\psi^{\dagger}(x)\psi(x)\mathrm{d}x \tag{6-7}$$

根据规范等时交换规则(6-1),三个厄米算符 H、P 和 Q 满足下式:

$$[H,Q]=[H,P]=0 \tag{6-8}$$

我们寻找 H、P 和 Q 的公共特征态为

$$|\psi(\lambda_1,\cdots,\lambda_N)\rangle=\frac{1}{\sqrt{N!}}\int \mathrm{d}^N z\, \chi(z_1,\cdots,z_N|\lambda_1,\cdots,\lambda_N)\psi^\dagger(z_1)\cdots\psi^\dagger(z_N)|0\rangle \tag{6-9}$$

根据式(6-1)的第三等式，N 元函数 χ 可取为关于所有 z_j 对称，它依赖于参数 $\{\lambda_i\}_{i=1}^N$。特征值问题为

$$H|\psi\rangle=E_N|\psi\rangle,\quad P|\psi\rangle=P_N|\psi\rangle,\quad Q|\psi\rangle=Q_N|\psi\rangle \tag{6-10}$$

定义与 H、P 和 Q 对应的三个算符分别为

$$\mathcal{H}=-\sum_{j=1}^N\frac{\partial^2}{\partial z_j^2}+2c\sum_{N\geqslant j>k\geqslant 1}\delta(z_j-z_k),\quad \mathcal{P}=-\mathrm{i}\sum_{j=1}^N\frac{\partial}{\partial z_j},\quad \mathcal{Q}=N \tag{6-11}$$

可证明

$$\mathcal{H}\chi=E_N\chi,\quad \mathcal{P}\chi=P_N\chi,\quad \mathcal{Q}\chi=Q_N\chi \tag{6-12}$$

故特征值问题归结为 χ 的计算，即量子场论问题被转化为量子力学问题，推导参考 6.7.1 节。

由于 $c>0$，$\mathcal{H}$ 描述了 N 个互相排斥的玻色粒子。χ 关于所有 z_j 都是对称的。规定

$$T: z_1<z_2<\cdots<z_N \tag{6-13}$$

在该区域中函数 χ 满足下式：

$$\mathcal{H}^0\chi=E_N\chi \tag{6-14}$$

其中，$\mathcal{H}^0=-\sum\limits_{j=1}^N\frac{\partial^2}{\partial z_j^2}$为没有作用的哈密顿量。$\chi$ 需要满足以下边界条件：

$$\left(\frac{\partial}{\partial z_{j+1}}-\frac{\partial}{\partial z_j}-c\right)\chi=0,\quad z_{j+1}=z_j+0 \tag{6-15}$$

满足式(6-14)和式(6-15)的解为

$$\chi=\mathrm{const}\left[\prod_{N\geqslant j>k\geqslant 1}\left(\frac{\partial}{\partial z_j}-\frac{\partial}{\partial z_k}+c\right)\right]\det[\exp(\mathrm{i}\lambda_j z_k)] \tag{6-16}$$

它也可表示为

$$\chi=\left\{N!\prod_{j>k}[(\lambda_j-\lambda_k)^2+c^2]\right\}^{-\frac{1}{2}}\sum_{\mathcal{P}}(-1)^{[\mathcal{P}]}\exp\left(\mathrm{i}\sum_{n=1}^N z_n\lambda_{\mathcal{P}_n}\right)\prod_{j>k}(\lambda_{\mathcal{P}_j}-\lambda_{\mathcal{P}_k}-\mathrm{i}c) \tag{6-17}$$

这里对所有 1,2,…,N 的排列 $\mathcal{P}$ 累加，$[\mathcal{P}]$表示 $\mathcal{P}$ 的奇偶性。当 $\mathcal{P}$ 是偶排列，$[\mathcal{P}]=1$；当 $\mathcal{P}$ 是奇排列，$[\mathcal{P}]=-1$。把它可推广到 $\mathbb{R}^N$，则

$$\chi=\left\{N!\prod_{j>k}[(\lambda_j-\lambda_k)^2+c^2]\right\}^{-\frac{1}{2}}\sum_{\mathcal{P}}(-1)^{[\mathcal{P}]}\exp\left(\mathrm{i}\sum_{n=1}^N z_n\lambda_{\mathcal{P}_n}\right)\prod_{j>k}[\lambda_{\mathcal{P}_j}-\lambda_{\mathcal{P}_k}-\mathrm{i}c\epsilon(z_j-z_k)] \tag{6-18}$$

其中，$\epsilon(z)$为符号函数。如此选取 χ 后，对应的特征值为

$$E_N = \sum_{j=1}^{N} \lambda_j^2, \quad p_N = \sum_{j=1}^{N} \lambda_j, \quad Q_N = N \tag{6-19}$$

显然，对于任意的参数$\{\lambda_i\}_{i=1}^N$，χ 都可作为特征函数。

为了考虑有限系统，我们把一维体系放在一个长为 L 的周期盒子中。此时，规定 χ 为周期函数：

$$\chi(z_1, \cdots, z_j + L, \cdots, z_N | \lambda_1, \cdots, \lambda_N) = \chi(z_1, \cdots, z_j, \cdots, z_N | \lambda_1, \cdots, \lambda_N), \quad j = 1, \cdots, N \tag{6-20}$$

从而导致参数$\{\lambda_i\}_{i=1}^N$满足贝特方程：

$$\exp(\mathrm{i}\lambda_j L) = -\prod_{k=1}^{N} \frac{\lambda_j - \lambda_k + \mathrm{i}c}{\lambda_j - \lambda_k - \mathrm{i}c}, \quad j = 1, \cdots, N \tag{6-21}$$

该方程等价于

$$L\lambda_j + \sum_{k=1}^{N} \theta(\lambda_j - \lambda_k) = 2\pi n_j, \quad j = 1, \cdots, N \tag{6-22}$$

其中，

$$\theta(\lambda) = \mathrm{i}\ln\left(\frac{\mathrm{i}c + \lambda}{\mathrm{i}c - \lambda}\right) \tag{6-23}$$

整数或半整数 n_j 定义为

$$n_j = \widetilde{n_j} + \frac{N-1}{2} \tag{6-24}$$

这里 $\widetilde{n_j}$ 为任意整数，$j=1,\cdots,N$。已经证明了对于任意整数或半整数 n_j，式(6-22)有唯一解，并且贝特方程的解被这样的整数或半整数 n_j 唯一确定。基态对应能量 $E_N = \sum_{j=1}^{N} \lambda_j^2$ 最小，同时$\{\lambda_j\}_{j=1}^N$满足贝特方程(6-21)。可以证明，当

$$n_j = -\frac{N-1}{2} + j - 1, \quad j = 1, \cdots, N \tag{6-25}$$

方程(6-21)的解使得 $E_N = \sum_{j=1}^{N} \lambda_j^2$ 达到最小。

6.2 古典薛定谔模型

在古典意义下研究薛定谔方程。量子场被古典场替换，算符的共轭被古典场的复共轭替换。此时交换规则被泊松括号替换：

$$\{\psi(x), \psi^*(y)\} = \mathrm{i}\delta(x-y), \quad \{\psi(x), \psi(y)\} = 0, \quad \{\psi^*(x), \psi^*(y)\} = 0 \tag{6-26}$$

这里$\{\psi(x), \psi^*(y)\} \equiv \psi(x)\psi^*(y) + \psi^*(y)\psi(x)$是反交易子。古典薛定谔方

程为

$$\mathrm{i}\partial_t\psi = -\partial_x^2\psi + 2c\psi^*\psi\psi \tag{6-27}$$

与量子薛定谔方程(6-3)的场算符相比，这里 ψ 为复数，$\psi^\dagger$ 被 ψ^* 替换。古典薛定谔方程对应的哈密顿量为

$$H = \int_0^L \mathrm{d}x[\partial_x\psi^*(x)\partial_x\psi(x) + c\psi^*(x)\psi^*(x)\psi(x)\psi(x)] \tag{6-28}$$

动量和粒子数分别定义为

$$P = -\mathrm{i}\int_0^L \psi^*(x)\partial_x\psi(x)\mathrm{d}x \tag{6-29}$$

$$Q = \int_0^L \psi^*(x)\psi(x)\mathrm{d}x \tag{6-30}$$

它们和 H 满足下式：

$$\{H, Q\} = \{H, P\} = 0 \tag{6-31}$$

薛定谔方程(6-27)可用拉克斯形式表示：

$$[\partial_t - \boldsymbol{U}(x|\lambda), \partial_x + \boldsymbol{V}(x|\lambda)] = 0 \tag{6-32}$$

其中，

$$\boldsymbol{V}(x|\lambda) = \mathrm{i}\frac{\lambda}{2}\boldsymbol{\sigma}_z + \boldsymbol{\Omega}(x) = \begin{pmatrix} \mathrm{i}\dfrac{\lambda}{2} & \mathrm{i}\sqrt{c}\psi^*(x) \\ -\mathrm{i}\sqrt{c}\psi(x) & -\mathrm{i}\dfrac{\lambda}{2} \end{pmatrix} \tag{6-33}$$

$$\boldsymbol{U}(x|\lambda) = \mathrm{i}\frac{\lambda^2}{2}\boldsymbol{\sigma}_z + \lambda\boldsymbol{\Omega}(x) + \mathrm{i}\boldsymbol{\sigma}_z(\partial_x\boldsymbol{\Omega} + c\psi^*\psi) \tag{6-34}$$

这里 $\boldsymbol{\sigma}_z = \mathrm{diag}(1, -1)$ 为 z-泡利矩阵，

$$\boldsymbol{\Omega}(x) = \begin{pmatrix} 0 & \mathrm{i}\sqrt{c}\psi^*(x) \\ -\mathrm{i}\sqrt{c}\psi(x) & 0 \end{pmatrix} \tag{6-35}$$

拉克斯形式(6-32)也可以写为

$$\partial_t\boldsymbol{V} + \partial_x\boldsymbol{U} - [\boldsymbol{U}, \boldsymbol{V}] = 0 \tag{6-36}$$

与拉克斯形式(6-32)相容的微分方程为

$$\begin{aligned} \partial_t\boldsymbol{\phi}(x,t) &= \boldsymbol{U}(x|\lambda)\boldsymbol{\phi}(x,t) \\ \partial_x\boldsymbol{\phi}(x,t) &= -\boldsymbol{V}(x|\lambda)\boldsymbol{\phi}(x,t) \end{aligned} \tag{6-37}$$

其中，$\boldsymbol{\phi}$ 是未知的向量函数。

式(6-37)的第二个方程可写为

$$\boldsymbol{\phi}(x) = \boldsymbol{T}(x, y|\lambda)\boldsymbol{\phi}(y) \tag{6-38}$$

其中，$\boldsymbol{T}(x, y|\lambda)$ 称为传送矩阵，即

$$\boldsymbol{T}(x, y|\lambda) = \mathrm{P}\exp\left[-\int_y^x \boldsymbol{V}(z|\lambda)\mathrm{d}z\right] \tag{6-39}$$

P 为非交换因子的路径排序。$\boldsymbol{T}$ 满足方程：

$$[\partial_x + \mathbf{V}(x|\lambda)]\boldsymbol{T}(x,y|\lambda)=0;\quad \boldsymbol{T}(y,y|\lambda)=\boldsymbol{I} \tag{6-40}$$

传送矩阵 $\boldsymbol{T}(x,y|\lambda)$满足下式：

$$\boldsymbol{T}(x,z|\lambda)\boldsymbol{T}(z,y|\lambda)=\boldsymbol{T}(x,y|\lambda),\quad x\geqslant z\geqslant y \tag{6-41}$$

从 0 到 L 的传送矩阵 $\boldsymbol{T}(L,0|\lambda)$称为单值延拓(monodromy)矩阵。

单值延拓矩阵的迹为

$$\tau(\lambda)=\mathrm{tr}\boldsymbol{T}(L,0|\lambda) \tag{6-42}$$

它的对数有渐近形式为

$$\ln[\mathrm{e}^{\frac{\mathrm{i}\lambda L}{2}}\tau(\lambda)]\xrightarrow[\lambda\to\mathrm{i}\infty]{}\mathrm{i}c\sum_{n=1}^{\infty}\lambda^{-n}I_n \tag{6-43}$$

其中，

$$I_1=Q,\quad I_2=P,\quad I_3=H \tag{6-44}$$

式(6-43)称为经典迹等式(trace identity)。

如果考虑量子薛定谔方程,式(6-33)中的 ψ^* 被算符 $\psi^\dagger$ 替换,$\boldsymbol{T}$ 中元素和 τ 都是算符,经典迹等式被替换为量子迹等式,其中,

$$I_1=Q,\quad I_2=P-\frac{\mathrm{i}c}{2}Q,\quad I_3=H-\mathrm{i}cP-\frac{c^2}{3}Q \tag{6-45}$$

这里 Q、P 和 H 分别是粒子数算符、动量算符和哈密顿量算符。

经典迹等式和量子迹等式的推导参见附录 A.3。

6.3 古典 *r* 矩阵

古典 $\boldsymbol{r}$ 矩阵可用于构造传送矩阵元素之间的泊松括号。两个 k 阶矩阵 $\boldsymbol{A}$ 和 $\boldsymbol{B}$ 的张量积 $\boldsymbol{A}\otimes\boldsymbol{B}$ 为 $k^2\times k^2$ 矩阵。定义 $k^2\times k^2$ 交换矩阵 $\boldsymbol{\Pi}$：

$$\boldsymbol{\Pi}(\boldsymbol{A}\otimes\boldsymbol{B})\boldsymbol{\Pi}=\boldsymbol{B}\otimes\boldsymbol{A} \tag{6-46}$$

比如,$k=2$,交换矩阵 $\boldsymbol{\Pi}$ 为 4 阶段矩阵：

$$\boldsymbol{\Pi}=\begin{pmatrix}1&0&0&0\\0&0&1&0\\0&1&0&0\\0&0&0&1\end{pmatrix} \tag{6-47}$$

两个 k 阶矩阵 $\boldsymbol{A}$ 和 $\boldsymbol{B}$ 的(张量积的)泊松括号为$\{\boldsymbol{A}\overset{\otimes}{,}\boldsymbol{B}\}$为 $k^2\times k^2$ 矩阵,它的元素就是 $\boldsymbol{A}$ 中元素和 $\boldsymbol{B}$ 中元素之间的泊松括号,参见附录 A.2。

假设 $\mathbf{V}(x|\lambda)$和 $\mathbf{V}(x|\mu)$的泊松括号为

$$\{\mathbf{V}(x|\lambda)\overset{\otimes}{,}\mathbf{V}(y|\mu)\}=\delta(x-y)[\boldsymbol{r}(\lambda,\mu),\mathbf{V}(x|\lambda)\otimes\boldsymbol{I}+\boldsymbol{I}\otimes\mathbf{V}(x|\mu)] \tag{6-48}$$

其中,$\boldsymbol{r}$ 为 $k^2\times k^2$(古典)$\boldsymbol{r}$ 矩阵,则传送矩阵 $\boldsymbol{T}(x,y|\lambda)$和 $\boldsymbol{T}(x,y|\mu)$的泊松括号为

$$\{\boldsymbol{T}(x,y|\lambda)\overset{\otimes}{,}\boldsymbol{T}(x,y|\mu)\}=[\boldsymbol{T}(x,y|\lambda)\otimes\boldsymbol{T}(x,y|\mu),\boldsymbol{r}(\lambda,\mu)] \tag{6-49}$$

推导参见附录 A.4。

$\boldsymbol{r}$ 矩阵满足古典杨-巴克斯特关系：

$$[\boldsymbol{r}_{13}(\lambda,\nu),\boldsymbol{r}_{23}(\mu,\nu)]+[\boldsymbol{r}_{12}(\lambda,\mu),\boldsymbol{r}_{13}(\lambda,\nu)+\boldsymbol{r}_{23}(\mu,\nu)]=0 \tag{6-50}$$

不同下标表示 $\boldsymbol{r}$ 矩阵作用于不同的空间，它是泊松括号满足雅可比恒等式的另一种描述。

对于古典薛定谔模型，$\boldsymbol{V}$ 由式(6-33)给出，满足式(6-48)的古典 $\boldsymbol{r}$ 矩阵的一个取法为

$$\boldsymbol{r}(\lambda,\mu)=\frac{c}{\lambda-\mu}\boldsymbol{\Pi} \tag{6-51}$$

$\boldsymbol{r}$ 矩阵的存在导致有无限多的守恒量。在式(6-49)中令 $x=L$，$y=0$。再两边取迹，并且利用两个矩阵的张量积的迹为每个矩阵的迹的乘积，得到

$$\{\tau(\lambda),\tau(\mu)\}=0 \tag{6-52}$$

进一步有

$$\{\ln\tau(\lambda),\tau(\mu)\}=0 \tag{6-53}$$

利用迹展开式(6-43)得到

$$\{I_n,\tau(\mu)\}=0,\quad n=1,2,\cdots \tag{6-54}$$

特别地，

$$\{H,\tau(\mu)\}=0 \tag{6-55}$$

这表明单值延拓矩阵的迹的 $\tau(\mu)$ 为守恒量，它和时间无关：$\partial_t\tau(\mu)=0$，即所有 I_n 都为守恒量，故 $\tau(\mu)$ 是运动积分方程的生成泛函。

拉克斯形式(6-36)可推广为

$$\{\tau(\mu),\boldsymbol{V}(x|\lambda)\}=\partial_x\boldsymbol{U}(x|\lambda,\mu)+[\boldsymbol{V}(x|\lambda),\boldsymbol{U}(x|\lambda,\mu)] \tag{6-56}$$

这里 $\tau(\mu)$ 是一个复数，$\boldsymbol{V}$ 是矩阵。辅助空间用下标 1，$\boldsymbol{V}$ 作用的空间用下标 2 表示，即(6-56)

$$\{\tau(\mu),\boldsymbol{V}_2(x|\lambda)\}=\partial_x\boldsymbol{U}_2(x|\lambda,\mu)+[\boldsymbol{V}_2(x|\lambda),\boldsymbol{U}_2(x|\lambda,\mu)] \tag{6-57}$$

这里

$$\boldsymbol{U}_2(x|\lambda,\mu)=\mathrm{tr}_1[\boldsymbol{T}_1(L,x|\mu)\boldsymbol{r}_{12}(\mu,\lambda)\boldsymbol{T}_1(x,0|\mu)] \tag{6-58}$$

称为时间演化算符的生成泛函。事实上，拉克斯形式(6-36)可从式(6-56)得到。

6.4　格子系统

为了研究离散系统，把周期盒子[0,L]离散化，可得

$$x_i=i\Delta,\quad 对任意\ i,\quad \Delta=\frac{L}{M} \tag{6-59}$$

定义格点 n 处的场为

$$\psi_n=\frac{1}{\Delta}\int_{x_{n-1}}^{x_n}\psi(x)\mathrm{d}x \tag{6-60}$$

根据泊松规则(6-1),有

$$\{\psi_n,\psi_m^*\}=\frac{i}{\Delta}\delta_{nm},\quad \{\psi_n,\psi_m\}=0,\quad \{\psi_n^*,\psi_m^*\}=0 \tag{6-61}$$

拉克斯形式(6.32)离散为

$$\partial_t\boldsymbol{L}(n|\lambda)=\boldsymbol{U}(n+1|\lambda)\boldsymbol{L}(n|\lambda)-\boldsymbol{L}(n|\lambda)\boldsymbol{U}(n|\lambda) \tag{6-62}$$

定义在格点 n 处矩阵 $\boldsymbol{L}(n|\lambda)$ 和矩阵 $\boldsymbol{U}$ 的阶数一致。$\boldsymbol{L}(n|\lambda)$ 称为 $\boldsymbol{L}$ 矩阵。与式(6-62)一致的方程为

$$\begin{aligned}\partial_t\boldsymbol{\phi}(n,t)&=\boldsymbol{U}(n|\lambda)\boldsymbol{\phi}(n,t)\\ \boldsymbol{\phi}(n+1,t)&=\boldsymbol{L}(n|\lambda)\boldsymbol{\phi}(n,t)\end{aligned} \tag{6-63}$$

定义单值延拓矩阵的迹为

$$\tau(\lambda)=\mathrm{tr}\boldsymbol{T}(L,0|\lambda) \tag{6-64}$$

为了逼近连续情形,取

$$\boldsymbol{L}(n|\lambda)=\boldsymbol{I}-\boldsymbol{V}(x_n|\lambda)\Delta+O(\Delta^2) \tag{6-65}$$

把它代入式(6-62),可得

$$\begin{aligned}-\partial_t\boldsymbol{V}(x_n|\lambda)\Delta+O(\Delta^2)&=\boldsymbol{U}(n+1|\lambda)[\boldsymbol{I}-\boldsymbol{V}(x_n|\lambda)\\ &\Delta+O(\Delta^2)]-[\boldsymbol{I}-\boldsymbol{V}(x_n|\lambda)\Delta+O(\Delta^2)]\boldsymbol{U}(n|\lambda)\end{aligned} \tag{6-66}$$

两边除以 Δ,可得

$$\begin{aligned}-\partial_t\boldsymbol{V}(x_n|\lambda)+O(\Delta)&=\frac{\boldsymbol{U}(n+1|\lambda)-\boldsymbol{U}(n|\lambda)}{\Delta}-\boldsymbol{U}(n+1|\lambda)\\ &\boldsymbol{V}(x_n|\lambda)+\boldsymbol{V}(x_n|\lambda)\boldsymbol{U}(n|\lambda)+O(\Delta)\end{aligned} \tag{6-67}$$

两边取极限 $\Delta\to 0$ 得到式(6-36)。

对于薛定谔方程,由式(6-33)和式(6-65)得到

$$\boldsymbol{L}(n|\lambda)=\begin{pmatrix}1-\mathrm{i}\dfrac{\lambda\Delta}{2} & -\mathrm{i}\sqrt{c}\,\psi_n^*\Delta\\ \mathrm{i}\sqrt{c}\,\psi_n\Delta & 1+\mathrm{i}\dfrac{\lambda\Delta}{2}\end{pmatrix}+O(\Delta^2) \tag{6-68}$$

传送矩阵为

$$\boldsymbol{T}(n,m|\lambda)=\boldsymbol{L}(n|\lambda)\mathrm{L}(n-1|\lambda)\cdots\boldsymbol{L}(m|\lambda),\quad n\geqslant m \tag{6-69}$$

$\boldsymbol{T}(\lambda)=\boldsymbol{T}(M,1|\lambda)$ 称为单值延拓矩阵。单值延拓矩阵的迹为

$$\tau(\lambda)=\mathrm{tr}\boldsymbol{T}(\lambda) \tag{6-70}$$

设 $\boldsymbol{L}(\lambda)$ 满足下式:

$$\{\boldsymbol{L}(k|\lambda)\overset{\otimes}{,}\boldsymbol{L}(l|\mu)\}=\delta_{kl}[\boldsymbol{L}(k|\lambda)\otimes\boldsymbol{L}(l|\mu),\boldsymbol{r}(\lambda,\mu)] \tag{6-71}$$

则 $\boldsymbol{T}(\lambda)$ 中的泊松括号可表示为

$$\{\boldsymbol{T}(n,m|\lambda)\overset{\otimes}{,}\boldsymbol{T}(n,m|\mu)\}=[\boldsymbol{T}(n,m|\lambda)\otimes\boldsymbol{T}(n,m|\mu),\boldsymbol{r}(\lambda,\mu)] \tag{6-72}$$

与连续情形类似，从式(6－72)可得到式(6－52)、式(6－53)、式(6－54)和式(6－55)。

6.5　量子逆散射变换

前面三节(6.2 节、6.3 节和 6.4 节)对经典薛定谔方程进行讨论，特别是 6.4 节讨论了它的格子(离散)系统。本节讨论它的量子化，经典 $\boldsymbol{r}$ 矩阵被 $\boldsymbol{R}$ 替换，相应得到的结论重现了 6.1 节中的贝特方程。

式(6－68)中的 $\boldsymbol{L}(n|\lambda)$、$\boldsymbol{T}(n,m|\lambda)$ 等都是 2 阶矩阵，其中的每个元素都是可交换的复数。量子化后，式(6－68)中的 ψ_n^* 被算符 $\psi_n^\dagger$ 替换，其中 ψ_n 可理解为算符，从而 $\boldsymbol{L}(n|\lambda)$ 也变为算符。式(6－69)中的传送矩阵 $\boldsymbol{T}(n,m|\lambda)$、单值延拓矩阵 $\boldsymbol{T}(\lambda)=\boldsymbol{T}(M,1|\lambda)$ 和它的迹 $\tau(\lambda)$ 都是算符。

量子哈密顿量的特征函数可从单值延拓矩阵构造，为此，需要研究 $\boldsymbol{L}$ 矩阵中元素(算符)的交换性。同一个格点的 $\boldsymbol{L}$ 矩阵的交换性用 $\boldsymbol{R}$ 矩阵描述：

$$\boldsymbol{R}(\lambda,\mu)[\boldsymbol{L}(k|\lambda)\otimes\boldsymbol{L}(k|\mu)]=[\boldsymbol{L}(k|\mu)\otimes\boldsymbol{L}(k|\lambda)]\boldsymbol{R}(\lambda,\mu) \quad (6-73)$$

与 4×4 经典 $\boldsymbol{r}(\lambda,\mu)$ 类似，$\boldsymbol{R}(\lambda,\mu)$ 也是 4×4 的复矩阵。不同格点上的 $\boldsymbol{L}$ 矩阵元素是可交换的：

$$[L_{ij}(p|\lambda),L_{kl}(q|\mu)]=0,\quad p\neq q \quad (6-74)$$

该条件称为超局部(ultra locality)性质。

根据条件(6－73)和(6－74)，$\boldsymbol{T}$ 也满足与式(6－73)相同的结论，即

$$\boldsymbol{R}(\lambda,\mu)[\boldsymbol{T}(n,m|\lambda)\otimes\boldsymbol{T}(n,m|\mu)]=[\boldsymbol{T}(n,m|\mu)\otimes\boldsymbol{T}(n,m|\lambda)]\boldsymbol{R}(\lambda,\mu) \quad (6-75)$$

可用归纳法证明式(6－75)。把 m 固定。当 $n=m$ 时，式(6－75)就是条件(6－74)。假设式(6－75)对 $n=j$ 成立。当 $n=j+1$ 时，

$$\begin{aligned}&\boldsymbol{R}(\lambda,\mu)[\boldsymbol{T}(j+1,m|\lambda)\otimes\boldsymbol{T}(j+1,m|\mu)]\\&=\boldsymbol{R}(\lambda,\mu)[\boldsymbol{L}(j+1|\lambda)\otimes\boldsymbol{L}(j+1|\mu)]\boldsymbol{R}^{-1}(\lambda,\mu)\boldsymbol{R}(\lambda,\mu)\\&\quad[\boldsymbol{T}(j,m|\lambda)\otimes\boldsymbol{T}(j,m|\mu)]\boldsymbol{R}^{-1}(\lambda,\mu)\boldsymbol{R}(\lambda,\mu)\\&=[\boldsymbol{L}(j+1|\mu)\otimes\boldsymbol{L}(j+1|\lambda)][\boldsymbol{T}(j,m|\mu)\otimes\boldsymbol{T}(j,m|\lambda)]\boldsymbol{R}(\lambda,\mu)\\&=[\boldsymbol{T}(j+1,m|\mu)\otimes\boldsymbol{T}(j+1,m|\lambda)]\boldsymbol{R}(\lambda,\mu)\end{aligned} \quad (6-76)$$

从而证明该结论。

式(6－73)和式(6－75)称为双线性关系，它们分别表示 $\boldsymbol{L}$ 矩阵和传送矩阵 $\boldsymbol{T}$ 都和 $\boldsymbol{R}$ 交织在一起。

式(6－75)中取 $m=1,n=M$，左边乘以 $\boldsymbol{\Pi}$ 得到

$$\widetilde{\boldsymbol{R}}(\lambda,\mu)[\boldsymbol{T}(\lambda)\otimes\boldsymbol{I}][\boldsymbol{I}\otimes\boldsymbol{T}(\mu)]=[\boldsymbol{I}\otimes\boldsymbol{T}(\mu)][\boldsymbol{T}(\lambda)\otimes\boldsymbol{I}]\widetilde{\boldsymbol{R}}(\lambda,\mu) \quad (6-77)$$

其中，
$$\widetilde{\boldsymbol{R}}(\lambda,\mu)=\boldsymbol{\Pi}\boldsymbol{R}(\lambda,\mu) \tag{6-78}$$
在推导式(6-77)中，我们用到了
$$\boldsymbol{\Pi}^2=\boldsymbol{I},\quad \boldsymbol{\Pi}[\boldsymbol{T}(\mu)\otimes\boldsymbol{T}(\lambda)]\boldsymbol{\Pi}=\boldsymbol{T}(\lambda)\otimes\boldsymbol{T}(\mu) \tag{6-79}$$
式(6-77)可写为
$$\widetilde{\boldsymbol{R}}_{12}(\lambda,\mu)\boldsymbol{T}_1(\lambda)\boldsymbol{T}_2(\mu)=\boldsymbol{T}_2(\mu)\boldsymbol{T}_1(\lambda)\widetilde{\boldsymbol{R}}_{12}(\lambda,\mu) \tag{6-80}$$
下标 1 和 2 分别表示非平凡的作用于第 1 和第 2 空间。

从式(6-75)得到
$$\boldsymbol{R}(\lambda,\mu)[\boldsymbol{T}(\lambda)\otimes\boldsymbol{T}(\mu)]\boldsymbol{R}^{-1}(\lambda,\mu)=\boldsymbol{T}(\mu)\otimes\boldsymbol{T}(\lambda) \tag{6-81}$$
两边取迹得到 $\tau(\lambda)\tau(\mu)=\tau(\mu)\tau(\lambda)$，即
$$[\tau(\lambda),\tau(\mu)]=0 \tag{6-82}$$

哈密顿算符往往可写为
$$H=\sum_k\sum_\alpha c_{k\alpha}\frac{\mathrm{d}^k}{\mathrm{d}\lambda^k}\ln\tau(\lambda)\bigg|_{\lambda=\nu_\alpha} \tag{6-83}$$
其中，$c_{k\alpha}$ 是系数，适当选取 ν_α 使得 H 是局部的，这些格式称为迹等式。从式(6-82)得到$[\ln\tau(\lambda),\tau(\mu)]=0$，再关于 λ 微分，并使用式(6-83)得到$[H,\tau(\mu)]=0$。对$\tau(\mu)$关于 μ 展开，从而得到无穷多个守恒量。

在量子化下的拉克斯形式为
$$\mathrm{i}\left[\frac{\mathrm{d}}{\mathrm{d}\mu}\ln\tau(\mu),\boldsymbol{L}(n|\lambda)\right]=\boldsymbol{U}(n+1|\lambda,\mu)\boldsymbol{L}(n|\lambda)-\boldsymbol{L}(n|\lambda)\boldsymbol{U}(n|\lambda,\mu) \tag{6-84}$$
这里时间演化算符的生成泛函为
$$\boldsymbol{U}(n|\lambda,\mu)=\mathrm{i}\frac{\mathrm{d}}{\mathrm{d}\mu}\ln\tau(\mu)\boldsymbol{I}-\mathrm{i}\boldsymbol{q}^{-1}(n|\lambda,\mu)\frac{\mathrm{d}}{\mathrm{d}\mu}\boldsymbol{q}(n|\lambda,\mu) \tag{6-85}$$
其中，
$$q_2(n|\lambda,\mu)=\mathrm{tr}_1[\boldsymbol{T}_1(M,n|\mu)\widetilde{\boldsymbol{R}}_{12}(\mu,\lambda)\boldsymbol{T}_1(n-1,1|\mu)] \tag{6-86}$$
下标 1 和 2 表示不同的空间。

证明：从式(6-73)、式(6-75)和式(6-80)可知，$\boldsymbol{q}(n|\lambda,\mu)$和 $\boldsymbol{L}(n|\lambda)$之间的对易关系为
$$\boldsymbol{q}(n+1|\lambda,\mu)\boldsymbol{L}(n|\lambda)=\boldsymbol{L}(n|\lambda)\boldsymbol{q}(n|\lambda,\mu) \tag{6-87}$$
两边对 μ 微分，可得
$$\begin{aligned}&\boldsymbol{q}^{-1}(n+1|\lambda,\mu)\frac{\mathrm{d}}{\mathrm{d}\mu}\boldsymbol{q}(n+1|\lambda,\mu)\boldsymbol{L}(n|\lambda)\\&=\boldsymbol{q}^{-1}(n+1|\lambda,\mu)\boldsymbol{L}(n|\lambda)\frac{\mathrm{d}}{\mathrm{d}\mu}\boldsymbol{q}(n|\lambda,\mu)\\&=\boldsymbol{L}(n|\lambda)\boldsymbol{q}^{-1}(n|\lambda,\mu)\frac{\mathrm{d}}{\mathrm{d}\mu}\boldsymbol{q}(n|\lambda,\mu)\end{aligned} \tag{6-88}$$

第二等式用到了式(6-87)。根据式(6-85),式(6-88)可表示为

$$\left[\frac{\mathrm{d}}{\mathrm{d}\mu}\ln\tau(\mu)\boldsymbol{I}+\mathrm{i}\boldsymbol{U}(n+1|\lambda,\mu)\right]\boldsymbol{L}(n|\lambda)=\boldsymbol{L}(n|\lambda)\left[\frac{\mathrm{d}}{\mathrm{d}\mu}\ln\tau(\mu)\boldsymbol{I}+\mathrm{i}\boldsymbol{U}(n|\lambda,\mu)\right] \tag{6-89}$$

重新整理后得到式(6-84)。

与式(6-83)中 $\boldsymbol{H}$ 的定义类似,定义

$$\boldsymbol{U}(n|\lambda)=\sum_k\sum_\alpha c_{k\alpha}\frac{\mathrm{d}^{k-1}}{\mathrm{d}\mu^{k-1}}\ln\boldsymbol{U}(n,\lambda,\mu)\bigg|_{\mu=\nu_\alpha} \tag{6-90}$$

从式(6-83)、式(6-84)和式(6-90)可以得到

$$\partial_t\boldsymbol{L}(n|\lambda)=\mathrm{i}[H,\boldsymbol{L}(n|\lambda)]=\boldsymbol{U}(n+1|\lambda)\boldsymbol{L}(n|\lambda)-\boldsymbol{L}(n|\lambda)\boldsymbol{U}(n|\lambda) \tag{6-91}$$

式(6-75)表明

$$\boldsymbol{T}(\lambda)\otimes\boldsymbol{T}(\mu)=\boldsymbol{R}^{-1}(\lambda,\mu)[\boldsymbol{T}(\mu)\otimes\boldsymbol{T}(\lambda)]\boldsymbol{R}(\lambda,\mu) \tag{6-92}$$

从而

$$\begin{aligned}&\boldsymbol{T}(\lambda)\otimes\boldsymbol{T}(\mu)\otimes\boldsymbol{T}(\nu)\\&=\{\boldsymbol{R}^{-1}(\lambda,\mu)[\boldsymbol{T}(\mu)\otimes\boldsymbol{T}(\lambda)]\boldsymbol{R}(\lambda,\mu)\}\otimes\boldsymbol{T}(\nu)\\&=[\boldsymbol{R}^{-1}(\lambda,\mu)\otimes\boldsymbol{I}][\boldsymbol{T}(\mu)\otimes\boldsymbol{T}(\lambda)\otimes\boldsymbol{T}(\nu)][\boldsymbol{R}(\lambda,\mu)\otimes\boldsymbol{I}]\end{aligned} \tag{6-93}$$

这是 $\boldsymbol{T}(\lambda)$ 和 $\boldsymbol{T}(\mu)$ 交换后的结论。同理,把 $\boldsymbol{T}(\mu)$ 和 $\boldsymbol{T}(\nu)$ 交换得到

$$\begin{aligned}&\boldsymbol{T}(\lambda)\otimes\boldsymbol{T}(\mu)\otimes\boldsymbol{T}(\nu)\\&=\boldsymbol{T}(\lambda)\otimes\{\boldsymbol{R}^{-1}(\mu,\nu)[\boldsymbol{T}(\nu)\otimes\boldsymbol{T}(\mu)]\boldsymbol{R}(\mu,\nu)\}\\&=[\boldsymbol{I}\otimes\boldsymbol{R}^{-1}(\mu,\nu)][\boldsymbol{T}(\lambda)\otimes\boldsymbol{T}(\nu)\otimes\boldsymbol{T}(\mu)][\boldsymbol{I}\otimes\boldsymbol{R}(\mu,\nu)]\end{aligned} \tag{6-94}$$

由于交换次序不同,$\boldsymbol{T}(\lambda)\otimes\boldsymbol{T}(\mu)\otimes\boldsymbol{T}(\nu)$ 有两种表示,即

$$\begin{aligned}\boldsymbol{T}(\lambda)\otimes\boldsymbol{T}(\mu)\otimes\boldsymbol{T}(\nu)=&[\boldsymbol{R}^{-1}(\lambda,\mu)\otimes\boldsymbol{I}][\boldsymbol{I}\otimes\boldsymbol{R}^{-1}(\lambda,\nu)][\boldsymbol{R}^{-1}(\mu,\nu)\otimes\boldsymbol{I}]\\&[\boldsymbol{T}(\nu)\otimes\boldsymbol{T}(\mu)\otimes\boldsymbol{T}(\lambda)]\\&[\boldsymbol{R}(\mu,\nu)\otimes\boldsymbol{I}][\boldsymbol{I}\otimes\boldsymbol{R}(\lambda,\nu)][\boldsymbol{R}(\lambda,\mu)\otimes\boldsymbol{I}]\\=&[\boldsymbol{I}\otimes\boldsymbol{R}^{-1}(\mu,\nu)][\boldsymbol{R}^{-1}(\lambda,\nu)\otimes\boldsymbol{I}][\boldsymbol{I}\otimes\boldsymbol{R}^{-1}(\lambda,\mu)]\\&[\boldsymbol{T}(\nu)\otimes\boldsymbol{T}(\mu)\otimes\boldsymbol{T}(\lambda)]\\&[\boldsymbol{I}\otimes\boldsymbol{R}(\lambda,\mu)][\boldsymbol{R}(\lambda,\nu)\otimes\boldsymbol{I}][\boldsymbol{I}\otimes\boldsymbol{R}(\mu,\nu)]\end{aligned} \tag{6-95}$$

这两种表示相容的充分必要条件为著名的杨-巴克斯特方程:

$$\begin{aligned}&[\boldsymbol{I}\otimes\boldsymbol{R}(\lambda,\mu)][\boldsymbol{R}(\lambda,\nu)\otimes\boldsymbol{I}][\boldsymbol{I}\otimes\boldsymbol{R}(\mu,\nu)]\\&=[\boldsymbol{R}(\mu,\nu)\otimes\boldsymbol{I}][\boldsymbol{I}\otimes\boldsymbol{R}(\lambda,\nu)][\boldsymbol{R}(\lambda,\mu)\otimes\boldsymbol{I}]\end{aligned} \tag{6-96}$$

$\boldsymbol{R}$ 矩阵类似于李代数中的结构常数,杨-巴克斯特方程类似于李代数中的雅可比恒等式。显然,任意复函数乘以 $\boldsymbol{R}$ 矩阵还是杨-巴克斯特方程(6-96)的解,故取适当的复函数使得 $\boldsymbol{R}$ 矩阵满足

$$\boldsymbol{R}(\lambda,\mu)=\boldsymbol{R}^{-1}(\lambda,\mu),\quad \boldsymbol{R}(\lambda,\lambda)=\boldsymbol{E}$$

这里 $\boldsymbol{E}$ 为 4×4 单位矩阵。有时,$\boldsymbol{R}(\lambda,\mu)$ 仅仅依赖于两个谱参数 λ 和 μ 的差 $\boldsymbol{R}$

$(\lambda-\mu)$，从而式(6－73)可写为

$$\boldsymbol{R}(\lambda-\mu)[\boldsymbol{L}(k|\lambda-\nu)\otimes\boldsymbol{L}(k|\mu-\nu)]=[\boldsymbol{L}(k|\mu-\nu)\otimes\boldsymbol{L}(k|\lambda-\nu)]\boldsymbol{R}(\lambda-\mu) \tag{6-97}$$

对于格点量子薛定谔方程，$\boldsymbol{L}$ 矩阵为

$$\boldsymbol{L}(n|\lambda)=\begin{pmatrix}1-\mathrm{i}\dfrac{\lambda\Delta}{2} & -\mathrm{i}\sqrt{c}\,\psi_n^{\dagger}\Delta \\ \mathrm{i}\sqrt{c}\,\psi_n\Delta & 1+\mathrm{i}\dfrac{\lambda\Delta}{2}\end{pmatrix}+O(\Delta^2) \tag{6-98}$$

算符 ψ 和 $\psi^{\dagger}$ 满足

$$[\psi(x,t),\psi^{\dagger}(y,t)]=\frac{\delta_{nm}}{\Delta} \tag{6-99}$$

为了使得式(6－73)成立，取

$$\boldsymbol{R}(\lambda,\mu)=\boldsymbol{\Pi}-\mathrm{i}\frac{c}{\lambda-\mu}\boldsymbol{E} \tag{6-100}$$

或

$$\boldsymbol{R}(\lambda,\mu)=\begin{pmatrix}f(\mu,\lambda) & 0 & 0 & 0 \\ 0 & g(\mu,\lambda) & 1 & 0 \\ 0 & 1 & g(\mu,\lambda) & 0 \\ 0 & 0 & 0 & f(\mu,\lambda)\end{pmatrix} \tag{6-101}$$

其中，

$$f(\mu,\lambda)=1+\frac{\mathrm{i}c}{\mu-\lambda},\quad g(\mu,\lambda)=\frac{\mathrm{i}c}{\mu-\lambda} \tag{6-102}$$

注意，对于格点古典薛定谔方程，式(6－51)给出了古典 $\boldsymbol{r}$ 矩阵 $\boldsymbol{r}(\lambda,\mu)=\dfrac{c}{\lambda-\mu}\boldsymbol{\Pi}$。

6.6 代数贝特方法

在量子逆散射变换中，引入 2×2 的单值延拓矩阵：

$$\boldsymbol{T}(\lambda)=\begin{pmatrix}A(\lambda) & B(\lambda) \\ C(\lambda) & D(\lambda)\end{pmatrix} \tag{6-103}$$

它满足下式：

$$\boldsymbol{R}(\lambda,\mu)[\boldsymbol{T}(\lambda)\otimes\boldsymbol{T}(\mu)]=[\boldsymbol{T}(\mu)\otimes\boldsymbol{T}(\lambda)]\boldsymbol{R}(\lambda,\mu) \tag{6-104}$$

其中，$\boldsymbol{R}$ 由式(6－101)和式(6－102)给出。

设存在 $|0\rangle$ 使得它是 $A(\lambda)$、$C(\lambda)$ 和 $D(\lambda)$ 的公共特征态：

$$A(\lambda)|0\rangle=a(\lambda)|0\rangle,\quad C(\lambda)|0\rangle=0,\quad D(\lambda)|0\rangle=d(\lambda)|0\rangle \tag{6-105}$$

其中，$a(\lambda)$ 和 $d(\lambda)$ 为复值函数，称为真空特征值。$\boldsymbol{T}(\lambda)$ 由式(6－69)给出：

$$\boldsymbol{T}(\lambda)=\boldsymbol{L}(M|\lambda)\cdots\boldsymbol{L}(1|\lambda) \tag{6-106}$$

设 $a_j(\lambda)$ 和 $d_j(\lambda)$ 是 $\boldsymbol{L}(j|\lambda)$ 的真空特征函数，则

$$L_{11}(j|\lambda)|0\rangle_j=a_j(\lambda)|0\rangle_j,\quad L_{21}(j|\lambda)|0\rangle_j=0,\quad L_{22}(\lambda)|0\rangle_j=d(\lambda_j)|0\rangle_j \tag{6-107}$$

可验证 $|0\rangle=|0\rangle_M\otimes\cdots|0\rangle_1$ 满足式(6-105)，其中，

$$a(\lambda)=\prod_{j=1}^{M}a_j(\lambda),\quad d(\lambda)=\prod_{j=1}^{M}d_j(\lambda) \tag{6-108}$$

这是由于不同格点上的 $\boldsymbol{L}$ 矩阵元素是可交换的，参见式(6-74)。比如，$M=2$，

$$\begin{aligned}T_{11}(\lambda)(|0\rangle_2\otimes|0\rangle_1)=&[L_{11}(2|\lambda)L_{11}(1|\lambda)+L_{12}(2|\lambda)L_{21}(1|\lambda)]\\&(|0\rangle_2\otimes|0\rangle_1)=a_2(\lambda)a_1(\lambda)(|0\rangle_2\otimes|0\rangle_1)\\T_{22}(\lambda)(|0\rangle_2\otimes|0\rangle_1)=&[L_{21}(2|\lambda)L_{12}(1|\lambda)+L_{22}(2|\lambda)L_{22}(1|\lambda)]\\&(|0\rangle_2\otimes|0\rangle_1)=d_2(\lambda)d_1(\lambda)(|0\rangle_2\otimes|0\rangle_1)\\T_{21}(\lambda)(|0\rangle_2\otimes|0\rangle_1)=&[L_{21}(2|\lambda)L_{11}(1|\lambda)+L_{22}(2|\lambda)L_{21}(1|\lambda)]\\&(|0\rangle_2\otimes|0\rangle_1)=0\end{aligned}$$

我们需要找 $\tau(\lambda)=\mathrm{tr}\boldsymbol{T}(\lambda)=A(\lambda)+D(\lambda)$ 的特征态：

$$|\Psi_N(\{\lambda_j\})\rangle=\prod_{j=1}^{N}B(\lambda_j)|0\rangle \tag{6-109}$$

记 $f=f(\mu,\lambda)$，$g=g(\mu,\lambda)=-g(\lambda,\mu)$，式(6-104)表示为

$$\begin{pmatrix}f&0&0&0\\0&g&1&0\\0&1&g&0\\0&0&0&f\end{pmatrix}\begin{pmatrix}A(\lambda)A(\mu)&A(\lambda)B(\mu)&B(\lambda)A(\mu)&B(\lambda)B(\mu)\\A(\lambda)C(\mu)&A(\lambda)D(\mu)&B(\lambda)C(\mu)&B(\lambda)D(\mu)\\C(\lambda)A(\mu)&C(\lambda)B(\mu)&D(\lambda)A(\mu)&D(\lambda)B(\mu)\\C(\lambda)C(\mu)&C(\lambda)D(\mu)&D(\lambda)C(\mu)&D(\lambda)D(\mu)\end{pmatrix}$$

$$=\begin{pmatrix}A(\mu)A(\lambda)&A(\mu)B(\lambda)&B(\mu)A(\lambda)&B(\mu)B(\lambda)\\A(\mu)C(\lambda)&A(\mu)D(\lambda)&B(\mu)C(\lambda)&B(\mu)D(\lambda)\\C(\mu)A(\lambda)&C(\mu)B(\lambda)&D(\mu)A(\lambda)&D(\mu)B(\lambda)\\C(\mu)C(\lambda)&C(\mu)D(\lambda)&D(\mu)C(\lambda)&D(\mu)D(\lambda)\end{pmatrix}\begin{pmatrix}f&0&0&0\\0&g&1&0\\0&1&g&0\\0&0&0&f\end{pmatrix} \tag{6-110}$$

即

$$\begin{pmatrix}fA(\lambda)A(\mu)&fA(\lambda)B(\mu)&fB(\lambda)A(\mu)\\gA(\lambda)C(\mu)+C(\lambda)A(\mu)&gA(\lambda)D(\mu)+C(\lambda)B(\mu)&gB(\lambda)C(\mu)+D(\lambda)A(\mu)\\gC(\lambda)A(\mu)+A(\lambda)C(\mu)&gC(\lambda)B(\mu)+A(\lambda)D(\mu)&gD(\lambda)A(\mu)+B(\lambda)C(\mu)\\fC(\lambda)C(\mu)&fC(\lambda)D(\mu)&fD(\lambda)C(\mu)\end{pmatrix.$$

$$\begin{matrix}fB(\lambda)B(\mu)\\gB(\lambda)D(\mu)+D(\lambda)B(\mu)\\gD(\lambda)B(\mu)+B(\lambda)D(\mu)\\fD(\lambda)D(\mu)\end{matrix}\Bigg)$$

$$=\begin{pmatrix} fA(\mu)A(\lambda) & gA(\mu)B(\lambda)+B(\mu)A(\lambda) & gB(\mu)A(\lambda)+A(\mu)B(\lambda) & fB(\mu)B(\lambda) \\ fA(\mu)C(\lambda) & gA(\mu)D(\lambda)+B(\mu)C(\lambda) & gB(\mu)C(\lambda)+A(\mu)D(\lambda) & fB(\mu)D(\lambda) \\ fC(\mu)A(\lambda) & gC(\mu)B(\lambda)+D(\mu)A(\lambda) & gD(\mu)A(\lambda)+C(\mu)B(\lambda) & fD(\mu)B(\lambda) \\ fC(\mu)C(\lambda) & gC(\mu)D(\lambda)+D(\mu)C(\lambda) & gD(\mu)C(\lambda)+C(\mu)D(\lambda) & fD(\mu)D(\lambda) \end{pmatrix} \tag{6-111}$$

它的分量为

$[A(\lambda),A(\mu)]=[B(\lambda),B(\mu)]=[C(\lambda),C(\mu)]=[D(\lambda),D(\mu)]=0$ 位置 11,14,41,44

$$\begin{aligned}
&B(\mu)A(\lambda)=fA(\lambda)B(\mu)-gA(\mu)B(\lambda) && \text{位置 } 12\\
&A(\mu)B(\lambda)=fB(\lambda)A(\mu)-gB(\mu)A(\lambda) && \text{位置 } 13\\
&C(\lambda)A(\mu)=fA(\mu)C(\lambda)-gA(\lambda)C(\mu) && \text{位置 } 21\\
&A(\lambda)C(\mu)=fC(\mu)A(\lambda)-gC(\lambda)A(\mu) && \text{位置 } 31\\
&D(\lambda)B(\mu)=fB(\mu)D(\lambda)-gB(\lambda)D(\mu) && \text{位置 } 24\\
&B(\lambda)D(\mu)=fD(\mu)B(\lambda)-gD(\lambda)B(\mu) && \text{位置 } 34\\
&D(\mu)C(\lambda)=fC(\lambda)D(\mu)-gC(\mu)D(\lambda) && \text{位置 } 42\\
&C(\mu)D(\lambda)=fD(\lambda)C(\mu)-gD(\mu)C(\lambda) && \text{位置 } 43\\
&[C(\lambda),B(\mu)]=g[A(\mu)D(\lambda)-A(\lambda)D(\mu)] && \text{位置 } 22\\
&[D(\lambda),A(\mu)]=g[B(\mu)C(\lambda)-B(\lambda)C(\mu)] && \text{位置 } 23\\
&[A(\lambda),D(\mu)]=g[C(\mu)B(\lambda)-C(\lambda)B(\mu)] && \text{位置 } 32\\
&[B(\lambda),C(\mu)]=g[D(\mu)A(\lambda)-D(\lambda)A(\mu)] && \text{位置 } 33
\end{aligned} \tag{6-112}$$

利用式(6-112)的第三行和第六行的等式可以证明

$$A(\mu)\prod_{j=1}^{N}B(\lambda_j)|0\rangle=\Lambda\prod_{j=1}^{N}B(\lambda_j)|0\rangle+\sum_{n=1}^{N}\Lambda_n B(\mu)\prod_{\substack{j=1\\ j\neq n}}^{N}B(\lambda_j)|0\rangle \tag{6-113}$$

$$D(\mu)\prod_{j=1}^{N}B(\lambda_j)|0\rangle=\widetilde{\Lambda}\prod_{j=1}^{N}B(\lambda_j)|0\rangle+\sum_{n=1}^{N}\widetilde{\Lambda}_n B(\mu)\prod_{\substack{j=1\\ j\neq n}}^{N}B(\lambda_j)|0\rangle \tag{6-114}$$

其中，

$$\Lambda=a(\mu)\prod_{j=1}^{N}f(\mu,\lambda_j),\quad \Lambda_n=a(\lambda_n)g(\lambda_n,\mu)\prod_{\substack{j=1\\ j\neq n}}^{N}f(\lambda_n,\lambda_j) \tag{6-115}$$

$$\widetilde{\Lambda}=d(\mu)\prod_{j=1}^{N}f(\lambda_j,\mu),\quad \widetilde{\Lambda}_n=d(\lambda_n)g(\mu,\lambda_n)\prod_{\substack{j=1\\ j\neq n}}^{N}f(\lambda_j,\lambda_n) \tag{6-116}$$

为了使得 $\prod_{j=1}^{N}B(\lambda_j)|0\rangle$ 为 $\tau(\mu)=A(\mu)+B(\mu)$ 的特征态，当且仅当 $\lambda_n+\widetilde{\lambda}_n=0$

时成立,这就是贝特方程

$$r(\lambda_n)\prod_{\substack{j=1\\j\neq n}}^{N}\frac{f(\lambda_n,\lambda_j)}{f(\lambda_j,\lambda_n)}=1,\quad n=1,\cdots,N \tag{6-117}$$

其中,

$$r(\lambda)\equiv\frac{a(\lambda)}{d(\lambda)} \tag{6-118}$$

令

$$\varphi_k=2\pi n_k,\quad k=1,\cdots,N \tag{6-119}$$

其中,n_k 是整数,$k=1,\cdots,N$。贝特方程(6-117)等价于

$$\varphi_k=\mathrm{i}\ln r(\lambda_k)+\mathrm{i}\sum_{\substack{j=1\\j\neq n}}^{N}\ln\left[\frac{f(\lambda_k,\lambda_j)}{f(\lambda_j,\lambda_k)}\right] \tag{6-120}$$

$\tau(\mu)$满足特征方程

$$\tau(\mu)\,|\,\Psi_N(\{\lambda_j\})\rangle=\theta(\mu,\{\lambda_j\})\,|\,\Psi_N(\{\lambda_j\})\rangle \tag{6-121}$$

其中特征值为

$$\theta(\mu,\{\lambda_j\})=a(\mu)\prod_{j=1}^{N}f(\mu,\lambda_j)+d(\mu)\prod_{j=1}^{N}f(\lambda_j,\mu) \tag{6-122}$$

我们计算了 $A(\mu)$、$B(\mu)$和 $D(\mu)$对 $\prod_{j=1}^{N}B(\lambda_j)\,|\,0\rangle$的作用,$C(\mu)$对它的作用可表示为

$$C(\mu)\prod_{j=1}^{N}B(\lambda_j)\,|\,0\rangle=\sum_{n=1}^{N}M_n\prod_{\substack{j=1\\j\neq n}}^{N}B(\lambda_j)\,|\,0\rangle+\sum_{k>n}M_{kn}B(\mu)\prod_{\substack{j=1\\j\neq k,n}}^{N}B(\lambda_j)\,|\,0\rangle \tag{6-123}$$

其中,

$$\begin{aligned}M_n=&g(\mu,\lambda_n)a(\mu)d(\lambda_n)\prod_{j\neq n}f(\lambda_j,\lambda_n)f(\mu,\lambda_j)+\\&g(\lambda_n,\mu)a(\lambda_n)d(\mu)\prod_{j\neq n}f(\lambda_j,\mu)f(\lambda_n,\lambda_j)\end{aligned} \tag{6-124}$$

$$\begin{aligned}M_{kn}=&d(\lambda_k)a(\lambda_n)g(\mu,\lambda_k)g(\lambda_n,\mu)f(\lambda_n,\lambda_k)\prod_{j\neq k,n}f(\lambda_j,\lambda_k)f(\lambda_n,\lambda_j)+\\&d(\lambda_n)a(\lambda_k)g(\mu,\lambda_n)g(\lambda_k,\mu)f(\lambda_k,\lambda_n)\prod_{j\neq k,n}f(\lambda_j,\lambda_n)f(\lambda_k,\lambda_j)\end{aligned} \tag{6-125}$$

对于量子薛定谔模型:

$$a_j(\lambda)=1-\mathrm{i}\frac{\lambda\Delta}{2},\quad d_j(\lambda)=1+\mathrm{i}\frac{\lambda\Delta}{2} \tag{6-126}$$

使用

$$\lim_{M\to\infty}\left(1+\mathrm{i}\frac{\lambda\Delta}{2}\right)^M=\mathrm{e}^{\frac{\mathrm{i}\lambda L}{2}},\quad L=M\Delta \tag{6-127}$$

得到连续情形下的单值延拓 $\boldsymbol{T}(L,0|\lambda)$ 的真空特征值为

$$a(\lambda)=\mathrm{e}^{-\frac{\mathrm{i}\lambda L}{2}},\quad d(\lambda)=\mathrm{e}^{\frac{\mathrm{i}\lambda L}{2}} \tag{6-128}$$

贝特方程为

$$\mathrm{e}^{\mathrm{i}\lambda_n L}=\prod_{\substack{j=1\\ j\neq n}}^{N}\frac{\lambda_n-\lambda_j+\mathrm{i}c}{\lambda_n-\lambda_j-\mathrm{i}c} \tag{6-129}$$

它与方程(6-21)相同。特征值为

$$\theta(\mu,\{\lambda_j\})=\mathrm{e}^{-\frac{\mathrm{i}\mu L}{2}}\prod_{j=1}^{N}f(\mu,\lambda_j)+\mathrm{e}^{\frac{\mathrm{i}\mu L}{2}}\prod_{j=1}^{N}f(\lambda_j,\mu) \tag{6-130}$$

为了计算 H、P 和 Q 的特征值,用迹等式给出了

$$\begin{aligned}\ln[\mathrm{e}^{\frac{\mathrm{i}\mu L}{2}}\theta(\mu,\{\lambda_j\})]\underset{\mu\to\mathrm{i}\infty}{=\!=}\{&Q_N+\mu^{-1}[P_N-(\mathrm{i}c/2)Q_N]+\mu^{-2}\\&[E_N-(\mathrm{i}c/2)P_N-(c^2/3)Q_N]+O(\mu^{-3})\}\end{aligned} \tag{6-131}$$

其中,

$$Q_N=N,\quad P_N=\sum_{j=1}^{N}\lambda_j,\quad E_N=\sum_{j=1}^{N}\lambda_j^2 \tag{6-132}$$

这个结论和式(6-19)相符。

本章相关公式推导[公式(6-12)与(6-49)]、与张量积相关的记号,以及迹等式等内容可参见本书附录 A。

第7章 张量网络

本章介绍张量网络(tensor network)在凝聚态物理和格子规范理论中的应用。蒙特卡罗方法在物理的各种领域中有广泛应用。但是很多问题,比如,带化学势的格子量子色动力学(lattice quantum chromodynamics)模型、格子超对称模型、实时路径积分等模型,它们的概率密度在高维空间中正负对消导致蒙特卡罗方法失效,这就是符号问题(sign problem),它是用模拟解决各种问题的主要挑战之一。近十年来张量网络和量子模拟是克服该困难的一个主要途径,事实上,张量网络和量子模拟是密不可分的。由于没有使用概率密度,张量网络避免了符号问题。目前,张量网络被广泛地应用于空间维数是一维或二维的凝聚态和高能物理领域的模型求解。这方面的综述性文章可参考文献[24]。

经典力学可用哈密顿力学或者拉格朗日力学描述。类似地,量子系统作为经典模型的量子化,它也可用哈密顿方法或者拉格朗日方法描述。事实上,这两种途径是经典模型量子化的主要途径。表 7-1 给出了这两种方法解决量子多体体系问题的框架。用哈密顿方法描述量子多体体系时,需要引入维数非常高的希尔伯特空间,研究哈密顿算符在希尔伯特空间中的基态或激发态,波函数是这些基态或激发态在某组基下的表示。有相互作用的哈密顿算符的对角化异常困难导致只能用数值方法求解,变分法是标准的求解方法。哈密顿方法已应用于实时、非平衡的量子多体体系。基于矩阵乘积态(matrix product state,MPS)的张量网络的工具,密度矩阵重整化群(density matrix renormalization group,DMRG)是基于变分方法的一个标准算法。该算法也推广到其他张量网络,如投影缠绕对态(projected entangled pair states,PEPS),树张量网络(tree tensor networks,

表 7-1 哈密顿方法和拉格朗日方法在量子多体体系的比较

哈密顿/希尔伯特空间	拉格朗日/路径积分
量子多体体系	古典多体系统/量子系统的路径积分表示
基态或激发态的波函数	配分函数/关联函数
变分方法	粗粒化
实时,非平衡,量子模拟	在平衡态的蒙特卡罗方法受到符号问题的困扰
DMRG,MPS,PEPS,TTN,MERA,...	TRG,SRG,HOTRG,TNR,LOOP-TNR,...

TTN)和多尺度缠绕重整化(multiscale entanglement renormalization,MERA)。MPS是描述一维空间体系的张量网络,PEPS是描述二维空间体系的张量网络,为了减少PEPS的执行复杂度,人们提出了TTN网络结构,以及改进的MERA张量网络。

经典多体体系的量子化也可用拉格朗日方法实现,它的主要工具是(费曼)路径积分。虽然路径积分在数学上不是非常严格的工具,但它在大分子聚合物平衡态、经济模型、博弈模型、随机控制、神经网络、凝聚态物理和高能物理等领域有广泛应用[25]。路径积分方法直接给出了经典多体体系的配分函数或者关联函数。张量网络也可以从拉格朗日角度描述,即配分函数或关联函数用张量网络表示。配分函数的计算是基于粗粒化方法,这不同于蒙特卡罗取样方法,从而避免了符号问题。在该领域方向也发展了相关算法,比如,张量重整化群(tensor renormalization group, TRG)、2阶重整化群(second order renormalization group,SRG)、高阶张量重整化群(higher order tensor renormalization group, HOTRG)、张量网络重整化(tensor network renormalization,TNR)等。

本章讨论张量网络在凝聚态中的应用。7.1节给出了系统的缠绕熵,7.2节介绍了矩阵乘积态是一个最简单的张量网络。基于矩阵乘积态,我们介绍两种算法:时间演化块提取算法(7.3节)和密度矩阵重整化群算法(7.4节)。7.5节和7.6节分别给出这些算法在求解一维横向场伊辛模型和施温格模型中的应用。7.7节介绍连续矩阵乘积态以及它在求解Lieb-Liniger模型基态能中的应用。

7.1 缠绕熵

张量网络来自量子信息领域,它与缠绕熵密切相关。设有一个一维的多体体系。在体系中有 N 个粒点,每个粒子占据一个格点。每个格点有 d 个状态,它们构成局部的希尔伯特空间。N 个格点的整个体系的希尔伯特空间$\mathcal{H}$就是 N 个局部的希尔伯特空间的张量积。$\mathcal{H}$中任意一个态都可以表示为

$$|\psi\rangle = \sum_{j_1 j_2 \cdots j_N} \psi_{j_1 j_2 \cdots j_N} |j_1 j_2 \cdots j_N\rangle \tag{7-1}$$

$|j_1 j_2 \cdots j_N\rangle$是$\mathcal{H}$的基,态$|\psi\rangle \in \mathcal{H}$在该基下的系数为 $\psi_{j_1 j_2 \cdots j_N} \in \mathbb{C}$。$|j_i\rangle$是第 i 个格点的态,$j_i = 1, \cdots, d$,其中 d 是局部希尔伯特空间的维数。为了简单起见,不妨假设每个格点对应的局部希尔伯特空间的维数都是相同的。

把整个体系分为两个子体系 L 和 R,如图7-1所示。左(右)子体系对应的希尔伯特空间记为$\mathcal{H}_L$($\mathcal{H}_R$)。记$\{|\alpha\rangle_L\}$($\{|\alpha\rangle_R\}$)是$\mathcal{H}_L$($\mathcal{H}_R$)的标准正交基。$\mathcal{H}$中任意一个态$|\psi\rangle$经过施密特分解后变为

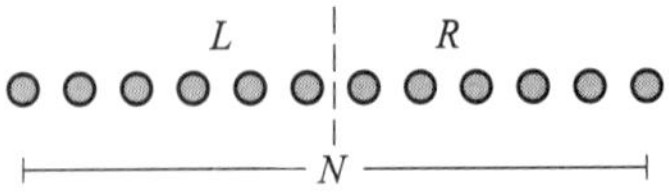

图7-1 把一维体系分为两个子体系

$$|\psi\rangle=\sum_{\alpha=1}^{r}\Lambda_\alpha|\alpha\rangle_L\otimes|\alpha\rangle_R \tag{7-2}$$

施密特系数 $\Lambda_\alpha(>0)$满足$\langle\psi|\psi\rangle=\sum_{\alpha=1}^{r}\Lambda_\alpha^2=1$。

定义右子系统的密度算符

$$\begin{aligned}\rho^R\equiv\mathrm{Tr}_L(|\psi\rangle\langle\psi|)&=\sum_{\alpha,\beta=1}^{r}\Lambda_\alpha\Lambda_\beta\mathrm{Tr}_L(|\alpha\rangle_L\otimes|\alpha\rangle_R\langle\beta|_L\otimes\langle\beta|_R)\\&=\sum_{\alpha=1}^{r}\Lambda_\alpha^2|\alpha\rangle_R\langle\alpha|_R\end{aligned}\tag{7-3}$$

Tr_L 表示对左系统$\mathcal{H}_L$ 的正交基$\{|\alpha\rangle_L\}$累加。

von-Neumann 缠绕熵(entanglement entropy)定义为

$$S=-\mathrm{tr}[\rho^R\log(\rho^R)]=-\sum_{\alpha=1}^{r}\Lambda_\alpha^2\log\Lambda_\alpha^2\leqslant\lg r \tag{7-4}$$

当 $\Lambda_\alpha^2=1/r$ 时,缠绕熵 S 达到最大。当缠绕熵较大时,称这个态是高缠绕的。当缠绕熵较低时,可以把较小的施密特系数忽略,对式(7-3)的态做如此截断而不影响这个态的近似。幸运的是,很多有物理意义的态具有较小的缠绕熵,比如,具有局部哈密顿算符的并在与相变点较远的体系的基态。特别有意义的是缠绕熵满足面积律的态:两个子体系之间的缠绕熵和子体系之间的界面面积成比例。对于空间一维的体系,界面的面积理解为1,即缠绕熵被一个常数控制,而不是依赖格点个数 N。对于空间二维的体系,界面的面积理解为与 N 成比例,即缠绕熵为 $O(N)$,而不是与格点总数 N^2 成比例。

在式(7-1)中的任意态都需要 d^N 个复系数,当 N 较大时,导致指数灾难,而缠绕熵较小的态用截断而不影响态的逼近使得张量网络表示的态的相关计算成为可能。

7.2 矩阵乘积态

把式(7-1)中的$|\psi\rangle\in\mathcal{H}$表示为

$$|\psi\rangle=\sum_{j_1j_2\cdots j_N}\boldsymbol{M}^{[1]j_1}\boldsymbol{M}^{[2]j_2}\cdots\boldsymbol{M}^{[N]j_N}|j_1j_2\cdots j_N\rangle \tag{7-5}$$

格点 n 处的3阶张量 $\boldsymbol{M}^{[n]}=(M^{[n]j_n}_{\alpha_n\alpha_{n+1}})$。指标 $j_n=1,\cdots,d$ 称为物理指标,$\boldsymbol{M}^{[n]j_n}$ 是$\chi_n\times\chi_{n+1}$的矩阵(2阶张量)。矩阵 $\boldsymbol{M}^{[n]j_n}$ 的行指标α_n 和列指标α_{n+1}称为虚指标,$1\leqslant\alpha_n\leqslant\chi_n$,$1\leqslant\alpha_{n+1}\leqslant\chi_{n+1}$。由于态$|\psi\rangle$在基$|j_1j_2\cdots j_N\rangle$下只依赖物理指标 j_n,$n=1,\cdots,N$,而不依赖于虚指标,故 $\boldsymbol{M}^{[1]}$ 的行指标和 $\boldsymbol{M}^{[N]}$ 和列指标只能取为1,即$\chi_1=\chi_{N+1}=1$。式(7-5)称为矩阵乘积态(MPS),在任意基下,它表示为 N 个矩阵的乘积,如图7-2所示的最简单的一维张量网络。3阶张量 $\boldsymbol{M}^{[1]j_1}$ 的列指标和 $\boldsymbol{M}^{[2]}$ 的行指标 α_2 相同,α_2 表示从1到 χ_2 累加,称该虚指标收缩。对所

有虚指标收缩实现了 N 个矩阵的相乘，从而构成了张量网络，也称为矩阵乘积态。

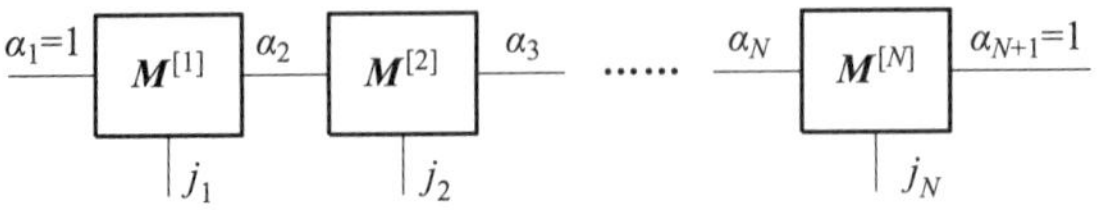

图 7-2　矩阵乘积态

不断地用奇异值分解可得到矩阵乘积态形式(7-5)。对于 N 阶张量 $\boldsymbol{\psi}=(\psi_{j_1,\cdots,j_N},1\leqslant j_1,\cdots,j_N\leqslant d)$，对指标进行组合构成矩阵：

$$\psi_{j_1,\cdots,j_N}\to\psi_{j_1,(j_2\cdots j_N)} \tag{7-6}$$

其中，括号表示指标的合并，$(j_2\cdots j_N)=(j_2-1)d^{N-2}+(j_3-1)d^{N-3}+\cdots+(j_N-1)d^0+1\leqslant d^{N-1}$。对 $d\times d^{N-1}$ 阶矩阵 $(\psi_{j_1,(j_2\cdots j_N)})$ 做奇异值分解：

$$\psi_{j_1,(j_2\cdots j_N)}=\sum_{\alpha_2=1}^{\chi_2}U_{j_1,\alpha_2}S_{\alpha_2}V^{\dagger}_{\alpha_2,(j_2\cdots j_N)} \tag{7-7}$$

取 $(\boldsymbol{M}^{[1]j_1})_{1,\alpha_2}=U_{j_1,\alpha_2}$，$\boldsymbol{M}^{[1]j_1}$ 是一个 $1\times\chi_2$ 阶矩阵（固定 j_1）。将剩余部分合并为矩阵：

$$S_{\alpha_2}V^{\dagger}_{\alpha_2,(j_2\cdots j_N)}\to\psi_{(\alpha_2 j_2),(j_3\cdots j_N)} \tag{7-8}$$

其中，$(\alpha_2 j_2)=(\alpha_2-1)d+j_2\leqslant(\chi_2-1)d+d=\chi_2 d$，$(j_3\cdots j_N)=(j_3-1)d^{N-3}+\cdots+(j_N-1)d^0+1\leqslant d^{N-2}$。对 $(\chi_2 d)\times d^{N-2}$ 阶矩阵 $(\psi_{(\alpha_2 j_2),(j_3\cdots j_N)})$ 做奇异值分解

$$\psi_{(\alpha_2 j_2),(j_3\cdots j_N)}=\sum_{\alpha_3=1}^{\chi_3}U_{(\alpha_2 j_2),\alpha_3}S_{\alpha_3}V^{\dagger}_{\alpha_3,(j_3\cdots j_N)} \tag{7-9}$$

取 $(\boldsymbol{M}^{[2]j_2})_{\alpha_2,\alpha_3}=U_{(\alpha_2 j_2),\alpha_3}$，它是一个 $\chi_2\times\chi_3$ 阶矩阵（固定 j_2）。将剩余部分合并为矩阵：

$$S_{\alpha_3}V^{\dagger}_{\alpha_3,(j_3\cdots j_N)}\to\psi_{(\alpha_3 j_3),(j_4\cdots j_N)} \tag{7-10}$$

经过上述的 $N-2$ 次奇异值分解得到 $(\chi_{N-1}d)\times d$ 阶矩阵 $(\psi_{(\alpha_{N-1}j_{N-1}),j_N})$，再用一步奇异值分解得到

$$\psi_{(\alpha_{N-1}j_{N-1}),j_N}=\sum_{\alpha_N=1}^{\chi_N}U_{(\alpha_{N-1}j_{N-1}),\alpha_N}S_{\alpha_N}V^{\dagger}_{\alpha_N,j_N} \tag{7-11}$$

取 $(\boldsymbol{M}^{[N-1]j_{N-1}})_{\alpha_{N-1},\alpha_N}=U_{(\alpha_{N-1}j_{N-1}),\alpha_N}$，它是一个 $\chi_{N-1}\times\chi_N$ 阶矩阵。取 $(\boldsymbol{M}^{[N]j_N})_{\alpha_N,1}=S_{\alpha_N}V^{\dagger}_{\alpha_N,j_N}$，它是一个 $\chi_N\times 1$ 阶矩阵。总之，经过 $N-1$ 次奇异值分解得到矩阵乘积态的形式(7-5)。

除了 $\chi_1=\chi_{N+1}=1$ 之外，其他的 χ_n 如何选取？设 $d\times d^{N-1}$ 阶矩阵 $(\psi_{j_1,(j_2\cdots j_N)})$ 是行满秩的，则 $\chi_2=d$。同理，如果 $(\chi_2 d)\times d^{N-2}$ 阶矩阵 $(\psi_{(\alpha_2 j_2),(j_3\cdots j_N)})$ 也是行满秩的，则 $\chi_3=\chi_2 d=d^2$。所以，精确的奇异值分解会导致指数灾难。我们需要对奇异值分解做截断，确保 χ_n 小于某个上界。对于缠绕熵不大的态，这种截断不会导致太大的误差。

在上述的奇异值分解中，矩阵 $\boldsymbol{U}$ 是酉矩阵，从而导致矩阵乘积态中每个张量 $\boldsymbol{M}^{[n]}$ 满足

$$\sum_{j_n} (\boldsymbol{M}^{[n]j_n})^{\dagger}\boldsymbol{M}^{[n]j_n}=\mathbb{I}\Longleftrightarrow\sum_{j_n,k}\overline{M_{ki}^{[n]j_n}}M_{kj}^{[n]j_n}=\delta_{ij} \tag{7-12}$$

其中，$\mathbb{I}$ 为 χ_{N+1} 阶单位矩阵。比如 $n=2$，

$$\sum_{j_2,k}\overline{M_{ki}^{[2]j_2}}M_{kj}^{[2]j_2}=\sum_{j_2,k}\overline{U_{kj_2,i}}U_{(kj_2),j}=(\boldsymbol{U}^{\dagger}\boldsymbol{U})_{i,j}=\delta_{ij} \tag{7-13}$$

若矩阵乘积态(7-5)中 $\boldsymbol{M}$ 不满足(7-12)，称它为(一般)矩阵乘积态。矩阵乘积态的左规范形式(改用字母 $\boldsymbol{A}$)为

$$\begin{aligned}|\psi\rangle&=\sum_{j_1j_2\cdots j_N}\boldsymbol{A}^{[1]j_1}\boldsymbol{A}^{[2]j_2}\cdots\boldsymbol{A}^{[N]j_N}|j_1j_2\cdots j_N\rangle\\&=\sum_{j_1j_2\cdots j_N}\boldsymbol{A}^{[1]j_1}\boldsymbol{A}^{[2]j_2}\cdots\boldsymbol{A}^{[N]j_N}\boldsymbol{\Lambda}^{[n+1]}|j_1j_2\cdots j_N\rangle\end{aligned} \tag{7-14}$$

其中，每个 $\boldsymbol{A}^{[n]j_n}$ 满足

$$\sum_{j_n}(\boldsymbol{A}^{[n]j_n})^{\dagger}\boldsymbol{A}^{[n]j_n}=\mathbb{I}\Longleftrightarrow\sum_{j_n,k}\overline{A_{ki}^{[n]j_n}}A_{kj}^{[n]j_n}=\delta_{ij} \tag{7-15}$$

比如，$\boldsymbol{A}^{[1]}$ 满足左规范条件可用图 7-3 的左图表示。为了与下面引入的记号统一，在左规范形式中引入了 α_{N+1} 阶单位矩阵 $\boldsymbol{\Lambda}^{[n+1]}$。由于 $\alpha_{N+1}=1$，故 $\boldsymbol{\Lambda}^{[n+1]}=1$。

图 7-3 $\boldsymbol{A}^{[1]}$ 的左规范条件(左)与 $\boldsymbol{B}^{[N]}$ 的右规范条件(右)示意图

一般的矩阵乘积态(7-5)如何变为左规范形式(7-14)呢？事实上，可用上述的从左到右的奇异值分解来实现。比如，$\boldsymbol{M}^{[1]}$ 的奇异值分解为

$$M_{\alpha_1,\alpha_2}^{[1]j_1}=\sum_{k,l}U_{(j_1\alpha_1),k}D_{k,l}(\boldsymbol{V}^{\dagger})_{l,\alpha_2} \tag{7-16}$$

其中，$\boldsymbol{D}$ 是对角元包含奇异值的矩阵，它不一定是方阵。$\boldsymbol{U}$ 和 $\boldsymbol{V}$ 都是列正交的，$\boldsymbol{U}^{\dagger}\boldsymbol{U}=\mathbb{I}$，$\boldsymbol{V}^{\dagger}\boldsymbol{V}=\mathbb{I}$，这里把张量 $\boldsymbol{M}^{[1]}$ 的指标 j_1 和 $\alpha_1=1$ 合并作为矩阵的行指标，α_2 作为矩阵的列指标。取 $A_{\alpha_1,k}^{[1]j_1}=U_{(j_1\alpha_1)k}$，则 $A^{[1]j_1}$ 满足左规范条件式(7-15)。把 $D_{kl}V_{l,\alpha_2}^{\dagger}$ 和 $M_{\alpha_2,\alpha_3}^{[2]j_2}$ 相乘，再关于 l 和 α_2 累加得到物理指标为 j_2、虚指标为 k 和 α_3 的 3 阶张量，把它看成行指标为(j_2k)、列指标为 α_3 的矩阵，再对它做奇异值分解从而得到 $A^{[2]j_2}$。该过程进行 $N-1$ 次奇异值分解后得到左规范形式(7-14)。

类似地，如果从右边开始做奇异值分解可得到右规范形式：

$$|\psi\rangle=\sum_{j_1j_2\cdots j_N}\boldsymbol{\Lambda}^{[1]}\boldsymbol{B}^{[1]j_1}\boldsymbol{B}^{[2]j_2}\cdots\boldsymbol{B}^{[N]j_N}|j_1j_2\cdots j_N\rangle \tag{7-17}$$

其中,每个 $\boldsymbol{B}^{[n]j_n}$ 满足右规范条件,即

$$\sum_{j_n}\boldsymbol{B}^{[n]j_n}(\boldsymbol{B}^{[n]j_n})^{\dagger}=\mathbb{I}\Longleftrightarrow\sum_{j_n,k}\overline{B_{ik}^{[n]j_n}}B_{jk}^{[n]j_n}=\delta_{ij} \tag{7-18}$$

比如,$\boldsymbol{B}^{[N]}$ 的右规范条件可用图 7-3 的右图表示。在右规范形式中引入了 α_1 阶单位矩阵 $\boldsymbol{\Lambda}^{[1]}$。由于 $\alpha_1=1$,故 $\boldsymbol{\Lambda}^{[1]}=1$。

如果从左边往右做奇异值分解,同时从右边往左做奇异值分解,直到在某条边上相遇,我们得到混合规范形式,比如

$$|\psi\rangle=\sum_{j_1j_2\cdots j_N}\boldsymbol{A}^{[1]j_1}\boldsymbol{A}^{[2]j_2}\boldsymbol{\Lambda}^{[3]}\boldsymbol{B}^{[3]j_3}\cdots\boldsymbol{B}^{[N]j_N}|j_1j_2\cdots j_N\rangle=\sum_{\alpha_3}\Lambda_{\alpha_3,\alpha_3}^{[3]}|\alpha_3\rangle_L|\alpha_3\rangle_R \tag{7-19}$$

是在节点 2 和节点 3 之间的边上相遇的混合规范形式。矩阵 $\boldsymbol{\Lambda}^{[3]}$ 的行指标和列指标分别是 $\boldsymbol{A}^{[2]j_2}$ 的列指标和 $\boldsymbol{B}^{[3]j_3}$ 的行指标,它们都是 α_3。参见图 7-4。式(7-19)中 $|\alpha_3\rangle_L$ 和 $|\alpha_3\rangle_R$ 分别表示为

$$|\alpha_3\rangle_L=\sum_{j_1j_2}(\boldsymbol{A}^{[1]j_1}\boldsymbol{A}^{[2]j_2})_{1,\alpha_3}|j_1j_2\rangle,$$

$$|\alpha_3\rangle_R=\sum_{j_3\cdots j_N}(\boldsymbol{B}^{[3]j_3}\cdots\boldsymbol{B}^{[N]j_N})_{\alpha_3,1}|j_3\cdots j_N\rangle \tag{7-20}$$

由于 $\boldsymbol{A}$($\boldsymbol{B}$)分别满足左(右)规范条件,$|\alpha_3\rangle_L$($|\alpha_3\rangle_R$)分别是左(右)子系统对应希尔伯特空间的标准正交基,所以式(7-19)就是施密特分解式(7-3)。如果对左(右)子系统继续进行从左(右)到右(左)奇异值分解,直到得到完全混合规范形式(见图 7-4):

$$|\psi\rangle=\sum_{j_1j_2\cdots j_N}\boldsymbol{\Lambda}^{[1]}\boldsymbol{\Gamma}^{[1]j_1}\cdots\boldsymbol{\Lambda}^{[N]}\boldsymbol{\Gamma}^{[N]j_N}\boldsymbol{\Lambda}^{[N+1]}|j_1j_2\cdots j_N\rangle \tag{7-21}$$

所以,左、右和混合规范形式可以互相转化,它们满足如下关系

$$\boldsymbol{A}^{[n]j_n}=\boldsymbol{\Lambda}^{[n]}\boldsymbol{\Gamma}^{[n]j_n}=\boldsymbol{\Lambda}^{[n]}\boldsymbol{B}^{[n]j_n}(\boldsymbol{\Lambda}^{[n+1]})^{-1},$$

$$\boldsymbol{B}^{[n]j_n}=\boldsymbol{\Gamma}^{[n]}\boldsymbol{\Lambda}^{[n+1]j_{n+1}}=(\boldsymbol{\Lambda}^{[n]})^{-1}\boldsymbol{A}^{[n]j_n}\boldsymbol{\Lambda}^{[n+1]},\quad n=1,\cdots,N \tag{7-22}$$

$\{\boldsymbol{\Lambda}^{[k]}\}_{k=1}^{N+1}$ 称为奇异值矩阵。注意,$\boldsymbol{\Lambda}^{[1]}=\boldsymbol{\Lambda}^{[N+1]}=1$。

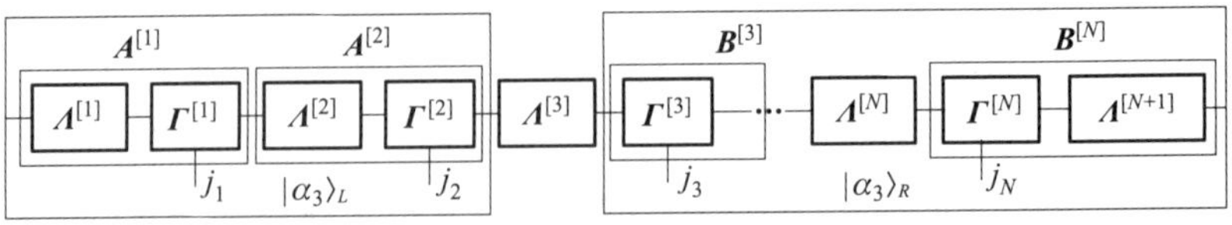

图 7-4　混合规范形式

一个局部算符在规范形式下态的均值的计算可以极大简化。比如,作用于格点 3 处的局部算符 $O^{[3]}$ 在混合规范态(7-21)下的均值为

$$\langle\psi|O^{[3]}|\psi\rangle=\sum_{a,b}(\boldsymbol{\Lambda}^{[3]}\boldsymbol{B}^{[3]j_3})_{a,b}(\boldsymbol{\Lambda}^{[3]}\overline{\boldsymbol{B}^{[3]j_3'}})_{a,b}O_{j_3,j_3'}^{[3]} \tag{7-23}$$

这里用到了 $\boldsymbol{A}$ 和 $\boldsymbol{B}$ 张量满足左(右)规范形式。均值(7-23)可用图 7-5 表示。

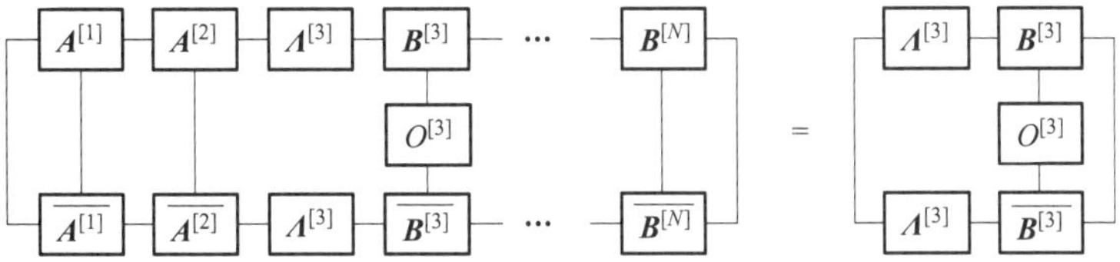

图 7－5　局部算符 $O^{[3]}$ 的均值 $\langle\psi|O^{[3]}|\psi\rangle$

7.3　时间演化块提取算法

时间演化块提取算法(time evolving block decimation，TEBD)可用于基态的计算。一个态 $|\psi(t)\rangle$ 从初始态 $|\psi(0)\rangle$ 演化为

$$|\psi(t)\rangle=U(t)|\psi(0)\rangle \tag{7-24}$$

(实)时间演化算符为

$$U(t)=\exp(-\mathrm{i}tH) \tag{7-25}$$

即 $|\psi(t)\rangle$ 是薛定谔方程的解：

$$\partial_t|\psi\rangle=H|\psi\rangle \tag{7-26}$$

这里 H 是体系的哈密顿算符，即作用在 N 个格点体系对应的希尔伯特空间 $\mathcal{H}$ 的算符。比如，H 是相邻作用算符之和，即

$$H=H_{\text{odd}}+H_{\text{even}},\quad H_{\text{odd}}=\sum_{n,\text{odd}}h^{[n,n+1]},\quad H_{\text{even}}=\sum_{n,\text{even}}h^{[n,n+1]} \tag{7-27}$$

其中，$h^{[n,n+1]}$ 表示作用于格点 n、$n+1$ 上的局部算符。我们把 H 写为 H_{odd} 与 H_{even} 之和，这是由于 H_{odd}(H_{even})中包含的任意两个局部算符都是可交换的。

演化算符也可取为虚时间演化算符：

$$U(\tau)=\exp(-\tau H) \tag{7-28}$$

此时，基态 $|\psi_{\text{GS}}\rangle$ 可表示为

$$|\psi_{\text{GS}}\rangle=\lim_{\tau\to\infty}\frac{\mathrm{e}^{-\tau H}|\psi(0)\rangle}{\|\mathrm{e}^{-\tau H}|\psi(0)\rangle\|} \tag{7-29}$$

设哈密顿算符由式(7－27)给出，则

$$\mathrm{e}^{H_{\text{odd}}\delta}=\prod_{n,\text{odd}}\mathrm{e}^{h[n,n+1]\delta},\quad \mathrm{e}^{H_{\text{even}}\delta}=\prod_{n,\text{even}}\mathrm{e}^{h[n,n+1]\delta} \tag{7-30}$$

根据 Suzuki-Trotter 分解可得

$$\begin{aligned}U(\delta t)&=\mathrm{e}^{-\mathrm{i}\delta tH}=\mathrm{e}^{-\mathrm{i}\delta t(H_{\text{odd}}+H_{\text{even}})}=\mathrm{e}^{-\mathrm{i}\delta t(H_{\text{even}})}\mathrm{e}^{-\mathrm{i}\delta t(H_{\text{odd}})}+O(\delta t^2)\\&\approx\Big[\prod_{n,\text{even}}U^{[n,n+1]}(\delta t)\Big]\Big[\prod_{n,\text{odd}}U^{[n,n+1]}(\delta t)\Big]\end{aligned} \tag{7-31}$$

时间步长为 δt 的演化近似地分解为两个操作：先作用 $\prod_{n,\text{odd}}U^{[n,n+1]}(\delta t)$，再作用

$\prod_{n,\text{even}} U^{[n,n+1]}(\delta t)$。对于右规范形式，$\prod_{n,\text{odd}} U^{[n,n+1]}(\delta t)$中的第一个作用$U^{[1,2]}(\delta t)$，如图 7-6 所示。

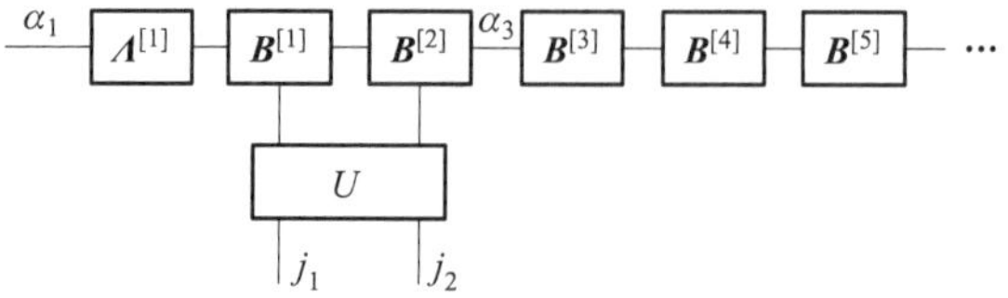

图 7-6　$U^{[1,2]}(\delta t)$作用于右规范形式的态

为了计算这个作用的结果，定义 $\boldsymbol{\Theta}=\boldsymbol{\Lambda}^{[1]}\boldsymbol{B}^{[1]}\boldsymbol{B}^{[2]}$，把 $U^{[1,2]}(\delta t)$作用于 $\boldsymbol{\Theta}$ 得到 $d\times \chi d$ 矩阵 $\widetilde{\boldsymbol{\Theta}}=U\boldsymbol{\Theta}=(\widetilde{\Theta}_{(\alpha_1 j_1),(\alpha_3 j_2)})$，这里把 α_1 和 j_1 合并得到$(\alpha_1 j_1)$，α_3 和 j_2 合并得到$(\alpha_3 j_2)$。为了把作用后的结果变为左规范形式，对矩阵 $\widetilde{\boldsymbol{\Theta}}$ 进行奇异值分解：

$$\widetilde{\boldsymbol{\Theta}}=\widetilde{\boldsymbol{A}}^{[1]}\widetilde{\boldsymbol{\Lambda}}^{[2]}\widetilde{\boldsymbol{B}}^{[2]}\approx \sum_{k=1}^{\chi_{\max}} \widetilde{A}_{ik}^{[1]}\widetilde{\Lambda}_{kk}^{[2]}\widetilde{B}_{kj}^{[2]} \tag{7-32}$$

取 $\widetilde{\boldsymbol{B}}^{[1]}=(\boldsymbol{\Lambda}^{[1]})^{-1}\widetilde{\boldsymbol{A}}^{[1]}\widetilde{\boldsymbol{\Lambda}}^{[2]}$，$\widetilde{\boldsymbol{\Theta}}=\boldsymbol{\Lambda}^{[1]}\widetilde{\boldsymbol{B}}^{[1]}\widetilde{\boldsymbol{B}}^{[2]}$，如图 7-7 所示，它还是右规范形式。比较图 7-6 和图 7-7，$U^{[1,2]}(\delta t)$作用导致右规范形式中的 $\boldsymbol{B}^{[2]}$ 和 $\boldsymbol{B}^{[3]}$ 得到修改。在奇异值分解(7-32)中，我们做了截断：$\chi_{\max}<\chi d$。否则，以后每次作用算符[比如，$U^{[3,4]}(\delta t)$]会导致链接指标 d 倍增长。从左到右作用$\frac{N}{2}$次，直到$\prod_{n,\text{odd}} U^{[n,n+1]}(\delta t)$中所有算符被作用一次，故所有张量 B 被更新为 $\widetilde{B}$，得到的态还是右规范形式。$\prod_{n,\text{even}} U^{[n,n+1]}(\delta t)$的作用类似，为了保持对称性，可从右边开始直到最左边结束，如此作用后还是右规范形式。每次的奇异值分解中的截断参数 $\chi_{\max}$ 至关重要，它要适当大以确保近似(7-32)比较准确，由于计算量的限制，它也不能太大。当基态的缠绕熵很大时，往往需要较大的可调参数 $\chi_{\max}$。

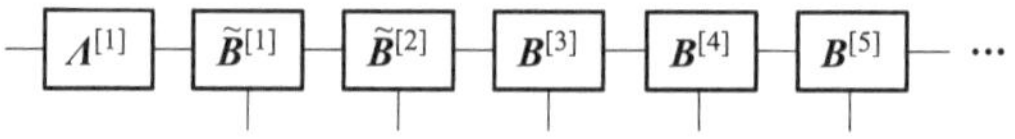

图 7-7　被 $\boldsymbol{U}^{[1,2]}(\delta t)$作用后的态

7.4　密度矩阵重整化群算法

密度矩阵重整化群算法(density matrix renormalization group，DMRG)是基态或激发态计算的标准算法，它往往比 TEBD 算法收敛更快。首先，我们把矩阵乘积态推广到矩阵乘积算子(matrix product operator，MPO)，它是希尔伯特空间中的一类算符：

$$O_{j'_1\cdots j'_N}^{j_1\cdots j_N}=\boldsymbol{v}^L W_{j_1 j'_1}^{[1]}\cdots W_{j_N j'_N}^{[N]}\boldsymbol{v}^R \tag{7-33}$$

参见图 7-8。$\boldsymbol{v}^L$ 是行向量，$\boldsymbol{v}^R$ 为列向量，$W_{j_n j'_n}^{[n]}$ 是矩阵，$n=1,\cdots,N$。j_n、j'_n 为第 n 个格点对应的矩阵 $W_{j_n j'_n}^{[n]}$ 的物理指标。矩阵乘积算子作用于矩阵乘积态后得到新的矩阵乘积态，如式(7-33)中的 O 作用于式(7-17)中的矩阵乘积态可用图 7-9 表示。

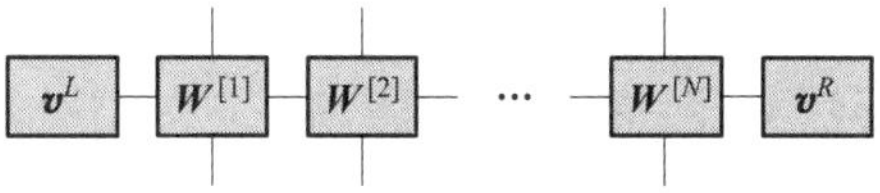

图 7-8　矩阵乘积算符

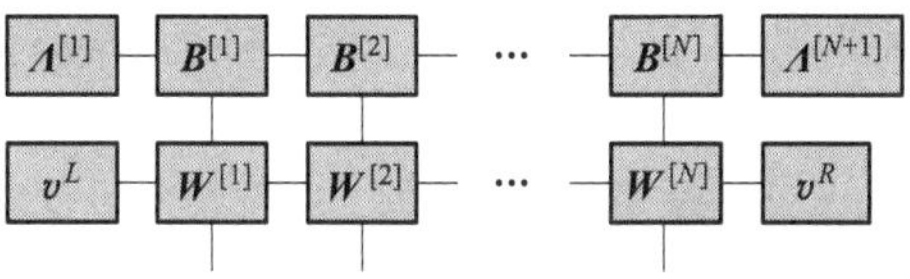

图 7-9　矩阵乘积算符作用于矩阵乘积态

如果 TEBD 算法中的演化算符 $\boldsymbol{U}(\delta t)$ 表示为矩阵乘积算符的形式，它作用于矩阵乘积态非常容易执行，从而 TEBD 算法的执行得到简化。

DMRG 算法基于变分原理实现基态的计算：求满足 $\langle\psi|\psi\rangle=1$ 的态使得 $\langle\psi|H|\psi\rangle$ 达到最小。假设哈密顿算符表示为矩阵乘积算符的形式：

$$H=\boldsymbol{v}^L\boldsymbol{W}^{[1]}\cdots\boldsymbol{W}^{[N]}\boldsymbol{v}^R \tag{7-34}$$

则 $\langle\psi|H|\psi\rangle$ 可用图 7-10 表示，这里 $|\psi\rangle$ 为混合规范形式。

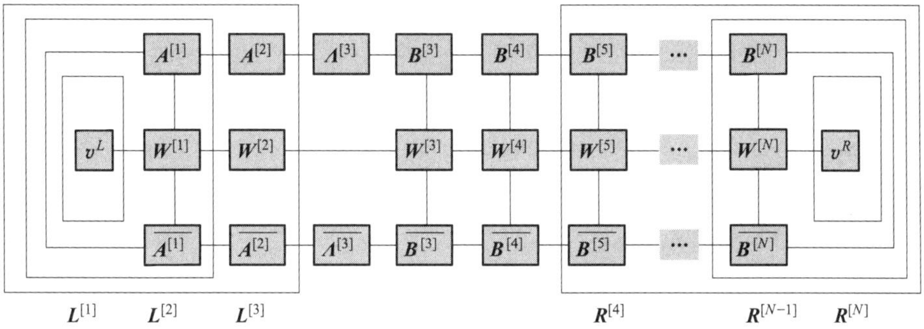

图 7-10　$\langle\boldsymbol{\Theta}|H_{\text{eff}}|\boldsymbol{\Theta}\rangle$ 的张量网络表示

直接找最优的 $|\psi\rangle$ 比较困难，我们把它转化为局部优化问题。如图 7-10 所示，更新 $\boldsymbol{\Lambda}^{[3]}$、$\boldsymbol{B}^{[3]}$ 和 $\boldsymbol{B}^{[4]}$ 处的张量(其他张量保持不变)使得 $\langle\psi|H|\psi\rangle$ 达到最小。为此，引入左环境(张量) $\{\boldsymbol{L}^{[n]}\}_{n=1}^{3}$ 和右环境(张量) $\{\boldsymbol{R}^{[n]}\}_{n=4}^{N}$。比如，$\boldsymbol{L}^{[1]}=\boldsymbol{v}^L$ 为 1 阶张量，$\boldsymbol{L}^{[2]}$ 由 $\boldsymbol{L}^{[1]}$、$\boldsymbol{A}^{[1]}$、$\boldsymbol{W}^{[1]}$ 和 $\overline{\boldsymbol{A}^{[1]}}$ 收缩后的 3 阶张量。类似地，$\boldsymbol{R}^{[N]}=\boldsymbol{v}^R$ 为 1 阶张量，$\boldsymbol{R}^{[N-1]}$ 由 $\boldsymbol{R}^{[N]}$、$\boldsymbol{B}^{[N]}$、$\boldsymbol{W}^{[N]}$ 和 $\overline{\boldsymbol{B}^{[N]}}$ 收缩成的 3 阶张量。$\boldsymbol{L}^{[3]}$ 和 $\boldsymbol{R}^{[4]}$ 可

看成局部优化问题的环境，它们和 $\boldsymbol{W}^{[3]}$、$\boldsymbol{W}^{[4]}$ 收缩定义了有效哈密顿算符 H_{eff}，它是 8 阶张量，可以把它看成 $\chi^2 d^2$ 阶方矩阵。令 $\boldsymbol{\Theta}=\boldsymbol{\Lambda}^{[3]}\boldsymbol{B}^{[3]}\boldsymbol{B}^{[4]}$，它是 4 阶张量，也可看成 $\chi^2 d^2$ 个元素的向量。局部优化问题找 $\boldsymbol{\Theta}_{\min}$ 使得

$$\langle\psi|H|\psi\rangle=\langle\boldsymbol{\Theta}|H_{\text{eff}}|\boldsymbol{\Theta}\rangle \tag{7-35}$$

达到最小。对 $\boldsymbol{\Theta}_{\min}$ 奇异值分解为

$$\boldsymbol{\Theta}_{\min}=\widetilde{\boldsymbol{A}}^{[3]}\widetilde{\boldsymbol{\Lambda}}^{[4]}\widetilde{\boldsymbol{B}}^{[4]} \tag{7-36}$$

由 $\boldsymbol{L}^{[3]}$、$\widetilde{\boldsymbol{A}}^{[3]}$ 和 $\boldsymbol{W}^{[3]}$ 收缩得到 $\boldsymbol{L}^{[4]}$，从 $\boldsymbol{R}^{[4]}$、$\widetilde{\boldsymbol{B}}^{[4]}$ 和 $\boldsymbol{W}^{[4]}$ 收缩得到 $\boldsymbol{R}^{[3]}$。从而可以做下一次的局部优化问题。所以，一个从右到左的整体优化是由 $N-1$ 步局部优化组成。下一步可实行从右到左的整体优化。每次局部优化都会导致目标函数减小，当目标函数不再减小，算法终止，这就是 DMRG 算法。

7.5 一维横向场伊辛模型

一维横向场伊辛模型(transverse field Ising model，TFI)是最简单的一维格子链量子系统，它是一维伊辛模型的量子化。哈密顿量为

$$H=-\sum_{i=0}^{N-2}J\sigma_i^x\sigma_{i+1}^x-\sum_{i=0}^{N-1}g\sigma_i^z \tag{7-37}$$

这里有 N 个格点 $\{i\}_{i=0}^{N-1}$。$\boldsymbol{\sigma}^x$ 和 $\boldsymbol{\sigma}^z$ 为泡利矩阵，即

$$\boldsymbol{\sigma}^x=\begin{pmatrix}0&1\\1&0\end{pmatrix},\quad \boldsymbol{\sigma}^y=\begin{pmatrix}0&-\mathrm{i}\\\mathrm{i}&0\end{pmatrix},\quad \boldsymbol{\sigma}^z=\begin{pmatrix}1&0\\0&-1\end{pmatrix}$$

满足下式：

$$[\boldsymbol{\sigma}^x,\boldsymbol{\sigma}^y]=2\mathrm{i}\boldsymbol{\sigma}^z,\quad [\boldsymbol{\sigma}^y,\boldsymbol{\sigma}^z]=2\mathrm{i}\boldsymbol{\sigma}^x,\quad [\boldsymbol{\sigma}^z,\boldsymbol{\sigma}^x]=2\mathrm{i}\boldsymbol{\sigma}^y$$

令

$$|\uparrow\rangle=\begin{pmatrix}1\\0\end{pmatrix},\quad |\downarrow\rangle=\begin{pmatrix}0\\1\end{pmatrix}$$

则

$$\boldsymbol{\sigma}^x|\uparrow\rangle=|\downarrow\rangle,\quad \boldsymbol{\sigma}^x|\downarrow\rangle=|\uparrow\rangle,\quad \boldsymbol{\sigma}^z|\uparrow\rangle=|\uparrow\rangle,\quad \boldsymbol{\sigma}^z|\downarrow\rangle=-|\downarrow\rangle$$

式(7-37)中哈密顿量也可写为

$$\begin{aligned}H=-J\sum_{i=0}^{N-2}\mathbb{I}\otimes\cdots\otimes\mathbb{I}\otimes\underbrace{\boldsymbol{\sigma}^x}_{\text{site } i}\otimes\underbrace{\boldsymbol{\sigma}^x}_{\text{site } i+1}\otimes\mathbb{I}\otimes\cdots\otimes\mathbb{I}-\\ g\sum_{i=0}^{N-1}\mathbb{I}\otimes\cdots\otimes\mathbb{I}\otimes\underbrace{\boldsymbol{\sigma}^z}_{\text{site } i}\otimes\mathbb{I}\otimes\cdots\otimes\mathbb{I}\end{aligned} \tag{7-38}$$

其中，$\mathbb{I}$ 为 2 阶单位矩阵，$\otimes$为克罗内克积。

$$\sigma_i^x=\mathbb{I}\otimes\cdots\otimes\mathbb{I}\otimes\underbrace{\boldsymbol{\sigma}^x}_{\text{site } i}\otimes\mathbb{I}\otimes\cdots\otimes\mathbb{I},\quad \sigma_i^z=\mathbb{I}\otimes\cdots\otimes\mathbb{I}\otimes\underbrace{\boldsymbol{\sigma}^z}_{\text{site } i}\otimes\mathbb{I}\otimes\cdots\otimes\mathbb{I}$$

两个相邻格点的泡利矩阵相乘理解为

$$\sigma_i^x\sigma_{i+1}^x=\mathbb{I}\otimes\cdots\otimes\mathbb{I}\otimes\underbrace{\boldsymbol{\sigma}^x}_{\text{site } i}\otimes\underbrace{\boldsymbol{\sigma}^x}_{\text{site } i+1}\otimes\mathbb{I}\otimes\cdots\otimes\mathbb{I}$$

显然，当 $i\neq j$，$[\sigma_i^x,\sigma_j^z]=0$。另外，

$$\begin{aligned}[\sigma_i^x,\sigma_i^z]&=\mathbb{I}\otimes\cdots\otimes\mathbb{I}\otimes[\boldsymbol{\sigma}^x,\boldsymbol{\sigma}^z]\otimes\mathbb{I}\otimes\cdots\otimes\mathbb{I}\\&=2\mathrm{i}\mathbb{I}\otimes\cdots\otimes\mathbb{I}\otimes\boldsymbol{\sigma}^y\otimes\mathbb{I}\otimes\cdots\otimes\mathbb{I}\\&=2\mathrm{i}\sigma_i^y\end{aligned}$$

哈密顿量 H 可看成 $2^N\times2^N$ 阶厄米矩阵。当 N 很大时，会产生指数灾难，导致特征值的计算异常困难。但是 TEBD 和 DMRG 算法通过张量网络的工具，并应用截断的奇异值分解避免了指数灾难。式(7－38)定义的哈密顿量 H 可表示为矩阵乘积算符(7－34)，其中，

$$\boldsymbol{v}^L=(1,0,0),\quad \boldsymbol{v}^R=(0,0,1)^{\mathrm{T}},\quad \boldsymbol{W}^{[n]}=\begin{pmatrix}\boldsymbol{I}&\boldsymbol{\sigma}^x&-g\boldsymbol{\sigma}^z\\\boldsymbol{0}&\boldsymbol{0}&-J\boldsymbol{\sigma}^x\\\boldsymbol{0}&\boldsymbol{0}&\boldsymbol{I}\end{pmatrix},\quad n=1,\cdots,N$$

设 $|\psi\rangle$ 为基态，则定义 σ_i^x 和 σ_i^z 在态 $|\psi\rangle$ 下的平均观测量为

$$M_x=\frac{1}{N}\sum_{i=0}^{N-1}\langle\psi|\sigma_i^x|\psi\rangle,\quad M_z=\frac{1}{N}\sum_{i=0}^{N-1}\langle\psi|\sigma_i^z|\psi\rangle$$

平均缠绕熵为

$$S=\frac{1}{N-1}\sum_{i=0}^{N-2}S_i$$

这里 S_i 是边 $(i,i+1)$ 为界的两个子系统对应的缠绕熵。平均能为

$$E_{\text{bond}}=-J\,\frac{1}{N-1}\sum_{i=0}^{N-2}\langle\psi|\sigma_i^x\sigma_{i+1}^x|\psi\rangle$$

表 7－2 给出了用虚时间演化的 TEBD 算法求解 TFI 模型的平均能和缠绕熵，这里用了 2 阶 Suzuki-Trotter 分解。模型的参数为 $J=1.0$，$g=1.0$，$N=10$。在基态时(τ 足够大)，$M_x=0.0$，$M_z=7.324\,10$，计算后的基态能和精确的基态能 $E=-12.381\,487\,380\,873\,8$ 之间的误差为 2.115×10^{-7}。精确的基态能是对 2^{10} 阶哈密顿矩阵经过对角化求出它的最小特征值实现的。矩阵乘积态中 9 条边对应的维数为[2,4,8,16,26,16,8,4,2]，即 χ_i 的大小。从表 7－2 知道，当虚时间 $\tau=12.444$ 时，E_{bond} 已经变化非常小，平均缠绕熵也变化非常小，这表明了 TEBD 算法已经达到了较为满意的基态。

在同样的模型参数下，用 DMRG 算法时达到的基态能的误差达到了机器精度 $O(10^{-15})$，整个算法需要 10 步迭代，每步迭代表示从左到右的一次全局优化和从右

表 7-2 虚时间演化的 TEBD 算法求解 TFI 模型的基态

τ	E_{bond}	S
2.0	−1.373 473 584 6	0.326 733 074 9
12.0	−1.373 749 628 8	0.346 406 599 7
12.2	−1.375 530 750 0	0.337 713 794 1
12.4	−1.375 530 758 0	0.337 804 161 9
12.42	−1.375 702 113 5	0.336 943 788 4
12.444	−1.375 720 890 2	0.336 857 058 0

到左的一次全局优化。这里 9 条边对应的维数为[2,4,8,14,19,14,8,4,2],所以 DMRG 算法比 TEBD 算法更高效。在热力学极限下($N\to\infty$),用 DMRG 算法计算得到图 7-11。每个格点的平均能随 g 的增大而变小,但是 M_z 随 g 的增大而变大。当 $g=4.0$ 时,基态为 $|\psi\rangle=0.995\,29|\cdots\uparrow\uparrow\cdots\rangle+0.066\,352\,8|\cdots\downarrow\downarrow\cdots\rangle$。这表明超过 99%的可能性处于这样的一个态:每个格点的朝向都向上,即已经被完全极化了。在热力学极限下,图 7-12 用 DMRG 计算的关联函数和关联长度。在临界系统($g=1$)时,关联函数变化很大,而且对应的关联长度趋向无穷大。

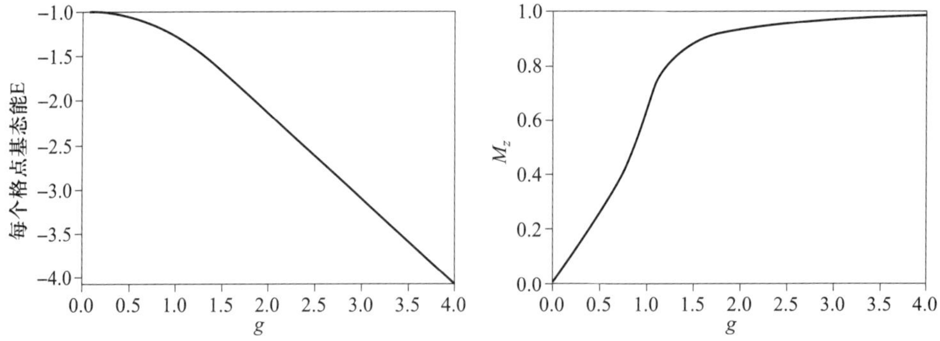

图 7-11 每个格点的基态能(左)和 M_z(右)

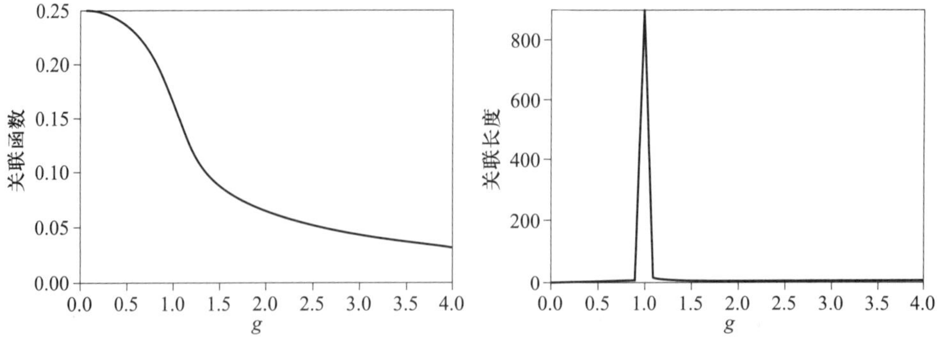

图 7-12 关联函数$\langle\sigma_i^x\sigma_{i+1}^x\rangle$(左)与关联长度(右)(临界系统 $g=1$)

7.6　施温格模型

施温格模型是 1+1 维量子色动力学(QED)模型，它是描述光子和电子的相互作用。该模型的拉格朗日密度为

$$\mathcal{L}=\bar{\psi}(\mathrm{i}\partial\!\!\!/-g A\!\!\!/-m)\psi-\frac{1}{4}F_{\mu\nu}F^{\mu\nu}$$

其中，$\mu,\nu=0,1$ 为洛伦兹指标，$F^{\mu\nu}=\partial^{\mu}A^{\nu}-\partial^{\nu}A^{\mu}$，$\partial^{\mu}=g^{\mu\nu}\partial_{\nu}$，$A^{\mu}=g^{\mu\nu}A_{\nu}$，这里相同的上下指标 $\nu=0,1$ 需要求和，$(g^{\mu\nu})=\mathrm{diag}(1,-1)$，$g$ 为耦合常数，m 为费米子质量。

在时域(temporal)规范下，$A_0=0$，哈密顿密度为

$$\mathcal{H}=-\mathrm{i}\bar{\psi}\gamma^{1}(\partial_{1}-\mathrm{i}gA_{1})\psi+m\bar{\psi}\psi+\frac{1}{2}E^{2}$$

其中，$E=F^{10}=-\dot{A}^{1}$ 为电场，它满足 Gauss's 定律，$\partial_{1}E=-\partial_{1}\dot{A}^{1}=g\bar{\psi}\gamma^{0}\psi$，$E$ 可理解为背景场(background field)。

在一维空间方向离散后，$\mathcal{H}$离散为

$$H=-\frac{\mathrm{i}}{2a}\sum_{n}(\phi_{n}^{\dagger}\mathrm{e}^{\mathrm{i}\theta_{n}}\phi_{n+1}-\mathrm{h.\,c.})+m\sum_{n}(-1)^{n}\phi_{n}^{\dagger}\phi_{n}+\frac{ag^{2}}{2}\sum_{n}L_{n}^{2}$$

其中，a 为离散格距大小，引入泡利矩阵，该离散哈密顿量可表示为

$$H=x\sum_{n=0}^{N-2}[\sigma_{n}^{+}\sigma_{n+1}^{-}+\sigma_{n}^{-}\sigma_{n+1}^{+}]+\frac{\mu}{2}\sum_{n=0}^{N-1}[1+(-1)^{n}\sigma_{n}^{z}]+\sum_{n=0}^{N-2}\left\{\ell+\frac{1}{2}\sum_{k=0}^{n}[(-1)^{k}+\sigma_{k}^{z}]\right\}^{2}$$

$$\sigma_{n}^{\pm}=\frac{1}{2}(\sigma_{n}^{x}\pm\mathrm{i}\sigma_{n}^{y}),\quad x=\frac{1}{g^{2}a^{2}},\quad \mu=\frac{2m}{g^{2}a}$$

表 7-3 给出了 DMRG 算法求解施温格模型的计算结果，其中$\frac{m}{g}=0.125$，$x=100$，$N=300$。这里 $N=300$ 确保达到热力学极限，$x=1/(g^{2}a^{2})=100$ 确保了达到连续极限 $a\to 0$。即使比较小的 $\chi_{\max}$对基态能的影响也可忽略不计。

表 7-3　用 DMRG 求解施温格模型

$\chi_{\max}$	基态能	$\chi_{\max}$	基态能
20	−18 601.869 471 673	80	−18 601.899 555 197
30	−18 601.897 187 390	100	−18 601.899 562 787
40	−18 601.899 388 250	120	−18 601.899 562 848
60	−18 601.899 554 201	160	−18 601.899 562 857

7.7 连续矩阵乘积态

对于连续场论模型，哈密顿量中的场算符 $\hat{\psi}(x)$ 依赖于 x，其中 x 在空间中是连续变化的。离散系统的矩阵乘积态被推广到量子场矩阵乘积态[26-27]，这就是连续矩阵乘积态。

在 6.1 节中讨论了一维玻色气体的哈密顿量

$$H=\int_{-\infty}^{+\infty}\mathrm{d}x\left[\frac{1}{2m}\partial_x\psi^{\dagger}(x)\partial_x\psi(x)+g\psi^{\dagger}(x)\psi^{\dagger}(x)\psi(x)\psi(x)\right] \tag{7-39}$$

它称为 Lieb-Liniger 模型。产生算符 $\psi^{\dagger}(x)$ 和湮灭算符 $\psi(x)$ 满足对易关系(6-1)。记 $|\Omega\rangle$ 是被湮灭算符 $\psi(x)$ 作用后为 0(量子体系对应的希尔伯特空间 $\mathcal{H}$ 中为 0 的态)的假基态。我们考虑了热力学极限 $x\in(-\infty,\infty)$。

连续矩阵乘积态(continuous matrix product state，cMPS)表示为如下的态：

$$|\Psi(\boldsymbol{Q},\boldsymbol{R})\rangle=\boldsymbol{v}_{\mathrm{L}}^{\dagger}\,\mathcal{P}\mathrm{e}^{\int_{-\infty}^{+\infty}\mathrm{d}x[\boldsymbol{Q}\otimes\boldsymbol{I}+\boldsymbol{R}\otimes\psi^{\dagger}(x)]}\,\boldsymbol{v}_{\mathrm{R}}\,|\Omega\rangle=\mathrm{tr}(\boldsymbol{B}\,\mathcal{P}\mathrm{e}^{\int_{-\infty}^{+\infty}\mathrm{d}x[\boldsymbol{Q}\otimes\boldsymbol{I}+\boldsymbol{R}\otimes\psi^{\dagger}(x)]})\,|\Omega\rangle \tag{7-40}$$

$\boldsymbol{Q}\otimes\boldsymbol{I}$ 表示 D 阶矩阵 $\boldsymbol{Q}\in\mathbb{C}^{D\times D}$ 和希尔伯特空间 $\mathcal{H}$ 中的恒同算符 $\boldsymbol{I}$ 的张量积。$\boldsymbol{R}\otimes\psi^{\dagger}(x)$ 表示 D 阶矩阵 $\boldsymbol{R}\in\mathbb{C}^{D\times D}$ 和 $\mathcal{H}$ 中产生算符 $\psi^{\dagger}(x)$ 的张量积。这里把辅助 D 维复空间 $\mathbb{C}^D$ 和 $\mathcal{H}$ 耦合成更大空间 $\mathcal{H}_{\exp}=\mathbb{C}^D\otimes\mathcal{H}$，算符 $\int_{-\infty}^{+\infty}\mathrm{d}x[\boldsymbol{Q}\otimes\boldsymbol{I}+\boldsymbol{R}\otimes\psi^{\dagger}(x)]$ 是 $\mathcal{H}_{\exp}$ 中算符。$\mathcal{P}\mathrm{e}$ 为路径排序的指数(path-ordered exponential)，$\mathcal{P}\mathrm{e}^{\int_{-\infty}^{+\infty}\mathrm{d}x[\boldsymbol{Q}\otimes\boldsymbol{I}+\boldsymbol{R}\otimes\psi^{\dagger}(x)]}$ 还是 $\mathcal{H}_{\exp}$ 中的算符。$\boldsymbol{v}_{\mathrm{L}}\in\mathbb{C}^D$ 和 $\boldsymbol{v}_{\mathrm{R}}\in\mathbb{C}^D$ 分别表示边界 $x=-\infty$ 和 $x=+\infty$ 的信息。$\boldsymbol{B}=\boldsymbol{v}_{\mathrm{R}}\boldsymbol{v}_{\mathrm{L}}^{\dagger}\in\mathbb{C}^{D\times D}$。

式 7-40 的第二等式用到了

$$\mathrm{tr}(\boldsymbol{B}\,\mathcal{P}\mathrm{e}^{\int_{-\infty}^{+\infty}\mathrm{d}x[\boldsymbol{Q}\otimes\boldsymbol{I}+\boldsymbol{R}\otimes\psi^{\dagger}(x)]})=\boldsymbol{v}_{\mathrm{L}}^{\dagger}\,\mathcal{P}\mathrm{e}^{\int_{-\infty}^{+\infty}\mathrm{d}x[\boldsymbol{Q}\otimes\boldsymbol{I}+\boldsymbol{R}\otimes\psi^{\dagger}(x)]}\,\boldsymbol{v}_{\mathrm{R}}$$

这里 tr 表示在辅助空间 $\mathbb{C}^D$ 中取迹。式(7-40)给出的 cMPS 依赖于参数 $\boldsymbol{Q},\boldsymbol{R}\in\mathbb{C}^{D\times D}$。

$|\Psi(\boldsymbol{Q},\boldsymbol{R})\rangle$ 和自己的内积为

$$\langle\Psi(\bar{\boldsymbol{Q}},\bar{\boldsymbol{R}})|\Psi(\boldsymbol{Q},\boldsymbol{R})\rangle=\mathrm{tr}((\boldsymbol{B}\otimes\bar{\boldsymbol{B}})\mathcal{P}\mathrm{e}^{\int_{-\infty}^{+\infty}\mathrm{d}x\boldsymbol{T}})=\lim_{L\to\infty}\mathrm{tr}((\boldsymbol{B}\otimes\bar{\boldsymbol{B}})\mathrm{e}^{\boldsymbol{T}L}) \tag{7-41}$$

其中，上标-表示取共轭。传送矩阵 $\boldsymbol{T}$ 为

$$\boldsymbol{T}=\boldsymbol{Q}\otimes\boldsymbol{I}+\boldsymbol{I}\otimes\bar{\boldsymbol{Q}}+\boldsymbol{R}\otimes\bar{\boldsymbol{R}} \tag{7-42}$$

它也称为超算符(superoperator)。设 $\boldsymbol{T}$ 有唯一的实部最大的实特征值 λ_1，而且 λ_1 的实部为 0，即 $\lambda_1=0$。否则，做平移 $\boldsymbol{Q}\to\boldsymbol{Q}-\frac{\lambda_1}{2}1$。

与$\lambda_1=0$对应的左特征向量$\langle \boldsymbol{l}|$、右特征向量$|\boldsymbol{r}\rangle$满足方程：

$$\langle \boldsymbol{l}|\boldsymbol{T}=\boldsymbol{lQ}+\boldsymbol{Q}^\dagger\boldsymbol{l}+\boldsymbol{R}^\dagger\boldsymbol{lR}=0 \tag{7-43}$$

$$\boldsymbol{T}|\boldsymbol{r}\rangle=\boldsymbol{Qr}+\boldsymbol{rQ}^\dagger+\boldsymbol{RrR}^\dagger=0 \tag{7-44}$$

其中，$\boldsymbol{l}$和$\boldsymbol{r}$分别是向量$\langle \boldsymbol{l}|$和$|\boldsymbol{r}\rangle$重排后的D阶矩阵，则

$$\langle \boldsymbol{l}|\boldsymbol{A}\otimes\bar{\boldsymbol{B}}\equiv\boldsymbol{B}^\dagger\boldsymbol{lA},\quad \boldsymbol{A}\otimes\bar{\boldsymbol{B}}|\boldsymbol{r}\rangle\equiv\boldsymbol{ArB}^\dagger$$

除了$\lambda_1=0$之外，$\boldsymbol{T}$的所有其他特征值的实部都小于0。

$e^{\boldsymbol{T}x}$的谱分解为

$$e^{\boldsymbol{T}L}=|\boldsymbol{r}\rangle\langle \boldsymbol{l}|+\sum_{i=2}^{D^2}e^{\lambda_i L}|\lambda_i\rangle\langle\lambda_i|$$

其中，$\lambda_i(i>1)$是$\boldsymbol{T}$的其他特征值，它的实部小于0，$|\boldsymbol{r}_i\rangle$为对应的右特征向量，故$\lim\limits_{L\to\infty}e^{\boldsymbol{T}L}=|\boldsymbol{r}\rangle\langle \boldsymbol{l}|$，从而有

$$\langle\Psi(\bar{\boldsymbol{Q}},\bar{\boldsymbol{R}})|\Psi(\boldsymbol{Q},\boldsymbol{R})\rangle=\langle \boldsymbol{l}|\boldsymbol{B}\otimes\bar{\boldsymbol{B}}|\boldsymbol{r}\rangle \tag{7-45}$$

适当选取$\boldsymbol{B}$、$\langle \boldsymbol{l}|$和$|\boldsymbol{R}\rangle$使得

$$\langle\Psi(\bar{\boldsymbol{Q}},\bar{\boldsymbol{R}})|\Psi(\boldsymbol{Q},\boldsymbol{R})\rangle=\langle \boldsymbol{l}|\boldsymbol{B}\otimes\bar{\boldsymbol{B}}|\boldsymbol{r}\rangle=1 \tag{7-46}$$

用矩阵$\boldsymbol{Q}$和$\boldsymbol{R}$参数化$|\Psi(\boldsymbol{Q},\boldsymbol{R})\rangle$是不唯一的。事实上，在规范变换下

$$\boldsymbol{Q}\to\boldsymbol{g}^{-1}\boldsymbol{Qg}\equiv\widetilde{\boldsymbol{Q}},\quad \boldsymbol{R}\to\boldsymbol{g}^{-1}\boldsymbol{Rg}\equiv\widetilde{\boldsymbol{R}},\quad \boldsymbol{g}\in\mathbb{C}^{D\times D} \tag{7-47}$$

$|\Psi(\boldsymbol{Q},\boldsymbol{R})\rangle$保持不变：$|\Psi(\boldsymbol{Q},\boldsymbol{R})\rangle=|\Psi(\widetilde{\boldsymbol{Q}},\widetilde{\boldsymbol{R}})\rangle$。

设$\boldsymbol{C}_L\in\mathbb{C}^{D\times D}$满足$\boldsymbol{l}=\boldsymbol{C}_L\boldsymbol{C}_L^\dagger$，令$\boldsymbol{g}^{-1}=\boldsymbol{C}_L^\dagger$。如此选取的$\boldsymbol{g}$对应的$\widetilde{\boldsymbol{Q}}$和$\widetilde{\boldsymbol{R}}$分别记为$\boldsymbol{Q}_L$和$\boldsymbol{R}_L$，则$|\Psi(\boldsymbol{Q}_L,\boldsymbol{R}_L)\rangle$满足左规范形式：

$$\boldsymbol{Q}_L+\boldsymbol{Q}_L^\dagger+\boldsymbol{R}_L^\dagger\boldsymbol{R}_L=0 \tag{7-48}$$

即传送矩阵$\boldsymbol{T}_L=\boldsymbol{Q}_L\otimes 1+1\otimes\bar{\boldsymbol{Q}}_L+\boldsymbol{R}_L\otimes\bar{\boldsymbol{R}}_L$的左特征值$\langle \boldsymbol{l}|$为单位矩阵。这是由于选取$\boldsymbol{g}$使得

$$\boldsymbol{g}^{-1}\boldsymbol{Qg}+(\boldsymbol{g}^{-1}\boldsymbol{Qg})^\dagger+(\boldsymbol{g}^{-1}\boldsymbol{Rg})^\dagger(\boldsymbol{g}^{-1}\boldsymbol{Rg})=0$$

即

$$(\boldsymbol{g}^{-1})^\dagger\boldsymbol{g}^{-1}\boldsymbol{Q}+\boldsymbol{Q}^\dagger(\boldsymbol{g}^{-1})^\dagger\boldsymbol{g}^{-1}+\boldsymbol{R}^\dagger(\boldsymbol{g}^{-1})^\dagger\boldsymbol{g}^{-1}\boldsymbol{R}=0$$

显然，由于$\boldsymbol{g}$满足$(\boldsymbol{g}^{-1})^\dagger\boldsymbol{g}^{-1}=\boldsymbol{l}$以及式(7-43)，上式成立。

类似地，设$\boldsymbol{C}_R\in\mathbb{C}^{D\times D}$满足$\boldsymbol{r}=\boldsymbol{C}_R\boldsymbol{C}_R^\dagger$，令$\boldsymbol{g}=\boldsymbol{C}_R$。如此选取的$\boldsymbol{g}$对应的$\widetilde{\boldsymbol{Q}}$和$\widetilde{\boldsymbol{R}}$分别记为$\boldsymbol{Q}_R$和$\boldsymbol{R}_R$，则$|\Psi(\boldsymbol{Q}_R,\boldsymbol{R}_R)\rangle$满足右规范形式：

$$\boldsymbol{Q}_R+\boldsymbol{Q}_R^\dagger+\boldsymbol{R}_R\boldsymbol{R}_R^\dagger=0 \tag{7-49}$$

即传送矩阵$\boldsymbol{T}_R=\boldsymbol{Q}_R\otimes\boldsymbol{I}+\boldsymbol{I}\otimes\bar{\boldsymbol{Q}}_R+\boldsymbol{R}_R\otimes\bar{\boldsymbol{R}}_R$的右特征向量$|\boldsymbol{r}\rangle$为单位矩阵。

两个归一化的$|\Psi(\boldsymbol{Q}_1,\boldsymbol{R}_1)\rangle$、$|\Psi(\boldsymbol{Q}_2,\boldsymbol{R}_2)\rangle$的内积为

$$\langle\Psi(\bar{\boldsymbol{Q}}_2,\bar{\boldsymbol{R}}_2)|\Psi(\boldsymbol{Q}_1,\boldsymbol{R}_1)\rangle\propto\exp\left(\int_{-\infty}^{+\infty}\mathrm{d}x\boldsymbol{T}_{12}\right)$$

其中传送矩阵为

$$\boldsymbol{T}_{12}=\boldsymbol{Q}_1\otimes\boldsymbol{I}+\boldsymbol{I}\otimes\bar{\boldsymbol{Q}}_2+\boldsymbol{R}_1\otimes\bar{\boldsymbol{R}}_2$$

给定$\mathcal{H}_{\exp}$中算符 $\hat{A}(x)$,令 $\hat{U}(a,b)=\mathcal{P}\mathrm{e}^{\int_a^b \hat{A}(x)\mathrm{d}x}$,则 $\hat{O}$ 和 $\hat{U}(a,b)$的交换子为

$$[\hat{O},\hat{U}(a,b)]=\int_a^b \hat{U}(a,x)[\hat{O},\hat{A}(x)]\hat{U}(x,b)\mathrm{d}x \tag{7-50}$$

现取 $\hat{A}(x)=\boldsymbol{Q}\otimes\boldsymbol{I}+\boldsymbol{R}\otimes\hat{\psi}^{\dagger}(x)$,则

$$|\boldsymbol{\Psi}(\boldsymbol{Q},\boldsymbol{R})\rangle=\boldsymbol{v}_L^{\dagger}\hat{\boldsymbol{U}}(-\infty,+\infty)\boldsymbol{v}_R|\Omega\rangle \tag{7-51}$$

在式(7-50)中取 $\hat{O}=\hat{\psi}(x)$,可得

$$\begin{aligned}[\hat{\psi}(x),\hat{U}(-\infty,\infty)]&=\int_{-\infty}^{\infty}\hat{U}(-\infty,y)[\hat{\psi}(x),\hat{A}(y)]\hat{U}(y,\infty)\mathrm{d}y\\&=\int_{-\infty}^{\infty}\hat{U}(-\infty,y)\boldsymbol{R}[\hat{\psi}(x),\hat{\psi}^{\dagger}(y)]\hat{U}(y,\infty)\mathrm{d}y\\&=\hat{U}(-\infty,x)\boldsymbol{R}\hat{U}(x,\infty)\end{aligned} \tag{7-52}$$

作用于$|\Omega\rangle$得到

$$\hat{\psi}(x)|\boldsymbol{\Psi}(\boldsymbol{Q},\boldsymbol{R})\rangle=\boldsymbol{v}_L^{\dagger}\hat{U}(-\infty,x)\boldsymbol{R}\hat{U}(x,+\infty)\boldsymbol{v}_R|\Omega\rangle \tag{7-53}$$

它和$|\boldsymbol{\Psi}(\boldsymbol{Q},\boldsymbol{R})\rangle$的内积为

$$\langle\boldsymbol{\Psi}(\bar{\boldsymbol{Q}},\bar{\boldsymbol{R}})|\hat{\psi}(x)|\boldsymbol{\Psi}(\boldsymbol{Q},\boldsymbol{R})\rangle=(\boldsymbol{l}|\boldsymbol{R}\otimes\boldsymbol{I}|\boldsymbol{r})=\mathrm{tr}(\boldsymbol{Rrl}) \tag{7-54}$$

$\hat{\psi}(x)|\boldsymbol{\Psi}(\boldsymbol{Q},\boldsymbol{R})\rangle$和自己的内积为

$$\langle\boldsymbol{\Psi}(\bar{\boldsymbol{Q}},\bar{\boldsymbol{R}})|\hat{\psi}^{\dagger}(x)\hat{\psi}(x)|\boldsymbol{\Psi}(\boldsymbol{Q},\boldsymbol{R})\rangle=(\boldsymbol{l}|\boldsymbol{R}\otimes\bar{\boldsymbol{R}}|\boldsymbol{r})=\mathrm{tr}(\boldsymbol{RrR}^{\dagger}\boldsymbol{l}) \tag{7-55}$$

类似地,有下式:

$$\langle\boldsymbol{\Psi}(\bar{\boldsymbol{Q}},\bar{\boldsymbol{R}})|\hat{\psi}^{\dagger}(x)\hat{\psi}^{\dagger}(x)\hat{\psi}(x)\hat{\psi}(x)|\boldsymbol{\Psi}(\boldsymbol{Q},\boldsymbol{R})\rangle=(\boldsymbol{l}|\boldsymbol{R}^2\otimes\bar{\boldsymbol{R}}^2|\boldsymbol{r})=\mathrm{tr}(\boldsymbol{R}^2\boldsymbol{r}(\boldsymbol{R}^2)^{\dagger}\boldsymbol{l}) \tag{7-56}$$

使用方程:

$$\frac{\mathrm{d}}{\mathrm{d}x}\hat{U}(y,x)=+\hat{U}(y,x)[\boldsymbol{Q}\otimes\boldsymbol{I}+\boldsymbol{R}\otimes\hat{\psi}^{\dagger}(x)]$$

$$\frac{\mathrm{d}}{\mathrm{d}x}\hat{U}(x,y)=-[\boldsymbol{Q}\otimes\boldsymbol{I}+\boldsymbol{R}\otimes\hat{\psi}^{\dagger}(x)]\hat{U}(x,y)$$

得到下式:

$$\begin{aligned}\frac{\mathrm{d}\hat{\psi}(x)}{\mathrm{d}x}|\boldsymbol{\Psi}(\boldsymbol{Q},\boldsymbol{R})\rangle&=\frac{\mathrm{d}}{\mathrm{d}x}\boldsymbol{v}_L^{\dagger}\hat{U}(-\infty,x)\boldsymbol{R}\hat{U}(x,+\infty)\boldsymbol{v}_R|\Omega\rangle\\&=\boldsymbol{v}_L^{\dagger}\hat{U}(-\infty,x)[(\boldsymbol{QR}-\boldsymbol{RQ})\otimes1+(\boldsymbol{R}^2-\boldsymbol{R}^2)\otimes\hat{\psi}^{\dagger}(x)]\hat{U}(x,+\infty)\boldsymbol{v}_R|\Omega\rangle\\&=\boldsymbol{v}_L^{\dagger}\hat{U}(-\infty,x)[\boldsymbol{Q},\boldsymbol{R}]\hat{U}(x,+\infty)\boldsymbol{v}_R|\Omega\rangle\end{aligned} \tag{7-57}$$

它和自己的内积为

$$\left\langle \Psi(\bar{Q},\bar{R}) \left| \frac{\mathrm{d}\hat{\psi}^{\dagger}(x)}{\mathrm{d}x} \frac{\mathrm{d}\hat{\psi}(x)}{\mathrm{d}x} \right| \Psi(Q,R) \right\rangle = \langle l \mid [Q,R] \otimes [\bar{Q},\bar{R}] \mid r \rangle$$

$$= \mathrm{tr}([Q,R] r [Q,R]^{\dagger} l) \tag{7-58}$$

从式(7-56)和式(7-58)得到

$$\langle \Psi(\bar{Q},\bar{R}) \mid H \mid \Psi(Q,R) \rangle = 2\pi\delta(0) \left\{ \frac{1}{2m} \mathrm{tr}([Q,R] r [Q,R]^{\dagger} l) + g\,\mathrm{tr}[R^2 r (R^2)^{\dagger} l] \right\} \tag{7-59}$$

这里 $2\pi\delta(0) = \int_{-\infty}^{\infty} \mathrm{d}x$。数算符

$$\hat{N} = \int_{-\infty}^{+\infty} \hat{\psi}^{\dagger}(x) \hat{\psi}(x) \mathrm{d}x \tag{7-60}$$

与 H 可交换的:$[\hat{N},H]=0$,$\hat{N}$ 是一个守恒量,我们可以固定数密度算符是常数,则

$$\langle \Psi(\bar{Q},\bar{R}) \mid \hat{\psi}^{\dagger}(x) \hat{\psi}(x) \mid \Psi(Q,R) \rangle = \mathrm{tr}(R r R^{\dagger} l) = 常数 \tag{7-61}$$

在左规范下,有下式:

$$Q + Q^{\dagger} + R^{\dagger} R = 0 \tag{7-62}$$

l 为单位矩阵,式(7-59)变为

$$\frac{1}{2\pi\delta(0)} \langle \Psi(\bar{Q},\bar{R}) \mid H \mid \Psi(Q,R) \rangle = \frac{1}{2m} \mathrm{tr}([Q,R] r [Q,R]^{\dagger}) + g\,\mathrm{tr}[R^2 r (R^2)^{\dagger}] \tag{7-63}$$

在左规范下,我们也要求式(7-46)成立。

式(7-61)变为

$$\langle \Psi(\bar{Q},\bar{R}) \mid \hat{\psi}^{\dagger}(x) \hat{\psi}(x) \mid \Psi(Q,R) \rangle = \mathrm{tr}(R r R^{\dagger}) = 常数 \tag{7-64}$$

我们的目标就是在约束式(7-64)和左规范式(7-62)下,求 Q 和 R 使得表达式(7-63)达到极小,这里 r 满足式(7-44)。

在左规范条件下式(7-62)可以求解,则

$$Q = \mathrm{i}K - \frac{1}{2} R^{\dagger} R \tag{7-65}$$

其中,K 为厄米矩阵。r 满足的方程(7-44)变为

$$\mathrm{i}[K,r] - \frac{1}{2} \{R^{\dagger} R, r\} + R r R^{\dagger} = 0 \tag{7-66}$$

当 $g \to \infty$ 时,H 的基态能可精确求解(TG-limit)。我们计算了不同的 D 和 g 下 H 的基态能密度如式(7-63)。在给定 g 的条件下,D 从 2 变到 8 时,计算结果收敛到稳定值,它已经非常接近精确解。

第 8 章　神经网络量子态

机器学习已经广泛地运用于量子物理领域[28]，神经网络量子态(NQS)用于描述量子多体体系的波函数，利用变分方法可研究多体体系的基态、激发态[29]和其他量子物理现象。本章介绍神经网络量子态在凝聚态物理中的应用。

8.1　多体体系模型

这一节给出常用多体体系的哈密顿量。

横向场伊辛模型：

$$H=-\sum_{i=0}^{N-1} J\sigma_i^x\sigma_{i+1}^x-\sum_{i=0}^{N-1} g\sigma_i^z \tag{8-1}$$

其中，N 为格点个数，J 和 g 为给定参数，σ_i^x、σ_i^y 和 σ_i^z 分别为作用于第 i 个空间 $\mathbb{C}^2$ 的泡利 x、y 和 z 矩阵。

海森伯模型：

$$H=J\sum_{i=0}^{N-1}\vec{\sigma}_i\cdot\vec{\sigma}_{i+1}=J\sum_{i=0}^{N-1}(\sigma_i^x\sigma_{i+1}^x+\sigma_i^y\sigma_{i+1}^y+\sigma_i^z\sigma_{i+1}^z) \tag{8-2}$$

其中，$\vec{\sigma}_i=(\sigma_i^x,\sigma_i^y,\sigma_i^z)$。

J_1-J_2 模型：

$$\hat{H}=\sum_{i=0}^{N-1} J_1\vec{\sigma}_i\cdot\vec{\sigma}_{i+1}+J_2\vec{\sigma}_i\cdot\vec{\sigma}_{i+2} \tag{8-3}$$

当 $J_2=0$ 时，它是海森伯模型。

玻色-哈伯德模型：

$$H=-t\sum_{\langle i,j\rangle,i<j}(b_i^\dagger b_j+b_j^\dagger b_i)+V\sum_{\langle i,j\rangle,i<j}n_in_j+\frac{U}{2}\sum_i n_i(n_i-1)-\mu\sum_i n_i \tag{8-4}$$

这里 $b_i^\dagger$ 和 b_i 分别为玻色子产生算符和湮灭算符，满足对易关系：

$$[b_i^\dagger,b_j^\dagger]=0,\quad [b_i,b_j]=0,\quad [b_i,b_j^\dagger]=\delta_{i,j} \tag{8-5}$$

其中，$n_i=b_i^\dagger b_i$，t、V、U 和 μ 都是参数。

费米-哈伯德模型：

$$H=-\sum_{\langle i,j\rangle,i<j,\sigma} t(c_{\sigma,i}^\dagger c_{\sigma,j}+h.c.)+\sum_i Un_{\uparrow,i}n_{\downarrow,i}-\sum_i\mu(n_{\uparrow,i}+n_{\downarrow,i})+$$

$$\sum_{\langle i,j\rangle,i<j,\sigma} V(n_{\uparrow,i}+n_{\downarrow,i})(n_{\uparrow,j}+n_{\downarrow,j}) \tag{8-6}$$

这里 $c_{\sigma,i}^{\dagger}$ 和 $c_{\sigma,i}$ 分别为 $\sigma(=\uparrow,\downarrow)$ 的费米产生算符和湮灭算符，满足对易关系：

$$\{c_{\sigma,i}^{\dagger},c_{\tau,j}^{\dagger}\}=0,\quad \{c_{\sigma,i},c_{\tau,j}\}=0,\quad \{c_{\sigma,i},c_{\tau,j}^{\dagger}\}=\delta_{\sigma,\tau}\delta_{i,j} \tag{8-7}$$

其中，$n_{\sigma,i}=c_{\sigma,i}^{\dagger}c_{\sigma,i}$，$t$、$V$、$U$ 和 μ 都是参数。

Toric code 模型：

$$H=-J_v\sum_{\text{vertices } v}\prod_{e\in v}\sigma_e^x-J_p\sum_{\text{plaquettes } p}\prod_{i\in p}\sigma_i^z \tag{8-8}$$

在二维时，$\sum_{\text{vertices } v}$ 表示对所有二维格点 v 累加，每个格点 v 有 4 条边 e 使得 v 是边的一个顶点，$\prod_{e\in v}\sigma_e^x$ 表示这四条边上的泡利 x 算符的乘积。$\sum_{\text{plaquettes } p}$ 表示对所有四边形 p 累加，$\prod_{i\in p}$ 表示 p 的四个顶点上的泡利 z 算符的乘积。

8.2　希尔伯特空间

多体体系的希尔伯特空间为

$$\mathcal{H}_{\text{discrete}}=\text{span}\{|s_0\rangle\otimes\cdots\otimes|s_{N-1}\rangle \mid s_i\in\mathcal{L}_i,i\in\{0,\cdots,N-1\}\} \tag{8-9}$$

这里假设有 N 个子体系，第 i 个子体系(格点位置)的希尔伯特空间为 $\mathcal{H}_i$，$\mathcal{H}_i$ 的基为 $\{|s_i\rangle\}_{s_i\in\mathcal{L}_i}$。$\mathcal{L}_i$ 称为第 i 个格点位置的局部量子数。设每个格点的量子数 $\mathcal{L}_i$ 都是离散的，$\mathcal{H}_{\text{discrete}}$ 称为离散的希尔伯特空间。一般地，每个 $\mathcal{H}_i$ 中的基 $\{|s_i\rangle\}_{s_i\in\mathcal{L}_i}$ 构成标准正交基，$\mathcal{H}_{\text{discrete}}$ 中的基也是标准正交的。比如，量子比特(qubit)，$\mathcal{L}_i=\{0,1\}$。对于自旋 $\frac{1}{2}$ 系统，$\mathcal{L}_i=\{-1,1\}$，它表示泡利矩阵 σ^z 的两个特征值。对于一般的自旋 S $\left(S=\frac{1}{2},1,\frac{3}{2},2,\cdots\right)$ 系统，$\mathcal{L}_i=\{-2S,-2S+2,\cdots,2S-2,2S\}$，$\mathcal{H}_i$ 的维数为 $2S+1$，$\mathcal{H}_{\text{discrete}}$ 的维数为 $(2S+1)^N$。为了记号简单，把 $\mathcal{H}_{\text{discrete}}$ 中的基 $|s_0\rangle\otimes\cdots\otimes|s_{N-1}\rangle$ 写为 $|s_0\cdots s_{N-1}\rangle$。在某些约束条件下，$\mathcal{H}_{\text{discrete}}$ 的维数可以降低。比如，$N=4$，自旋 $\frac{1}{2}$ 系统对应的 $\mathcal{H}_{\text{discrete}}$ 的维数为 16。在约束下，$\sigma^z\equiv\sum_{i=0}^{N-1}\sigma_i^z=0$，$\mathcal{H}_{\text{discrete}}$ 的维数为 6。

$\mathcal{H}_{\text{discrete}}$ 中任意态 $|\psi\rangle\in\mathcal{H}_{\text{discrete}}$ 都可以表示为

$$|\psi\rangle=\sum_s\psi(s)|s\rangle=\sum_{s_0,\cdots,s_{N-1}}\psi(s_0,\cdots,s_{N-1})|s_0\cdots s_{N-1}\rangle \tag{8-10}$$

其中，求和是指对所有格点的量子数求和。由于 $\mathcal{H}_{\text{discrete}}$ 中基的标准正交性，$\langle s|\psi\rangle=\psi(s)$。

多体体系的算符 $\hat{A}$ 是 $\mathcal{H}_{\text{discrete}}$ 到自身的线性映射。在式(8-9)中的基下，算符可表示为矩阵形式，它的矩阵元为 $\langle s'|\hat{A}|s\rangle$，其中 $|s\rangle=|s_0\cdots s_{N-1}\rangle$，$\langle s'|=\langle s_0'\cdots s_{N-1}'|$。

自旋$\frac{1}{2}$系统(伊辛模型)的哈密顿量为

$$H=-\sum_{i=0}^{N-1} J\sigma_i^x\sigma_{i+1}^x-\sum_{i=0}^{N-1} g\sigma_i^z \tag{8-11}$$

这里假设周期边界条件:$\sigma_N^x=\sigma_0^x$,J 和 g 为常量。三个泡利矩阵为

$$\boldsymbol{\sigma}^x=\begin{pmatrix}0 & 1\\ 1 & 0\end{pmatrix},\quad \boldsymbol{\sigma}^y=\begin{pmatrix}0 & -\mathrm{i}\\ \mathrm{i} & 0\end{pmatrix},\quad \boldsymbol{\sigma}^z=\begin{pmatrix}1 & 0\\ 0 & -1\end{pmatrix} \tag{8-12}$$

局部量子取 $\boldsymbol{\sigma}^z$ 的两个特征值 -1 和 $+1$,它们对应的特征向量分别为 $|-1\rangle\equiv|\uparrow\rangle=\begin{pmatrix}0\\1\end{pmatrix}$、$|+1\rangle\equiv|\downarrow\rangle=\begin{pmatrix}1\\0\end{pmatrix}$,构成了标准正交基。$\sigma_i^x$ 的作用就是把第 i 个格点的自旋方向改变,而 σ_i^z 的作用是把第 i 个格点的向上(向下)自旋方向保持不变,但是对于向上自旋需要乘以 -1。当 $N=2$ 时,$\mathcal{H}_{\text{discrete}}$ 的 4 个基为 $e_0\equiv|\downarrow\downarrow\rangle$、$e_1\equiv|\downarrow\uparrow\rangle$、$e_2\equiv|\uparrow\downarrow\rangle$ 和 $e_3\equiv|\uparrow\uparrow\rangle$。$H=-2J\sigma_0^x\sigma_1^x-g(\sigma_0^z+\sigma_1^z)$ 作用于这组基可得

$$H|\downarrow\downarrow\rangle=-2J|\uparrow\uparrow\rangle-2g|\downarrow\downarrow\rangle,\quad H|\uparrow\uparrow\rangle=-2J|\downarrow\downarrow\rangle+2g|\uparrow\uparrow\rangle$$

$$H|\downarrow\uparrow\rangle=-2J|\uparrow\downarrow\rangle,\quad H|\uparrow\downarrow\rangle=-2J|\downarrow\uparrow\rangle$$

故 H 在基$\{e_i\}_{i=0}^3$下可表示为矩阵

$$-J\begin{pmatrix}0&0&0&2\\0&0&2&0\\0&2&0&0\\2&0&0&0\end{pmatrix}-g\begin{pmatrix}2&0&0&0\\0&0&0&0\\0&0&0&0\\0&0&0&-2\end{pmatrix}=-J(\boldsymbol{\sigma}^x\otimes\boldsymbol{\sigma}^x+\boldsymbol{\sigma}^x\otimes\boldsymbol{\sigma}^x)-g(\boldsymbol{\sigma}^z\otimes\boldsymbol{I}+\boldsymbol{I}\otimes\boldsymbol{\sigma}^z)$$

其中,

$$\boldsymbol{\sigma}^x\otimes\boldsymbol{\sigma}^x=\begin{pmatrix}0&0&0&1\\0&0&1&0\\0&1&0&0\\1&0&0&0\end{pmatrix},\quad \boldsymbol{\sigma}^z\otimes\boldsymbol{I}=\begin{pmatrix}1&0&0&0\\0&1&0&0\\0&0&-1&0\\0&0&0&-1\end{pmatrix},\quad \boldsymbol{I}\otimes\boldsymbol{\sigma}^z=\begin{pmatrix}1&0&0&0\\0&-1&0&0\\0&0&1&0\\0&0&0&-1\end{pmatrix}$$

这里用到了下式:

$$[\boldsymbol{\sigma}^x,\boldsymbol{\sigma}^y]=2\mathrm{i}\boldsymbol{\sigma}^z,\quad [\boldsymbol{\sigma}^y,\boldsymbol{\sigma}^z]=2\mathrm{i}\boldsymbol{\sigma}^x,\quad [\boldsymbol{\sigma}^z,\boldsymbol{\sigma}^x]=2\mathrm{i}\boldsymbol{\sigma}^y$$

注意矩阵的 Kronecker 乘定义为

$$\boldsymbol{A}\otimes\boldsymbol{B}=\begin{bmatrix}a_{1,1}\boldsymbol{B} & \cdots & a_{1,n}\boldsymbol{B}\\ \vdots & \ddots & \vdots\\ a_{m,1}\boldsymbol{B} & \cdots & a_{m,n}\boldsymbol{B}\end{bmatrix}_{mp\times nq}$$

其中,

$$\boldsymbol{A}=\begin{bmatrix}a_{1,1} & \cdots & a_{1,n}\\ \vdots & \ddots & \vdots\\ a_{m,1} & \cdots & a_{m,n}\end{bmatrix}_{m\times n};\quad \boldsymbol{B}=\begin{bmatrix}b_{1,1} & \cdots & b_{1,q}\\ \vdots & \ddots & \vdots\\ b_{p,1} & \cdots & b_{p,q}\end{bmatrix}_{p\times q}$$

给定基$\langle s'|=(\uparrow\cdots\uparrow|$,即每个格点的自旋都向上,有多少个基 $|s\rangle=|s_0\cdots$

$s_{N-1}\rangle$使得$\langle s'|\hat{A}|s\rangle$非零？为了简单起见，取 $g=0$。若取$|s\rangle$是第 0 个、第 1 个格点的自旋都向下，其他格点自旋都向上，则 $\hat{A}=\sum_{i=0}^{N-1}\sigma_i^x\sigma_{i+1}^x$ 对$|s\rangle$的作用会产生 N 个态相加，只有第 1 个态（第 0 个、第 1 个格点的自旋向下，其他格点自旋向上）和$\langle s'|$的内积不为 0。只要$|s\rangle$是$\langle s'|$中两个相邻格点的自旋翻转得到，则$\langle s'|\hat{A}|s\rangle\neq 0$。

8.3　算符均值以及导数

在态$|\psi\rangle$下算符 $\hat{A}$ 的均值定义为

$$\begin{aligned}\langle\hat{A}\rangle&=\frac{\langle\psi|\hat{A}|\psi\rangle}{\langle\psi|\psi\rangle}=\sum_s\frac{\langle\psi|s\rangle\langle s|\hat{A}|\psi\rangle}{\langle\psi|\psi\rangle}\\&=\sum_s\frac{|\psi(s)|^2}{\langle\psi|\psi\rangle}\widetilde{A}(s)=\sum_s p(s)\widetilde{A}(s)=\mathbb{E}[\widetilde{A}]\end{aligned}\tag{8-13}$$

第二个等式是由于插入了单位算符 $\sum_s|s\rangle\langle s|=1$，$\langle\psi|s\rangle=\psi(s)^*$，$\widetilde{A}$ 为局部算符：

$$\widetilde{A}(s)=\frac{\langle s|\hat{A}|\psi\rangle}{\langle s|\psi\rangle}=\sum_{s'}\frac{\psi(s')}{\psi(s)}\langle s|\hat{A}|s'\rangle\tag{8-14}$$

式(8-13)表明在态$|\psi\rangle$下算符 $\hat{A}$ 的均值$\langle\hat{A}\rangle$可表示为古典意义下的函数 $\widetilde{A}(s)$ 的均值$\mathbb{E}[\widetilde{A}]$，概率密度为 $p(s)=\frac{|\psi(s)|^2}{\langle\psi|\psi\rangle}$，$s=(s_0,\cdots,s_{N-1})$。当 $\hat{A}$ 在基$\langle s|$下的矩阵为稀疏矩阵时，对于给定的一个基$\langle s|$，往往只有 $O(N)$个基$|s'\rangle$使得$\langle s|\hat{A}|s'\rangle$非零。

我们用神经网络结构描述波函数 $\psi(s)$，它依赖于实参数 $\theta=\{\theta_k\}_{k=1}^p$，表示为 $\psi_\theta(s)$。θ 的第k 个分量θ_k 有增量 $\delta\theta_k$，用 $\theta+\delta\theta_k$ 表示这样变化后的参数。对 $\psi_{\theta+\delta\theta_k}(s)$展开，则

$$\psi_{\theta+\delta\theta_k}(s)=\psi_\theta(s)+\delta\theta_k\frac{\partial\psi_\theta(s)}{\partial\theta_k}+O(\delta\theta_k^2)\tag{8-15}$$

定义局部算符 $\hat{O}_k$，它的矩阵元为

$$\langle s|\hat{O}_k|s'\rangle=\delta_{s,s'}O_k(s)\tag{8-16}$$

其中，

$$O_k(s)=\frac{\partial\ln\psi_\theta(s)}{\partial\theta_k}=\frac{1}{\psi_\theta(s)}\frac{\partial\psi_\theta(s)}{\partial\theta_k}\tag{8-17}$$

这里 $O_k(s)$ 依赖参数 θ。从式(8-16)和式(8-17)得到

$$\langle s|\hat{O}_k|\psi_\theta\rangle=\langle s|\hat{O}_k|s'\rangle\langle s'|\psi_\theta\rangle=\delta_{ss'}O_k(s)\psi_\theta(s')=O_k(s)\psi_\theta(s)=\frac{\partial\psi_\theta(s)}{\partial\theta_k} \tag{8-18}$$

故

$$\hat{O}_k|\psi_\theta\rangle=\sum_s\psi_\theta(s)O_k(s)|s\rangle=\left|\frac{\partial\psi_\theta}{\partial\theta_k}\right\rangle \tag{8-19}$$

再由式(8-15)得到

$$|\psi_{\theta+\theta_k}\rangle=(1+\delta\theta_k\hat{O}_k)|\psi_\theta\rangle \tag{8-20}$$

这里忽略 $O(\delta\theta_k^2)$。$|\psi_\theta\rangle$ 被归一化为

$$|v_{0,\theta}\rangle=\frac{|\psi_\theta\rangle}{\|\psi_\theta\|} \tag{8-21}$$

其中，$\|\psi_\theta\|$ 表示 $|\psi_\theta\rangle$ 的范数。定义

$$|v_{k,\theta}\rangle=(\hat{O}_k-\langle\hat{O}_k\rangle)|v_{0,\theta}\rangle,\quad k=1,\cdots,p \tag{8-22}$$

其中，

$$\langle\hat{O}_k\rangle=\langle v_{0,\theta}|\hat{O}_k|v_{0,\theta}\rangle=\frac{\langle\psi_\theta|\hat{O}_k|\psi_\theta\rangle}{\langle\psi_\theta|\psi_\theta\rangle} \tag{8-23}$$

故 $|v_{k,\theta}\rangle$ 和 $|v_{0,\theta}\rangle$ 正交，$k=1,\cdots,p$，但是 $\langle v_{k,\theta}|v_{k',\theta}\rangle\neq0$，$k,k'=1,\cdots,p$。

$|\psi_{\theta+\delta\theta_k}\rangle$ 的范数平方为

$$\begin{aligned}\|\psi_{\theta+\delta\theta_k}\|^2&=\langle\psi_\theta|(1+\delta\theta_k\hat{O}_k)^*|(1+\delta\theta_k\hat{O}_k)|\psi_\theta\rangle\\&=\|\psi_\theta\|^2[1+2\mathrm{Re}(\delta\theta_k\langle\hat{O}_k\rangle)+O(\delta\theta_k^2)]\end{aligned} \tag{8-24}$$

从式(8-20)和式(8-24)得到

$$\begin{aligned}|v_{0,\theta+\delta\theta_k}\rangle=\frac{|\psi_{\theta+\delta\theta_k}\rangle}{\|\psi_{\theta+\delta\theta_k}\|}&=|v_{0,\theta}\rangle+[\delta\theta_k\hat{O}_k-\mathrm{Re}(\delta\theta_k\langle\hat{O}_k\rangle)]|v_{0,\theta}\rangle+O(\delta\theta_k^2)\\&=[1+\mathrm{iIm}(\delta\theta_k\langle\hat{O}_k\rangle)]|v_{0,\theta}\rangle+\delta\theta_k|v_{k,\theta}\rangle+O(\delta\theta_k^2)\\&\quad(\text{根据(8-22)得到})\\&=\mathrm{e}^{\mathrm{i}\delta\phi}[|v_{0,\theta}\rangle+\delta\theta_k|v_{k,\theta}\rangle]+O(\delta\theta_k^2)\end{aligned} \tag{8-25}$$

其中 $\delta\phi=\mathrm{Im}(\delta\theta_k\langle\hat{O}_k\rangle)$。设 $\hat{A}$ 为多体体系的厄米算符，则

$$\begin{aligned}&\frac{\partial}{\partial\theta_k}\frac{\langle\psi_\theta|\hat{A}|\psi_\theta\rangle}{\langle\psi_\theta|\psi_\theta\rangle}=\frac{\partial}{\partial\theta_k}\langle v_{0,\theta}|\hat{A}|v_{0,\theta}\rangle=\lim_{\delta\theta_k\to0}\frac{\langle v_{0,\theta+\delta\theta_k}|\hat{A}|v_{0,\theta+\delta\theta_k}\rangle-\langle v_{0,\theta}|\hat{A}|v_{0,\theta}\rangle}{\delta\theta_k}\\&=\langle v_{k,\theta}|\hat{A}|v_{0,\theta}\rangle+\langle v_{0,\theta}|\hat{A}|v_{k,\theta}\rangle=2\mathrm{Re}\left[\frac{\langle\psi_\theta|\hat{A}(\hat{O}_k-\langle\hat{O}_k\rangle)|\psi_\theta\rangle}{\langle\psi_\theta|\psi_\theta\rangle}\right]\\&=2\mathrm{Re}\left(\frac{\langle\psi_\theta|\hat{A}\hat{O}_k|\psi_\theta\rangle}{\langle\psi_\theta|\psi_\theta\rangle}-\frac{\langle\psi_\theta|\hat{A}|\psi_\theta\rangle}{\langle\psi_\theta|\psi_\theta\rangle}\frac{\langle\psi_\theta|\hat{O}_k|\psi_\theta\rangle}{\langle\psi_\theta|\psi_\theta\rangle}\right)\end{aligned} \tag{8-26}$$

根据式(8－13)和式(8－14)，$\langle \hat{A}\hat{O}_k \rangle=\dfrac{\langle \psi_\theta | \hat{A}\hat{O}_k | \psi_\theta \rangle}{\langle \psi_\theta | \psi_\theta \rangle}$的计算归结为算符 $\hat{A}\hat{O}_k$ 的矩阵元：

$$\langle s | \hat{A}\hat{O}_k | s' \rangle=\sum_{s''} \langle s | \hat{A} | s'' \rangle \langle s'' | \hat{O}_k | s' \rangle=\langle s | \hat{A} | s' \rangle O_k(s') \quad (8-27)$$

$$\langle \psi_\theta | \hat{A}\hat{O}_k | \psi_\theta \rangle=\sum_{s} \langle \psi_\theta | \hat{A} | s \rangle \langle s | \hat{O}_k | \psi_\theta \rangle=\sum_{s} \langle \psi_\theta | \hat{A} | s \rangle O_k(s) \psi_\theta(s) \quad (8-28)$$

8.4　具体波函数形式

这一节我们给出常用的波函数。

平均场假设：

$$\psi(s)=\prod_{i=0}^{N-1} \sqrt{P(s_i)} \Longleftrightarrow \ln \psi(s)=\sum_{i=0}^{N-1} \frac{1}{2} \ln(1+\mathrm{e}^{-\lambda s_i})^{-1} \quad (8-29)$$

其中，$P(s_i)=(1+\mathrm{e}^{-\lambda s_i})^{-1}$依赖一个实参数 λ。

短程 Jastrow 假设：

$$\psi(s)=\exp\left[\sum_{i=0}^{N-1}(J_1 s_i s_{i+1}+J_2 s_i s_{i+2})\right] \Longleftrightarrow \ln \psi(s)=\sum_{i=0}^{N-1}(J_1 s_i s_{i+1}+J_2 s_i s_{i+2}) \quad (8-30)$$

依赖两个实变分参数 J_1、J_2。

长程 Jastrow 假设：

$$\psi(s)=\exp\left[\sum_{i=0}^{N-1} a_i s_i+\sum_{i,j} s_i J_{i,j=0}^{N-1} s_j\right] \Longleftrightarrow \ln \psi(s)=\sum_{i=0}^{N-1} a_i s_i+\sum_{i,j=0}^{N-1} s_i J_{i,j} s_j \quad (8-31)$$

依赖于实变分参数$\{a_i\}_{i=0}^{N-1}$、$J_{i,j=0}^{N-1}$。

矩阵乘积态：

$$\psi(s)=\mathrm{tr}(\boldsymbol{A}^{s_0} \cdots \boldsymbol{A}^{s_{N-1}}) \quad (8-32)$$

依赖于实变分参数$\{\boldsymbol{A}^{s_i}\}_{i=0}^{N-1}$，$\boldsymbol{A}^{s_i}$是$\chi_i \times \chi_{i+1}$的矩阵，$s_i \in \mathcal{L}_i$，$i=0,\cdots,N-1$。

受限玻尔兹曼机：

$$\psi(s)=\exp\left(\sum_{j=0}^{N-1} a_j s_j\right) \prod_{i=0}^{M-1} 2\cosh\left(b_i+\sum_{j=0}^{N-1} W_{ij} s_j\right) \quad (8-33)$$

依赖于实变分参数$\{a_j, b_i, W_{ij}\}$。我们常忽略 cosh 前的因子 2。

对称受限玻尔兹曼机：设有 N_g 个线性变换 T_g，$T_g(s_j)=s_{j,g}$，$g=1,\cdots,N_g$。有 N_f 个特征。

$$\psi(s)=\sum_{\{h_{f,g}=\pm 1\}} \exp\left[\sum_{f=1}^{N_f} a^{(f)} \sum_{g=1}^{N_g} \sum_{j=0}^{N-1} s_{j,g}+\sum_{f=1}^{N_f} b^{(f)} \sum_{g=1}^{N_g} h_{f,g}+\sum_{f=1}^{N_f} \sum_{g=1}^{N_g} h_{f,g} \sum_{j=0}^{N-1} W_j^{(f)} s_{j,g}\right] \quad (8-34)$$

对 $h_{f,g}=\pm 1$ 求和后得到

$$\psi(s)=\exp\left[\sum_{f,g,j} a^{(f)} s_{j,g}\right] \prod_{f=1}^{N_f}\prod_{g=1}^{N_g} 2\cosh\left[b^{(f)}+\sum_{j=0}^{N-1} W_j^{(f)} s_{j,g}\right] \tag{8-35}$$

它满足 $\psi(T_g s)=\psi(s)$，$g=1,\cdots,N_g$。实变分参数为 $\{a^{(f)},b^{(f)},W_j^{(f)}\}$。

群卷积神经网络(GCNN)：离散格点体系 $\{\vec{r}\}$ 有平移、旋转等对称操作，把它记为群 G。$u\in G$ 表示一个对称操作，$u^{-1}\in G$ 为 u 的逆操作。波函数 $|\psi\rangle$ 被 $u\in G$ 作用后得到另一个波函数 $|\psi_u\rangle=u|\psi\rangle$，

$$\psi_u(s)=\langle s|u|\psi\rangle=\psi(u^{-1}s) \tag{8-36}$$

这里 $(u^{-1}s)_{\vec{r}}=s_{u\vec{r}}$。下面构造的 GCNN 满足下式：

$$\psi(u^{-1}s)=\psi(s),\quad u\in G \tag{8-37}$$

GCNN 的第一步：把输入特征 $s=\{s_{\vec{r}}\}$ 映射为群值特征，则

$$\boldsymbol{f}_g=\sum_{\vec{r}}\boldsymbol{W}_{g^{-1}\vec{r}}\, s_{\vec{r}}=\sum_{\vec{r}}\boldsymbol{W}_{\vec{r}}\, s_{g\vec{r}}=\sum_{\vec{r}}\boldsymbol{W}_{\vec{r}}\,(g^{-1}s)_{\vec{r}} \tag{8-38}$$

$\boldsymbol{f}_g$ 和 $\boldsymbol{W}_{\vec{r}}$ 都是分量个数相同的向量，式(8-38)可写为分量形式，即 $f_g^a=\sum_{\vec{r}}W_{\vec{r}}^a(g^{-1}s)_{\vec{r}}$。该映射 $\{s_{\vec{r}}\}\to\{\boldsymbol{f}_g\}$ 是等变的(equivariant)，即 $\{s_{u\vec{r}}\}\to\{\boldsymbol{f}_{ug}\}$，这是由于下式：

$$\sum_{\vec{r}}\boldsymbol{W}_{g^{-1}\vec{r}}\, s_{u\vec{r}}=\sum_{\vec{r}}\boldsymbol{W}_{g^{-1}u^{-1}\vec{r}}\, s_{\vec{r}}=\boldsymbol{f}_{ug},\quad u\in G \tag{8-39}$$

GCNN 的第二步：执行映射，把群值特征 $\{\boldsymbol{f}_g\}$ 映射为另一个群值特征，则

$$\boldsymbol{\phi}_h=\sum_{g\in G}\boldsymbol{W}_{g^{-1}h}\,\boldsymbol{f}_g,\quad h\in G \tag{8-40}$$

$\boldsymbol{f}_g$ 和 $\boldsymbol{\phi}_h$ 是向量，$\boldsymbol{W}_g$ 为矩阵，式(8-40)可写为分量形式 $\phi_h^a=\sum_b\sum_{g\in G}\boldsymbol{W}_{g^{-1}h}^{ab} f_g^b$。显然，该映射 $\{\boldsymbol{f}_g\}\to\{\boldsymbol{\phi}_h\}$ 也是等变的，即 $\{\boldsymbol{f}_{ug}\}\to\{\boldsymbol{\phi}_{uh}\}$，这是由于下式：

$$\sum_{g\in G}\boldsymbol{W}_{g^{-1}h}\,\boldsymbol{f}_{ug}=\sum_{g\in G}\boldsymbol{W}_{g^{-1}uh}\,\boldsymbol{f}_g=\boldsymbol{\phi}_{uh} \tag{8-41}$$

GCNN 的第三步：从群值特征 $\boldsymbol{\phi}_h$ 映射为波函数的值，则

$$\psi(s)=\sum_a\sum_{h\in G}\chi_h^*\ \exp(\phi_h^a) \tag{8-42}$$

χ_h 是 h 的表示对应的特征标(一个复数)。

以上三步称为群卷积神经网络，构造的波函数关于群 G 是对称的，即满足式(8-37)，即给定任意 $u\in G$，在变换 $s_{\vec{r}}\to s_{u\vec{r}}$ 下，即在变换 $(u^{-1}s)_{\vec{r}}=s_{u\vec{r}}$ 下，由式(8-39)得到 $\boldsymbol{f}_g\to\boldsymbol{f}_{ug}$。由式(8-41)得到 $\boldsymbol{f}_{ug}\to\boldsymbol{\phi}_{uh}$。从式(8-42)可知，$\boldsymbol{\phi}_h$ 被 $\boldsymbol{\phi}_{uh}$ 替换后不改变 $\psi(s)$，从而证明了 $\psi(u^{-1}s)=\psi(s)$，即式(8-37)成立。

GCNN 的参数为 $W_{\vec{r}}^a$ 和 W_g^{ab}，这里 $\vec{r}$ 表示格点，通道(channel)指标 $a,b=1,\cdots,K$，其中 K 为通道数。每个 $h\in G$，都要计算它表示的特征标 χ_g，它可用伯恩赛德算法实现，参见附录 B.1。

神经自回量子态[30]：

$$\psi(s)=\prod_{i=0}^{N-1}\psi_i(s_i|s_{i-1},\cdots,s_0) \tag{8-43}$$

对任意$(s_{i-1},\cdots,s_0)$、$\psi_i(s_i|s_{i-1},\cdots,s_0)$满足归一化条件为 $\sum_{s_i}|\psi_i(s_i|s_{i-1},\cdots,s_0)|^2=1$，从而确保 $\sum_s|\psi(s)|^2=1$。ψ_i 的一种取法为

$$\psi_i(s_i|s_{i-1},\cdots,s_0)=\frac{\exp(v_{i,s_i})}{\sqrt{\sum_{i=0}^{M-1}|\exp(v_{i,s_i})|^2}}$$

这里$(v_{i,s_i})_{i=0}^{M-1}\in\mathbb{C}^M$ 是在输入$(s_0,\cdots,s_{i-1})$下的某个人工神经网络(artificial neutral network)的输出。

一般的神经网络：

$$\ln\psi(s)=\boldsymbol{W}_K\sigma\{\boldsymbol{W}_{K-1}\sigma[\cdots\sigma(\boldsymbol{W}_1 s)]\} \tag{8-44}$$

这里$\{\boldsymbol{W}_i\in\mathbb{C}^{r_i\times r_{i-1}}\}_{i=1}^K$，$r_i$ 为第 i 层的宽度，$i=0,\cdots,K$，K 为神经网络的深度，$r_0=N$，$r_K=1$，σ 为某个非线性激活函数。

高斯模型是均值为 0、方差为 Σ 的高斯函数。

$$\psi(s)=\exp\left(\sum_{i,j=0}^{N-1}s_i\Sigma_{ij}s_j\right) \tag{8-45}$$

8.5 基态和激发态

多体体系的哈密顿算符 H 的基态可用梯度下降方法求解，它的每一步就是更新参数：第 k 个参数可更新为

$$\theta_k\leftarrow\theta_k-\eta f_k \tag{8-46}$$

其中，$f_k=\dfrac{\partial E_\theta}{\partial\theta_k}$，$E_\theta=\dfrac{\langle\psi_\theta|H|\psi_\theta\rangle}{\langle\psi_\theta|\psi_\theta\rangle}=\langle v_{0,\theta}|H|v_{0,\theta}\rangle$，$\eta>0$ 为学习速率。

下面介绍另一种算法计算参数的更新。参数 θ 的每个分量 θ_k 都有增量 $\delta\theta_k$，参数 θ 变为 $\theta+\delta\theta$，$\delta\theta=\{\delta\theta_k\}_{k=1}^p$，波函数 ψ_θ 变为 $\psi_{\theta+\delta\theta}$，它的归一化为 $|v_{0,\theta+\delta\theta}\rangle=|\psi_{\theta+\delta\theta}\rangle/\|\psi_{\theta+\delta\theta}\|$，和式(8-25)类似，

$$|v_{0,\theta+\delta\theta}\rangle=\mathrm{e}^{\mathrm{i}\delta\phi}\left(|v_{0,\theta}\rangle+\sum_{k=1}^p\delta\theta_k|v_{k,\theta}\rangle\right)+O(\delta\theta^2) \tag{8-47}$$

其中 $\delta\phi=\sum_{k=1}^p\mathrm{Im}(\delta\theta_k\langle\hat{O}_k\rangle)$。

$|v_{0,\theta}\rangle$ 和 $|v_{0,\theta+\delta\theta}\rangle$的距离定义为

$$\delta s^2=\min_{\delta\alpha}\|\mathrm{e}^{-\mathrm{i}\delta\alpha}|v_{0,\theta+\delta\theta}\rangle-|v_{0,\theta}\rangle\|^2 \tag{8-48}$$

当 $\delta\alpha=\delta\phi$，δs^2 达到极小：

$$\delta s^2=\sum_{k,k'}\langle v_{k,\theta}|v_{k',\theta}\rangle\delta\theta_k\delta\theta_{k'}+o(\delta\theta^2)=\sum_{k,k'}S_{k,k'}\delta\theta_k\delta\theta_{k'}+o(\delta\theta^2) \tag{8-49}$$

其中，矩阵$(S_{k,k'})$为

$$S_{k,k'}=\frac{\langle v_{k,\theta}|v_{k',\theta}\rangle+\langle v_{k',\theta}|v_{k,\theta}\rangle}{2}=\mathrm{Re}(\langle v_{k,\theta}|v_{k',\theta}\rangle)=\mathrm{Re}(\langle\hat{O}_k^*\hat{O}_{k'}\rangle-\langle\hat{O}_k\rangle^*\langle\hat{O}_{k'}\rangle) \tag{8-50}$$

这里用到了

$$\langle v_{k,\theta}|v_{k',\theta}\rangle=\langle v_{0,\theta}|(\hat{O}_k-\langle\hat{O}_k\rangle)^*(\hat{O}_{k'}-\langle\hat{O}_{k'}\rangle)|v_{0,\theta}\rangle \tag{8-51}$$

找 $\delta\theta$ 使得 $\Delta E=E_{\theta+\delta\theta}-E_\theta$ 尽量小，同时$|v_{0,\theta}\rangle$和$|v_{0,\theta+\delta\theta}\rangle$的距离 δs^2 尽量小。使得

$$\Delta E+\mu\delta s^2=\sum_k\frac{\partial E_\theta}{\partial\theta_k}\delta\theta_k+\mu\sum_{k,k'}S_{k,k'}\delta\theta_k\delta\theta_{k'}+o(\delta\theta^2) \tag{8-52}$$

达到最小的参数增量 $\delta\theta$ 满足下式[忽略小量 $o(\delta\theta^2)$]：

$$\sum_{k'=1}^{p}S_{k,k'}\delta\theta_{k'}=-\frac{f_k}{2\mu},\quad k=1,\cdots,p \tag{8-53}$$

从而确定参数 θ 的更新，该算法称为 SR(stochastic reconfiguration)方法。

设基态$|\psi_0\rangle$已经计算，它的波函数为 $\psi_0(s)$。我们需要计算第一个激发态。另一个态$|\psi_1\rangle$的波函数 $\psi_1(s)$有变分参数。定义[31]：

$$|\psi\rangle=|\psi_1\rangle-\lambda|\psi_0\rangle \tag{8-54}$$

其中，λ 为复数。为了使得$|\psi\rangle$和$|\psi_0\rangle$正交：$\langle\psi_0|\psi\rangle=0$，则

$$\lambda=\frac{\langle\psi_0|\psi_1\rangle}{\langle\psi_0|\psi_0\rangle}=\sum_s\frac{\psi_1(s)}{\psi_0(s)}\rho_0(s) \tag{8-55}$$

其中，$\rho_0(s)=|\psi_0(s)|^2/\sum_s|\psi_0(s)|^2$。第一个激发态$|\psi\rangle$的计算需要不断地迭代如下两步：①利用 $\psi_1(s)$，根据式(8-55)的第二等式，用蒙特卡罗以概率$\rho_0(s)$取样计算 λ。②对式(8-54)中的$|\psi\rangle$用方程(8-53)进行虚时间演化，其中 f_k 和 $S_{kk'}$ 的计算依赖于$|\psi\rangle$，$|\psi\rangle$更新后再更新$|\psi_1\rangle$。

8.6 实时动力学

多体体系的时间演化方程满足薛定谔方程：

$$\mathrm{i}\frac{\mathrm{d}}{\mathrm{d}t}|\phi(t)\rangle=H|\phi(t)\rangle \tag{8-56}$$

其中，$|\phi(t)\rangle$为 t 时刻的波函数。式(8-56)的解可表示为

$$|\phi(t)\rangle=\mathrm{e}^{-\mathrm{i}Ht}|\phi(0)\rangle \tag{8-57}$$

已知 t 时刻的波函数为 $\psi(s,t)$，根据式(8-57)，$t+\epsilon$ 时刻的波函数为

$$\phi(s,t+\epsilon)=\psi(s,t)[1-\mathrm{i}\epsilon\widetilde{H}(s,t)]+O(\epsilon^2) \tag{8-58}$$

其中，$\widetilde{H}(s,t)=\dfrac{\langle s|H|\psi(t)\rangle}{\langle s|\psi(t)\rangle}$。

构造依赖参数 $\theta(t)$ 的波函数为

$$\psi(s,t)=\exp\left[\sum_{k=0}^{p}\theta_k(t)O_k(s)\right]\xi(s) \tag{8-59}$$

复参数 $\theta(t)$ 依赖时间于 t。$O_k(s)$ 为实数，它定义了算符 $\hat{O}_k$，它的矩阵元由式(8-16)给出，$k=1,\cdots,p$。$O_0(s)=1$，θ_0 的实部可用于 $\psi(s,t)$ 的归一化，θ_0 的虚部可用于 $\psi(s,t)$ 相位的选取。根据式(8-59)，

$$\psi(s,t+\epsilon)=\psi(s,t)\left[1+\sum_{k=0}^{p}\delta\theta_k(t)O_k(s)\right]+O(\epsilon^2) \tag{8-60}$$

其中，$\delta\theta_k(t)=\theta_k(t+\epsilon)-\theta_k(t)$。下面构造 θ_k 的动力学使得从式(8-58)和式(8-60)的计算结果尽量接近。

$\psi(s,t+\epsilon)$ 和 $\phi(s,t+\epsilon)$ 的距离为

$$\begin{aligned}\Delta_\epsilon(t)&=\sum_s\left|\psi(s,t+\epsilon)-\phi(s,t+\epsilon)\right|^2\\&=\sum_s|\psi(s,t)|^2\left|\mathrm{i}\epsilon\widetilde{H}(s,t)+\sum_k\delta\theta_k(t)O_k(s)\right|^2\end{aligned} \tag{8-61}$$

它对 $\delta\theta_k^*(t)$ 的导数为 0：

$$\frac{\partial}{\partial\delta\theta_k^*(t)}\Delta_\epsilon(t)=0 \tag{8-62}$$

得到

$$\sum_s|\psi(s,t)|^2\left[\mathrm{i}\epsilon\widetilde{H}(s,t)+\sum_{k'}\delta\theta_{k'}(t)O_{k'}(s)\right]O_k^*(s)=0$$

$$\sum_{k'}\langle\hat{O}_k^\dagger\hat{O}_{k'}\rangle_t\delta\theta_{k'}(t)=-\mathrm{i}\epsilon\langle\hat{O}_k^\dagger H(t)\rangle_t \tag{8-63}$$

其中，

$$\begin{aligned}\langle\hat{O}_k^\dagger\hat{O}_{k'}\rangle_t&=\sum_s|\psi(s,t)|^2O_k^*(s)O_{k'}(s)\\&=\sum_s[\psi(s,t)^*O_k^*(s)][\psi(s,t)O_{k'}(s)]\\&=\langle\psi(t)|\hat{O}_k^\dagger\hat{O}_{k'}|\psi(t)\rangle=\left(\frac{\partial\psi(t)}{\partial\theta_k}\middle|\frac{\partial\psi(t)}{\partial\theta_{k'}}\right)\equiv A_{kk'}\end{aligned} \tag{8-64}$$

$$\begin{aligned}\langle\hat{O}_k^\dagger\widetilde{H}(t)\rangle_t&=\sum_s|\psi(s,t)|^2O_k(s)^*\widetilde{H}(s,t)\\&=\sum_s\psi(s,t)^*O_k(s)^*\langle s|H|\psi(t)\rangle\\&=\langle\psi(t)|\hat{O}_k^\dagger H|\psi(t)\rangle=\left\langle\frac{\partial\psi(t)}{\partial\theta_k}\middle|H\middle|\psi(t)\right\rangle\equiv C_k\end{aligned} \tag{8-65}$$

令 $\epsilon \to 0$，$\dot{\theta}_k(t) = \lim\limits_{\epsilon \to 0} \dfrac{\delta\theta_k(t)}{\epsilon}$，从式(8-63)得到

$$\sum_{k'} A_{kk'} \dot{\theta}_{k'}(t) = -\mathrm{i}C_k \tag{8-66}$$

这就是参数 θ_k 随时间演化的动力学方程。

我们也可以从狄拉克-弗仑克尔变分原理推导方程(8-66)，把 $|\psi(t)\rangle$ 写为 $|\psi[\theta(t)]\rangle$。狄拉克-弗仑克尔变分原理为

$$\left\langle \delta\psi[\theta(t)] \right| \left(\frac{\mathrm{d}}{\mathrm{d}t} + \mathrm{i}H\right) \left| \psi[\theta(t)] \right\rangle = 0 \tag{8-67}$$

其中，

$$\langle \delta\psi[\theta(t)] | = \sum_k \frac{\partial \langle \psi[\theta(t)] |}{\partial \theta_k} \delta\theta_k$$

把上式代入式(8-67)得到

$$\sum_k \delta\theta_k \frac{\partial \langle \psi[\theta(t)] |}{\partial \theta_k} \sum_{k'} \frac{\partial |\psi[\theta(t)]\rangle}{\partial \theta_{k'}} \dot{\theta}_{k'}(t) = -\mathrm{i} \sum_k \delta\theta_k \left\langle \frac{\partial \psi[\theta(t)]}{\partial \theta_k} \right| H \left| \psi[\theta(t)] \right\rangle \tag{8-68}$$

由 $\delta\theta(t)$ 的任意性可得

$$\sum_{k'} \frac{\partial \langle \psi[\theta(t)] |}{\partial \theta_k} \frac{\partial |\psi[\theta(t)]\rangle}{\partial \theta_{k'}} \dot{\theta}_{k'}(t) = -\mathrm{i} \left\langle \frac{\partial \psi[\theta(t)]}{\partial \theta_k} \right| H \left| \psi[\theta(t)] \right\rangle \tag{8-69}$$

这就是方程(8-66)。

有三种变分原理(狄拉克-弗仑克尔变分原理、McLachlan 变分原理和依赖时间变分原理)推导参数 θ 满足的微分方程[46]。当参数 θ 为复数时，三种变分原理都推出相同的方程(8-66)。

当参数 θ 取为实数时，从狄拉克-弗仑克尔变分原理可得到方程(8-66)。McLachlan 变分原理为

$$\left\| \left(\frac{\mathrm{d}}{\mathrm{d}t} + \mathrm{i}H\right) \left| \psi[\theta(t)] \right\rangle \right\| = 0 \tag{8-70}$$

从该原理推出下式：

$$\sum_{k'} A^R_{kk'} \dot{\theta}_{k'}(t) = C^I_k \tag{8-71}$$

依赖时间变分原理：拉格朗日函数为

$$\left\langle \psi[\theta(t)] \right| \left(\frac{\mathrm{d}}{\mathrm{d}t} + \mathrm{i}H\right) \left| \psi[\theta(t)] \right\rangle = 0 \tag{8-72}$$

达到极小，从而有

$$\sum_{k'} A^I_{kk'} \dot{\theta}_{k'}(t) = -C^R_k \tag{8-73}$$

这里 $A_{kk'}^R$ 和 $A_{kk'}^I$ 分别是 $A_{kk'}$ 的实部和虚部，C_k^R 和 C_k^I 分别是 C_k 的实部和虚部。这些推导可参考文献[46]，该文献也用这三种变分原理讨论虚时间演化和开放系统。

8.7　耗散动力学

参见最近的综述文章[32]。记 $\hat{\rho}$ 为密度算符(density operator)

$$\hat{\rho}=\sum_{s,s'}\rho(s,s')|s\rangle\langle s'| \tag{8-74}$$

其中，

$$\rho(s,s')=\langle s|\hat{\rho}|s'\rangle \tag{8-75}$$

观察算符 $\hat{A}$ 在 $\hat{\rho}$ 下的均值为

$$\langle\hat{A}\rangle=\frac{\mathrm{tr}(\hat{\rho}\hat{A})}{\mathrm{tr}(\hat{\rho})}=\sum_s\frac{\rho(s,s)}{\mathrm{tr}(\hat{\rho})}\widetilde{A}_\rho(s)=\mathbb{E}[\widetilde{A}_\rho] \tag{8-76}$$

其中，

$$\widetilde{A}_\rho(s)=\frac{\langle s|\hat{\rho}\hat{A}|s\rangle}{\langle s|\hat{\rho}|s\rangle}=\sum_{s'}\frac{\rho(s,s')}{\rho(s,s)}\langle s'|\hat{A}|s\rangle \tag{8-77}$$

式(8-76)表明了 $\langle\hat{A}\rangle$ 可用蒙特卡罗进行取样计算，其中概率分布为 $\rho(s,s)/\sum_s\rho(s,s)$。

林德布拉德主方程描述了密度算符 $\hat{\rho}$ 的动力学：

$$\frac{\mathrm{d}}{\mathrm{d}t}\hat{\rho}=\mathcal{L}\hat{\rho}\equiv-\mathrm{i}[H,\hat{\rho}]+\sum_j\frac{\gamma_j}{2}(2\hat{L}_j\hat{\rho}\hat{L}_j^\dagger-\{\hat{L}_j^\dagger\hat{L}_j,\hat{\rho}\}) \tag{8-78}$$

其中，$\mathcal{L}$ 为刘维尔超算符(superoperator)，它依赖于哈密顿算符 H，右边的第二项表示外界环境对系统的作用，第 j 个通道对应的耗散速率为 γ_j，跳跃算符为 $\hat{L}_j$。假设稳态密度算符 $\hat{\rho}_{\mathrm{SS}}\equiv\lim_{t\to\infty}\hat{\rho}(t)$ 唯一。

为了使 $\rho(s,s')$ 为厄米的和半正定，取

$$\rho(s,s')=\sum_a\psi_\theta(s,a)\psi_\theta^*(s',a) \tag{8-79}$$

其中，$\psi_\theta(s,a)$ 是拓展希尔伯特空间 $\mathcal{H}_{\mathrm{discrete}}\otimes H_A$ 上的波函数，H_A 表示辅助希尔伯特空间，它的基为 $|a\rangle$，$a=(a_1,\cdots,a_{N_a})$。$\psi_\theta(s,a)$ 可用神经网络表示。$\boldsymbol{P}=(\rho(s,s'))$ 也可用神经网络密度矩阵(NDM)描述，参见文献[33]。

稳态密度算符满足下式：

$$0=\frac{\mathrm{d}\hat{\rho}}{\mathrm{d}t}=\mathcal{L}\hat{\rho} \tag{8-80}$$

它的计算可以通过极小化

$$C(\theta)=\frac{\|\mathcal{L}\hat{\rho}\|_2^2}{\|\hat{\rho}\|_2^2}=\frac{\mathrm{tr}(\hat{\rho}^{\dagger}\mathcal{L}^{\dagger}\mathcal{L}\hat{\rho})}{\mathrm{tr}(\hat{\rho}^{\dagger}\hat{\rho})}=\frac{\sum\limits_{s,s'}\langle s'|\hat{\rho}^{\dagger}\mathcal{L}^{\dagger}|s\rangle\langle s|\mathcal{L}\hat{\rho}|s'\rangle}{\mathrm{tr}(\hat{\rho}^{\dagger}\hat{\rho})}$$
$$=\sum_{s,s'}p(s,s')|\widetilde{\mathcal{L}}(s,s')|^2=\mathbb{E}[\mathcal{L}^2] \tag{8-81}$$

这里 $\|\cdot\|_2$ 表示弗罗贝尼乌斯范数，$p(s,s')=|\rho(s,s')|^2/Z$ 为概率分布，其中 $Z=\mathrm{tr}(\hat{\rho}^{\dagger}\hat{\rho})=\sum\limits_{s,s'}|\rho(s,s')|^2$，

$$\widetilde{\mathcal{L}}(s,s')=\frac{\langle s|\mathcal{L}\hat{\rho}|s'\rangle}{\rho(s,s')}=\sum_{m,m'}\mathcal{L}(s,s';m,m')\frac{\rho(m,m')}{\rho(s,s')} \tag{8-82}$$

$C(\theta)$对 θ_i^* 的偏导数为

$$f_i=\frac{\partial C(\theta)}{\partial\theta_i^*}=\mathbb{E}[\widetilde{\mathcal{L}}\nabla_i^*\widetilde{\mathcal{L}}]-\mathbb{E}[O_i^*\widetilde{\mathcal{L}}^2] \tag{8-83}$$

最简单的优化方法就是参数做如下更新：

$$\theta_i\leftarrow\theta_i-\eta f_i$$

其中，η 为学习参数。

8.8 有连续自由度的量子多体体系

有 N 个玻色子的希尔伯特空间为

$$\mathcal{H}_{\text{continuous}}=\mathrm{span}\{|x_0\rangle\otimes\cdots\otimes|x_{N-1}\rangle\,|\,x_i\in\mathcal{L}_i,i\in\{0,\cdots,N-1\}\} \tag{8-84}$$

其中，$\mathcal{L}_i$ 是第 i 个玻色子的自由度空间，比如，$\mathcal{L}_i=\mathrm{R}^d$ 表示粒子处于 d 维空间，$\mathcal{L}_i=[0,L]^d$ 表示粒子处于长为 L 的 d 维盒子中。

与离散自由度类似，算符 $\hat{A}$ 的均值可表示为

$$\widetilde{A}(x)=\frac{\langle x|\hat{A}|\psi\rangle}{\langle x|\psi\rangle} \tag{8-85}$$

的古典平均，其中概率分布为 $p(x)=|\psi(x)|^2/\int\mathrm{d}x\,|\psi(x)|^2$。比如，哈密顿量为

$$H=-\frac{1}{2}\sum_{i=1}^{N-1}\frac{1}{m_i}\nabla_i^2+V(\{x_i\}) \tag{8-86}$$

在态 $|\psi\rangle$ 下算符 H 的均值为

$$\langle H\rangle=\frac{\langle\psi|H|\psi\rangle}{\langle\psi|\psi\rangle}=\int\mathrm{d}x\,p(x)\widetilde{H}(x)=\mathbb{E}[\widetilde{H}] \tag{8-87}$$

其中，$\widetilde{H}(x)=\dfrac{\langle x|H|\psi\rangle}{\langle x|\psi\rangle}$。如果态 $|\psi\rangle$ 是式(8-45)给出的高斯函数，则

$$\widetilde{H}(x)=\frac{\langle x|H|\psi\rangle}{\langle x|\psi\rangle}=\frac{\left[-\frac{1}{2}\sum_{i=0}^{N-1}\frac{1}{m_i}\nabla_i^2+V(\{x_i\})\right]\exp\left(\sum_{i,j=1}^{N-1}x_i\sum_{ij}x_j\right)}{\exp\left(\sum_{i,j=0}^{N-1}x_i a_{ij}x_j\right)} \tag{8-88}$$

极小化$\mathbb{E}[\widetilde{H}]$可求出 H 的基态，其中变分参数为$\{a_{i,j}\}_{0\leqslant i,j\leqslant N-1}$。

8.9 古典统计力学

本小节参考文献[34]。考虑统计力学模型，比如伊辛模型，自旋 $s\in\{\pm 1\}^N$ 满足玻尔兹曼分布：

$$p(s)=\frac{\mathrm{e}^{-\beta E(s)}}{Z} \tag{8-89}$$

其中，β 为逆温度，$Z=\sum_s \mathrm{e}^{-\beta E(s)}$。变分方法就是用带变分参数 θ 的分布 $q_\theta(s)$ 逼近 $p(s)$，$\sum_s q_\theta(s)=1$。用 Kullback-Leibler(KL)散度度量了它们的差：

$$D_{KL}(q_\theta \parallel p)=\sum_s q_\theta(s)\ln\frac{q_\theta(s)}{p(s)}=\beta(F_q-F) \tag{8-90}$$

其中，$\beta F=-\ln Z$，

$$\beta F_q=\sum_s q_\theta(s)[\beta E(s)+\ln q_\theta(s)]=\mathbb{E}_{s\sim q_\theta(s)}[\beta E(s)+\ln q_\theta(s)] \tag{8-91}$$

依赖变分参数 $q_\theta(s)$。βF_q 对 θ_i 的偏导数为

$$\begin{aligned}\beta\partial_{\theta_i}F_q&=\sum_s\{\partial_{\theta_i}q_\theta(s)[\beta E(s)+\ln q_\theta(s)]+\partial_{\theta_i}q_\theta(s)\}\\&=\mathbb{E}_{s\sim q_\theta(s)}\{[1+\beta E(s)+\ln q_\theta(s)]\partial_{\theta_i}\ln q_\theta(s)\}\end{aligned} \tag{8-92}$$

8.10 费米-哈伯德模型

费米-哈伯德模型的哈密顿量为

$$\begin{aligned}H&=-t\sum_{\sigma=\uparrow,\downarrow}\sum_{j=0}^{N-2}(c_{j,\sigma}^\dagger c_{j+1,\sigma}+\text{h.c.})+U\sum_{j=0}^{N-1}n_{j,\uparrow}n_{j,\downarrow}-\mu\sum_{\sigma=\uparrow,\downarrow}\sum_{j=0}^{N-1}n_{j,\sigma}\\&=-t\sum_{\sigma=\uparrow,\downarrow}\sum_{j=0}^{N-2}(c_{j,\sigma}^\dagger c_{j+1,\sigma}+\text{h.c.})+U\sum_{j=0}^{N-1}\left(n_{j,\uparrow}-\frac{1}{2}\right)\left(n_{j,\downarrow}-\frac{1}{2}\right)-\\&\quad\left(\mu-\frac{U}{2}\right)\sum_{\sigma=\uparrow,\downarrow}\sum_{j=0}^{N-1}n_{j,\sigma}-\frac{NU}{4}\end{aligned} \tag{8-93}$$

其中，$n_{j,\sigma}=c_{j,\sigma}^\dagger c_{j,\sigma}$，产生和湮灭算符满足下式：

$$\{c_{j,\sigma}, c_{k,\tau}^{\dagger}\} = \delta_{jk}\delta_{\sigma\tau}, \quad \{c_{j,\sigma}, c_{k,\tau}\} = 0, \quad \{c_{j,\sigma}^{\dagger}, c_{k,\tau}^{\dagger}\} = 0$$

在半填充(half filling)时，$\mu = \frac{U}{2}$，哈密顿量变为

$$\begin{aligned} H &= -t \sum_{\sigma=\uparrow,\downarrow} \sum_{j=0}^{N-2} (c_{j,\sigma}^{\dagger} c_{j+1,\sigma} + \text{h.c.}) + U \sum_{j=0}^{N-1} n_{j,\uparrow} n_{j,\downarrow} - \frac{U}{2} \sum_{j=0}^{N-1} (n_{j,\uparrow} + n_{j,\downarrow}) \\ &= -t \sum_{\sigma=\uparrow,\downarrow} \sum_{j=0}^{N-2} (c_{j,\sigma}^{\dagger} c_{j+1,\sigma} + \text{h.c.}) + U \sum_{j=0}^{N-1} \left(n_{j,\uparrow} - \frac{1}{2}\right)\left(n_{j,\downarrow} - \frac{1}{2}\right) - \frac{NU}{4} \end{aligned} \tag{8-94}$$

表 8-1 给出了基态能的精确计算结果，表 8-2 是用 DMRG 算法得到的基态能 E_0/N，它几乎完全恢复了精确的计算结果。

表 8-1　用精确方法计算得到的基态能 E_0/N

N	U/t			
	0	2	4	8
4	−1.11 803 399	−1.71 898 570	−2.48 828 633	−4.27 929 310
6	−1.16 465 307	−1.75 771 897	−2.51 542 755	−4.29 468 313
8	−1.18 969 262	−1.77 820 427	−2.52 947 587	−4.30 260 393

在若尔当-维格纳表示下，哈密顿量可表示为式(8-105)，参见附录 B.3。我们用 DMRG 方法求该形式下的哈密顿量的基态，结果与表 8-2 完全一致。表 8-3是用受限玻尔兹曼机得到的基态。当 N 和 U/t 较大时，受限玻尔兹曼机得到的基态和精确解有较大误差。

表 8-2　DMRG 算法计算基态能 E_0/N

N	U/t			
	0	2	4	8
4	−1.1 180 339 887 498 947	−1.718 985 702 251 265	−2.488 286 327 171 138	−4.27 929 310 334 025
6	−1.1 646 410 822 789 857	−1.718 985 702 251 265	−2.5 154 252 701 334 836	−4.29 468 302 319 466
8	−1.1 896 426 532 910 238	−1.7 781 801 560 311 004	−2.5 294 691 099 096 687	−4.29 468 302 319 466

表 8-3　基态能 E_0/N，B(用最后的 10 000 个样本数据取样，使用受限玻尔兹曼机，$\alpha=4$)

N	U/t			
	0	2	4	8
4	−1.112 495±0.004 582	−1.713 604±0.00 430	−2.482 209±0.004 689	−4.270 301±0.006 399
6	−1.154 108±0.006 986	−1.747 218±0.007 063	−2.502 630±0.007 750	−4.272 329±0.011 334
8	−1.172 597±0.008 205	−1.759 270±0.009 341	−2.507 544±0.010 907	−4.211 473±0.012 070

特征标的计算、若尔当-维格纳变换、若尔当-维格纳表示下的哈密顿量参见附录 B。

第9章　量子算法

本章介绍常用的量子算法。内容包括线性代数以及狄拉克记号，量子力学以及测量，量子电路与量子平行，以及各种量子算法。本章部分内容可参考文献[36][37]。

9.1　线性代数

向量是有大小和方向的量，列向量和行向量分别用$|v\rangle$和$\langle v|$表示。$|v\rangle$称为右矢（ket），$\langle v|$称为左矢（bra），这些记号称为狄拉克记号。在一组向量$\{|v_i\rangle\}_{i=1}^n$中，如果只存在全为0的$k_1,k_2,\cdots,k_n$满足

$$k_1|v_1\rangle+\cdots+k_n|v_n\rangle=0$$

则称向量组$\{|v_i\rangle\}_{i=1}^n$线性无关。一组向量$\{|v_0\rangle,|v_1\rangle,\cdots\}\in\mathbb{C}^m$的所有线性组合的集合叫$\mathbb{C}^m$的子空间。若这组向量线性无关，则它是该子空间中的基。

一个$m\times n$的矩阵$\boldsymbol{M}$乘以$|v\rangle\in\mathbb{C}^n$得到$\boldsymbol{M}|v\rangle\in\mathbb{C}^m$。$\mathbb{C}^n$中两个向量$|a\rangle$和$|b\rangle$，用$\langle a|b\rangle$表示它们的内积：

$$\langle a|b\rangle=(a_1^*,a_2^*,\cdots,a_n^*)\begin{pmatrix}b_1\\b_2\\\vdots\\b_n\end{pmatrix}=a_1^*b_1+a_2^*b_2+\cdots+a_n^*b_n$$

这里把$\langle a|$定义为向量$|a\rangle$的共轭转置，记为$|a\rangle^\dagger$。$|a\rangle\langle b|$表示两个向量$|a\rangle$和$|b\rangle$的外积：

$$|a\rangle\langle b|=\begin{pmatrix}a_1\\a_2\\\vdots\\a_n\end{pmatrix}(b_1^*,b_2^*,\cdots,b_n^*)=\begin{pmatrix}a_1b_1^* & & \cdots & a_1b_n^*\\a_2b_1^* & & & \vdots\\\vdots & & \ddots & \vdots\\a_nb_1^* & \cdots & \cdots & a_nb_n^*\end{pmatrix}$$

$|a\rangle\otimes|b\rangle$表示的张量积为

$$|a\rangle\otimes|b\rangle=\begin{pmatrix}a_1\begin{pmatrix}b_1\\b_2\end{pmatrix}\\a_2\begin{pmatrix}b_1\\b_2\end{pmatrix}\end{pmatrix}=\begin{pmatrix}a_1b_1\\a_1b_2\\a_2b_1\\a_2b_2\end{pmatrix}$$

它也写为$|a\rangle|b\rangle$、$|ab\rangle$和$|a,b\rangle$。

矩阵 $\boldsymbol{A}$ 和 $\boldsymbol{B}$ 的张量积为

$$\boldsymbol{A}\otimes\boldsymbol{B}=\begin{pmatrix} a_{11}\boldsymbol{B} & \cdots & a_{1n}\boldsymbol{B} \\ \vdots & \ddots & \vdots \\ a_{m1}\boldsymbol{B} & \cdots & a_{mn}\boldsymbol{B} \end{pmatrix}$$

集合中所有向量只含有单位向量(向量长度为 1),并且两两向量之间的内积都为 0,称该集合为正交完备集。给定一个 n 阶方阵 $\boldsymbol{A}$,若存在一个 n 阶方阵 $\boldsymbol{B}$,使得 $\boldsymbol{AB}=\boldsymbol{BA}=\boldsymbol{I}_n$,其中 $\boldsymbol{I}_n$ 为 n 阶单位矩阵,则称 $\boldsymbol{A}$ 是可逆的,且 $\boldsymbol{B}$ 是 $\boldsymbol{A}$ 的逆矩阵,记作 $\boldsymbol{A}^{-1}$。矩阵 $\boldsymbol{A}$ 的转置是记号 $\boldsymbol{A}^{\mathrm{T}}$。$n\times m$ 矩阵 $\boldsymbol{A}$ 的转置 $\boldsymbol{A}^{\mathrm{T}}$ 是 $n\times m$ 矩阵。矩阵 $\boldsymbol{A}$ 的共轭转置 $\boldsymbol{A}^{\dagger}$ 是通过对矩阵 $\boldsymbol{A}$ 转置后再将所有元素替换为各自的共轭复数得到。

若 $\boldsymbol{A}\in\mathbb{C}^{m\times m}$ 满足 $\boldsymbol{A}=\boldsymbol{A}^{\dagger}$,称 $\boldsymbol{A}$ 为厄米矩阵。若 $\boldsymbol{U}\in\mathbb{C}^{m\times m}$ 满足 $\boldsymbol{UU}^{\dagger}=\boldsymbol{I}$,称 $\boldsymbol{U}$ 为 m 阶幺正矩阵,幺正矩阵 $\boldsymbol{U}$ 的逆矩阵为 $\boldsymbol{U}^{-1}=\boldsymbol{U}^{\dagger}$。幺正矩阵的各行和各列可以看做正交完备向量组。幺正矩阵作用在向量上,向量的长度不变。

若 $\boldsymbol{A}|v\rangle=\lambda|v\rangle$,称$|v\rangle$为矩阵 $\boldsymbol{A}$ 的特征态(向量),λ 为相应的特征值。任意满足 $\boldsymbol{AA}^{\dagger}=\boldsymbol{A}^{\dagger}\boldsymbol{A}$ 的矩阵 $\boldsymbol{A}\in\mathbb{C}^{m\times m}$ 有谱分解:

$$\boldsymbol{A}=\sum_{j=1}^{m}\lambda_j|v_j\rangle\langle v_j|$$

其中,$\lambda_j\in\mathbb{R}$ 是 $\boldsymbol{A}$ 的第 j 个特征值,$|v_j\rangle$是 λ_j 对应的特征向量,且$\{|v_j\rangle_{j=1}^{m}\}$构成正交归一的基。

当 $\boldsymbol{A}$ 为 m 阶厄米矩阵时,则 $\mathrm{e}^{-\mathrm{i}t\boldsymbol{A}}$ 为 m 阶幺正矩阵。若 λ_j 是 $\boldsymbol{A}$ 的第 j 个特征值,$|v_j\rangle$为对应的特征向量,则若 $\mathrm{e}^{-\mathrm{i}t\lambda_j}$ 是 $\mathrm{e}^{-\mathrm{i}t\boldsymbol{A}}$ 的第 j 个特征值,$|v_j\rangle$为 $\mathrm{e}^{-\mathrm{i}t\boldsymbol{A}}$ 和 λ_j 对应的特征向量。

9.2 量子力学

量子力学研究希尔伯特空间及作用于其上的算符。希尔伯特空间维数有限时等价于在复数域上的线性空间。我们考虑有限维的线性空间及量子计算基础。

量子力学的基本原理满足下面 4 个公理。

公理 1: 任意封闭物理系统都有一个相关的具有内积结构的复向量空间(希尔伯特空间),称为量子态空间 $\mathcal{H}$。系统的物理性质完全由此空间中的向量来描述,称为态向量$|\psi\rangle$,读作“ket”。

一个量子态用一个复向量簇表示。这里,$|\psi\rangle$所在的向量簇指任意向量$|\psi'\rangle=C|\psi\rangle$,其中 C 是一个非零的复数,这些向量在物理上都是等价的。量子态代表物理系统的一种状态,例如能量、动量和角动量等。设 $\mathcal{H}$ 维数为 N,它

的一组基为$\{|\phi_i\rangle|\}_{i=0}^{N-1}$。$\mathcal{H}$中的任意量子态$|\psi\rangle$都可在这组基下展开：

$$|\psi\rangle=\sum_{i=0}^{N-1}c_i|\phi_i\rangle,\quad c_i\in\mathbb{C} \tag{9-1}$$

在这组基向量下，$|\psi\rangle$表示为

$$|\psi\rangle\approx(c_0,c_2,\cdots,c_{N-1})^{\mathrm{T}} \tag{9-2}$$

称$|\psi\rangle$在$\{|\phi_i\rangle\}_{i=0}^{N-1}$下的表示。系数$c_i$称为概率幅，T代表向量或矩阵的转置。

希尔伯特空间$\mathcal{H}$中的向量$|\phi\rangle$的对偶向量记为$\langle\phi|$（称为“bra”）。在基$\{|\phi_i\rangle\}_{i=0}^{N-1}$下，可得

$$|\phi\rangle\approx(v_0,\cdots,v_{N-1})^{\mathrm{T}},\quad \langle\phi|\approx(v_0^*,\cdots,v_{N-1}^*)$$

即

$$|\phi\rangle=\sum_{i=0}^{N-1}v_i|\phi_i\rangle,\quad \langle\phi|=\sum_{i=0}^{N-1}v_i^*\langle\phi_i|$$

两个向量$|v\rangle,|w\rangle\in\mathcal{H}$，它们的内积为

$$\langle v|w\rangle=\sum_{i,j=0}^{N-1}v_i^*w_j\langle\phi_i|\phi_j\rangle$$

内积是一种线性运算，且满足$\langle u|v\rangle=\langle v|u\rangle^*$和$\langle v|v\rangle\geqslant0$。向量$|v\rangle$的长度为$\|v\|_2=\sqrt{\langle v|v\rangle}$。长度为1的向量为单位长度向量。我们默认描述系统的量子态的长度为1。对N维希尔伯特空间，有

$$\mathcal{H}\approx\mathbb{C}^N$$

即任意取一组基$|\phi\rangle$下，$|\psi\rangle\in\mathcal{H}$和$(c_0,c_2,\cdots,c_{N-1})^{\mathrm{T}}\in\mathbb{C}^N$对应，如式(9-1)。

如果两个向量$|v\rangle$和$|w\rangle$，$\langle v|w\rangle=0$，则称$|v\rangle$和$|w\rangle$是正交的。如果选定一组基$\{|i\rangle|\}_{i=0}^{N-1}$，满足$\langle j|i\rangle=\delta_{ij}$且$\|i\|_2=1,\forall i$，则称这组基为正交归一基。如不明确说明，我们都使用正交归一基。这样$|\psi\rangle$就可以表示为

$$|\psi\rangle=\sum_i\psi_i|i\rangle\approx(\psi_0,\cdots,\psi_{N-1})^{\mathrm{T}},\quad \psi_i\in\mathbb{C},\quad \sum_{i=0}^{N-1}|\psi_i|^2=1$$

考虑一个二维系统$\mathcal{H}\approx\mathbb{C}^2$，定义两个基向量$|0\rangle$和$|1\rangle$。任意量子态可表示为

$$|\psi\rangle=\alpha|0\rangle+\beta|1\rangle,\quad |\alpha|^2+|\beta|^2=1$$

其中α和β都是复数。

在正交归一基下，任意两个向量$|v\rangle$和$|w\rangle$的内积可以简化为

$$\langle v|w\rangle=(v_0^*,\cdots,v_{N-1}^*)\begin{pmatrix}w_0\\ \vdots\\ w_{N-1}\end{pmatrix}=\sum_{j=0}^{N-1}v_j^*w_j$$

其中，$\{v_i\}_{i=0}^{N-1}$和$\{w_i\}_{i=0}^{N-1}$分别是$|v\rangle$和$|w\rangle$在这组基下的展开系数。类似地，两个向量之间的外积及其在基$\{|i\rangle\}_{i=0}^{N-1}$下的表示为

$$|v\rangle\langle w| \approx \begin{pmatrix} v_0 \\ \vdots \\ v_{N-1} \end{pmatrix} (w_0^*, \cdots, w_{N-1}^*) = \begin{pmatrix} v_0 w_0^* & \cdots & v_0 w_{N-1}^* \\ \vdots & \ddots & \vdots \\ v_{N-1} w_0^* & \cdots & v_{N-1} w_{N-1}^* \end{pmatrix}$$

公理 2： 封闭量子系统的演化由薛定谔方程描述，即

$$\mathrm{i}\,\frac{\mathrm{d}|\psi(t)\rangle}{\mathrm{d}t} = H(t)|\psi(t)\rangle$$

其中，t 是时间，$H(t)$是一个厄米算符，称为系统的哈密顿量。我们使用了原子单位，即约化普朗克常数$\hbar=1$。

根据薛定谔方程，时间从 t_i 到 t_f，系统从$|\psi(t_i)\rangle$演化至$|\psi(t_f)\rangle$

$$|\psi(t_f)\rangle = U(t_f, t_i)|\psi(t_i)\rangle$$

这里$U(t_f, t_i)$是一个幺正算符。当哈密顿量 H 与时间 t 无关，则 $U(t_f, t_i) = \mathrm{e}^{-\mathrm{i}(t_f - t_i)H}$。

公理 3： 量子态测量(Born 法则)量子态测量是由一组测量算符$\{M_k\}_{k=1}^{l}$组成，这组算符满足 $\sum_{k=1}^{l} M_k^\dagger M_k = I$。对任意量子态$|\psi\rangle \in \mathcal{H}$，在测量之后立刻以概率 p_k 变成态$|\psi_k\rangle$，即

$$|\psi\rangle \mapsto \frac{M_k|\psi\rangle}{\sqrt{p_k}} = |\psi_k\rangle$$

其中，$p_k = \langle M_k^\dagger M_k\rangle \equiv \langle\psi|M_k^\dagger M_k|\psi\rangle = \| M_k|\psi\rangle \|_2^2 \geqslant 0$。

测量结果为指标 k，同时量子态发生了“塌缩”，$|\psi\rangle$“瞬间”变成了$|\psi_k\rangle$。显然，

$$\sum_{k=1}^{l} p_k = \langle\psi| \sum_{k=1}^{l} M_k^\dagger M_k |\psi\rangle = \langle\psi|\psi\rangle = 1$$

在实际中，我们考虑冯-诺依曼(von Neumann)测量，就需要对一实际物理量进行测量(例如坐标、动量、角动量、能量等)。这些物理量在量子力学中都是厄米算符。在有限维$\mathcal{H}$上，可以对任意厄米算符 O 进行测量。任意厄米算符可分解为

$$O = \sum_j \lambda_j |j\rangle\langle j|$$

其中，$\{|j\rangle\}$是一组正交归一基，称为 O 的本征向量(eigenstate)，λ_j 称为$|j\rangle$对应的本征值(eigenvalue)。对 O 进行测量，即设定

$$M_k = P_k = |k\rangle\langle k|$$

则测量后以概率 $p_k = \langle\psi|P_k|\psi\rangle = |\langle k|\psi\rangle|^2$ 得到态，即

$$\frac{M_k|\psi\rangle}{\sqrt{p_k}} = \frac{\langle k|\psi\rangle}{|\langle k|\psi\rangle|}|k\rangle$$

即 O 的特征态$|k\rangle$，对应测到的物理量的值为 O 的特征值$\langle k|O|k\rangle = \lambda_k$。

设$|\psi\rangle=\alpha|0\rangle+\beta|1\rangle$，我们测量厄米算符 $Z=\begin{pmatrix}1 & 0\\0 & -1\end{pmatrix}$。$Z$ 有两个特征值 1 和 -1，对应的特征向量为$|0\rangle$和$|1\rangle$，故 $M_0=|0\rangle\langle 0|$，$M_1=|1\rangle\langle 1|$。我们以概率$|\alpha|^2$得到 0，量子态塌缩到$|0\rangle$(测到相应的物理量的值为 1)；以概率$|\beta|^2$得到 1，量子态塌缩到$|1\rangle$(测到相应的物理量的值为-1)。现考虑另一个厄米算符 $X=\begin{pmatrix}0 & 1\\1 & 0\end{pmatrix}$。$X$ 的特征值为 1 和 -1，对应的特征向量为$|+\rangle=\frac{1}{\sqrt{2}}(|0\rangle+|1\rangle)$和$|-\rangle=\frac{1}{\sqrt{2}}(|0\rangle-|1\rangle)$，$M_+=|+\rangle\langle +|$，$M_-=|-\rangle\langle -|$。为了计算 $M_+|\psi\rangle$和 $M_-|\psi\rangle$，把量子态$|\psi\rangle$表示为

$$|\psi\rangle=\alpha|0\rangle+\beta|1\rangle=\frac{\alpha+\beta}{\sqrt{2}}|+\rangle+\frac{\alpha-\beta}{\sqrt{2}}|-\rangle$$

从而，$M_+|\psi\rangle=\frac{\alpha+\beta}{\sqrt{2}}|+\rangle$，$M_-|\psi\rangle=\frac{\alpha-\beta}{\sqrt{2}}|-\rangle$。所以，以概率$\frac{(\alpha+\beta)^2}{2}\left(\frac{(\alpha-\beta)^2}{2}\right)$塌缩到$|+\rangle$($|-\rangle$)，测量后得到的物理量的值为特征值$+1(-1)$。

公理 4：给定两个具有各自希尔伯特空间的量子系统$\mathcal{H}_1$和$\mathcal{H}_2$，则他们组合量子系统对应的希尔伯特空间是这两个空间的直积：$\mathcal{H}_1\otimes\mathcal{H}_2$。

定义$\mathcal{H}_1=\mathrm{span}\{|v_i\rangle\}_{i=0}^{d_1-1}$和$\mathcal{H}_2=\mathrm{span}\{|w_i\rangle\}_{i=0}^{d_2-1}$，则$\mathcal{H}=\mathrm{span}\{|v_i\rangle\otimes|w_j\rangle\}_{i=0,j=0}^{d_1-1,d_2-1}$。考虑两个量子态$|\psi\rangle\in\mathcal{H}_1$，$|\varphi\rangle\in\mathcal{H}_2$，则它们的直积为

$$|\psi\rangle\otimes|\varphi\rangle=(\psi_0,\cdots,\psi_{d_1-1})^{\mathrm{T}}\otimes(\varphi_0,\cdots,\varphi_{d_2-1})^{\mathrm{T}}=(\psi_0\varphi_0\cdots,\psi_0\varphi_{d_2-1},\cdots,\psi_{d_1-1}\varphi_{d_2-1})^{\mathrm{T}}$$

更多的量子系统可以通过类似的方式构造其希尔伯特空间：考虑 n 个系统，那么系统的希尔伯特空间是$\mathcal{H}=\mathcal{H}_1\otimes\mathcal{H}_2\cdots\otimes\mathcal{H}_n$。如果第 k 个系统的空间维数是 d_k，则整个系统的维数是 $N=\prod_{k=1}^{n}d_k$，需要同样数量的复数来描述。

在量子力学里，量子态的概率幅分布如下：

$$|\psi\rangle\approx(\psi_0,\psi_1,\cdots,\psi_{N-1})^{\mathrm{T}},\quad \psi_i\in\mathbb{C},\quad \sum_{i=0}^{N-1}|\psi_i|^2=1$$

量子态的信息处理可看成一个变换：

$$|\phi\rangle=\boldsymbol{U}|\psi\rangle=\sum_j\psi_j\boldsymbol{U}|j\rangle=\sum_{i,j}\psi_jU_{ij}|i\rangle=\sum_i\phi_i|i\rangle$$

其中，$\phi_i=\sum_j\psi_jU_{ij}$，$U_{ij}=\langle i|U|j\rangle$，$i,j=0,\cdots,N-1$。$\boldsymbol{U}=(U_{ij})\in\mathbb{C}^{N\times N}$为 N 阶幺正矩阵。

单个量子比特就是一个二维的希尔伯特空间，它同构于$\mathbb{C}^2$。定义$|0\rangle$和$|1\rangle$：

$$|0\rangle=\begin{pmatrix}1\\0\end{pmatrix},\quad |1\rangle=\begin{pmatrix}0\\1\end{pmatrix}$$

它们构成希尔伯特空间的基向量。任意单量子比特态可表示为

$$|\psi\rangle=\alpha|0\rangle+\beta|1\rangle=C\left(\cos\frac{\theta}{2}|0\rangle+\mathrm{e}^{\mathrm{i}\varphi}\sin\frac{\theta}{2}|1\rangle\right)\approx\cos\frac{\theta}{2}|0\rangle+\mathrm{e}^{\mathrm{i}\varphi}\sin\frac{\theta}{2}|1\rangle$$

其中,C 是没有物理意义的常数。另外,$\theta\in[0,\pi)$,$\varphi\in[0,2\pi)$。单个量子比特态仅仅需要 2 个角度就能完全刻画,它们分别对应球坐标中的方位角(θ)和极角(φ)(图 9-1)。每个量子态有如下几何意义:单个量子比特的量子态对应一个单位球面上的一点,这个球称为布洛赫球。显然,$|0\rangle$和$|1\rangle$正位于布洛赫球的北极和南极。该球可嵌入到三维笛卡儿坐标中,即

$$x=\cos\phi\sin\theta,\quad y=\sin\phi\sin\theta,\quad z=\cos\theta$$

态 $\cos\frac{\theta}{2}|0\rangle+\mathrm{e}^{\mathrm{i}\varphi}\sin\frac{\theta}{2}|1\rangle$ 可写为

$$\begin{pmatrix}\cos\frac{\theta}{2}\\ \mathrm{e}^{\mathrm{i}\varphi}\sin\frac{\theta}{2}\end{pmatrix}=\begin{pmatrix}\sqrt{\frac{1+z}{2}}\\ \frac{x+\mathrm{i}y}{\sqrt{2(1+z)}}\end{pmatrix}$$

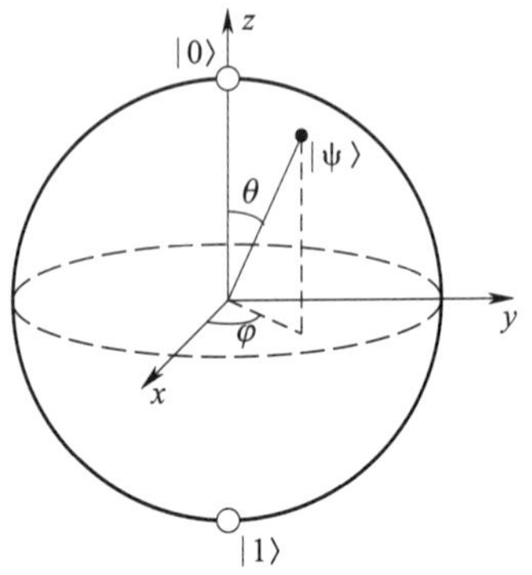

图 9-1　Bloch 球

为了进行信息处理,我们需要考虑多个量子比特。n 个量子比特对应的希尔伯特空间是$\mathbb{C}^{2^n}$,这个空间是由以下 2^n 个基向量构成:

$$|k_0k_1\cdots k_{n-1}\rangle=|k_0\rangle\cdots|k_{n-1}\rangle,\quad k_i=0,1,\quad i=0,\cdots,n-1 \tag{9-3}$$

令 $k=\sum_{i=0}^{n-1}k_i2^{n-1-i}$,即 k 的二进制表示为 $k=(k_0k_1\cdots k_{n-1})_2$,则 k 是在 0 到 2^n-1之间的整数。常用$|k\rangle$表示$|k_0k_1\cdots k_{n-1}\rangle$。式(9-3)给出的基称为计算基,计算基是正交归一的,即

$$\langle l_0l_1\cdots l_{n-1}|k_0\cdots k_{n-1}\rangle=\delta_{l_0k_0}\cdots\delta_{l_{n-1}k_{n-1}},\quad k_i,l_i=0,1,\quad i=0,\cdots,n-1 \tag{9-4}$$

n 个量子比特系统中的态为

$$|\psi\rangle=\sum_{k=0}^{2^n-1}\psi_k|k\rangle=\sum_{k_0,\cdots,k_{n-1}}\psi_{k_0\cdots k_{n-1}}|k_0\cdots k_{n-1}\rangle \tag{9-5}$$

2^n 个复振幅 $\psi_{k_0\cdots k_{n-1}}$ 满足 $\sum_{k=0}^{2^n-1}|\psi_k|^2=1$ 确保$|\psi\rangle$为单位向量。

2 个比特的最大纠缠态是 Bell 态:$|\psi\rangle=\frac{1}{\sqrt{2}}(|00\rangle+|11\rangle)=\frac{1}{\sqrt{2}}(|0_00_1\rangle+|1_01_1\rangle)$,下标 0 和 1 分别表示第 1 个和第 2 个量子比特。$|\psi\rangle$不能表示为 2 个单量子比

特态的直积。如果对$|\psi\rangle$的第1个量子比特进行测量,则

$$P_0=|0_0\rangle\langle 0_0|\otimes I,\quad P_1=|1_0\rangle\langle 1_0|\otimes I$$

由于$Z\otimes I=P_0-P_1$,对第1个量子比特测量就是对厄米算符$Z\otimes I$进行测量。

$$P_0|\psi\rangle=\frac{1}{\sqrt{2}}|0_0 0_1\rangle,\quad P_1|\psi\rangle=\frac{1}{\sqrt{2}}|1_0 1_1\rangle$$

$P_0|\psi\rangle(P_1|\psi\rangle)$取出了$|\psi\rangle$中第1个量子比特为0(1)的态。以概率$\langle\psi|P_0|\psi\rangle=\frac{1}{2}$得到态为$\frac{P_0|\psi\rangle}{\sqrt{\langle\psi|P_0|\psi\rangle}}=|00\rangle$;以概率$\langle\psi|P_1|\psi\rangle=\frac{1}{2}$得到态$\frac{P_1|\psi\rangle}{\sqrt{\langle\psi|P_1|\psi\rangle}}=|11\rangle$。这样测量后量子纠缠不再存在。

两量子比特可分离态为

$$|\psi\rangle=\frac{1}{2}(|00\rangle+|01\rangle+|10\rangle+|11\rangle)$$

对第1个量子比特测量,则

$$P_0|\psi\rangle=\frac{1}{2}(|00\rangle+|01\rangle),\quad P_1|\psi\rangle=\frac{1}{2}(|10\rangle+|11\rangle)$$

以概率$\langle\psi|P_0|\psi\rangle=\frac{1}{2}$得到态$\frac{P_0|\psi\rangle}{\sqrt{\langle\psi|P_0|\psi\rangle}}=\frac{1}{\sqrt{2}}(|00\rangle+|01\rangle)$;以概率$\langle\psi|P_1|\psi\rangle=\frac{1}{2}$得到态$\frac{P_1|\psi\rangle}{\sqrt{\langle\psi|P_1|\psi\rangle}}=\frac{1}{\sqrt{2}}(|10\rangle+|11\rangle)$。对态$|\psi\rangle$的第1个量子比特测量,测得第1个量子比特为0(1)的概率为$\langle\psi|P_0|\psi\rangle=\frac{1}{2}\left(\langle\psi|P_1|\psi\rangle=\frac{1}{2}\right)$。

一个纯态的量子系统,其量子态可用态向量$|\psi\rangle$表示,它是一个确定的量子态,可用一个波函数表示。比如,单量子比特系统中,$|0\rangle$是纯态,系统就处于这个态。叠加态$\frac{1}{\sqrt{2}}(|0\rangle+|1\rangle)$也是纯态。几种纯态依照概率组成的量子态称为混合态。对于混合态,仅仅可以知道各种纯态的概率分布。假设一个量子系统处于纯态$|0\rangle$和$|1\rangle$的概率都为50%,则这个量子系统处于混合态,它可用密度矩阵描述$\rho=\frac{1}{2}|0\rangle\langle 0|+\frac{1}{2}|1\rangle\langle 1|$,它表示系统以相同的概率处于纯态$|0\rangle$和$|1\rangle$。纯态可看成特殊的混合态,所以,纯态和混合态都可用密度矩阵表示。

假设一个量子系统处于纯态$|\psi_1\rangle$、$|\psi_2\rangle$、$|\psi_3\rangle\cdots$的概率分别为w_1、w_2、$w_3\cdots$,则该混合态量子系统的密度算符ρ为

$$\rho=\sum_i w_i|\psi_i\rangle\langle\psi_i|$$

这里$\sum_i w_i=1$。

9.3 量子电路

量子计算通过量子电路来实现。量子电路的本质是幺正变换和测量的组合。我们通过一些容易实现的幺正变换来产生更复杂的幺正变换，这些较容易实现的变换称为量子门。该过程类似于用最基本的逻辑操作(与非门)来搭建大规模的数字电路。

经典电路是把很多输入比特变为很多输出比特，它可看成逻辑函数，即

$$f:\{0,1\}^n \to \{0,1\}^l$$

其中，输入是 n 个经典比特，输出是 l 个经典比特。对于量子电路，输入和输出都是量子态，它们通过幺正变换实现。

一个单量子比特态对应整个布洛赫球面上一点，通过幺正变换实现球面上任意两个点之间的转化。一些最重要的量子门为泡利算符：

$$X=\begin{pmatrix}0 & 1\\ 1 & 0\end{pmatrix},\quad Y=\begin{pmatrix}0 & -\mathrm{i}\\ \mathrm{i} & 0\end{pmatrix},\quad Z=\begin{pmatrix}1 & 0\\ 0 & -1\end{pmatrix}$$

它们既是幺正的，又是厄米的。故它们可作为量子门，也可以对它们进行测量。三个泡利算符有如下性质：

$$X^2=Y^2=Z^2=I$$

$$XY=-YX=\mathrm{i}Z,\quad YZ=-ZY=\mathrm{i}X,\quad ZX=-XZ=\mathrm{i}Y$$

另外三个重要的量子门为

$$H=\frac{1}{\sqrt{2}}\begin{pmatrix}1 & 1\\ 1 & -1\end{pmatrix},\quad S=\begin{pmatrix}1 & 0\\ 0 & i\end{pmatrix},\quad T=\begin{pmatrix}1 & 0\\ 0 & \mathrm{e}^{\frac{\mathrm{i}\pi}{4}}\end{pmatrix}$$

其中，H 称为哈达玛门，满足 $H^2=I$，则 I 为 2 阶单位恒同算符。算符 X 和 Z 相似，$H^{-1}XH=Z$。容易验证，若 $q=0,1$，则

$$X|q\rangle=|1\oplus q\rangle,\quad Y|q\rangle=\mathrm{i}(-1)^q|1\oplus q\rangle,\quad Z|q\rangle=(-1)^q|q\rangle$$

$$H|q\rangle=\frac{|0\rangle+(-1)^q|1\rangle}{\sqrt{2}},\quad S|q\rangle=\mathrm{i}^q|q\rangle,\quad T|q\rangle=\mathrm{e}^{\mathrm{i}\pi\frac{q}{4}}|q\rangle$$

根据三个泡利算符，定义三个幺正算符：

$$R_x(\theta)=\mathrm{e}^{-\frac{\mathrm{i}\theta X}{2}}=\cos\left(\frac{\theta}{2}\right)I-\mathrm{i}\sin\left(\frac{\theta}{2}\right)X=\begin{pmatrix}\cos\left(\frac{\theta}{2}\right) & -\mathrm{i}\sin\left(\frac{\theta}{2}\right)\\ -\mathrm{i}\sin\left(\frac{\theta}{2}\right) & \cos\left(\frac{\theta}{2}\right)\end{pmatrix}$$

$$R_y(\theta)=\mathrm{e}^{-\frac{\mathrm{i}\theta Y}{2}}=\cos\left(\frac{\theta}{2}\right)I-\mathrm{i}\sin\left(\frac{\theta}{2}\right)Y=\begin{pmatrix}\cos\left(\frac{\theta}{2}\right) & -\sin\left(\frac{\theta}{2}\right)\\ \sin\left(\frac{\theta}{2}\right) & \cos\left(\frac{\theta}{2}\right)\end{pmatrix}\tag{9-6}$$

$$R_z(\theta)=\mathrm{e}^{-\frac{\mathrm{i}\theta Z}{2}}=\cos\left(\frac{\theta}{2}\right)I-\mathrm{i}\sin\left(\frac{\theta}{2}\right)Z=\begin{pmatrix}\mathrm{e}^{-\frac{\mathrm{i}\theta}{2}} & 0\\ 0 & \mathrm{e}^{\frac{\mathrm{i}\theta}{2}}\end{pmatrix}$$

这里用到了结论：设算符 O 满足 $O^2=I$，对于偶数 k，$O^k=I$；对于奇数 k，$O^k=O$，则利用泰勒展开得到

$$\mathrm{e}^{-\mathrm{i}\alpha O}=\left(1-\frac{1}{2!}\alpha^2+\cdots\right)I-\mathrm{i}\left(\alpha-\frac{1}{3!}\alpha^3+\cdots\right)O=\cos(\alpha)I-\mathrm{i}\sin(\alpha)O$$

式(9-6)中三个算符分别对应于绕布洛赫球的 x、y、z 轴顺时针旋转 θ 角。比如，以 R_z 为例：

$$R_z(\alpha)\left(\cos\frac{\theta}{2}|0\rangle+\sin\frac{\theta}{2}\mathrm{e}^{\mathrm{i}\varphi}|1\rangle\right)\approx\cos\frac{\theta}{2}|0\rangle+\sin\frac{\theta}{2}\mathrm{e}^{\mathrm{i}(\varphi+\theta)}|1\rangle$$

这正是量子态在布洛赫球上绕着 z 轴顺时针旋转了 θ。除了绕 x、y、z 轴的旋转外，也可以找到绕任意单位向量 $\hat{n}=(n_x,n_y,n_z)$ 旋转的单量子比特门，即

$$R_{\hat{n}}(\theta)=\mathrm{e}^{-\mathrm{i}\frac{\theta}{2}(n_xX+n_yY+n_zZ)}=\cos\frac{\theta}{2}I-\mathrm{i}\sin\frac{\theta}{2}(n_xX+n_yY+n_zZ)$$

事实上，任意单量子比特门都可以看成是绕某根特定轴的旋转。比如，哈达玛门 H 是绕轴 $\hat{n}=\frac{(1,0,1)}{\sqrt{2}}$ 旋转 π，事实上，$H=\frac{(X+Z)}{\sqrt{2}}$ 和 $R_{\hat{n}}(\pi)$ 差一个整体相位。

任意作用在单量子比特上的幺正操作 U 都可以写为

$$U=\begin{pmatrix}\mathrm{e}^{\mathrm{i}\left(\delta-\frac{\alpha}{2}-\frac{\beta}{2}\right)}\cos\frac{\theta}{2} & -\mathrm{e}^{\mathrm{i}\left(\delta-\frac{\alpha}{2}+\frac{\beta}{2}\right)}\sin\frac{\theta}{2}\\ \mathrm{e}^{\mathrm{i}\left(\delta+\frac{\alpha}{2}-\frac{\beta}{2}\right)}\sin\frac{\theta}{2} & \mathrm{e}^{\mathrm{i}\left(\delta+\frac{\alpha}{2}+\frac{\beta}{2}\right)}\cos\frac{\theta}{2}\end{pmatrix}$$

其中，δ、α、β 和 θ 都是实参数。因此，U 可分解为

$$U=\mathrm{e}^{\mathrm{i}\delta}R_z(\alpha)R_y(\theta)R_z(\beta)$$

即它可分解为两个互相垂直（y 轴和 z 轴）的旋转，事实上，任意 2×2 幺正矩阵都可以分解为绕两个互相垂直轴的旋转。

两个作用于不同单量子比特门的幺正操作可生成 4 阶幺正算符。比如，一个量子比特门的 2 阶幺正算符 X、Y 和 Z 分别生成两量子比特门的 4 阶幺正算符：

$$X\otimes X=\begin{pmatrix}0&0&0&1\\0&0&1&0\\0&1&0&0\\1&0&0&0\end{pmatrix},\quad Y\otimes Y=\begin{pmatrix}0&0&0&-1\\0&0&1&0\\0&1&0&0\\-1&0&0&0\end{pmatrix},\quad Z\otimes Z=\begin{pmatrix}1&0&0&0\\0&-1&0&0\\0&0&-1&0\\0&0&0&1\end{pmatrix}$$

记

$$|\psi_0\rangle=\frac{1}{\sqrt{2}}(|00\rangle+|11\rangle)=\frac{1}{\sqrt{2}}\begin{pmatrix}1\\0\\0\\1\end{pmatrix},\quad |\psi_1\rangle=\frac{1}{\sqrt{2}}(|00\rangle-|11\rangle)=\frac{1}{\sqrt{2}}\begin{pmatrix}1\\0\\0\\-1\end{pmatrix}$$

(9-7)

$$|\psi_2\rangle=\frac{1}{\sqrt{2}}(|01\rangle+|10\rangle)=\frac{1}{\sqrt{2}}\begin{pmatrix}0\\1\\1\\0\end{pmatrix},\quad |\psi_3\rangle=\frac{1}{\sqrt{2}}(|01\rangle-|10\rangle)=\frac{1}{\sqrt{2}}\begin{pmatrix}0\\1\\-1\\0\end{pmatrix} \tag{9-8}$$

表 9-1 给出 3 个 4 阶幺正算符的特征值和特征态。特别地，$|\psi_3\rangle$是 $X\otimes X$、$Y\otimes Y$和 $Z\otimes Z$ 的公共特征基态（特征值都为 1），所以，$|\psi_3\rangle$也是 $X\otimes X+Y\otimes Y+Z\otimes Z$的基态，对应的基态能为$-3$，它是一重的。该算符还有特征值 1，它是三重的，对应的特征态为$|\psi_0\rangle$、$|\psi_1\rangle$和$|\psi_2\rangle$。上述的 3 个 4 阶幺正算符都是可交换的，比如，

$$(X\otimes X)(Y\otimes Y)=(XY)\otimes(XY)=(-YX)\otimes(-YX)=(YX)\otimes(YX)=(Y\otimes Y)(X\otimes X) \tag{9-9}$$

事实上，它就是$-Z\otimes Z$。

表 9-1　各种算符的特征值和特征态

算符	第 1 个特征值/特征态	第 2 个特征值/特征态
$X\otimes X$	-1(2 重)，$\|\psi_1\rangle$，$\|\psi_3\rangle$	1(2 重)，$\|\psi_0\rangle$，$\|\psi_2\rangle$
$Y\otimes Y$	-1(2 重)，$\|\psi_0\rangle$，$\|\psi_3\rangle$	1(2 重)，$\|\psi_1\rangle$，$\|\psi_2\rangle$
$Z\otimes Z$	-1(2 重)，$\|\psi_2\rangle$，$\|\psi_3\rangle$	1(2 重)，$\|\psi_0\rangle$，$\|\psi_1\rangle$

另一个重要的两量子比特门是受控非门(controlled NOT 或者 CNOT)。CNOT 对基向量的作用可定义为

$$\mathrm{CNOT}(|q_1\rangle|q_2\rangle)=|q_1\rangle|q_1\oplus q_2\rangle,\quad q_1,q_2=0,1$$

这里$|q_1\rangle|q_2\rangle$是$|q_1q_2\rangle$的另一种写法。

受控非门产生如下效果：当第一个量子比特处在$|0\rangle$时，第二个量子比特的状态不变；如果第一个量子比特处于$|1\rangle$时，那么第二个量子比特状态发生翻转。第一个量子比特称为控制比特，第二个量子比特称为目标比特。受控非门的矩阵形式为

$$C_{\mathrm{NOT}}=\begin{pmatrix}1&0&0&0\\0&1&0&0\\0&0&0&1\\0&0&1&0\end{pmatrix}$$

其中第 1～4 列分别对应$|00\rangle$、$|01\rangle$、$|10\rangle$、$|11\rangle$。用图 9-2表示受控非门，其中，• 所在的横线代表控制量子比特，⊕所在的横线代表目标量子比特。

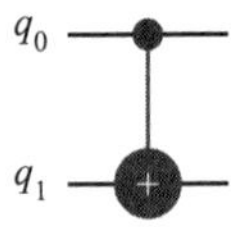

图 9-2　受控非门

受控非门可用于制备纠缠态。比如,式(9-8)中的$|\psi_3\rangle=\frac{1}{\sqrt{2}}(|01\rangle-|10\rangle)$可如下实现:对$|00\rangle$的每个量子比特施加$X$门得到$|11\rangle$,再对第1个量子比特施加$H$门得到$\frac{1}{\sqrt{2}}(|01\rangle-|11\rangle)$,最后用上述的受控非门变为$|\psi_3\rangle$。

设3个量子比特系统的初始态为$|000\rangle$态,图9-3所示的电路制备3个量子比特的GHZ态$\frac{1}{\sqrt{2}}(|000\rangle+|111\rangle)$。

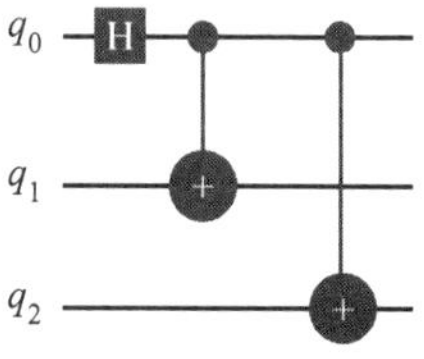

图9-3 GHZ态的制备

对量子电路,我们希望找到一个固定的量子门集合,并通过这个集合中的量子门来构造所有的量子电路。幺正变换是连续变换,而给定的一个量子门集合,有限个量子门所能实现的幺正变换数量是有限的。但实际上,仍然可用有限的量子门"足够好"地近似任意幺正变换。

量子普适性定理:任意作用在n个量子比特上的幺正变换U,都可以拆分成包含$m=O(4^n)$个单量子比特门和受控非门电路。更进一步,我们可以仅通过H、S、T和受控非门这组有限个量子门所组成的电路$\widetilde{U}$来近似这m个量子门组成的电路U,所需要H、S、T和受控非门量子门的总数为$O[m\lg(m/\epsilon)]$,其中ϵ为U与$\widetilde{U}$间的误差。H、S、T和受控非门称为普适门集。

所以,通过增加少量的量子门,使得量子电路产生的幺正变换和目标幺正变换之间的差距指数地减少。

托佛利门(CCNOT)是受控非门的一种拓展,它是三量子门,其中两个是控制量子比特,一个是目标量子比特。只有当两个控制量子比特都处于$|1\rangle$时,目标量子比特才会翻转。它的电路符号如图9-4所示。

一般来说,大部分经典的逻辑门是不可逆的。比如与门(AND)。对于量子电路来说,它是一个幺正变换,所以是一个可逆变换。也就是说,把逆操作作用于输出的量子态得到输入的量子态。原则上,经典的逻辑门经过改造后可以变为可逆的。

建立在量子电路基础上的量子算法是以后各节讨论的内容。

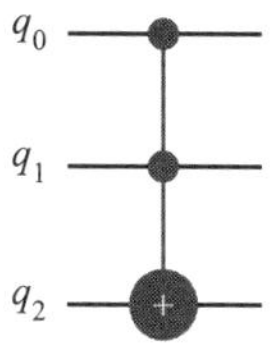

图9-4 托佛利门

9.4 量子并行

给定二进制函数$f:\{0,1\}^n\to\{0,1\}$。把它转化为量子电路为

$$U_f:|x\rangle|y\rangle\to|x\rangle|y\oplus f(x)\rangle,\quad x\in\{0,1\}^n,y=0,1 \tag{9-10}$$

称它为函数 f 的 Oracle(神谕)量子电路。从而有

$$U_f\left(\frac{1}{\sqrt{2^n}}\sum_{x\in\{0,1\}^n}|x\rangle|0\rangle\right)=\frac{1}{\sqrt{2^n}}\sum_{x\in\{0,1\}^n}|x\rangle|f(x)\rangle$$

作用一次 U_f 后,右边包含了所有 2^n 个 x 的函数值 $f(x)$,故称为量子并行性。但是观察后只能随机地得到一个 x 对应的态 $|x\rangle|f(x)\rangle$,所有其他的态被丢失。

二进制函数 f 不一定是可逆的,但是它的量子实现 U_f 是可逆的。比如,$n=2, f(x_0,x_1)=x_0\wedge x_1$($\wedge$ 表示逻辑与)不是可逆的。但是 U_f 是可逆的。

$$U_f: |x_0x_1\rangle|i\rangle\rightarrow|x_0x_1\rangle|i\oplus(x_0\wedge x_1)\rangle,\quad x_0,x_1=0,1,\quad i=0,1$$

只有当 $x_0=x_1=1$,$|i\rangle$才被翻转,所以 U_f 在计算基下可表示为 8 阶幺正矩阵,故它是可逆的。

9.5 多依奇-乔萨算法

f 是定义在$\{i\}_{i=0}^{2n-1}$上取值为 0 或 1 的函数。设 f 或为常数函数 0 或为“平衡”的(对于所有可能的 x,恰好有一半等于 1,另一半等于 0)。如何判断函数 f 是常数函数还是“平衡”的?在经典计算情况下,最坏情况是需要计算 $2^{n-1}+1$ 次函数值判断 f 是常数函数还是“平衡”的。

多依奇-乔萨算法只需要执行一次 f 的 Oracle(见图 9-5)。

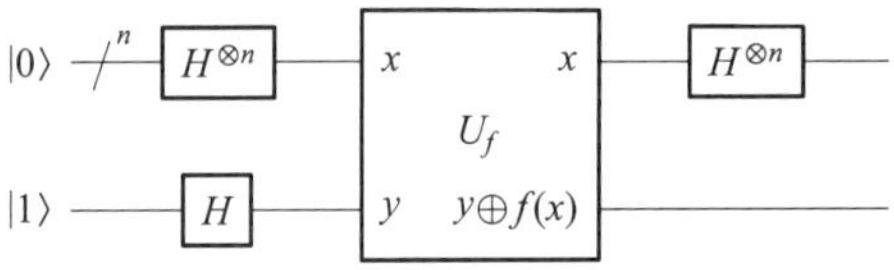

图 9-5　多依奇-乔萨算法电路图

算法 9.1　多依奇-乔萨算法。

输入:U_f 执行 $f: \{0,1\}^n\rightarrow\{0,1\}$,$f$ 为常数函数 0 或为“平衡”的。

输出:全为 0 或全为 1(常数函数),否则为“平衡”函数。

(1) 准备初态 $|0\rangle^{\otimes n}\otimes|1\rangle$。

(2) 对第一个寄存器(包含 n 量子比特)应用 $H^{\otimes n}$。

(3) 对第二个寄存器(包含 1 量子比特)应用 H。

(4) 应用 U_f。

(5) 对第一个寄存器应用 $H^{\otimes n}$。

(6) 在计算基下测量第一个寄存器。

初始状态为 $|\psi_0\rangle=|0\rangle^{\otimes n}|1\rangle=|0_0 0_1\cdots 0_{n-1}\rangle|1_n\rangle$,对 $|0\rangle^{\otimes n}$ 经过 $H^{\otimes n+1}=H_0H_1\cdots H_{n-1}H_n$ 作用(下标表示电路图中从上到下的量子比特标号),量子态

变为

$$|\psi_1\rangle=\sum_{x=0}^{2^n-1}\frac{1}{\sqrt{2^n}}|x\rangle\frac{1}{\sqrt{2}}(|0\rangle-|1\rangle)$$

当 x 是 0 到 2^n-1 的整数时,x 的二进制表示需要 n 位,最高位在最左边,如 6 的二进制为 110,$|6\rangle=|110\rangle$。根据函数 f,定义 U_f:

$$U_f|x,y\rangle=|x,y\oplus f(x)\rangle,\quad x=0,\cdots,2^n-1,\quad y=0,1$$

即前 n 量子比特 $|x\rangle$ 不变,最后量子比特从 $|y\rangle$ 变为 $|y\oplus f(x)\rangle$。故 $U_f|x,0\rangle=|x,f(x)\rangle$,$U_f|x,1\rangle=|x,1\oplus f(x)\rangle$,则

$$U_f(|x,0\rangle-|x,1\rangle)=(-1)^{f(x)}(|x,0\rangle-|x,1\rangle)$$

$$U_f(|x,0\rangle+|x,1\rangle)=|x,0\rangle+|x,1\rangle$$

$|\psi_1\rangle$ 经过 U_f 作用后变为

$$\begin{aligned}|\psi_2\rangle&=\sum_x\frac{1}{\sqrt{2^n}}|x\rangle\frac{1}{\sqrt{2}}(|0\oplus f(x)\rangle-|1\oplus f(x)\rangle)\\&=\sum_x\frac{(-1)^{f(x)}}{\sqrt{2^n}}|x\rangle\frac{1}{\sqrt{2}}(|0\rangle-|1\rangle)\end{aligned}$$

再对 $|\psi_2\rangle$ 的前 n 个量子比特经过 $H^{\otimes n}$ 作用后得到

$$|\psi_3\rangle=\sum_z\left(\sum_x\frac{(-1)^{f(x)+x\cdot z}}{2^n}\right)|z\rangle\frac{1}{\sqrt{2}}(|0\rangle-|1\rangle)$$

这里用到了

$$H^n|x\rangle=\sum_z\frac{(-1)^{x\cdot z}}{\sqrt{2^n}}|z\rangle$$

其中 $x=(x_0\cdots x_{n-1})_2$,$z=(z_0\cdots z_{n-1})_2$,

$$x\cdot z=(x_0z_0+\cdots+x_{n-1}z_{n-1})\bmod 2$$

对 $|\psi_3\rangle$ 的前 n 个量子比特进行测量,得到状态为 $|0\rangle^{\otimes n}$ 的概率为

$$P_0=\left(\sum_x\frac{(-1)^{f(x)}}{2^n}\right)^2$$

这就得到态 $|0\rangle^{\otimes n}\frac{1}{\sqrt{2}}(|0\rangle-|1\rangle)$ 的概率。

当 f 是常数函数时,$P_0=1$。当 f 是“平衡的”时,$P_0=0$。如果前 n 个量子比特测量后得到全为 0,即得到 $|0\rangle^{\otimes n}$ 的概率为 1,则 f 是常数,否则 f 平衡。所以只需要一次运行电路即可完成判定。

由于 f 的具体表达式未知,在量子电路中不能执行 U_f。我们取具体的函数 f,比如平衡函数 f:

$$f(x)=\begin{cases}0, & 0\leqslant x\leqslant 2^{n-1}-1\\1, & 2^{n-1}\leqslant x\leqslant 2^n-1\end{cases}$$

则

$$U_f|x,y\rangle=\begin{cases}|x,y\rangle, & 0\leqslant x\leqslant 2^{n-1}-1\\ |x,1\oplus y\rangle, & 2^{n-1}\leqslant x\leqslant 2^n-1\end{cases}$$

它可用受控非门实现，其中控制变量为第1个量子比特，目标变量为第 $n+1$ 个量子比特。当 $0\leqslant x\leqslant 2^{n-1}-1$ 时，$|x\rangle$的第1个量子比特为0，第 $n+1$ 个量子比特不翻转。当 $2^{n-1}\leqslant x\leqslant 2^n-1$ 时，$|x\rangle$的第1个量子比特为1，第 $n+1$ 个量子比特翻转。当 f 为常数函数0时，U_f 为恒同变换。当 f 为常数函数1时，U_f 把第 $n+1$ 个量子比特$|y\rangle$变为$|1\oplus y\rangle$，此时只要对第 $n+1$ 个量子比特执行 X 门操作。

9.6 西蒙算法

给定一个函数 $f:\{0,1\}^n\to\{0,1\}^n$，且该函数是二对一的，即存在非零比特串密钥 $s\in\{0,1\}^n$，使得

$$f(x)=f(y)\Leftrightarrow x\oplus y=\{0,s\},\quad x,y\in\{0,1\}^n$$

注意：$x\oplus y=\{0,s\}$等价于 $y=x\oplus s$。

在经典计算情况下，最坏情况是需要计算 $2^{n-1}+1$ 次函数值来确定 s。只是由于前面的 2^{n-1}次函数值的结果都互不相同，在经过一次函数值计算，它必定和前面 2^{n-1}次某一个函数值相同，从而确定 s。

西蒙算法就是找到该比特串密钥。西蒙算法的线路结构与多依奇-乔萨算法一致(见图9-6)。

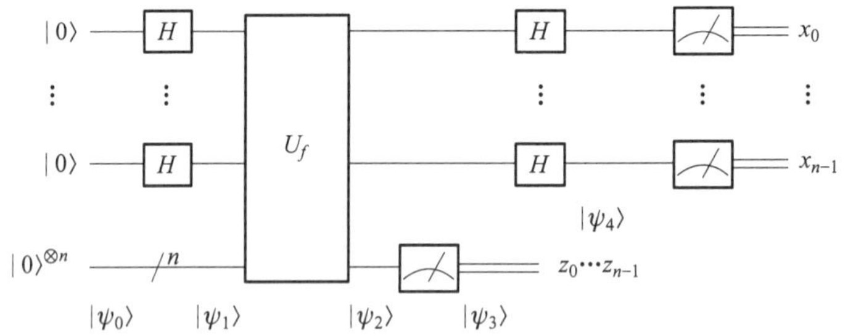

图9-6 西蒙算法电路图

算法9.2 西蒙算法的量子部分。该算法程序如下。

输入：U_f 执行 $f:\{0,1\}^n\to\{0,1\}^n$，$f(x)=f(y)\Leftrightarrow x\oplus y=\{0,s\}$。

输出：$x\in\{0,1\}^n$ 使得 $x\cdot s=0$。

(1) 准备初态$|0\rangle^{\otimes n}\otimes|0\rangle^{\otimes n}$。

(2) 对第一个寄存器(包含 n 量子比特)应用 $H^{\otimes n}$。

(3) 应用 U_f。

(4) 在计算基下测量第二个寄存器(包含 n 量子比特)，设输出为 $z_0\cdots z_{n-1}$。

(5) 对第一个寄存器应用 $H^{\otimes n}$。

(6) 在计算基下测量第一个寄存器。

初态为$|\psi_0\rangle=|0\rangle^{\otimes n}\otimes|0\rangle^{\otimes n}$，第一个寄存器经过$H^{\otimes n}$作用后，量子态变为

$$|\psi_1\rangle=\frac{1}{\sqrt{2^n}}\sum_{x=0}^{2n-1}|x\rangle\otimes|0\rangle^{\otimes n}$$

经过U_f作用后得到

$$|\psi_2\rangle=\frac{1}{\sqrt{2^n}}\sum_{x=0}^{2n-1}U_f(|x\rangle\otimes|0\rangle^{\otimes n})=\frac{1}{\sqrt{2^n}}\sum_{x=0}^{2n-1}|x\rangle\otimes|f(x)\rangle$$

对第二个寄存器的n个量子比特测量得到$z_0,\cdots,z_{n-1}$，$|\psi_2\rangle$坍缩为(归一化的)

$$|\psi_3\rangle=\frac{|x'\rangle+|x'\oplus s\rangle}{\sqrt{2}}|z_0\cdots z_{n-1}\rangle$$

这里$f(x')=f(x'\oplus s)=z_0\cdots z_{n-1}$。由于算法的后面操作不会对$|z_0\cdots z_{n-1}\rangle$产生影响，我们在下面忽略它的书写。

对第一个寄存器应用$H^{\otimes n}$后，$|\psi_3\rangle$变为

$$|\psi_4\rangle=\frac{1}{\sqrt{2}}(H^{\otimes n}|x'\rangle+H^{\otimes n}|x'\oplus s\rangle)$$

由于$|\psi_4\rangle$。$x'=(x'_0\cdots x'_{n-1})_2$，则

$$H^{\otimes n}|x'\rangle=\frac{1}{\sqrt{2^n}}\sum_{x=0}^{2n-1}(-1)^{x'\cdot x}|x\rangle$$

这里$x'\cdot x=(x'_0x_0+\cdots+x'_{n-1}x_{n-1})\bmod 2$。从而，

$$|\psi_4\rangle=\frac{1}{\sqrt{2^{n+1}}}\sum_{x=0}^{2^n-1}[(-1)^{x'\cdot x}+(-1)^{(x'\oplus s)\cdot x}]|x\rangle \tag{9-11}$$

另外，

$$\begin{aligned}(x'\oplus s)\cdot x&=[(x'_0+s_0)x_0+\cdots+(x'_{n-1}+s_{n-1})x_{n-1}]\bmod 2\\&=[(x'_0x_0+\cdots+x'_{n-1}x_{n-1})+(s_0x_0+\cdots+s_{n-1}x_{n-1})]\bmod 2\\&=(x'\cdot x+s\cdot x)\bmod 2\end{aligned}$$

把它代入式(9-11)得到

$$|\psi_4\rangle=\frac{1}{\sqrt{2^{n+1}}}\sum_{x=0}^{2^n-1}(-1)^{x'\cdot x}[1+(-1)^{s\cdot x}]|x\rangle=\frac{1}{\sqrt{2^{n-1}}}\sum_{x=0,s\cdot x=0}^{2^n-1}(-1)^{x'\cdot x}|x\rangle$$

第二个等式是由于

$$1+(-1)^{s\cdot x}=\begin{cases}2, & 若\ s\cdot x=0\\0, & 若\ s\cdot x=1\end{cases}$$

求和中的x满足$s\cdot x=0$，第一个寄存器测量得到的x满足该条件的概率为$|(-1)^{x'\cdot x}|^2=1$，得到一个具体的满足$s\cdot x=0$的x的概率为$\frac{1}{2^{n-1}}$。显然，这两个概率都不依赖于x'。

每次运行都会产生一个x使得$x\cdot s=0$。假设第1次得到x，第2次得到x'，则

$$x_0s_0+\cdots+x_{n-1}s_{n-1}\equiv 0 \bmod 2$$

$$x'_0 s_0 + \cdots + x'_{n-1} s_{n-1} \equiv 0 \bmod 2$$

$s_0, \cdots, s_{n-1}$都是未知的，而 x、x'已知。第 1 次得到某个非平凡的 $x(x \neq 0)$的概率为 $p_1 = 1 - \frac{1}{2^n}$，从而确保第 1 个方程是非平凡的。为了确保第 2 个方程是非平凡的，并且和第 1 个方程独立，$x' \neq 0, x$，故得到非平凡的并且和第 1 个方程独立的第 2 个方程的概率为 $p_2 = 1 - \frac{2}{2^n}$。为了得到第 3 个和前两个独立的方程，x''不在 x、x'和 $x \oplus x'$所在的子空间中，故 $p_2 = 1 - \frac{2^2}{2^n}$。重复上述过程，得到第 $n-1$ 个独立与前 $n-2$ 个独立的方程的概率为 $p_{n-1} = 1 - \frac{2^{n-1}}{2^n}$。总之，得到 $n-1$ 个独立方程的概率为

$$p(n-1) = \prod_{i=1}^{n-1} p_i = \prod_{i=1}^{n-1} \left(1 - \frac{2^i}{2^n}\right) \geqslant \frac{1}{2} + \frac{1}{2^n}$$

$n-1$ 个独立方程可以确定 s 的 $n-1$ 个比特，另一个 s_i 的确定用 f 的 2 个函数值计算实现。根据 $f(x) = f(x \oplus s)$，不妨取 $x = 0$，得到 $f(0) = f(s)$。从而确定这个未知的 s_i，即猜测 $s_i = 0$，若 $f(0) = f(s)$成立，$s_i = 0$；否则 $s_i = 1$。从 $n-1$ 个方程以及 $f(0) = f(s)$条件确定 s 的过程就是西蒙算法的经典部分。

西蒙算法（包括量子部分和经典部分）确定 s 的工作量是 $n-1$ 次 U_f 调用（执行 $n-1$ 次西蒙算法的量子部分）和 2 次 f 的函数值实现。

为了描述 oracle 电路，取 $n = 3, s = 110$。f_0、f_1 和 f_2 为 Bool 函数，如图 9-7和图 9-8 所示，该 oracle 电路如图 9-9 所示，则

$$|x_0 x_1 x_2\rangle |000\rangle \rightarrow |x_0 x_1 x_2\rangle |f_0(x_0 x_1 x_2) f_1(x_0 x_1 x_2) f_2(x_0 x_1 x_2)\rangle$$

它需要 3 组变换，每组都是两个托佛利门。第 1 组的第 1 个托佛利门是只当 $x_0 x_1 x_2 = 011$ 时，第 4 量子比特才翻转。第 1 组的第 2 个托佛利门是只当$x_0 x_1 x_2 =$ 101 时，第 4 量子比特才翻转。$|x_0 x_1 x_2 000\rangle$经过第 1 组的第 2 个托佛利门作用后变为$|x_0 x_1 x_2\ f_0(x_0 x_1 x_2) 00\rangle$。比如，$x_0 x_1 x_2 = 011$，第 1 组中只有第 1 个托佛利门产生作用得到$|x_0 x_1 x_2 100\rangle$，它就是$|x_0 x_1 x_2\ f_0(x_0 x_1 x_2) 00\rangle$。其他 $x_0 x_1 x_2$ 类似考虑。

x_0 x_1 x_2	$f(x)$
0 0 0 1 1 0	000
0 0 1 1 1 1	001
0 1 0 1 0 0	010
0 1 1 1 0 1	100

图 9-7　函数 $f(x)$

x_0	x_1	x_2	$f_0(x)$	$f_1(x)$	$f_2(x)$
0	0	0	0	0	0
0	0	1	0	0	1
0	1	0	0	1	0
0	1	1	1	0	0
1	0	0	0	1	0
1	0	1	1	0	0
1	1	0	0	0	0
1	1	1	0	0	1

图 9－8　函数 $f(x)=f_0(x)f_1(x)f_2(x)$的另一个表示

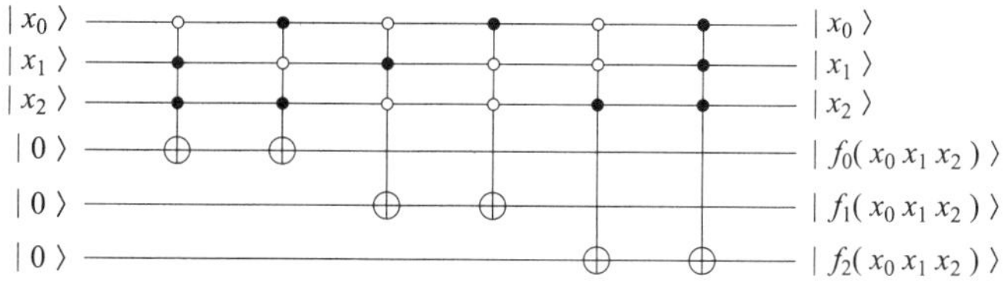

图 9－9　oracle 函数 f 的电路

9.7　格罗夫尔搜索

设 f 是定义在集合$\{i\}_{i=0}^{N-1}$上函数值为 0 或 1 的函数，其中 $N=2^n$。使得 $f(x)$的函数值为 1 的元素 x 的集合记为 S，假设 S 的元素个数 M 已知。格罗夫尔搜索给出了 $x_0\in S$。在经典计算情况下，最坏情况是需要 $N-M+1$ 次函数值计算确定 $x_0\in S$。我们将会看到该格罗夫尔搜索量子算法可以大大减少计算量。

算法 9.3　格罗夫尔搜索。该算法程序如下。

输入：O 执行 $f:\{0,1\}^n\to\{0,1\}$，当 $x\in S$，$f(x)=1$；否则，$f(x)=0$。

输出：$x_0\in S$。

(1) 准备初态$|0\rangle^{\otimes n}\otimes|0\rangle$。

(2) 作用 $H^{\otimes n+1}X_n$。

(3) 重复 $R=O\left(\frac{\pi}{4}\sqrt{N/M}\right)$次应用 $G=(2|\psi\rangle\langle\psi|-I)O$，其中 $|\psi\rangle=\frac{1}{\sqrt{N}}\sum_{x=0}^{N-1}|x\rangle$。

(4) 在计算基下测量第一个寄存器，以概率 1 得到 $x_0\in S$。

定义 Oracle：

$$O(|x,q\rangle)=|x,q\oplus f(x)\rangle$$

$|q\rangle$所在的量子比特称为 Oracle 的辅助量子比特。特别地，

$$O: |x\rangle\frac{1}{\sqrt{2}}(|0\rangle-|1\rangle)\rightarrow(-1)^{f(x)}|x\rangle\frac{1}{\sqrt{2}}(|0\rangle-|1\rangle)$$

由于格罗夫尔算法中辅助比特都处于态$\frac{1}{\sqrt{2}}(|0\rangle-|1\rangle)$，所以，我们忽略这个态的书写，从而有

$$O: |x\rangle \rightarrow (-1)^{f(x)}|x\rangle$$

初态$|0\rangle^{\otimes n}\otimes|0\rangle$被 X_n（辅助比特上的 X 门）作用后变为$|0\rangle^{\otimes n}\otimes|1\rangle$，该态经过 $H^{\otimes n+1}$作用后变为$|\psi\rangle\frac{1}{\sqrt{2}}(|0\rangle-|1\rangle)$，其中，

$$|\psi\rangle=\frac{1}{\sqrt{N}}\sum_{x=0}^{N-1}|x\rangle$$

定义两个量子态：

$$|\alpha\rangle=\frac{1}{\sqrt{N-M}}\sum_{x\notin S}|x\rangle,\quad |\beta\rangle=\frac{1}{\sqrt{M}}\sum_{x\in S}|x\rangle$$

其中，$|\beta\rangle$代表所有解的均匀叠加态，$|\alpha\rangle$代表剩余的 x 的均匀叠加态。这两个态互相正交。显然，

$$|\psi\rangle=\sqrt{\frac{N-M}{N}}|\alpha\rangle+\sqrt{\frac{M}{N}}|\beta\rangle=\cos\frac{\theta}{2}|\alpha\rangle+\sin\frac{\theta}{2}|\beta\rangle$$

故$\langle\psi|\alpha\rangle=\cos\frac{\theta}{2}$，$\langle\psi|\beta\rangle=\sin\frac{\theta}{2}$。算法的目标是要让$|\psi\rangle$尽量逼近$|\beta\rangle$，然后对量子比特测量后的结果就是 $f(x)=1$ 的解。

作用 Oracle 算符 O 得到

$$|\psi_1\rangle=O|\psi\rangle=\cos\frac{\theta}{2}|\alpha\rangle-\sin\frac{\theta}{2}|\beta\rangle$$

它刚好是$|\psi\rangle$关于$|\alpha\rangle$对称。这是由于

$$O|\alpha\rangle=\frac{1}{\sqrt{N-M}}\sum_{x\notin S}O|x\rangle=\frac{1}{\sqrt{N-M}}\sum_{x\notin S}|x\rangle=|\alpha\rangle$$

$$O|\beta\rangle=\frac{1}{\sqrt{M}}\sum_{x\in S}O|x\rangle=\frac{1}{\sqrt{M}}\sum_{x\in S}(-1)|x\rangle=-|\beta\rangle$$

即 O 在基$\{|\alpha\rangle,|\beta\rangle\}$下的表示为$\begin{pmatrix}1 & 0\\ 0 & -1\end{pmatrix}$。另外，

$$\begin{aligned}(2|\psi\rangle\langle\psi|-I)|\alpha\rangle &=2\cos\frac{\theta}{2}|\psi\rangle-|\alpha\rangle\\ &=2\cos\frac{\theta}{2}\left(\cos\frac{\theta}{2}|\alpha\rangle+\sin\frac{\theta}{2}|\beta\rangle\right)-|\alpha\rangle\end{aligned}$$

$$=\cos\theta|\alpha\rangle+\sin\theta|\beta\rangle$$

$$\begin{aligned}(2|\psi\rangle\langle\psi|-I)|\beta\rangle&=2\sin\frac{\theta}{2}|\psi\rangle-|\beta\rangle\\&=2\sin\frac{\theta}{2}\left(\cos\frac{\theta}{2}|\alpha\rangle+\sin\frac{\theta}{2}|\beta\rangle\right)-|\beta\rangle\\&=\sin\theta|\alpha\rangle-\cos\theta|\beta\rangle\end{aligned}$$

$2|\psi\rangle\langle\psi|-I$ 在基$\{|\alpha\rangle,|\beta\rangle\}$下的表示为

$$2|\psi\rangle\langle\psi|-I=\begin{pmatrix}\cos\theta & \sin\theta\\ \sin\theta & -\cos\theta\end{pmatrix}$$

这正是关于量子态$|\psi\rangle$所在轴的反射。它和 Oracle 算符 O 的合并就是$G=(2|\psi\rangle\langle\psi|-I)O$ 算符。G 在基$\{|\alpha\rangle,|\beta\rangle\}$下的表示为

$$\begin{pmatrix}\cos\theta & \sin\theta\\ \sin\theta & -\cos\theta\end{pmatrix}\begin{pmatrix}1 & 0\\ 0 & -1\end{pmatrix}=\begin{pmatrix}\cos\theta & -\sin\theta\\ \sin\theta & \cos\theta\end{pmatrix}$$

$|\psi_1\rangle$被 $2|\psi\rangle\langle\psi|-I$ 作用后得到

$$\begin{aligned}|\psi_2\rangle&=(2|\psi\rangle\langle\psi|-I)|\psi_1\rangle\\&=(2|\psi\rangle\langle\psi|-I)\left(\cos\frac{\theta}{2}|\alpha\rangle-\sin\frac{\theta}{2}|\beta\rangle\right)\\&=\cos\frac{\theta}{2}(\cos\theta|\alpha\rangle+\sin\theta|\beta\rangle)-\sin\frac{\theta}{2}(\sin\theta|\alpha\rangle-\cos\theta|\beta\rangle)\\&=\cos\left(\frac{3\theta}{2}\right)|\alpha\rangle+\sin\left(\frac{3\theta}{2}\right)|\beta\rangle\end{aligned}$$

即

$$G|\psi\rangle=G\left(\cos\frac{\theta}{2}|\alpha\rangle+\sin\frac{\theta}{2}|\beta\rangle\right)=\cos\left(\frac{3\theta}{2}\right)|\alpha\rangle+\sin\left(\frac{3\theta}{2}\right)|\beta\rangle$$

与$|\psi\rangle$ 相比，$G|\psi\rangle$ 更接近$|\beta\rangle$。G 作用 R 次后，角度变为$\left(\frac{1}{2}+R\right)\theta$。当$\left(\frac{1}{2}+R\right)\theta\approx\frac{\pi}{2}$时，$G^R|\psi\rangle$非常接近$|\beta\rangle$ 。不妨设 $M=1$，$\sin\frac{\theta}{2}=1/\sqrt{N}$，故$\theta\approx 2/\sqrt{N}$，$R=\frac{\pi\sqrt{N}}{4}$，它比古典算法的工作量 $O(N)$要少很多。

从图 9-10 可知，$G|\psi\rangle$ 是通过$|\psi\rangle$关于$|\alpha\rangle$反射，再关于$|\psi\rangle$反射得到，确保 $G|\psi\rangle$ 在$|\beta\rangle$方向的投影变大，故它是量子振幅放大算法(quantum amplitude amplification，QAA)。格罗夫尔利用量子振幅放大算法使得$|\beta\rangle$方向的投影变大，从而得到 S 中态(需要搜索的态)的可能性增大。

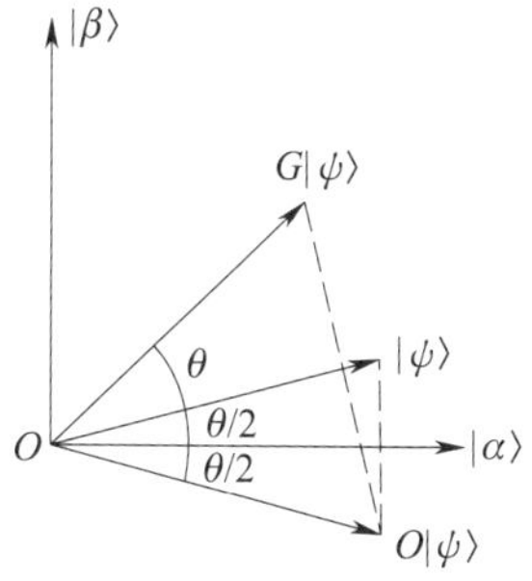

图 9-10 Grover 搜索的反射

9.8 量子傅里叶变换

$\{f_l\}_{l=0}^{N}$的离散傅里叶变换为

$$\tilde{f}_k=\frac{1}{\sqrt{N}}\sum_{l=0}^{N-1}\omega^{kl}f_l,\quad k=0,\cdots,N-1 \tag{9-12}$$

其中，$\omega=e^{\frac{2\pi i}{q}}$。类似地，$q$ 维量子傅里叶变换 $\boldsymbol{F}$ 定义为

$$\boldsymbol{F}|k\rangle=\frac{1}{\sqrt{N}}\sum_{l=0}^{N-1}\omega^{kl}|l\rangle,\quad k=0,\cdots,N-1$$

对于任意态 $|\psi\rangle=\sum_{l=0}^{N}f_l|l\rangle$，它的量子傅里叶变换为

$$|\tilde{\psi}\rangle=\sum_{l=0}^{N}f_l\frac{1}{\sqrt{N}}\sum_{k=0}^{N-1}\omega^{lk}|k\rangle=\sum_{k=0}^{N-1}\tilde{f}_k|k\rangle$$

其中，$\tilde{f}_k$ 就是式(9-12)定义的离散傅里叶变换。

$\boldsymbol{F}$ 的第(k,l)元素为

$$(\boldsymbol{F})_{kl}=\langle k|\boldsymbol{F}|l\rangle=\frac{\omega^{kl}}{\sqrt{N}}$$

其中，$\boldsymbol{F}$ 是对称矩阵。定义 $\boldsymbol{F}$ 的复共轭 $\boldsymbol{F}^{\dagger}$ 为：

$$\boldsymbol{F}^{\dagger}|k\rangle=\frac{1}{\sqrt{N}}\sum_{l=0}^{N-1}\omega^{-kl}|l\rangle$$

由于

$$\langle k'|\boldsymbol{F}^{\dagger}\boldsymbol{F}|k\rangle=\left(\frac{1}{\sqrt{N}}\sum_{l'=0}^{N-1}\omega^{-k'l'}\langle l'|\right)\left(\frac{1}{\sqrt{N}}\sum_{l=0}^{N-1}\omega^{kl}|l\rangle\right)=\frac{1}{q}\sum_{l=0}^{N-1}\omega^{(k-k')l}=\delta_{kk'}$$

故 $\boldsymbol{F}^{\dagger}\boldsymbol{F}=\boldsymbol{I}$。

量子傅里叶变换电路图参见图 9-11，这里忽略$\left\lfloor\frac{n}{2}\right\rfloor$次两两交换，其中$\left\lfloor\frac{n}{2}\right\rfloor$是不超过$\frac{n}{2}$的最大整数，记

$$R_{\phi_k}=\mathrm{diag}(1,e^{i\phi_k}),\quad \phi_k=\frac{2\pi}{2^k},\quad k=2,\cdots,n$$

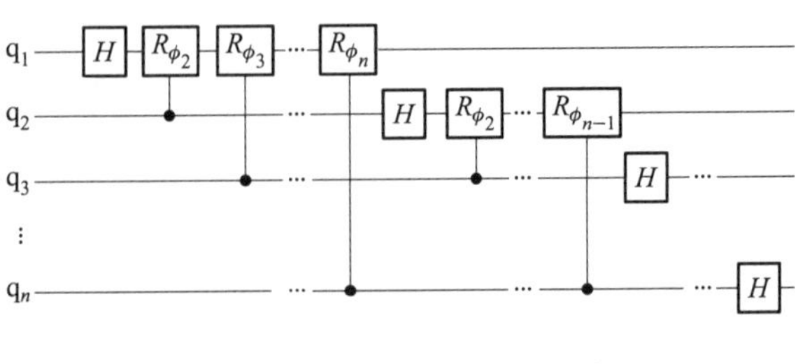

图 9-11　量子傅里叶变换电路图

则

$$R_{\phi_k}|0\rangle=|0\rangle,\quad R_{\phi_k}|1\rangle=\mathrm{e}^{\mathrm{i}\phi_k}|1\rangle$$

第 1 个量子比特 $|q_1\rangle$ 经过 H 门后得到

$$\frac{1}{\sqrt{2}}(|0\rangle+\mathrm{e}^{2\pi\mathrm{i}\frac{q_1}{2}}|1\rangle)$$

第 2 个量子比特的控制作用于第 1 个量子比特 R_{ϕ_2}，可得到

$$\frac{1}{\sqrt{2}}(|0\rangle+\mathrm{e}^{2\pi\mathrm{i}\frac{q_1}{2}}\mathrm{e}^{2\pi\mathrm{i}\frac{q_2}{2^2}}|1\rangle)$$

根据傅里叶量子变换电路图，第 1 个量子比特最后变为

$$\frac{1}{\sqrt{2}}(|0\rangle+\mathrm{e}^{2\pi\mathrm{i}\frac{q_1}{2}}\mathrm{e}^{2\pi\mathrm{i}\frac{q_2}{2^2}}\cdots\mathrm{e}^{2\pi\mathrm{i}\frac{q_n}{2^n}}|1\rangle)=\frac{1}{\sqrt{2}}(|0\rangle+\mathrm{e}^{2\pi\mathrm{i}\sum_{k=1}^{n}\frac{q_k}{2^k}}|1\rangle)$$

同理，第 2 个量子比特 $|q_2\rangle$ 经过 H 门后得到

$$\frac{1}{\sqrt{2}}(|0\rangle+\mathrm{e}^{2\pi\mathrm{i}\frac{q_2}{2}}|1\rangle)$$

第 3 个量子比特的控制作用于第 2 个量子比特 R_{ϕ_2}，可得到

$$\frac{1}{\sqrt{2}}(|0\rangle+\mathrm{e}^{2\pi\mathrm{i}\frac{q_2}{2}}\mathrm{e}^{2\pi\mathrm{i}\frac{q_3}{2^2}}|1\rangle)$$

最后，第 2 个量子比特变为

$$\frac{1}{\sqrt{2}}(|0\rangle+\mathrm{e}^{2\pi\mathrm{i}\sum_{k=2}^{n}\frac{q_k}{2^{k-1}}}|1\rangle)=\frac{1}{\sqrt{2}}(|0\rangle+\mathrm{e}^{2\pi\mathrm{i}\sum_{k=1}^{n}\frac{q_k}{2^{k-1}}}|1\rangle)$$

对其他量子比特重复上述过程可得到相应的量子态。特别地，第 n 个量子比特变为

$$\frac{1}{\sqrt{2}}(|0\rangle+\mathrm{e}^{2\pi\mathrm{i}\frac{q_n}{2}}|1\rangle)=\frac{1}{\sqrt{2}}(|0\rangle+\mathrm{e}^{2\pi\mathrm{i}\sum_{k=1}^{n}\frac{q_k}{2^{k-(n-1)}}}|1\rangle)$$

由于

$$\begin{aligned}q&=2^{n-1}q_1+\cdots+2^0q_n=2^n\sum_{k=1}^{n}\frac{q_k}{2^k}\\&=2^{n-1}\sum_{k=1}^{n}\frac{q_k}{2^{k-1}}=\cdots=2^1\sum_{k=1}^{n}\frac{q_k}{2^{k-(n-1)}}\end{aligned}\tag{9-13}$$

我们得到了

$$\begin{aligned}&\frac{1}{\sqrt{2^n}}(|0\rangle+\mathrm{e}^{2\pi\mathrm{i}\frac{q}{2^n}}|1\rangle)(|0\rangle+\mathrm{e}^{2\pi\mathrm{i}\frac{q}{2^{n-1}}}|1\rangle)\cdots(|0\rangle+\mathrm{e}^{2\pi\mathrm{i}\frac{q}{2^1}}|1\rangle)\\&=\frac{1}{\sqrt{2^n}}\sum_{k_1,\cdots,k_n=0}^{1}\mathrm{e}^{2\pi\mathrm{i}\left(k_1\frac{q}{2^n}+\cdots+k_n\frac{q}{2^1}\right)}|k_1\rangle\cdots|k_n\rangle\end{aligned}\tag{9-14}$$

经过 $\left\lfloor\frac{n}{2}\right\rfloor$ 次 $|k_i\rangle$ 和 $|k_{n+1-i}\rangle$ 交换，$i=1,\cdots,\left\lfloor\frac{n}{2}\right\rfloor$，上述变为

$$\frac{1}{\sqrt{2^n}}\sum_{k_1,\cdots,k_n=0}^{1} e^{2\pi i\left(k_1\frac{q}{2^n}+\cdots+k_n\frac{q}{2^1}\right)}|k_n\rangle\cdots|k_1\rangle$$

$$=\frac{1}{\sqrt{2^n}}\sum_{k_1,\cdots,k_n=0}^{1} e^{2\pi i\left(k_n\frac{q}{2^n}+\cdots+k_1\frac{q}{2^1}\right)}|k_1\rangle\cdots|k_n\rangle$$

$$=\frac{1}{\sqrt{2^n}}\sum_{k=0}^{2^n-1} e^{2\pi ik\frac{q}{2^n}}|k\rangle \tag{9-15}$$

这就是量子傅里叶变换。这里用到了

$$k_n\frac{q}{2^n}+\cdots+k_1\frac{q}{2^1}=\frac{q}{2^n}(k_n+\cdots+k_1 2^{n-1})=\frac{kq}{2^n}$$

从量子电路可知,量子傅里叶变换算法需要 $O\left(\frac{n^2}{2}\right)$个量子门,工作量为$O\left(\frac{n^2}{2}\right)$。经典快速傅里叶变换的工作量为 $O(2^n\log 2^n)=O(n2^n)$。

式(9-15)的态也可以写为

$$\frac{1}{\sqrt{2^n}}(|0\rangle+e^{2\pi i\frac{q}{2^1}}|1\rangle)(|0\rangle+e^{2\pi i\frac{q}{2^2}}|1\rangle)\cdots(|0\rangle+e^{2\pi i\frac{q}{2^n}}|1\rangle)$$

它就是式(9-14)中的乘积态重新颠倒排序,该态是非纠缠的,也就是说,量子傅里叶变换把非纠缠态变为纠缠态。若 $q=0$,上述的态变为 $H^{\otimes n}|0^n\rangle$,即量子傅里叶变换作用于$|0^n\rangle$和 $H^{\otimes n}$ 作用于该态是相同的。

9.9 舒尔算法

设 N 为正整数,它可分解为两个正整数 p_1 和 p_2 的乘积,$N=p_1p_2$,$1<p_1,p_2<N$。取正整数 a 满足 $1<a<N$ 和 $\gcd(a,N)=1$, gcd 表示最大公因子。找最小的正整数 r 使得

$$a^r=1 \bmod N$$

比如,$N=21$,$a=2$,则 $r=6$。所以,数列$\{a^k \bmod N\}_{k=1}^{\infty}$是周期数列,周期为 r,称 r 是 a 的模 N 阶。比如,$a^r \bmod N=a^{r+1} \bmod N$,这是由于$a^{r+1}-a^r=a(a^r-1)=0 \bmod N$。

若 r 为偶数,则

$$(a^{\frac{r}{2}}+1)(a^{\frac{r}{2}}-1)=a^r-1=0 \bmod N$$

即$(a^{\frac{r}{2}}+1)(a^{\frac{r}{2}}-1)$是 N 的整数倍。若 $a^{\frac{r}{2}}+1$ 和 $a^{\frac{r}{2}}-1$ 都不是 N 的整数倍,则

$$\gcd(a^{\frac{r}{2}}+1,N)>1,\quad \gcd(a^{\frac{r}{2}}-1,N)>1$$

假设 $\gcd(a^{\frac{r}{2}}+1,N)=1$,$a^{\frac{r}{2}}+1$ 的分解因子不包含 N 的分解因子,但是$(a^{\frac{r}{2}}+1)(a^{\frac{r}{2}}-1)$是 N 的整数倍意味着 $a^{\frac{r}{2}}-1$ 的分解因子必定包含 N 的分解因子,这与 $a^{\frac{r}{2}}-1$ 不是 N 的整数倍矛盾。同理可证 $\gcd(a^{\frac{r}{2}}-1,N)>1$。比如,

$a=2, r=6$，$a^{\frac{r}{2}}+1=9$ 和 $a^{\frac{r}{2}}-1=7$ 都不是 21 的倍数，则 $\gcd(9,21)=3$，$\gcd(7,21)=7$。若 $a=5$，则 $r=6$，$a^{\frac{r}{2}}+1=126$ 是 21 的倍数，$a^{\frac{r}{2}}-1=124$ 不是 21 的倍数，但是 $\gcd(124,21)=1$。

定义

$$S_1=\{a \mid 1<a<N, \gcd(a,N)>1\}, \quad S_2=\{a \mid 1\leqslant a<N, \gcd(a,N)=1\}$$

当 $N=21$ 时，有

$$S_1=\{3,6,7,9,12,14,15,18\}, \quad S_2=\{1,2,4,5,8,10,11,13,16,17,19,20\}$$

可用欧几里得算法计算两个数的最大公因子。S_2 有如下性质：①它是有限的模 N 的乘法群。②它的元素个数为欧拉全能函数 $\varphi(N)$。$\varphi(N)$ 几乎为 N。比如，$N=p_1p_2$，并且 $p_1<p_2$，它们都接近 $\sqrt{N}$，则

$$S_1=\{p_1, 2p_1, \cdots, (p_2-1)p_1, p_2, 2p_2, \cdots, (p_1-1)p_2\}$$

它的个数为 $p_1+p_2-2\approx 2\sqrt{N}\ll N$。

设奇数 $N=p_1^{\alpha_1}\cdots p_m^{\alpha_m}$ 是素因数分解，a 在 S_2 中均匀随机选取，r 是 a 的模 N 阶。取到 a 使得 r 为偶数、$a^{r/2}+1\neq 0 \bmod N$ 的概率至少为 $1-\dfrac{1}{2^m}\geqslant\dfrac{3}{4}$。注意 $a^{r/2}-1\neq 0 \bmod N$，否则，$a^{r/2}=1 \bmod N$，这与 r 是最小的模 N 阶矛盾。所以，$\gcd(a^{r/2}+1, N)>1$，$\gcd(a^{r/2}-1, N)>1$，这些最大公因子都是 N 的非平凡的因子，从而接近了 N 的因子分解。

舒尔算法的量子部分电路图参见图 9 - 12。

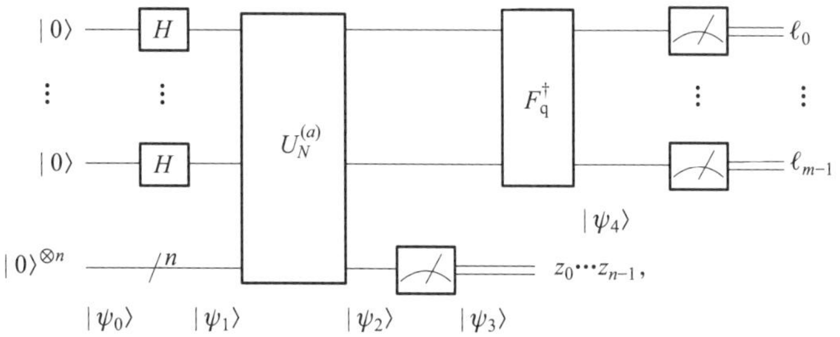

图 9 - 12　舒尔算法的量子部分电路图

算法 9.4　舒尔算法的量子部分。该算法程序如下。

输入：复合奇数 N，$1<a<N$，$\gcd(a,N)=1$。

输出：m 比特的 l 使得它是与 q/r 的整数倍最接近的整数，产生这样的 l 的概率至少是 $3/\pi^2$，这里 $q=2^m$ 是大于 N^2 的最小整数。

(1) 准备初态 $|0\rangle^{\otimes m}\otimes|0\rangle^n$，$m=\lceil 2\log_2 N\rceil$，$n=\lceil \log_2 N\rceil$。

(2) 对第一个寄存器应用 $H^{\otimes m}$。

(3) 应用 $U_N^{(a)}$。

(4) 在计算基下测量第二个寄存器得到 $z_0, \cdots, z_{n-1}$。

(5) 对第一个寄存器应用 $F_q^{\dagger}$。

(6) 在计算基下测量第一个寄存器。

$U_N^{(a)}$ 定义：

$$U_N^{(a)}|l,y\rangle=|l,y\oplus(a^l \bmod N)\rangle,\quad 0\leqslant l<q,\quad 0\leqslant y<2^n$$

初态为

$$|\psi_0\rangle=|0\rangle^{\otimes m}|0\rangle^n$$

经过 m 个 H 作用后,可得

$$|\psi_1\rangle=(H|0\rangle)^{\otimes m}\otimes|0\rangle^n=\frac{1}{\sqrt{q}}\sum_{l=0}^{q-1}|l\rangle|0\rangle^n$$

再经过 $U_N^{(a)}$ 作用,可得

$$|\psi_2\rangle=U_N^{(a)}|\psi_1\rangle=\frac{1}{\sqrt{q}}\sum_{l=0}^{q-1}|l\rangle|a^l \bmod N\rangle$$

如图 9-13 所示,其中 $c=\lceil q/r\rceil$,即 $q=(c-1)r+r_0$,最后一行有 r_0 项。

$$\begin{aligned}\sqrt{q}|\psi_2\rangle = {} & |0\rangle|1\rangle + |1\rangle|a\rangle + |2\rangle|a^2\rangle + \cdots + |r-1\rangle|a^{r-1}\rangle + \\ & |r\rangle|1\rangle + |r+1\rangle|a\rangle + |r+2\rangle|a^2\rangle + \cdots + |2r-1\rangle|a^{r-1}\rangle + \\ & |2r\rangle|1\rangle + |2r+1\rangle|a\rangle + |2r+2\rangle|a^2\rangle + \cdots + |3r-1\rangle|a^{r-1}\rangle + \\ & \vdots \\ & |(c-1)r\rangle|1\rangle + |(c-1)r+1\rangle|a\rangle + |(c-1)r+2\rangle|a^2\rangle+\cdots\end{aligned}$$

图 9-13　态 $|\psi_2\rangle$

对第 2 个寄存器测量,假设得到 $z_0,\cdots,z_{n-1}$。从图 9-13 得到:存在 r_1 使得 $a^{r_1}=z$ 且 $0\leqslant r_1<r$。$|\psi_2\rangle$ 被塌缩为 $|l\rangle$ 使得 $a^l=a^{r_1} \bmod N$,即 $l=kr+r_1$,$0\leqslant k<c$。故

$$|\psi_3\rangle=\left(\frac{1}{\sqrt{c}}\sum_{k=0}^{c-1}|kr+r_1\rangle\right)|a^{r_1}\rangle$$

注意,当 $r_1>r_0$ 时,$c=\lfloor q/r\rfloor$。

对 $|\psi_3\rangle$ 应用 $F_q^{\dagger}$ 得到

$$\begin{aligned}|\psi_4\rangle &=\frac{1}{\sqrt{c}}\sum_{k=0}^{c-1}F_q^{\dagger}|kr+r_1\rangle=\frac{1}{\sqrt{qc}}\sum_{k=0}^{c-1}\sum_{l=0}^{q-1}\omega^{-l(kr+r_1)}|l\rangle \\ &=\frac{\sqrt{c}}{\sqrt{q}}\sum_{l=0,q|(lr)}^{q-1}\omega^{-lr_1}|l\rangle+\frac{1}{\sqrt{qc}}\sum_{l=0,q\nmid(lr)}^{q-1}\omega^{-lr_1}\frac{1-\omega^{-lcr}}{1-\omega^{-lr}}|l\rangle\end{aligned}$$

当 $q|(lr)$,$\sum_{k=0}^{c-1}\omega^{-l(kr)}=\sum_{k=0}^{c-1}\mathrm{e}^{-2\frac{\pi i lkr}{q}}=c$ 时,得到 $l=0,\cdots,q-1$ 的概率为

$$p(l)=\begin{cases}\dfrac{c}{q}, & q|(lr) \\ \dfrac{\sin^2\frac{\pi lrc}{q}}{qc\sin^2\frac{\pi lr}{q}}, & q\nmid(lr)\end{cases}$$

这里 $q\mid(lr)$ 和 $q\nmid(lr)$ 分别表示 q 整除 lr 和 q 不整除 lr。

若 l 是最靠近 q/r 的整数倍的整数，不妨设 $q\nmid(lr)$，则 $l=\lfloor kq/r\rfloor, 0\leqslant k<r$（由于 $l<q$）。可证明：

$$p(\lfloor kq/r\rfloor)\geqslant\frac{4}{\pi^2 r}\left(1-\frac{1}{N}\right)\geqslant\frac{3}{\pi^2 r}\quad(N\geqslant 4)$$

由于 $0\leqslant k<r$，故能取到靠近 q/r 的整数倍的整数的概率至少为 $r\,\frac{3}{\pi^2 r}=\frac{3}{\pi^2}$。

按舒尔算法得到 l，则 $l=kq/r+d, d\in[0,1/2]$。令 $b=l/q\in[0,1)$，则 $b=k/r+d/q$。对 b 用连分式展开产生最大的分母 $r'<N$。不妨设 r' 为偶数（否则，重新取 a，重复舒尔算法），令 $p_1=\gcd(a^{r'/2}+1,N)$。不妨设 $1<p_1<N$（否则，重新取 a，重复舒尔算法），这个 p_1 就是 N 的一个因子。

比如，$N=21, a=2, q=2^9$。若 $l=85, b=l/q=85/2^9$ 的连分数展开为

$$85/2^9=\cfrac{1}{6+\cfrac{1}{42+\cfrac{1}{2}}}$$

$b_1=6, b_2=42, b_3=2$，这些系数中比 $N=21$ 小的最大的是 b_1，故取 $r'=6$，它就是 $r=6$。当 $l=171, r'=3$ 不是偶数，重新选取 a，再执行舒尔算法。

9.10　量子相估计算法

设 U 是 n 比特的幺正算符，$|\psi\rangle$ 是它的特征向量，相对应的特征值为 $e^{2\pi i\phi}$。量子相估计算法给出了 ϕ 的估计，$0\leqslant\phi<1$。设 ϕ 二进制表示为

$$\phi=0.\phi_1\cdots\phi_m=\phi_1 2^{-1}+\cdots+\phi_m 2^{-m}\tag{9-16}$$

这里 $\phi_i=0,1, i=1,\cdots,m$。

量子相估计算法电路图参见图 9-14。

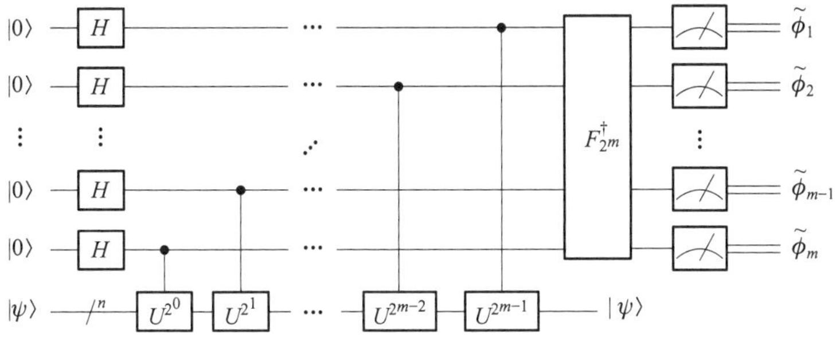

图 9-14　量子相估计算法电路图

算法 9.5　量子相估计算法。该算法程序如下。

输入：U 的特征向量 $|\psi\rangle$。

输出：一个数 $\tilde{\phi}\approx\phi 2^m$，$e^{2\pi i\phi}$ 是 U 的特征值，对应的特征向量为 $|\psi\rangle$。

(1) 准备初态 $|0\rangle^{\otimes m}\otimes|\psi\rangle$。

(2) 对第 1 个寄存器应用 $H^{\otimes m}$。

(3) 对 $l=0,\cdots,m-1$，应用控制操作 $C^{m-l}(U^{2^l})$，其中控制比特为 $m-l$，目标为第 2 个寄存器。

(4) 对第 1 个寄存器应用 $F_{2^m}^{\dagger}$。

(5) 在计算基下测量第 1 个寄存器。

第 m 个比特 $|0\rangle$ 和第 2 个寄存器的 $|\psi\rangle$ 被 H 和 $C^m(U^{2^0})$ 作用后变为

$$C^m(U^{2^0})\frac{|0\rangle|\psi\rangle+|1\rangle|\psi\rangle}{\sqrt{2}}=\frac{|0\rangle|\psi\rangle+|1\rangle U^{2^0}|\psi\rangle}{\sqrt{2}}$$
$$=\frac{|0\rangle|\psi\rangle+e^{2\pi i\phi 2^0}|1\rangle|\psi\rangle}{\sqrt{2}}=\frac{|0\rangle+e^{2\pi i\phi 2^0}|1\rangle}{\sqrt{2}}|\psi\rangle$$

故第 2 个寄存器还是 $|\psi\rangle$。第 $m-1$ 个比特 $|0\rangle$ 和第 2 个寄存器的 $|\psi\rangle$ 被 H 和 $C^{m-1}(U^{2^1})$ 作用后变为 $\frac{|0\rangle+e^{2\pi i\phi 2^1}|1\rangle}{\sqrt{2}}|\psi\rangle$。一直到第 1 个比特 $|0\rangle$ 和第 2 个寄存器的 $|\psi\rangle$ 被 H 和 $C^1(U^{2^{m-1}})$ 作用后变为 $\frac{|0\rangle+e^{2\pi i\phi 2^{m-1}}|1\rangle}{\sqrt{2}}|\psi\rangle$。所以，上述操作后得到(忽略第 2 个寄存器的 $|\psi\rangle$)

$$\frac{|0\rangle+e^{2\pi i\phi 2^{m-1}}|1\rangle}{\sqrt{2}}\otimes\frac{|0\rangle+e^{2\pi i\phi 2^{m-2}}|1\rangle}{\sqrt{2}}\otimes\cdots\otimes\frac{|0\rangle+e^{2\pi i\phi 2^0}|1\rangle}{\sqrt{2}}$$
$$=\frac{1}{\sqrt{2^m}}\sum_{l_1=0}^{1}e^{2\pi i\phi 2^{m-1}l_1}|l_1\rangle\otimes\sum_{l_2=0}^{1}e^{2\pi i\phi 2^{m-2}l_2}|l_2\rangle\otimes\cdots\otimes\sum_{l_m=0}^{1}e^{2\pi i\phi 2^0 l_m}|l_m\rangle$$
$$=\frac{1}{\sqrt{2^m}}\sum_{l_1,\cdots,l_m=0}^{1}e^{2\pi i\phi(2^{m-1}l_1+\cdots+2^0 l_m)}|l_1\rangle\otimes\cdots\otimes|l_m\rangle$$
$$=\frac{1}{\sqrt{2^m}}\sum_{l=0}^{2^m-1}e^{2\pi i\phi l}|l\rangle \tag{9-17}$$

这里 $l=2^{m-1}l_1+\cdots+2^0 l_m$。对它做量子傅里叶逆变换，即

$$F_{2^m}^{\dagger}\left(\frac{1}{\sqrt{2^m}}\sum_{l=0}^{2^m-1}e^{2\pi i\phi l}|l\rangle\right)=|2^m\phi\rangle=|\phi_1\rangle\otimes\cdots\otimes|\phi_m\rangle$$

这里 $2^m\phi=\phi_1 2^{m-1}+\cdots+\phi_m$ 是 0 到 2^m-1 的整数。所以，量子相估计算法给出如下映射：

$$|0\rangle^{\otimes m}|\psi\rangle\rightarrow|\phi\rangle|\psi\rangle \tag{9-18}$$

这里 $|\phi\rangle\equiv|\phi_1\cdots\phi_n\rangle$ 反应了 U 的特征值 $e^{2\pi i\phi}$ 中指数的信息。

若 ϕ 不能被 m 位二进制小数精确估计，式(9-16)修正为

$$\phi=0.\phi_1\cdots\phi_m+\delta \tag{9-19}$$

其中，$0 \leqslant |\delta| \leqslant 2^{-m-1}$。对式(9－17)的态进行量子傅里叶逆变换得到

$$F_{2^m}^{\dagger}\left(\frac{1}{\sqrt{2^m}}\sum_{l=0}^{2^m-1}\mathrm{e}^{2\pi\mathrm{i}\phi l}\,|l\rangle\right)=\frac{1}{2^m}\sum_{l,k=0}^{2^m-1}\mathrm{e}^{2\pi\mathrm{i}\phi l}\,\mathrm{e}^{-2\pi\mathrm{i}lk/2^m}\,|k\rangle$$
$$=\frac{1}{2^m}\sum_{k=0}^{2^m-1}\left[\sum_{l=0}^{2^m-1}\mathrm{e}^{2\pi\mathrm{i}[k-(2^{m-1}\phi_1+\cdots+2^0\phi_m)]l/2^m}\,\mathrm{e}^{2\pi\mathrm{i}l\delta}\right]|k\rangle \tag{9-20}$$

测量第 1 个寄存器得到 $|2^{m-1}\phi_1+\cdots+2^0\phi_m\rangle$ 的概率为 $|c_m|^2$，其中 c_m 为该态的共轭转置作用到式(9－20)中的态

$$c_m=\frac{1}{2^m}\sum_{l=0}^{2^m-1}\mathrm{e}^{2\pi\mathrm{i}l\delta}=\frac{1}{2^m}\frac{1-\alpha^{2^m}}{1-\alpha},\quad \alpha=\mathrm{e}^{2\pi\mathrm{i}\delta} \tag{9-21}$$

当 $x\in\left[0,\frac{1}{2}\right]$，则 $2x\leqslant\sin(\pi x)\leqslant\pi x$，从而

$$|1-\mathrm{e}^{2\pi\mathrm{i}\delta 2^m}|=2|\sin(\pi\delta 2^m)|\geqslant 4|\delta|2^m$$
$$|1-\mathrm{e}^{2\pi\mathrm{i}\delta}|=2|\sin(\pi\delta)|\leqslant 2\pi|\delta|$$

所以，$|c_m|^2\geqslant\frac{4}{\pi^2}\approx 0.405$。Cleve 等证明了：当第 1 个寄存器包含 $m=l+O[\log(1/\varepsilon)]$ 个量子比特，获得相因子 ϕ 的最佳 l 比特近似的概率大于 $1-\varepsilon$[38]。

由于 U 的特征态 $|\psi\rangle$ 对应于特征值 $\lambda=\mathrm{e}^{2\pi\mathrm{i}\phi}$，把式(9－18)中的 $|\phi\rangle$ 写为 $|\lambda\rangle$，量子相估计算法把 $|0\rangle^{\otimes m}|\psi\rangle$ 映射为 $|\lambda\rangle|\psi\rangle$，该态只包含特征态 $|\psi\rangle$ 和对应特征值 λ 的信息。

若 $|\psi\rangle$ 不是 U 的特征态，则它在 U 的特征态构成的基 $\{|\psi_j\rangle\}_{j=0}^{2^n-1}$ 下展开 $|\psi\rangle=\sum_{j=0}^{2^n-1}\alpha_j|\psi_j\rangle$，其中，$\alpha_j=\langle\psi_j|\psi\rangle$。量子相估计算法把 $|0\rangle^{\otimes m}|\psi_j\rangle$ 映射为 $|\lambda_j\rangle|\psi_j\rangle$，量子相算法作用于 $|0\rangle^{\otimes m}|\psi\rangle$ 得到

$$\sum_{j=0}^{2^n-1}\alpha_j|\lambda_j\rangle|\psi_j\rangle \tag{9-22}$$

其中，$|\psi_j\rangle$ 是 U 的第 j 个特征态，对应的特征值为 λ_j。如此产生的态包含了每个特征态和对应特征值的信息。

当 $|\psi\rangle=\sum_{k=0}^{2^n-1}|k\rangle$，式(9－22)定义的态变为 $\sum_{j=0}^{2^n-1}\alpha_j|\lambda_j\rangle|\psi_j\rangle$，$\alpha_j=\sum_{k=0}^{2^n-1}\langle k|\psi_j\rangle$ 是 $|\psi_j\rangle$ 在所有计算基 $|k\rangle$ 上的投影之和。文献[48]指出对这个态用振幅放大算法可使得某些特征态被选取的可能性增大。

当量子相估计算法中的幺正算符写为 $U=\mathrm{e}^{-\mathrm{i}Ht}$ 时，其中 H 为哈密顿算符。此时，U 的特征态就是 H 的特征态，U 的特征值 $\mathrm{e}^{2\pi\phi}$ 为 $\mathrm{e}^{-\mathrm{i}t\lambda}$，即 $\phi=-\mathrm{i}t\lambda/2\pi$。相估计算法把 $|0\rangle^{\otimes m}|\psi_j\rangle$ 映射为 $|\lambda_j\rangle|\psi_j\rangle$，其中 $|\psi_j\rangle$ 是 H 的特征态，对应的特征值为 λ_j。这种技巧(对哈密顿算符指数化，再用相估计算法)是 9.11 节中 HHL 算法的基础。

这种技巧还有其他很多应用。比如，有两个集合，第一个集合为

$\{|\psi_i^{(1)}\rangle\}_{i=1}^k$，第二个集合为$\{|\psi_i^{(2)}\rangle\}_{i=1}^k$。这里设两个集合中共 $2k$ 个态都是互相独立的。给定另一个态$|\psi\rangle$。我们判断该态属于上述集合中的哪一个。令 $H^{(1)}=\frac{1}{k}\sum_{i=1}^{k}|\psi_i^{(1)}\rangle\langle\psi_i^{(1)}|$，$H^{(2)}=\frac{1}{k}\sum_{i=1}^{k}|\psi_i^{(2)}\rangle\langle\psi_i^{(2)}|$，显然，$H=H^{(1)}-H^{(2)}$的特征值为 1($k$ 重)，特征态属于第 1 个集合；特征值为 -1(k 重)，特征态属于第 2 个集合；特征值为 0，特征态和这两个集合中的态都正交。现在对$|0\rangle^{\otimes m}|\psi\rangle$用相估计算法得到式(9－22)。对特征值所在的寄存器测量得到特征值，若结果为正，态$|\psi\rangle$属于第 1 个集合；若结果为负，态$|\psi\rangle$属于第 2 个集合。

9.11 线性方程组求解

HHL 算法[49]求解 $\boldsymbol{A}\boldsymbol{x}=\boldsymbol{b}$，这里 $\boldsymbol{A}\in\mathbb{R}^{N\times N}$ 为 N 阶对称矩阵，$\boldsymbol{b}\in\mathbb{R}^N$ 为 N 实向量。①$|b\rangle$容易制备。②$\boldsymbol{A}$ 是良态的：$\boldsymbol{A}$ 的最大和最小特征值的比 $\lambda_{\max}/\lambda_{\min}$ 不是太大。③ 幺正矩阵 $e^{i\boldsymbol{A}}$ 容易执行(这往往需要 $\boldsymbol{A}$ 的稀疏性)。

设 $\boldsymbol{A}$ 的特征值为$\lambda_1,\cdots,\lambda_N$，对应的特征向量为$|u_1\rangle,\cdots,|u_N\rangle$。$\boldsymbol{A}$ 可表示为$\boldsymbol{A}=\sum_{j=1}^{N}\lambda_j|u_j\rangle\langle u_j|$。幺正矩阵 $e^{it\boldsymbol{A}}$ 的特征值为 $e^{it\lambda_j}$，对应的特征向量为$|u_j\rangle$。对 $e^{it\boldsymbol{A}}$ 使用相估计算法就是执行如下映射：

$$|0\rangle|u_j\rangle\rightarrow|\lambda_j\rangle|u_j\rangle \tag{9-23}$$

这里$|0\rangle$是若干个量子比特为 0 的态。对该态进行基于条件$|\lambda_j\rangle$的控制旋转。为了执行这个操作，引入第三个寄存器$|0\rangle$，控制旋转操作后得到

$$|\lambda_j\rangle|u_j\rangle|0\rangle\rightarrow|\lambda_j\rangle|u_j\rangle\left(\sqrt{1-\lambda_j^{-2}}\,|0\rangle+\lambda_j^{-1}|1\rangle\right) \tag{9-24}$$

该旋转可用 $e^{-i\theta_j Y}$实现

$$e^{-i\theta_j Y}|0\rangle=(\cos\theta_j I-i\sin\theta_j Y)|0\rangle=\cos\theta_j|0\rangle+\sin\theta_j|1\rangle$$

其中，$\theta_j=\arcsin(1/\lambda_j)$。

量子态$|b\rangle=\sum_{i=1}^{N}b_i|i\rangle$ 可表示为$|b\rangle=\sum_{j=1}^{N}\beta_j|u_j\rangle$。把上述两步式(9－23)和式(9－24)应用于$|b\rangle$得到

$$\sum_{j=1}^{N}\beta_j|\lambda_j\rangle|u_j\rangle\left(\sqrt{1-\lambda_j^{-2}}\,|0\rangle+\lambda_j^{-1}|1\rangle\right)$$

对第 1 个寄存器进行逆相估计算法得到

$$|0\rangle\sum_{j=1}^{N}\beta_j|u_j\rangle\left(\sqrt{1-\lambda_j^{-2}}\,|0\rangle+\lambda_j^{-1}|1\rangle\right)$$

对第 3 个寄存器测量并选择结果为 1 得到量子态$|x\rangle=\boldsymbol{A}^{-1}|b\rangle=\sum_{j=1}^{N}\frac{\beta_j}{\lambda_j}|u_j\rangle$。

算法 9.6 HHL 算法。该算法程序如下。

输入：对称矩阵 $\boldsymbol{A}\in\mathbb{R}^{N\times N}$ 和向量 $\boldsymbol{b}\in\mathbb{R}^{N}$。
输出：$|x\rangle$的估计，其中 $\boldsymbol{Ax}=\boldsymbol{b}$。

（1）准备初态 $|0\rangle|b\rangle|0\rangle$，其中 $|b\rangle=\sum_{j=1}^{N}\beta_j|u_j\rangle$。

（2）对前两个寄存器使用相估计算法得到 $\sum_{j=1}^{N}\beta_j|\lambda_j\rangle|u_j\rangle|0\rangle$。

（3）对第3个寄存器 $|0\rangle$旋转产生新的态 $\sum_{j=1}^{N}\beta_j|\lambda_j\rangle|u_j\rangle(\sqrt{1-\lambda_j^{-2}}|0\rangle+\lambda_j^{-1}|1\rangle)$。

（4）对前两个寄存器使用逆相估算法得到 $|0\rangle\sum_{j=1}^{N}\beta_j|u_j\rangle(\sqrt{1-\lambda_j^{-2}}|0\rangle+\lambda_j^{-1}|1\rangle)$。

（5）对第3个寄存器测量并选择结果为1得到量子态 $\sum_{j=1}^{N}\frac{\beta_j}{\lambda_j}|u_j\rangle$。

该算法给出了映射：

$$|0\rangle|b\rangle|0\rangle\rightarrow|0\rangle|\sum_{j=1}^{N}\frac{\beta_j}{\lambda_j}|u_j\rangle|1\rangle$$

即 HHL 算法把 $|b\rangle=\sum_{j=1}^{N}\beta_j|u_j\rangle$变为 $\boldsymbol{A}^{-1}|b\rangle=\sum_{j=1}^{N}\frac{\beta_j}{\lambda_j}|u_j\rangle$。

设 $\boldsymbol{A}\in\mathbb{C}^{m\times n}$，$\boldsymbol{b}\in\mathbb{C}^{m}$，$\boldsymbol{x}\in\mathbb{C}^{n}$。不妨设 $m\leqslant n$，$\boldsymbol{A}$ 的秩为 m。线性方程组 $\boldsymbol{Ax}=\boldsymbol{b}$是欠定的。$\boldsymbol{A}$ 的奇异值分解为

$$\boldsymbol{A}=\sum_{j=1}^{m}\sigma_j|u_j\rangle\langle v_j|$$

其中，$|u_j\rangle\in\mathbb{C}^{m}$，$|v_j\rangle\in\mathbb{C}^{n}$，$\sigma_1\geqslant\cdots\geqslant\sigma_n\geqslant0$。定义厄米矩阵为

$$\boldsymbol{H}=\sum_{j=1}^{m}\sigma_j(|0\rangle\langle1|\otimes|u_j\rangle\langle v_j|+|1\rangle\langle0|\otimes|v_j\rangle\langle u_j|)\equiv\begin{pmatrix}\boldsymbol{0}&\boldsymbol{A}\\\boldsymbol{A}^{\dagger}&\boldsymbol{0}\end{pmatrix}$$

它的特征值为 $\pm\sigma_1,\cdots,\pm\sigma_m$，对应的特征向量为 $|w_j^{\pm}\rangle=\frac{1}{\sqrt{2}}(|0\rangle|u_j\rangle\pm|1\rangle|v_j\rangle)$。比如，

$$\boldsymbol{H}|w_j^{+}\rangle=\frac{1}{\sqrt{2}}\boldsymbol{H}(|0\rangle|u_j\rangle+|1\rangle|v_j\rangle)=\frac{1}{\sqrt{2}}(\sigma_j|1\rangle|v_j\rangle+\sigma_j|0\rangle|u_j\rangle)=\sigma_j|w_j^{\pm}\rangle\boldsymbol{H}$$

有 $n-m$ 个特征值 0，对应于特征子空间 $V^{\perp}$，其中 $V\equiv\mathrm{span}(|w_1^{\pm}\rangle,\cdots,|w_m^{\pm}\rangle)$。

把 HHL 算法应用于

$$|0\rangle|b\rangle=|0\rangle\sum_{j=1}^{m}\beta_j|u_j\rangle=\sum_{j=1}^{m}\beta_j\frac{1}{\sqrt{2}}(|w_j^{+}\rangle+|w_j^{-}\rangle)$$

得到

$$\boldsymbol{H}^{-1}|0\rangle|b\rangle=\sum_{j=1}^{m}\beta_j\sigma_j^{-1}\frac{1}{\sqrt{2}}(|w_j^{+}\rangle-|w_j^{-}\rangle)=\sum_{j=1}^{m}\beta_j\sigma_j^{-1}|1\rangle|v_j\rangle$$

去掉$|1\rangle$得到

$$|x\rangle \equiv \boldsymbol{A}^{+}|b\rangle \equiv \sum_{j=1}^{m} \beta_j \sigma_j^{-1} |v_j\rangle$$

这里$\boldsymbol{A}^{+}=\sum_{j=1}^{m} \sigma_j^{-1}|v_j\rangle\langle u_j|$是$\boldsymbol{A}$的 Moore-Penrose 逆。

当$m \geqslant n$，不妨设$\boldsymbol{A}$的秩为n。线性方程组$\boldsymbol{A x}=\boldsymbol{b}$是超定的。$\boldsymbol{A}$的奇异值分解为

$$\boldsymbol{A}=\sum_{j=1}^{n} \sigma_j |u_j\rangle\langle v_j|$$

当$|b\rangle \in \operatorname{span}(u_1, \cdots, u_n)$时，把 HHL 算法应用于$|0\rangle|b\rangle$得到$|x\rangle=\sum_{j=1}^{n} \beta_j \sigma_j^{-1}$ $|v_j\rangle$，从而有

$$\boldsymbol{A}|x\rangle=\boldsymbol{A} \sum_{j=1}^{n} \beta_j \sigma_j^{-1}|v_j\rangle=\sum_{j=1}^{n} \beta_j|u_j\rangle=|b\rangle$$

若$|b\rangle \notin \operatorname{span}(u_1, \cdots, u_n)$，HHL 算法应用于$|0\rangle|b\rangle$，得到$|x^*\rangle=\arg \min_{|x\rangle \in \mathbf{C}^n}\|\boldsymbol{A}|x\rangle-|b\rangle\|_2^2$。

9.12 特征值和特征函数求解

本节可参考文献[39]。设哈密顿算符$H(x)$依赖空间$x \in \mathbb{R}$，但不依赖时间t，比如，$H=-\frac{\mathrm{d}^2}{\mathrm{d} x^2}$。相应的薛定谔方程为

$$\mathrm{i} \frac{\partial}{\partial t} \psi(x, t)=H(x) \psi(x, t) \tag{9-25}$$

演化算子为$U(t)=\mathrm{e}^{-\mathrm{i} H t}$。设$H$的特征值为$\omega_\alpha$和特征函数$\phi_\alpha(x)$。$\psi(x, t=0)=\psi_0(x)$在特征函数系下展开为

$$\psi_0(x)=\sum_\alpha a_\alpha \phi_\alpha(x) \tag{9-26}$$

式(9－25)的解有展开：

$$\psi(x, t)=\sum_\alpha a_\alpha \mathrm{e}^{-\mathrm{i} \omega_\alpha t} \phi_\alpha(x) \tag{9-27}$$

$\psi(x_1, t)$关于t的傅里叶逆变换记为$\psi(x_1, \omega)$。从式(9－27)可知，$\psi(x_1, \omega)$在ω_α处会产生峰值。当时间t比各种需要计算的频率都要大时，这些峰值对应的频率都可以被分辨出来。如果取不同位置x_2，对于同一个ω_α，$\psi(x_1, \omega_\alpha)$和$\psi(x_2, \omega_\alpha)$有不同高度的尖峰，但是它们满足

$$\frac{\psi(x_2, \omega_\alpha)}{\psi(x_1, \omega_\alpha)}=\frac{\phi_\alpha(x_2)}{\phi_\alpha(x_1)} \tag{9-28}$$

为了在量子计算机上实现，把区间限制在$[-L, L]$，取格点$x_i=-L+i\Delta$，$i=0,\cdots,2^n-1$，其中$\Delta=\frac{2L}{2^n}$。把波函数$\psi(x)$编码为

$$|\psi\rangle=\sum_{i=0}^{2^n-1}\psi(i)|i\rangle \tag{9-29}$$

其中$\psi(i)=\psi(x_i)$。从上述编码可知，2^n个格点上的数据$\{\psi(i)\}_{i=0}^{2^n-1}$被作为$n$个量子比特的态的振幅。令$U=e^{-iH\Delta t}$。我们使用与量子相估计类似的算法(见图9-14)，其中$|\psi\rangle$被替换为$|\psi_0\rangle=\sum_{i=0}^{2^n-1}\psi_0(i)|i\rangle$。

第m个比特$|0\rangle$和第2个寄存器的$|\psi_0\rangle$被H和$C^m(U^{2^0})$作用后变为

$$C^m(U^{2^0})\frac{|0\rangle|\psi_0\rangle+|1\rangle|\psi_0\rangle}{\sqrt{2}}=\frac{1}{\sqrt{2}}\sum_{l_m=0}^{1}|l_m\rangle U^{l_m 2^0}|\psi_0\rangle$$

经过m步H门和控制$U^{2^l}(0\leqslant l\leqslant m-1)$后，量子态变为

$$\frac{1}{\sqrt{2^m}}\sum_{l_1=0}^{1}|l_1\rangle U^{l_1 2^{m-1}}|\psi_0\rangle\cdots\sum_{l_m=0}^{1}|l_m\rangle U^{l_m 2^0}|\psi_0\rangle=\frac{1}{\sqrt{2^m}}\sum_{l=0}^{2^m-1}|l\rangle U^l|\psi_0\rangle \tag{9-30}$$

由于$|\psi(j\Delta t)\rangle=U^j|\psi_0\rangle$，式(9-30)的量子态变为

$$\frac{1}{\sqrt{2^m}}\sum_{l=0}^{2^m-1}|l\rangle\sum_{\alpha=0}^{2^n-1}a_\alpha e^{-i\omega_\alpha l\Delta t}|\phi_\alpha\rangle$$

对该态做对$|l\rangle$的寄存器的量子傅里叶变换，在频率ω_α处出现峰值，这些峰值就是要找的H的特征值。

9.13 薛定谔方程的量子模拟

我们考虑式(9-25)给出的薛定谔方程，其中哈密顿量为

$$H=-\frac{d^2}{dx^2}+V(x)$$

与9.12节类似，$[-L, L]$上的波函数$|\psi(t)\rangle$被近似为

$$|\bar{\psi}(t)\rangle=\frac{1}{\mathcal{N}}\sum_{i=0}^{2^n-1}\psi(x_i, t)|i\rangle \tag{9-31}$$

其中，$\mathcal{N}=\sqrt{\sum_{i=0}^{2^n-1}|\psi(x_i, t)|^2}$。方程(9-25)的解满足下式

$$\psi(x, t+\varepsilon)=e^{-i\varepsilon[H_0+V(x)]}\psi(x, t) \tag{9-32}$$

这里$H_0=-\frac{d^2}{dx^2}$。由于ε足够小，

$$e^{-i\varepsilon[H_0+V(x)]}\approx e^{-i\varepsilon H_0}e^{-i\varepsilon V(x)} \tag{9-33}$$

这个近似称为 Trotter 分解。右边的第一个算符为

$$e^{-i\varepsilon H_0}=F^{-1}e^{i\varepsilon k^2}F \tag{9-34}$$

其中,F 为傅里叶变换。傅里叶变换 F 和傅里叶逆变换 F^{-1} 都需要 $O(n^2)$个基本量子门。在傅里叶表象下作用 $e^{ik^2\varepsilon}$ 和位置空间中作用 $e^{-i\varepsilon V(x)}$ 完全类似。所以,只要考虑:

$$|x\rangle\rightarrow e^{icf(x)}|x\rangle \tag{9-35}$$

的量子实现。引入一个辅助量子寄存器$|y\rangle_a$,通过以下步骤实现式(9-35):

$$\begin{aligned}&|0\rangle_a\otimes|x\rangle\rightarrow|f(x)\rangle_a\otimes|x\rangle\rightarrow e^{icf(x)}|f(x)\rangle_a\otimes|x\rangle\rightarrow\\&e^{icf(x)}|0\rangle_a\otimes|x\rangle=|0\rangle_a\otimes e^{icf(x)}|x\rangle\end{aligned} \tag{9-36}$$

第一步可用 $O(2^n)$个 C^n-非门实现。当 f 具有某种结构时,那么可能用 n 的多项式的复杂度实现。第二步需要实现$|y\rangle_a\rightarrow e^{icy}|y\rangle_a$,这个可用 m 个单量子比特相移门实现,其中 m 是辅助寄存器中量子比特数。事实上,$y=2^{m-1}y_1+\cdots+2^0y_m$,$y_j=0,1$,

$$e^{icy}=\prod_{j=1}^{m}e^{icy_j2^{m-j}} \tag{9-37}$$

它就是 m 个相移门的乘积,其中第 j 个相移门为$\begin{pmatrix}1&0\\0&e^{ic2^{m-j}}\end{pmatrix}$。第三步是第一步的逆过程,即把第一步的操作次序反向。

上述描述了一步 Trotter 分解过程的量子实现,整个薛定谔方程的量子模拟是很多步 Trotter 分解得到的。

9.14 变分量子态对角化

给定一个纯态或混合态 ρ,变分量子态对角化(variational quantum state diagonalization,VQSD)通过量子电路构造幺正算符 $U(\theta)$使得

$$\widetilde{\rho}=U(\theta)\rho U(\theta)^{\dagger} \tag{9-38}$$

接近对角矩阵[47]。记 $D_{HS}(\boldsymbol{A},\boldsymbol{B})=\mathrm{tr}[(\boldsymbol{A}-\boldsymbol{B})^{\dagger}(\boldsymbol{A}-\boldsymbol{B})]$为矩阵 $\boldsymbol{A}$ 和 $\boldsymbol{B}$ 的希尔伯特-施密特距离,记$\mathcal{D}$是所以对角矩阵的集合。定义 $\widetilde{\rho}$ 到$\mathcal{D}$的希尔伯特-施密特距离为

$$\begin{aligned}C_1&=\min_{\sigma\in\mathcal{D}}D_{HS}(\widetilde{\rho},\sigma)=D_{HS}[\widetilde{\rho},\mathcal{Z}(\widetilde{\rho})]\\&=\mathrm{tr}(\widetilde{\rho}^2)-\mathrm{tr}(\mathcal{Z}(\widetilde{\rho})^2)=\sum_{z,z'\neq z}|\langle z|\widetilde{\rho}|z'\rangle|^2\end{aligned} \tag{9-39}$$

这里$\mathcal{Z}(\widetilde{\rho})\in\mathcal{D}$是与 $\widetilde{\rho}$ 最近的对角矩阵,故$\mathcal{Z}(\widetilde{\rho})$就是对角元和 $\widetilde{\rho}$ 的对角元相同的对角矩阵,从而 C_1 就是 $\widetilde{\rho}$ 中对角元的模的平方和。第三个等式是由于

$\widetilde{\rho}-\mathcal{Z}(\widetilde{\rho})$和$\mathcal{Z}(\widetilde{\rho})$正交：$\mathrm{tr}[(\widetilde{\rho}-\mathcal{Z}(\widetilde{\rho})]^{\dagger}\mathcal{Z}(\widetilde{\rho})=0$。$U(\theta)$为幺正算符，$\mathrm{tr}(\widetilde{\rho}^2)=\mathrm{tr}(\rho^2)$，所以$C_1$的计算归结为计算

$$\mathrm{tr}[\mathcal{Z}(\widetilde{\rho})^2]=\sum_z|\langle z|\widetilde{\rho}|z\rangle|^2$$

文献[47]构造了量子电路(diagonalized inner product，DIP)计算$\mathrm{tr}(\mathcal{Z}(\widetilde{\rho})^2)$，其中输入是$\widetilde{\rho}$。

由于$\widetilde{\rho}$依赖于参数θ，极小化$C_1=C_1(\theta)$得到最优参数θ^*。最优参数θ^*对应的量子电路为$U(\theta^*)$。把$U(\theta^*)$作用于ρ，得到对角化算符$\widetilde{\rho}(\theta^*)=U(\theta^*)\rho U(\theta^*)^{\dagger}$。对$\widetilde{\rho}(\theta^*)$进行测量，得到$|z\rangle$的概率为$\langle z|\widetilde{\rho}(\theta^*)|z\rangle$，它就是$\widetilde{\rho}(\theta^*)$的对角元，我们这里假设$\widetilde{\rho}(\theta^*)$的特征值在0到1之间，否则做归一化和平移确保特征值在该范围。所以，由于ρ和$\widetilde{\rho}(\theta^*)$相似，我们也得到了$\rho$的特征值$\lambda$，对应的特征态为$U(\theta)^{\dagger}|z\rangle$，

$$\rho U(\theta)^{\dagger}|z\rangle=\lambda U(\theta)^{\dagger}|z\rangle$$

这是由于$\widetilde{\rho}(\theta^*)|z\rangle=\lambda|z\rangle$。

9.15 绝热量子计算

哈密顿量$H(t)$依赖于时间t，它随时间t缓慢变化。令$s=t/T\in[0,1]$。薛定谔方程为

$$\mathrm{i}\frac{\mathrm{d}}{\mathrm{d}t}|\psi(t)\rangle=H(t)|\psi(t)\rangle \tag{9-40}$$

即

$$\mathrm{i}\frac{\mathrm{d}}{\mathrm{d}s}|\psi(s)\rangle=TH(s)|\psi(s)\rangle \tag{9-41}$$

这里假设初态$|\psi(0)\rangle$是$H(0)$的基态，并且它是非退化的。$|\psi(s)\rangle$可表示为

$$|\psi(s)\rangle=U(s)|\psi(0)\rangle$$

由于

$$\mathrm{i}\frac{\mathrm{d}}{\mathrm{d}s}U(s)|\psi(0)\rangle=\mathrm{i}\frac{\mathrm{d}}{\mathrm{d}s}|\psi(s)\rangle=TH(s)|\psi(s)\rangle=TH(s)U(s)|\psi(0)\rangle$$

故$U(s)$满足下式：

$$\mathrm{i}\dot{U}(s)=TH(s)U(s) \tag{9-42}$$

$H(s)$的基态为$|\phi(s)\rangle$(设它被归一化)，对应的基态能为$E(s)$，

$$H(s)|\phi(s)\rangle=E(s)|\phi(s)\rangle$$

这里假设对任意的$s\in[0,1]$，$H(s)$的基态$|\phi(s)\rangle$是唯一的。

定义

$$P(s)=|\phi(s)\rangle\langle\phi(s)|$$

和哈密顿量

$$H_a(s)\equiv TH(s)+\mathrm{i}[\dot{P}(s),P(s)]$$

从而有

$$\mathrm{i}\frac{\mathrm{d}}{\mathrm{d}s}P=[H_a,P] \tag{9-43}$$

这是由于

$$[H_a,P]=T[H,P]+\mathrm{i}[[\dot{P},P],P]=\mathrm{i}(\dot{P}P-2P\dot{P}P+P\dot{P})=\mathrm{i}(\dot{P}P+P\dot{P})=\mathrm{i}\frac{\mathrm{d}}{\mathrm{d}s}P^2=\mathrm{i}\frac{\mathrm{d}}{\mathrm{d}s}P$$

第二个等式用到了 $HP=EP$，从而$[H,P]=0$。由于 $P^2=P$，对 s 求导得到 $\dot{P}P+P\dot{P}=\dot{P}$，两边左乘以 P 得到 $P\dot{P}P=0$，所以第三等式成立。

与 H_a 对应的薛定谔方程为

$$\mathrm{i}\frac{\mathrm{d}}{\mathrm{d}s}|\xi(s)\rangle=H_a(s)|\xi(s)\rangle \tag{9-44}$$

在初始条件 $|\xi(0)\rangle=|\phi(0)\rangle$ 下的解为 $|\xi(s)\rangle=\mathrm{e}^{\mathrm{i}\theta(s)}|\phi(s)\rangle$，其中 $\theta(s)\in\mathbb{R}$。$|\xi(s)\rangle$和$|\phi(s)\rangle$差一个相因子 $\mathrm{e}^{\mathrm{i}\theta(s)}$ 的原因是 $P(s)=|\phi(s)\rangle\langle\phi(s)|=|\xi(s)\rangle\langle\xi(s)|$满足方程(9-43)。

方程(9-44)的解表明 $H(s)$的基态 $|\phi(s)\rangle$ 可从该解 $|\xi(s)\rangle$ 得到。与(9-42)的计算类似，$|\xi(1)\rangle=U_a(1)\xi(0)\rangle$ 是 $H(1)$的基态，其中，

$$\mathrm{i}\dot{U}_a(s)=H_a(s)U_a(s) \tag{9-45}$$

可以证明[55]：

$$\frac{T}{2}\|U(1)-U_a(1)\|\leqslant C \tag{9-46}$$

其中，

$$C\equiv c_1\frac{\|\dot{H}(0)\|}{\Delta(0)^2}+c_1\frac{\|\dot{H}(1)\|}{\Delta(1)^2}+\int_0^1\mathrm{d}s\left[(3c_1^2+c_1+c_3)\frac{\|\dot{H}\|}{\Delta^3}+c_2\frac{\|\ddot{H}\|}{\Delta^2}\right] \tag{9-47}$$

其中 $\Delta=\Delta(s)$是 $H(s)$的基态能和第一个激发态能的差，c_1、c_2 和 c_3 是非负的常数。

对任意 $\varepsilon>0$，当 $T\geqslant\frac{2C}{\varepsilon}$时，

$$\||\psi(1)\rangle-|\phi(1)\rangle\|=\|U(1)|\phi(0)\rangle-U_a(1)|\phi(0)\rangle\|\leqslant$$
$$\|U(1)-U_a(1)\|\leqslant\frac{2C}{T}\leqslant\varepsilon \tag{9-48}$$

这表明当 T 充分大时，$H(1)$的基态 $|\phi(1)\rangle$ 可以被方程(9-41)的解 $|\psi(1)\rangle$ 任意逼近，这就是绝热(Adiabatic)量子计算。值得注意的是，求解薛定谔方程

(9-41)的解 $|\psi(s=1)\rangle$ 就是求解薛定谔方程(9-40)的解 $|\psi(t=T)\rangle$，即 $H(s=1)=H(t=T)$，$|\psi(s=1)\rangle=|\psi(t=T)\rangle$。

下面给出了绝热量子计算的一个应用。

函数极小

设 $h:\{0,1\}^n\to\mathbb{R}$ 是把 n 个比特串映射为实数，我们要找 h 的极小值。定义一个哈密顿量为

$$H_1=\sum_{z\in\{0,1\}^n}^{n} h(z)|z\rangle\langle z|$$

其中，$|z\rangle$是计算基。在该基下，H_1 是对角化的，即

$$H_1|z\rangle=h(z)|z\rangle,\quad z\in\{0,1\}^n$$

所以 $h(z)$的极小点就是 H_1 的基态。

设 H_0 是一个初始的哈密顿量，构造 $H_T(t)$使得 $H_T(0)=H_0$，$H_T(T)=H_1$。取

$$H_T(t)=H(t/T)\equiv[1-f(t/T)]H_0+f(t/T)H_1$$

其中，f 是满足 $f(0)=1$、$f(1)=1$ 的递增光滑函数。设 H_0 和 H_1 的基态都是非退化的。若 f 直到 2 阶导数连续，$H(s)=[1-f(s)]H_0+f(s)H_1$ 对于任意 $s\in[0,1]$都有非退化的基态，其中 $H(0)=H_0$，$H(1)=H_1$。我们用绝热量子计算求解 H_1 的基态：T 足够大，求解薛定谔方程(9-41)，其中初态为 H_0 的基态，得到的态 $|\psi(1)\rangle$可以很好地逼近 H_1 的基态。

H_0 的一种取法是

$$H_0=-\sum_{j=1}^{n} X_j$$

X_j 是作用于第 j 个比特上的泡利 x 算符，H_0 的基态为

$$|S\rangle=\frac{1}{\sqrt{2^n}}\sum_{z\in\{0,1\}^n}|z\rangle \tag{9-49}$$

当 $f(s)=s$，则 $\dot{H}=H_1-H_0$，$\ddot{H}=0$，令 $\Delta_{\min}=\min_{s\in[0,1]}\Delta(s)$，则式(9-47)中的 C 可被替换为

$$C=2c_1\frac{\|H_1-H_0\|}{\Delta_{\min}^2}+(3c_1^2+c_1+c_3)\frac{\|H_1-H_0\|^2}{\Delta_{\min}^3}$$

9.16 变分量子算法

变分量子算法是一种适合“近期有噪声中等规模量子线路”(noisy intermediate-scale quantum，NISQ)的基于变分优化的量子经典混合算法，它是近期最

有希望达成量子优势的方向。

变分量子算法类似于深度学习,它把深度学习中的神经网络被参数化的量子线路$U(\theta)$替代。一般以旋转角度可变的参数化量子门来表达参数化量子线路,旋转门上的参数构成了参数集。通过经典的优化器来调整线路上的参数,使得参数化量子线路输出的波函数为$|\psi\rangle=U(\theta)|0\rangle$,其对应的具体问题损失函数$L(\theta)$最小。

我们可以从 Trotter 近似角度构造量子电路。设哈密顿量为

$$H=\sum_{k=1}^{K}H_k \tag{9-50}$$

e^{-itH}的 Trotter 近似公式为

$$e^{-itH}=\lim_{p\to\infty}\left(\prod_{k=1}^{K}e^{-\frac{itH_k}{p}}\right)^p \tag{9-51}$$

在一阶近似下[50],

$$e^{-itH}=\left(\prod_{k=1}^{K}e^{-\frac{itH_k}{p}}\right)^p+O\left(\sum_{1\leqslant k<l\leqslant K}\frac{t^2}{p}\|[H_k,H_l]\|\right) \tag{9-52}$$

分解误差为$O\left(\frac{K^2t^2}{p}\right)$,增大$p$可减少该误差。当$K$个算符都可交换,即$[H_k,H_l]=0,1\leqslant k<l\leqslant M$,则一阶 Trotter 近似是精确成立的。关于 Trotter 的高阶近似以及误差估计等可参考[51][52]。

用量子电路$U(\theta)$模拟$\left(\prod_{k=1}^{K}e^{-\frac{itH_k}{p}}\right)^p$需要$p$层,在每$j$层中用$\prod_{k=1}^{K}e^{-i\theta_{jk}H_k}$模拟$\prod_{k=1}^{K}e^{-\frac{itH_k}{p}}$,这里$\theta_{j,k}$是第$j$层的$k$个变分系数。

一维横场伊辛模型哈密顿量为

$$H=\sum_{i=0}^{N-2}Z_iZ_{i+1}-\sum_{i=0}^{N-1}X_i$$

目标函数

$$L(\theta)=\langle\psi|H|\psi\rangle=\langle\psi_0|U(\theta)^\dagger HU(\theta)|\psi_0\rangle \tag{9-53}$$

达到最小,其中$|\psi(\theta)\rangle=U(\theta)|\psi_0\rangle$,$|\psi_0\rangle=H^{\otimes n}|0\rangle^N$。量子电路为

$$U(\theta)=U(\beta,\gamma)=V_pU_p\cdots V_1U_1 \tag{9-54}$$

其中,

$$U_j=\prod_{k=0}^{N-2}\exp(-i\gamma_{j,k}Z_kZ_{k+1})$$

$$V_j=\prod_{k=0}^{N-1}\exp(-i\beta_{j,k}X_k)$$

取$n=6$,在式(9-54)中$p=3$,$|\psi_0\rangle=H^{\otimes n}|0\rangle$,对参数优化后得到基态能为$-7.2955$。

海森伯模型的哈密顿量为

$$H=\sum_{i=0}^{N-1}(X_iX_{i+1}+Y_iY_{i+1}+\Delta Z_iZ_{i+1}) \tag{9-55}$$

Δ 为参数，使用周期边界条件 $X_0=X_N$、$Y_0=Y_N$、$Z_0=Z_N$。当 $\Delta=1$ 时，它就是式(8-2)中定义的海森伯模型。记

$$A_i=X_iX_{i+1},\quad B_i=Y_iY_{i+1},\quad C_i=Z_iZ_{i+1},\quad i=0,\cdots,N-1 \tag{9-56}$$

则

$$A_iA_j=A_jA_i,\quad B_iB_j=B_jB_i,\quad C_iC_j=C_jC_i,\quad i,j=0,\cdots,N-1 \tag{9-57}$$

A_i 和 B_j 不可交换当且仅当 j 是 i 的相邻两个节点。比如，

$$A_0B_1\neq B_1A_0,\quad A_0B_{N-1}=B_{N-1}A_0 \tag{9-58}$$

设 0、1 和 2 位置上的量子比特分别为 $|q_0\rangle$、$|q_1\rangle$ 和 $|q_2\rangle$。记 $|\psi\rangle=|q_0\rangle|q_1\rangle|q_2\rangle\cdots\rangle$，则 $B_1=Y_1Y_2$ 作用 $|\psi\rangle$ 后变为 $(-1)^{q_1+q_2+1}|q_0\rangle|1\oplus q_1\rangle|1\oplus q_2\rangle\cdots\rangle$，再作用 $A_0=X_0X_1$ 后变为 $|\psi\rangle=(-1)^{q_1+q_2+1}|1\oplus q_0\rangle|q_1\rangle|1\oplus q_2\rangle\cdots\rangle$。$|\psi\rangle$ 被 A_0 作用后得到 $|1\oplus q_0\rangle|1\oplus q_1\rangle|q_2\rangle\cdots\rangle$，它再被 B_1 作用后得到 $|\psi\rangle=(-1)^{(1\oplus q_1)+q_2+1}|1\oplus q_0\rangle|q_1\rangle|1\oplus q_2\rangle\cdots\rangle$。所以 A_0 和 B_1 不可交换。

注意，A_0 和 B_0 可交换，这个可以从性质(9-9)中得到。A_i 和 C_j 的交换性、B_i 和 C_j 的交换性也是如此。

量子电路[53][54]为

$$U(\theta)=U(\delta,\phi,\beta,\gamma)=\prod_{j=1}^{p}G(\delta_j,H_z^o)G(\phi_j,H_x^o)G(\phi_j,H_y^o)$$
$$G(\beta_j,H_z^e)G(\gamma_j,H_x^e)G(\gamma_j,H_y^e) \tag{9-59}$$

这里第 j 层参数 δ_j、ϕ_j、β_j 和 γ_j 是参数，量子电路共 $4p$ 个参数，$G(x,H)=e^{-\mathrm{i}xH}$，

$$H_x^e=\sum_{i=0}^{\frac{N}{2}-1}X_{2i}X_{2i+1},\quad H_x^o=\sum_{i=0}^{\frac{N}{2}-1}X_{2i+1}X_{2i+2}$$

类似定义 H_y^e 等。哈密顿量 $H=H^e+H^o$，其中 $H^e=H_x^e+H_y^e+H_z^e$，$H^e=H_x^o+H_y^o+H_z^o$。量子电路中每层都要 6 个 G 算符，每个 G 算符都可精确分解，比如，

$$G(\beta_j,H_z^e)=\prod_{i=0}^{\frac{N}{2}-1}e^{-\mathrm{i}\beta_jZ_{2i}Z_{2i+1}}$$

这是由于指数中的 $\frac{N}{2}$ 项之间都是可交换的。取 $|\psi_0\rangle=\bigotimes_{i=0}^{\frac{N}{2}-1}\frac{1}{\sqrt{2}}(|01\rangle-|10\rangle)$ 为 H^e 的基态。

取 $\Delta=0.5$，$N=8$、$p=4$。图 9-15 显示了式(9-53)中定义的 $L(\theta)$ 随迭代次数的变化，它趋向于 -12.341502，非常接近精确的基态能 -12.347977。

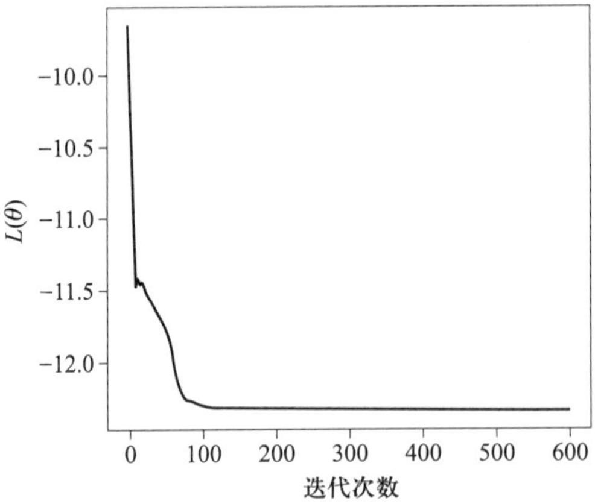

图 9-15　目标函数随着迭代次数的变化

波函数的逼近

给定一个$|\phi\rangle$，它通过振幅给出。找$|\psi\rangle=U(\theta)|0\rangle$使得$L(\theta)=1-\langle\psi|\phi\rangle$达到最小。图 9-16 是目标函数$L(\theta)$随着迭代次数的增加而变小。这里波函数$|\phi\rangle$随机选取。

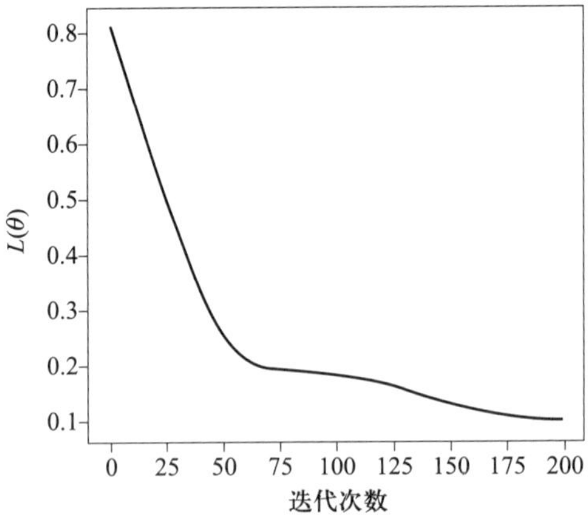

图 9-16　目标函数随着迭代次数的变化

二次无约束二元优化

二次无约束二元优化(quadratic unconstrained binary optimization，QUBO)。考虑如下问题：

$$h(x)=(x_0\quad x_1)\begin{pmatrix}-5 & -2\\ -2 & 6\end{pmatrix}\begin{pmatrix}x_0\\ x_1\end{pmatrix}=-5x_0^2-4x_0x_1+6x_1^2,\quad x_0,x_1=0,1$$

它在$(x_0,x_1)=(1,0)$处达到极小,最小值为-5。做对应$x_i\to\dfrac{I-Z_i}{2}$, 即

$$\frac{I-Z_i}{2}|x_i\rangle=\frac{1}{2}(1-(-1)^{x_i})|x_i\rangle=x_i|x_i\rangle,\quad x_i=0,1$$

这里Z_i的矩阵表示为$\begin{pmatrix}1&0\\0&-1\end{pmatrix}$。这种对应确保$x_i$就是$\dfrac{I-Z_i}{2}$的特征值,对应的特征向量为$|x_i\rangle$。目标函数被映射为哈密顿量

$$H=-5\left(\frac{I-Z_0}{2}\right)^2-4\,\frac{I-Z_0}{2}\,\frac{I-Z_1}{2}+6\,\left(\frac{I-Z_1}{2}\right)^2$$

故

$$H|x\rangle=H|x_0x_1\rangle=h(x)|x_0x_1\rangle$$

对$h(x)$求极小等价于求H的基态能。H可重新写为

$$H=-\frac{1}{2}I+\frac{7}{2}Z_0-2Z_1-Z_1Z_2$$

忽略$-\dfrac{1}{2}I$后,问题等价于极小化,即

$$\min_{|\psi\rangle}\left\langle\psi\left|\frac{7}{2}Z_0-2Z_1-Z_0Z_1\right|\psi\right\rangle$$

极小值4.5对应的基态为$|10\rangle$,即h在$(x_0,x_1)=(1,0)$处取到最小。

在一般情形时,有

$$\min_{x\in\{0,1\}^n}x^{\mathrm{T}}\boldsymbol{Q}x \tag{9-60}$$

其中,$\boldsymbol{Q}=(Q_{ij})\in\mathbb{R}^{n\times n}$为实对称矩阵。它被映射为哈密顿量:

$$\begin{aligned}&\sum_{ij=1}^{n}Q_{ij}\frac{I-Z_i}{2}\,\frac{I-Z_j}{2}\\&=\sum_{ij=1}^{n}Q_{ij}\frac{I}{4}-\sum_{ij=1}^{n}Q_{ij}\frac{Z_i+Z_j}{4}+\sum_{ij=1}^{n}Q_{ij}\frac{Z_iZ_j}{4}\\&=\frac{1}{2}\left(\frac{1}{2}\sum_{i=1}^{n}Q_{ii}+\sum_{i<j}Q_{ij}\right)I-\frac{1}{2}\sum_{i=1}^{n}\left(\sum_{j=1}^{n}Q_{ij}\right)Z_i+\frac{1}{2}\sum_{i<j}Q_{ij}Z_iZ_j\end{aligned}$$

最大割线问题

给定一个图$G=(V,E)$,V是图的顶点的集合,E是图的边的集合。最大割线问题就是要找V的一个子集$S\subset V$使得S和$V\backslash S$之间的边的条数最多。设顶点个数为n,从0到$n-1$编号。S中的顶点标号为红色,用0表示;$V\backslash S$中的顶点标号为蓝色,用1表示。S确定n个0、1组成的字符串,字符串中第i位置的值表明第i个顶点的颜色。根据图的边的集合E,从字符串得到不同颜色顶点之间的割线的条数。

设$(i,j)\in E$是连接第i个和第j个顶点的边$(i<j)$。定义:

$$C_{ij}=\frac{1}{2}(I-Z_iZ_j)$$

当顶点 i 和顶点 j 的颜色不同(一条割线),比如 $|01\rangle$、$|10\rangle$,则它们是 C_{ij} 的特征向量,对应的特征值为 1,即

$$C_{ij}|01\rangle=\frac{1}{2}(|01\rangle-Z_i|0\rangle\ Z_j|1\rangle)=\frac{1}{2}[|01\rangle-|0\rangle\ (-|1\rangle)]=|01\rangle$$

当顶点 i 和顶点 j 的颜色相同(不是一条割线),比如 $|00\rangle$、$|11\rangle$,则它们是 C_{ij} 的特征向量,对应的特征值为 0。C_{ij} 的特征值 1 表明 (i,j) 是一条割线。为了使得割线尽量多,只要求 $\sum\limits_{(i,j)\in E}C_{ij}$ 的最大特征值,对应的特征态可确定最大割线对应的分割线 S。

该问题等价于求反铁磁伊辛模型的基态,它的哈密顿量为

$$H=\frac{1}{2}\sum_{(i,j)\in E}Z_iZ_j$$

9.17 基态和激发态计算

在我们极小化 $\langle\psi|H\rangle$ 实现哈密顿量 H 的基态的计算。求解是通过变分量子求解器实现的。这一节进一步讨论基态、特别是激发态的计算。

9.17.1 变分虚时间演化

变分虚时间演化(variational imaginary time evolution)可用于求解哈密顿量的基态。实时薛定谔方程为

$$\mathrm{i}\frac{\mathrm{d}}{\mathrm{d}t}|\phi(t)\rangle=[H-E(t)]|\phi(t)\rangle \tag{9-61}$$

经过 Wick 旋转变换 $t=-\mathrm{i}\tau$ 后变为虚时薛定谔方程:

$$\frac{\mathrm{d}}{\mathrm{d}\tau}|\phi(\tau)\rangle=-[H-E(\tau)]|\phi(\tau)\rangle \tag{9-62}$$

这里 $E(\tau)=\langle|\phi(\tau)|H|\phi(\tau)\rangle=\langle|\phi(t)|H|\phi(t)\rangle=E(t)$。

现设 $|\phi(\tau)\rangle$ 依赖于参数 $\theta=(\theta_k)$,其中实参数 θ_k 依赖虚时间 τ,故 $|\phi(\tau)\rangle$ 写为 $|\phi[\theta(\tau)]\rangle$。我们用 McLachlan 变分原理从式(9-62)推导出 θ 满足的微分方程。

McLachlan 变分原理为

$$\delta F(\tau)=0 \tag{9-63}$$

其中,

$$\begin{aligned}F(\tau)&=\left\|\left[\frac{\partial}{\partial\tau}+H-E(\tau)\right]|\phi(\tau)\rangle\right\|^2\\&=\left\{\left[\frac{\partial}{\partial\tau}+H-E(\tau)\right]|\phi(\tau)\rangle\right\}^\dagger\left[\frac{\partial}{\partial\tau}+H-E(\tau)\right]|\phi(\tau)\rangle\end{aligned} \tag{9-64}$$

McLachlan 变分原理(9-63)和虚时薛定谔方程(9-62)等价。$F(\tau)$可表示为

$$F(\tau)=\sum_{i,j}\frac{\partial\langle\phi(\tau)|}{\partial\theta_i}\frac{\partial|\phi(\tau)\rangle}{\partial\theta_j}\dot{\theta}_i\dot{\theta}_j+\sum_i\frac{\partial\langle\phi(\tau)|}{\partial\theta_i}[H-E(\tau)]|\phi(\tau)\rangle\dot{\theta}_i+$$
$$\sum_i\langle\phi(\tau)|[H-E(\tau)]\frac{\partial|\phi(\tau)\rangle}{\partial\theta_i}\dot{\theta}_i+\langle\phi(\tau)|[H-E(\tau)]^2|\phi(\tau)\rangle.$$

从而，

$$\frac{\partial F(\tau)}{\partial\dot{\theta}_i}=\sum_j\left[\frac{\partial\langle\phi(\tau)|}{\partial\theta_i}\frac{\partial|\phi(\tau)\rangle}{\partial\theta_j}+\frac{\partial\langle\phi(\tau)|}{\partial\theta_j}\frac{\partial|\phi(\tau)\rangle}{\partial\theta_i}\right]\dot{\theta}_j+$$
$$\frac{\partial\langle\phi(\tau)|}{\partial\theta_i}[H-E(\tau)]|\phi(\tau)\rangle+\langle\phi(\tau)|[H-E(\tau)]\frac{\partial|\phi(\tau)\rangle}{\partial\theta_i} \tag{9-65}$$

取$|\phi(\tau)\rangle$满足归一化条件为

$$\langle\phi(\tau)|\phi(\tau)\rangle=1$$

故

$$\frac{\partial\langle\phi(\tau)|\phi(\tau)\rangle}{\partial\theta_i}=\left[\frac{\partial\langle\phi(\tau)|}{\partial\theta_i}|\phi(\tau)\rangle+\langle\phi(\tau)|\frac{\partial|\phi(\tau)\rangle}{\partial\theta_i}\right]=0$$

式(9-65)可简化为

$$\frac{1}{2}\frac{\partial F(\tau)}{\partial\dot{\theta}_i}=\sum_j A_{ij}\dot{\theta}_j-C_i$$

其中，

$$A_{ij}=\mathrm{Re}\left[\frac{\partial\langle\phi(\tau)|}{\partial\theta_i}\frac{\partial|\phi(\tau)\rangle}{\partial\theta_j}\right],\quad C_i=-\mathrm{Re}\left[\frac{\partial\langle\phi(\tau)|}{\partial\theta_i}\hat{H}|\phi(\tau)\rangle\right] \tag{9-66}$$

Re 表示实部。容易验证 $\boldsymbol{A}=(A_{ij})$是对称非负定的。McLachlan 变分原理(9-63)表明了

$$\sum_j A_{ij}\dot{\theta}_j=C_i \tag{9-67}$$

这就是参数 θ 的虚时间演化方程[41][46]。

另外，由 $E(\tau)=\langle\phi(\tau)|H|\phi(\tau)\rangle$可知

$$\begin{aligned}\frac{1}{2}\frac{\mathrm{d}E(\tau)}{\mathrm{d}\tau}&=\mathrm{Re}\left[\langle\phi(\tau)|H\frac{\mathrm{d}|\phi(\tau)\rangle}{\mathrm{d}\tau}\right]\\&=\sum_i\mathrm{Re}\left[\langle\phi(\tau)|H\frac{\partial|\phi(\tau)\rangle}{\partial\theta_i}\dot{\theta}_i\right]=-\sum_i C_i\dot{\theta}_i\\&=-\sum_i C_iA_{ij}^{-1}C_j\leqslant 0\end{aligned} \tag{9-68}$$

这表明 $E(\tau)$随虚时间 τ 是单调递减的。由于对称非负定矩阵 $\boldsymbol{A}$ 的特征值可能为 0，$\boldsymbol{A}$ 的逆矩阵$\boldsymbol{A}^{-1}$可能不存在。我们通过如下方式定义 $\boldsymbol{A}^{-1}$。$\boldsymbol{\Lambda}=\boldsymbol{U}^{\dagger}\boldsymbol{A}\boldsymbol{U}$ 是对角矩阵，$\boldsymbol{U}$ 为酉矩阵，即 $\boldsymbol{\Lambda}$ 的对角元是 $\boldsymbol{A}$ 的特征值，$\boldsymbol{U}$ 的列为特征向量。定义

$\boldsymbol{\Lambda}^{-1}$为

$$(\boldsymbol{\Lambda}^{-1})_{i,j}=\begin{cases}\dfrac{1}{\Lambda_{i,j}} & i=j, \quad \Lambda_{i,j}\neq 0, \\ 0 & i=j, \quad \Lambda_{i,j}=0 \\ 0 & i\neq j\end{cases}$$

$\boldsymbol{A}$ 的逆定义为$\boldsymbol{A}^{-1}=\boldsymbol{U}\boldsymbol{\Lambda}^{-1}\boldsymbol{U}^{\dagger}$，显然，如此定义的 $\boldsymbol{A}^{-1}$是对称正定矩阵。从而虚时间演化方程(9－67)可计算。

依赖参数 θ 的量子态$|\phi(\theta)\rangle$ 可以用量子电路制备

$$|\phi(\theta)\rangle=U_N(\theta_N)\cdots U_1(\theta_1)|0\rangle$$

其中，$\theta=(\theta_k)_{k=1}^{N}$中有 N 个实参数，$U_k(\theta_k)$是依赖于实参数 θ_k 的幺正量子门。如此制备后，式(9－66)中定义的 $\boldsymbol{A}$ 和$\boldsymbol{C}=(C_i)$可计算[41]。

当 $\tau\to\infty$，$\theta(\tau)$确定的量子态$|\phi(\tau)\rangle$逼近 H 的基态，$E(\tau)$也逼近了 H 的基态能。

9.17.2 正交受限的变分量子求解器

设$|E_0\rangle$是 H 的基态，它通过某种算法(比如，变分虚时间演化)求得，定义：

$$H'=H+\beta_0|E_0\rangle\langle E_0| \tag{9－69}$$

其中β_0 是一个充分大的正数。对 H'进行重复该算法得到H'的基态，它就是 H 的第一个激发态。显然，重新该过程可计算 H 的其他激发态[42][43]。设前 k 个能级最低的态$\{|E_j\rangle\}_{j=0}^{k-1}$已经计算，定义：

$$H'=H+\sum_{i=0}^{k-1}\beta_i|E_i\rangle\langle E_i| \tag{9－70}$$

任意归一化的态$|\phi\rangle$可表示为$\left(\sum_{i=0}^{2^n-1}|a_i|^2=1\right)$

$$|\phi\rangle=\sum_{i=0}^{2^n-1}a_i|E_i\rangle \tag{9－71}$$

从而

$$\langle\phi|H'|\phi\rangle=\sum_{i=0}^{k-1}|a_i|^2(E_i+\beta_i)+\sum_{i=k}^{2^n-1}|a_i|^2E_i \tag{9－72}$$

取

$$\beta_i>E_k-E_i, \quad i=0,\cdots,k-1 \tag{9－73}$$

则$\langle\phi|H'|\phi\rangle\geqslant E_k$，等号成立的充要条件为

$$|a_k|=1, \quad a_i=0, \quad i\neq k \tag{9－74}$$

条件(9－74)等价于$|\phi\rangle$为第 k 个激发态$|E_k\rangle$(相差 1 个相位)。

记最高能级和最低基态能的差为$\Delta=E_{2^n-1}-E_0$。若 $\beta_i>\Delta$，$i=0,\cdots,k-1$，则式(9－73)满足。若 $H=\sum_j c_jP_j$，P_j 是不同格点的泡利矩阵的张量

积，则 $\Delta \leqslant 2\ \| H \| \leqslant 2\sum_j |c_j|$。

对式(9-70)中的 H' 用虚时间演化可计算 H' 的基态，即 H 的第 k 个激发态 $|E_k\rangle$。H' 的基态可直接优化得到，即极小化

$$\langle\phi|H'|\phi\rangle = \langle\phi|H|\phi\rangle + \sum_{i=0}^{k-1}\beta_i|\langle\phi|E_i\rangle|^2 \tag{9-75}$$

故 $\{\beta_i\}_{i=0}^{k-1}$ 是拉格朗日乘子，确保优化得到的态 $|\phi\rangle$ 和 $\{|E_i\rangle\}_{i=0}^{k-1}$ 都正交。

在实际计算中，假设前 k 个基态 $|E_i\rangle$ 已经被 $|\phi(\theta_i^*)\rangle$ 近似，$i=0,\cdots,k-1$。比如，$|\phi(\theta_i^*)\rangle$ 是通过量子电路优化实现。极小化

$$\langle\phi(\theta)|H'|\phi(\theta)\rangle = \langle\phi(\theta)|H|\phi(\theta)\rangle + \sum_{i=0}^{k-1}\beta_i|\langle\phi(\theta)|\phi(\theta_i^*)\rangle|^2 \tag{9-76}$$

得到最优参数 θ_k^*，从而得到第 k 个基态的近似 $|\phi(\theta_k^*)\rangle$。

9.17.3　子空间搜索变分量子求解器

子空间搜索变分量子求解器(subspace-search variational quantum eigensolver，SSVQE)可用于求解 H 的基态或激发态[40]。假设有 n 个量子比特的量子系统，对应的希尔伯特空间的维数为 2^n。该系统的哈密顿算符 H 的特征值为 $\{E_j\}_{j=0}^{2^n-1}$，满足 $E_i \leqslant E_j$，$i \leqslant j$。E_j 对应的特征态为 $|E_j\rangle$，$j=0,\cdots,2^n-1$。给定 $k=0,\cdots,2^n-1$，记 $V_{k+1}=\mathrm{span}\{|E_j\rangle\}_{j=0}^{k}$ 是 $k+1$ 个能级最低的特征子空间。

假设有 $k+1$ 个态 $\{|\varphi_j\rangle\}_{j=0}^{k}$ 满足正交性条件 $\langle\varphi_i|\varphi_j\rangle=\delta_{ij}$，$i,j=0,\cdots,k$。这些态往往是容易制备的。比如，$n=3$，$k=2$，取 $|\varphi_0\rangle=|000\rangle$、$|\varphi_1\rangle=|001\rangle$ 和 $|\varphi_2\rangle=|010\rangle$。

构造依赖于参数 θ 的量子电路 $U(\theta)$，极小化

$$L_1(\theta) = \sum_{j=0}^{k}\langle\varphi_j|U^\dagger(\theta)HU(\theta)|\varphi_j\rangle \tag{9-77}$$

得到最优参数 θ^*。$U(\theta)$ 是 n 个量子比特系统的幺正算符，输入的 $k+1$ 个态 $\{|\varphi_j\rangle\}_{j=0}^{k}$ 是归一正交的，输出的 $k+1$ 个态 $\{|U(\theta^*)|\varphi_j\rangle\}_{j=0}^{k}$ 也是归一正交的，而且 $\{|U(\theta^*)|\varphi_j\rangle\}_{j=0}^{k}$ 构成的子空间很好地逼近 V_{k+1}，也就是说，$U(\theta^*)$ 把 $\{|\varphi_j\rangle\}_{j=0}^{k}$ 映射到 V_{k+1}。

构造依赖于参数 ϕ 的量子电路 $V(\phi)$，它可作用于 $\{|\varphi_j\rangle\}_{j=0}^{k}$。任取 $s=0,\cdots,k$，极大化

$$L_2(\phi) = \langle\varphi_s|V^\dagger(\phi)U^\dagger(\theta^*)HU(\theta^*)V(\phi)|\varphi_s\rangle \tag{9-78}$$

得到最优参数 ϕ^*。参数 ϕ 的自由选取确保 $V(\phi)|\varphi_s\rangle$ 遍历所有态，它被 $U(\theta^*)$ 作用后被映射到 V_{k+1} 中，$U(\theta^*)V(\phi)|\varphi_s\rangle$ 用于遍历 V_{k+1} 中所有的态。极大化 $L_2(\phi)$ 得到最优参数 ϕ^* 确保 $U(\theta^*)V(\phi^*)|\varphi_s\rangle$ 很好逼近 $|E_k\rangle$。这就是SSVQE算法，包

括两步：第一步是极小化 $L_1(\theta)$ 得到 V_{k+1} 的近似，第二步是极大化 $L_2(\phi)$ 得到 $|E_k\rangle$ 的近似，$L_2(\phi)$ 的最大值就是 E_k 的近似。事实上，$U^\dagger(\theta^*)HU(\theta^*)$ 可看成 H 被限制在子空间 V_{k+1} 中的哈密顿算符，它的最大特征值就是 E_k。

如果把式(9-77)中的 $L_1(\theta)$ 修改为

$$L_1(\theta)=w\langle\varphi_k|U^\dagger(\theta)HU(\theta)|\varphi_k\rangle+\sum_{j=0}^{k-1}\langle\varphi_j|U^\dagger(\theta)HU(\theta)|\varphi_j\rangle \tag{9-79}$$

其中，$w\in(0,1)$ 是给定参数。设 θ^* 是 $L_1(\theta)$ 达到最小的最优参数，则 $U(\theta^*)$ 把 $|\varphi_k\rangle$ 映射为 $|E_k\rangle$，$U(\theta^*)$ 把 $\{|\varphi_j\rangle\}_{j=0}^{k-1}$ 映射到 $V_k=\mathrm{span}\{|E_j\rangle\}_{j=0}^{k-1}$。

如果把式(9-77)中的 $L_1(\theta)$ 修改为

$$L_1(\theta)=\sum_{j=0}^{k}w_j\langle\varphi_j|U^\dagger(\theta)HU(\theta)|\varphi_j\rangle \tag{9-80}$$

其中，$w_i>w_j, i<j$。设 θ^* 是 $L_1(\theta)$ 达到最小的最优参数，则 $U(\theta^*)$ 把 $|\varphi_j\rangle$ 映射为 $|E_j\rangle$，$\langle\varphi_j|U^\dagger(\theta^*)HU(\theta^*)|\varphi_j\rangle$ 就是 $E_j, j=0,\cdots,k$。证明参见文献[40]。所以，如此修改后，$k+1$ 个能级最低的特征态都得到计算。

9.17.4 子空间展开方法

子空间展开方法[44]可用于求解基态和激发态。设 $|\phi_g\rangle$ 是基态的某个近似，从 $|\phi_g\rangle$ 产生子空间 $\mathrm{span}\{|\phi_k\rangle\}_{k=1}^{K}$，其中 $|\phi_k\rangle=\sigma_k|\phi_g\rangle$，$\sigma_k$ 为泡利算符。对该子空间中的态 $|\phi\rangle=\sum_k\alpha_k|\phi_k\rangle$ 极小化 $\langle\phi|H|\phi\rangle$ 得到最优参数 $\alpha=(\alpha_k)$，该问题等价于一般特征值问题：$H\alpha=ES\alpha$，其中 $H_{ij}=\langle\phi_i|H|\phi_j\rangle$，$S_{ij}=\langle\phi_i|\phi_j\rangle$。哈密顿算符 H 限制在该子空间上的基态和第一激发态对应于矩阵 $\boldsymbol{H}$ 的最小和次小特征向量。产生的态 $|\phi_k\rangle$ 越多，子空间的维数越大，哈密顿算符 H 的基态和激发态被逼近地越好。

9.17.5 多态收缩变分量子求解器

多态收缩变分量子求解器(multistate contracted VQE)[45]是子空间展开方法和子空间搜索变分量子求解器之间的方法。设 $\{|\phi_k\rangle\}_{k=0}^{K-1}$ 是互相正交的参考态。构造一个依赖参数 $\theta=(\theta_k)$ 量子电路 $U=U(\theta)$，把它作用于参考态得到子空间 $\mathrm{span}\{U|\phi_k\rangle\}_{k=0}^{K-1}$。哈密顿量 H 限制在该子空间上的特征值问题为 $\boldsymbol{HV}=\boldsymbol{VE}$，其中 K 阶矩阵 $\boldsymbol{H}$ 的元素为 $H_{ij}=\langle\phi_i|U^\dagger HU|\phi_j\rangle$，$\boldsymbol{V}$ 和 $\boldsymbol{E}$ 都是和 $\boldsymbol{H}$ 同阶的矩阵，$\boldsymbol{V}$ 是酉矩阵，它的列就是特征向量，$\boldsymbol{E}=\mathrm{diag}(E_0,\cdots,E_{K-1})$ 为对角矩阵，对角元是 $\boldsymbol{H}$ 的特征值。为了找哈密顿量的能量最低的若干个态，需要优化 K 维子空间 $\mathrm{span}\{U|\phi_k\rangle\}_{k=0}^{K-1}$ 使得 $\boldsymbol{H}$ 的特征值尽量小。为了同等处理基态和激发态，优化参数 θ 使得平均能

$$\bar{E}=\frac{1}{K}\sum_{k=0}^{K-1}E_k=\frac{1}{K}\sum_{k=1}^{K-1}H_{kk}$$

达到最小。由于 $\bar{E}$ 仅依赖 $\boldsymbol{H}$ 的对角元,该优化过程不需要计算 $\boldsymbol{H}$ 的非对角元。记 θ^* 是最优参数,从而得到 $U=U(\theta^*)$和相应的 $\boldsymbol{H}$。再通过古典方法求解特征值问题:

$$\boldsymbol{HV}=\boldsymbol{VE} \tag{9-81}$$

记 $|\psi_j\rangle=U\sum_i|\phi_i\rangle V_{ij}$,则

$$\begin{aligned}\langle\psi_j|H|\psi_j\rangle&=\sum_{i,k}V_{kj}^*\langle\phi_k|U^\dagger HU|\phi_i\rangle V_{ij}=\sum_{k,k}V_{kj}^*H_{ki}V_{ij}\\&=\sum_k V_{kj}^*(\boldsymbol{HV})_{kj}=\sum_k V_{kj}^*V_{kj}E_j=E_j\end{aligned}$$

若 $E_0<\cdots<E_{K-1}$,则 $|\psi_j\rangle$ 是 H 的第 j 个激发态的近似。注意,$U|\phi_j\rangle$ 不是 H 的第 j 个激发态的近似,这是由于 $\langle\phi_j|U^\dagger HU|\phi_j\rangle=H_{ii}$。

特征值问题(9-81)中 $\boldsymbol{H}$ 的元素 $H_{ij}=\langle\phi_i|U^\dagger(\theta^*)HU(\theta^*)|\phi_j\rangle$ 的实部和虚部[40]分别为

$$\mathrm{Re}(H_{ij})=\langle+_{ij}^x|U^\dagger(\theta^*)HU(\theta^*)|+_{ij}^x\rangle-\frac{1}{2}\langle\phi_i|U^\dagger(\theta^*)HU(\theta^*)|\phi_i\rangle-\frac{1}{2}\langle\phi_j|U^\dagger(\theta^*)HU(\theta^*)|\phi_j\rangle$$

$$\mathrm{Im}(H_{ij})=\langle+_{ij}^y|U^\dagger(\theta^*)HU(\theta^*)|+_{ij}^y\rangle-\frac{1}{2}\langle\phi_i|U^\dagger(\theta^*)HU(\theta^*)|\phi_i\rangle-\frac{1}{2}\langle\phi_j|U^\dagger(\theta^*)HU(\theta^*)|\phi_j\rangle$$

其中,$|+_{ij}^x\rangle=\dfrac{(|\phi_i\rangle+|\phi_j\rangle)}{\sqrt{2}}$,$|+_{ij}^y\rangle=\dfrac{(|\phi_i\rangle+i|\phi_j\rangle)}{\sqrt{2}}$。一般的,正交的参考态 $|\phi_i\rangle$ 容易制备,从而 $|+_{ij}^x\rangle$ 和 $|+_{ij}^y\rangle$ 也是容易制备的。

9.17.6 能量方差极小化方法

H 的基态或激发态也可以极小化能量方差(energy variance)实现。根据式(9-71)中的态 $|\phi\rangle$,则

$$\begin{aligned}\langle\phi|H^2|\phi\rangle-\langle\phi|H|\phi\rangle^2&=\sum_{i,j}a_i^*a_j\langle E_i|H^2|E_j\rangle-\left(\sum_{i,j}a_i^*a_j\langle E_i|H|E_j\rangle\right)^2\\&=\sum_i|a_i|^2E_i^2-\left(\sum_i|a_i|^2E_i\right)^2\\&=\left(\sum_i|a_i|^2\right)\left(\sum_i|a_i|^2E_i^2\right)-\left(\sum_i|a_i|^2E_i\right)^2\geqslant0\end{aligned} \tag{9-82}$$

能量方差为0的充要条件为 $|\phi\rangle$ 取某个特征态 $|E_n\rangle$。所以,极小化能量方差可

求 H 的基态或激发态。事实上，极小化$\langle\phi|(H-\lambda)^2|\phi\rangle$可求和 λ 最接近能级的激发态。

若 $H=\sum_{j=1}^{M}c_jP_j$，P_j 是不同格点的泡利矩阵的张量积，则

$$\langle\phi|H^2|\phi\rangle-\langle\phi|H|\phi\rangle^2=c^{\mathrm{T}}\mathcal{G}c \tag{9-83}$$

其中 $c=(c_1,\cdots,c_M)^{\mathrm{T}}$，$\mathcal{G}=(\mathcal{G}_{ij})$ 为量子协方差矩阵（quantum covariance matrix），即

$$\mathcal{G}_{ij}=\langle\phi|P_iP_j|\phi\rangle-\langle\phi|P_i|\phi\rangle\langle\phi|P_j|\phi\rangle \tag{9-84}$$

把$|\phi\rangle$表示为量子电路 $U(\theta)$ 在参考态$|R\rangle$的作用：$|\phi\rangle=U(\theta)|R\rangle$，根据式(9-84)，$M$ 阶矩阵$\mathcal{G}$中每个元素$\mathcal{G}_{ij}$都可以由量子算法实现。式(9-83)的极小化用经典计算实现。能量方差极小化只能算出一个基态或一个激发态。为了同时计算能级最低的若干态，与用带权的子空间搜索变分量子求解器，即极小化

$$L_1(\theta)=\sum_{j=0}^{k}w_j(\langle\phi_j|H^2|\phi_j\rangle-\langle\phi_j|H|\phi_j\rangle^2) \tag{9-85}$$

其中，$|\phi_j\rangle=U(\theta)|R_j\rangle$，$w_i>w_j$，$i<j$。与式(9-80)相比，$\langle\varphi_j|U^{\dagger}(\theta)HU(\theta)|\varphi_j\rangle$被替换为$\langle\phi_j|H^2|\phi_j\rangle-\langle\phi_j|H|\phi_j\rangle^2$。$H$ 的激发态计算可参考文献[56]。

9.18 量子算法的经典实现

n 个量子比特系统$\mathbb{C}^{2^n}$的量子态可以表示为神经网络量子态（波函数用神经网络表示）。我们考虑 n 个量子比特系统，它的量子态为

$$|\psi\rangle=\sum_{s=0}^{N-1}\psi(s)|s\rangle=\sum_{s_0,s_1,\cdots,s_{n-1}=0,1}\psi(s_0,s_1,\cdots,s_{n-1})|s_0\cdots s_{n-1}\rangle \tag{9-86}$$

其中，$N=2^n$。$\psi(s)$是波函数量子态$|\psi\rangle$的波函数，$s_i=0,1$ 是第 $i+1$ 子系统$\mathbb{C}^2$的量子数，$Z_i|s_i\rangle=(-1)^{s_i}|s_i\rangle$，$Z_i$ 是作用于第 $i+1$ 个子系统$\mathbb{C}^2$的泡利 Z 算符。

把波函数 $\psi(s)$表示为受限玻尔兹曼基

$$\psi_{\mathcal{W}}(s)=\exp\left(\sum_{j=0}^{n-1}a_js_j\right)\prod_{k=0}^{M-1}\left[1+\exp\left(b_k+\sum_{j=0}^{N-1}W_{jk}s_j\right)\right] \tag{9-87}$$

它依赖实变分参数$\mathcal{W}=\{a_j,b_k,W_{jk}\}$。量子态$|\psi_{\mathcal{W}}\rangle$在常用幺正变换下能否表示为受限玻尔兹曼机？文献[57]指出：对于简单的幺正算符（单量子比特的 X、Y、Z 和 Z 方向旋转，两比特的 CNOT 算符）作用后还可以表示为受限玻尔兹曼机，其他较复杂的幺正算符 U（比如，单量子比特上的 H 算符或量子傅里叶变换）作用后得到的 $U|\psi_{\mathcal{W}}\rangle$不能精确表示为受限玻尔兹曼机，但是可以构造出$|\psi_{\mathcal{W}'}\rangle$使得它很好地逼近 $U|\psi_{\mathcal{W}}\rangle$。这也表明很多量子算法可以通过古典模拟（比如，优化受限玻尔兹曼机、矩阵乘积态）实现[58]。

附　录　A

附录 A 为第六章相关内容的补充。

A.1　公式(6-12)的推导

用分部积分,式(6-6)中定义的动量算符 P 可表示为

$$P=\mathrm{i}\int \partial_x\psi^{\dagger}(x)\psi(x)\mathrm{d}x \tag{A-1}$$

把它作用于式(6-9)定义的 $|\psi\rangle\equiv|\psi(\lambda_1,\cdots,\lambda_N)\rangle$

$$P|\psi\rangle=\frac{\mathrm{i}}{\sqrt{N!}}\int\mathrm{d}x\int\mathrm{d}^N\boldsymbol{z}\,\chi\ \partial_x\psi^{\dagger}(x)\psi(x)\psi^{\dagger}(z_1)\cdots\psi^{\dagger}(z_N)|0\rangle \tag{A-2}$$

这里 $\chi\equiv\chi(z_1,\cdots,z_N|\lambda_1,\cdots,\lambda_N)$。根据对易关系,可得

$$\begin{aligned}
&\psi(x)\psi^{\dagger}(z_1)\psi^{\dagger}(z_2)\cdots\psi^{\dagger}(z_N)\\
&=\psi^{\dagger}(z_1)\psi(x)\psi^{\dagger}(z_2)\cdots\psi^{\dagger}(z_N)+[\psi(x),\psi^{\dagger}(z_1)]\psi^{\dagger}(z_1)\cdots\psi^{\dagger}(z_N)\\
&=\psi^{\dagger}(z_1)\psi^{\dagger}(z_2)\cdots\psi^{\dagger}(z_N)\psi(x)+\sum_{k=1}^{N}\psi^{\dagger}(z_1)\cdots\\
&\quad\psi^{\dagger}(z_{k-1})[\psi(x),\psi^{\dagger}(z_k)]\psi^{\dagger}(z_{k+1})\cdots\psi^{\dagger}(z_N)\\
&=\Big[\prod_{j=1}^{N}\psi^{\dagger}(z_j)\Big]\psi(x)+\sum_{k=1}^{N}\delta(x-z_k)\Big[\prod_{j\neq k}\psi^{\dagger}(z_j)\Big]
\end{aligned}\tag{A-3}$$

同理,

$$\begin{aligned}
&\psi(x)\psi(x)\psi^{\dagger}(z_1)\psi^{\dagger}(z_2)\cdots\psi^{\dagger}(z_N)\\
&=\psi(x)\Big[\prod_{j=1}^{N}\psi^{\dagger}(z_j)\Big]\psi(x)+\sum_{k=1}^{N}\delta(x-z_k)\psi(x)\Big[\prod_{j\neq k}\psi^{\dagger}(z_j)\Big]\\
&=\Big\{\Big[\prod_{j=1}^{N}\psi^{\dagger}(z_j)\Big]\psi(x)+\sum_{k=1}^{N}\delta(x-z_k)\Big[\prod_{j\neq k}\psi^{\dagger}(z_j)\Big]\Big\}\psi(x)+\\
&\quad\sum_{k=1}^{N}\delta(x-z_k)\Big\{\Big[\prod_{j\neq k}\psi^{\dagger}(z_j)\Big]\psi(x)+\sum_{l\neq k}\delta(x-z_l)\Big[\prod_{j\neq k,l}\psi^{\dagger}(z_j)\Big]\Big\}\\
&=\Big[\prod_{j=1}^{N}\psi^{\dagger}(z_j)\Big]\psi(x)\psi(x)+2\sum_{k=1}^{N}\delta(x-z_k)\Big[\prod_{j\neq k}\psi^{\dagger}(z_j)\Big]\psi(x)+\\
&\quad\sum_{k\neq l}\delta(x-z_k)\delta(x-z_l)\Big[\prod_{j\neq k,l}\psi^{\dagger}(z_j)\Big]
\end{aligned}\tag{A-4}$$

把式(A-3)代入式(A-2),并利用式(6-1)得到

$$
\begin{aligned}
P|\psi\rangle &= \frac{\mathrm{i}}{\sqrt{N!}}\int \mathrm{d}^N \boldsymbol{z}\,\chi \sum_{k=1}^{N} \partial_x\psi^\dagger(z_k)\psi^\dagger(z_1)\cdots\psi^\dagger(z_{k-1})\psi^\dagger(z_{k+1})\cdots\psi^\dagger(z_N)|0\rangle \\
&= \frac{\mathrm{i}}{\sqrt{N!}}\int \mathrm{d}^N \boldsymbol{z}\,\chi \sum_{k=1}^{N} \psi^\dagger(z_1)\cdots\psi^\dagger(z_{k-1})\partial_x\psi^\dagger(z_k)\psi^\dagger(z_{k+1})\cdots\psi^\dagger(z_N)|0\rangle \\
&= \frac{1}{\sqrt{N!}}\int \mathrm{d}^N \boldsymbol{z}\left(-\mathrm{i}\sum_{k=1}^{N}\frac{\partial\chi}{\partial z_k}\right)\psi^\dagger(z_1)\cdots\psi^\dagger(z_{k-1})\psi^\dagger(z_k)\psi^\dagger(z_{k+1})\cdots\psi^\dagger(z_N)|0\rangle
\end{aligned}
\tag{A-5}
$$

最后等式用到了分部积分。

Q 对 $|\psi\rangle$ 的作用为

$$
\begin{aligned}
Q|\psi\rangle &= \frac{1}{\sqrt{N!}}\int \mathrm{d}x\int \mathrm{d}^N \boldsymbol{z}\,\chi\psi^\dagger(x)\psi(x)\psi^\dagger(z_1)\cdots\psi^\dagger(z_N)|0\rangle \\
&= \frac{1}{\sqrt{N!}}\int \mathrm{d}^N \boldsymbol{z}\,\chi \sum_{k=1}^{N}\psi^\dagger(z_k)\psi^\dagger(z_1)\cdots\psi^\dagger(z_{k-1})\psi^\dagger(z_{k+1})\cdots\psi^\dagger(z_N)|0\rangle \\
&= \frac{1}{\sqrt{N!}}\int \mathrm{d}^N \boldsymbol{z}(N\chi)\psi^\dagger(z_1)\cdots\psi^\dagger(z_{k-1})\psi^\dagger(z_k)\psi^\dagger(z_{k+1})\cdots\psi^\dagger(z_N)|0\rangle
\end{aligned}
\tag{A-6}
$$

$\int \mathrm{d}x\psi^\dagger\psi^\dagger\psi\psi$ 对 $|\psi\rangle$ 的作用为

$$
\begin{aligned}
\int \mathrm{d}x\psi^\dagger\psi^\dagger\psi\psi|\psi\rangle &= \frac{1}{\sqrt{N!}}\int \mathrm{d}x\int \mathrm{d}^N \boldsymbol{z}\,\chi\psi^\dagger(x)\psi^\dagger(x)\psi(x)\psi(x)\psi^\dagger(z_1)\cdots\psi^\dagger(z_N)|0\rangle \\
&= \frac{1}{\sqrt{N!}}\int \mathrm{d}^N \boldsymbol{z}\,\chi \sum_{k\neq l}\delta(z_k-z_l)\psi^\dagger(z_k)\psi^\dagger(z_l)\left[\prod_{j\neq k,l}\psi^\dagger(z_j)\right]|0\rangle \\
&= \frac{1}{\sqrt{N!}}\int \mathrm{d}^N \boldsymbol{z}\left[\sum_{k\neq l}\delta(z_k-z_l)\chi\right]\left[\prod_{j=1}^{N}\psi^\dagger(z_j)\right]|0\rangle
\end{aligned}
\tag{A-7}
$$

$\mathrm{i}^2\int \partial_x^2\psi^\dagger(x)\psi(x)\mathrm{d}x$ 对 $|\psi\rangle$ 作用为

$$
\frac{1}{\sqrt{N!}}\int \mathrm{d}^N \boldsymbol{z}\left(-\mathrm{i}^2\sum_{k=1}^{N}\frac{\partial^2\chi}{\partial z_k^2}\right)\psi^\dagger(z_1)\cdots\psi^\dagger(z_{k-1})\psi^\dagger(z_k)\psi^\dagger(z_{k+1})\cdots\psi^\dagger(z_N)|0\rangle
\tag{A-8}
$$

合并式(A-5)、式(A-6)、式(A-7)和式(A-8)得到结论(6-12)。

A.2 与张量积相关的记号

两个 n 阶矩阵 $\boldsymbol{A}$ 和 $\boldsymbol{B}$ 的张量积 $\boldsymbol{A}\otimes\boldsymbol{B}$ 为 $k^2\times k^2$ 矩阵

$$
(\boldsymbol{A}\otimes\boldsymbol{B})_{kl}^{ij}=A_{ij}B_{kl},\quad i,j,k,l=1,\cdots,n
\tag{A-9}
$$

其中，i 和 j 分别为块行指标和块列指标，k 和 l 分别为内在的行指标和列指标。

$\boldsymbol{A}\otimes\boldsymbol{B}$ 也可写为块矩阵

$$\boldsymbol{A}\otimes\boldsymbol{B}=(A_{ij}B)_{1\leqslant i,j\leqslant k}$$

比如,两个 2 阶矩阵的张量积(4×4 矩阵)可写为

$$\boldsymbol{R}=\begin{pmatrix} R_{11}^{11} & R_{12}^{11} & R_{11}^{12} & R_{12}^{12} \\ R_{21}^{11} & R_{22}^{11} & R_{21}^{12} & R_{22}^{12} \\ R_{11}^{21} & R_{12}^{21} & R_{11}^{22} & R_{12}^{22} \\ R_{21}^{21} & R_{22}^{21} & R_{21}^{22} & R_{22}^{22} \end{pmatrix}=\begin{pmatrix} \boldsymbol{R}^{11} & \boldsymbol{R}^{12} \\ \boldsymbol{R}^{21} & \boldsymbol{R}^{22} \end{pmatrix} \tag{A-10}$$

两个 $n^2\times n^2$ 矩阵 $\boldsymbol{R}$ 和 $\boldsymbol{S}$ 的乘积为 $n^2\times n^2$ 矩阵:

$$(\boldsymbol{RS})_{kl}^{ij}=R_{kn}^{im}S_{nl}^{mj}$$

这里相同指标需要累加。比如,$n=2$,则

$$\boldsymbol{RS}=\begin{pmatrix} \boldsymbol{R}^{11} & \boldsymbol{R}^{12} \\ \boldsymbol{R}_{21} & \boldsymbol{R}^{22} \end{pmatrix}\begin{pmatrix} \boldsymbol{S}^{11} & \boldsymbol{S}^{12} \\ \boldsymbol{S}_{21} & \boldsymbol{S}^{22} \end{pmatrix}$$

$$(\boldsymbol{RS})^{ij}=\boldsymbol{R}^{im}\boldsymbol{S}^{mj}\Longleftrightarrow(\boldsymbol{RS})_{kl}^{ij}=R_{kn}^{im}S_{nl}^{mj}$$

若 $\boldsymbol{V}$ 和 $\boldsymbol{I}$ 为 2 阶矩阵和 2 阶单位矩阵,则

$$[\boldsymbol{R}(\boldsymbol{V}\otimes\boldsymbol{I})]_{kl}^{ij}=R_{kn}^{im}\boldsymbol{V}^{mj}\delta_{nl}=R_{kl}^{im}\boldsymbol{V}^{mj}$$

$$[\boldsymbol{R}(\boldsymbol{I}\otimes\boldsymbol{V})]_{kl}^{ij}=R_{kn}^{im}\delta^{mj}\boldsymbol{V}_{nl}=R_{kn}^{ij}\boldsymbol{V}_{nj}$$

$$[(\boldsymbol{V}\otimes\boldsymbol{I})\boldsymbol{R}]_{kl}^{ij}=\boldsymbol{V}^{im}\delta_{kn}R_{nl}^{mj}=\boldsymbol{V}^{im}R_{kl}^{mj}$$

$$[(\boldsymbol{I}\otimes\boldsymbol{V})\boldsymbol{R}]_{kl}^{ij}=\boldsymbol{V}_{kn}R_{nl}^{ij}$$

若 $\boldsymbol{I}$ 为 n 阶单位矩阵,则 $n\times n$ 单位矩阵 $\boldsymbol{E}$ 和 $n^2\times n^2$ 置换矩阵 $\boldsymbol{\Pi}$ 分别定义为

$$\boldsymbol{E}=\boldsymbol{I}\otimes\boldsymbol{I},\quad E_{kl}^{ij}=\delta_{ij}\delta_{kl}$$

$$\Pi_{kl}^{ij}=\delta_{il}\delta_{kj},\quad \boldsymbol{\Pi}^2=\boldsymbol{E}$$

两个 n 阶矩阵 $\boldsymbol{A}$ 和 $\boldsymbol{B}$ 的泊松括号定义为

$$\{\boldsymbol{A}\overset{\otimes}{,}\boldsymbol{B}\}_{kl}^{ij}=\{A_{ij},B_{kl}\}$$

右边是矩阵元素泊松括号。

有时,用如下记号表示:

$$\{\boldsymbol{T}(\lambda)\overset{\otimes}{,}\boldsymbol{T}(\mu)\}=[\boldsymbol{T}(\lambda)\otimes\boldsymbol{T}(\mu),\boldsymbol{r}(\lambda,\mu)]$$

它表示为

$$\{\boldsymbol{T}_1(\lambda),\boldsymbol{T}_2(\mu)\}=[\boldsymbol{T}_1(\lambda)\boldsymbol{T}_2(\mu),\boldsymbol{r}_{12}(\lambda,\mu)]$$

这是由于 $\boldsymbol{T}(\lambda)$和 $\boldsymbol{T}(\mu)$分别作用于第 1 个和第 2 个空间,而 $\boldsymbol{r}(\lambda,\mu)$作用于这两个空间。

A.3　迹等式

把式(6-40)的解 $\boldsymbol{T}(x,y|\lambda)$表示为

$$\boldsymbol{T}(x,y|\lambda)=\boldsymbol{G}(x|\lambda)\boldsymbol{D}(x,y|\lambda)\boldsymbol{G}^{-1}(y|\lambda) \tag{A-11}$$

其中,$\boldsymbol{D}$ 为对角矩阵。把上述形式的 $\boldsymbol{T}$ 代入方程(6－40)得到

$$[\partial_x + \boldsymbol{W}(x|\lambda)]\boldsymbol{D}(x,y|\lambda)=0;\quad \boldsymbol{D}(y,y|\lambda)=\boldsymbol{I} \tag{A－12}$$

其中,

$$\boldsymbol{W}(x|\lambda)=\boldsymbol{G}^{-1}(x|\lambda)\partial_x\boldsymbol{G}(x|\lambda)+\mathrm{i}\frac{\lambda}{2}\boldsymbol{G}^{-1}(x|\lambda)\boldsymbol{\sigma}_z\boldsymbol{G}(x|\lambda)+\boldsymbol{G}^{-1}(x|\lambda)\boldsymbol{\Omega}(x)\boldsymbol{G}(x|\lambda) \tag{A－13}$$

规范矩阵 $\boldsymbol{G}(x|\lambda)$有如下展开：

$$\boldsymbol{G}(x|\lambda)=\boldsymbol{I}+\sum_{k=1}^{\infty}\lambda^{-k}\boldsymbol{G}_k(x) \tag{A－14}$$

其中,$\boldsymbol{I}$ 为单位矩阵。$\boldsymbol{W}(x|\lambda)$也有展开：

$$\boldsymbol{W}(x|\lambda)=\sum_{k=-1}^{\infty}\lambda^{-k}\boldsymbol{W}_k(x) \tag{A－15}$$

式(A－13)表明：

$$\boldsymbol{G}(x|\lambda)\boldsymbol{W}(x|\lambda)=\partial_x\boldsymbol{G}(x|\lambda)+\mathrm{i}\frac{\lambda}{2}\boldsymbol{\sigma}_z\boldsymbol{G}(x|\lambda)+\boldsymbol{\Omega}(x)\boldsymbol{G}(x|\lambda) \tag{A－16}$$

我们要求 $\boldsymbol{G}_k$ 和 $\boldsymbol{W}_k$ 满足下式：

$$\boldsymbol{G}_k(x)\boldsymbol{\sigma}_z=-\boldsymbol{\sigma}_z\boldsymbol{G}_k(x),\quad k=1,2,\cdots \tag{A－17}$$

$$\boldsymbol{W}_k(x)\boldsymbol{\sigma}_z=\boldsymbol{\sigma}_z\boldsymbol{W}_k(x),\quad k=-1,0,1,\cdots \tag{A－18}$$

把式(A－14)和式(A－15)代入式(A－16),可得

$$\left[\boldsymbol{I}+\sum_{k=1}^{\infty}\lambda^{-k}\boldsymbol{G}_k(x)\right]\left[\sum_{k=-1}^{\infty}\lambda^{-k}\boldsymbol{W}_k(x)\right]=\left[\sum_{k=1}^{\infty}\lambda^{-k}\partial_x\boldsymbol{G}_k(x)\right]+\left[\mathrm{i}\frac{\lambda}{2}\boldsymbol{\sigma}_z+\boldsymbol{\Omega}(x)\right]\left[I+\sum_{k=1}^{\infty}\lambda^{-k}\boldsymbol{G}_k(x)\right] \tag{A－19}$$

即

$$\lambda\boldsymbol{W}_{-1}+\sum_{k=0}^{\infty}\lambda^{-k}\left(\boldsymbol{W}_k+\sum_{j=1}^{k+1}\boldsymbol{G}_j\boldsymbol{W}_{k-j}\right)=\lambda\mathrm{i}\frac{\boldsymbol{\sigma}_z}{2}+\lambda^0\left(\mathrm{i}\frac{\boldsymbol{\sigma}_z}{2}\boldsymbol{G}_1+\boldsymbol{\Omega}\right)+\sum_{k=1}^{\infty}\lambda^{-k}\left(\partial_x\boldsymbol{G}_k+\mathrm{i}\frac{\boldsymbol{\sigma}_z}{2}\boldsymbol{G}_{k+1}+\boldsymbol{\Omega}\boldsymbol{G}_k\right) \tag{A－20}$$

比较 $O(\lambda)$项,$\boldsymbol{W}_{-1}=\mathrm{i}\dfrac{\boldsymbol{\sigma}_z}{2}$。比较 $O(\lambda^0)$项,

$$\boldsymbol{W}_0+\boldsymbol{G}_1\boldsymbol{W}_{-1}=\mathrm{i}\frac{\boldsymbol{\sigma}_z}{2}\boldsymbol{G}_1+\boldsymbol{\Omega} \tag{A－21}$$

根据式(A－17)以及 $\boldsymbol{W}_{-1}=\mathrm{i}\dfrac{\boldsymbol{\sigma}_z}{2}$得到 $\boldsymbol{W}_0=\mathrm{i}\boldsymbol{\sigma}_z\boldsymbol{G}_1+\boldsymbol{\Omega}$。取 $\boldsymbol{G}_1=\mathrm{i}\boldsymbol{\sigma}_z\boldsymbol{\Omega}$ 得到 $\boldsymbol{W}_0=\boldsymbol{0}$。

比较 $O(\lambda^{-k})$项($k\leqslant 1$),

$$\boldsymbol{W}_k+\boldsymbol{G}_1\boldsymbol{W}_{k-1}+\cdots+\boldsymbol{G}_{k+1}\boldsymbol{W}_{-1}=\partial_x\boldsymbol{G}_k+\mathrm{i}\frac{\boldsymbol{\sigma}_z}{2}\boldsymbol{G}_{k+1}+\boldsymbol{\Omega}\boldsymbol{G}_k \tag{A－22}$$

根据式(A-17)、$\boldsymbol{W}_{-1}=\mathrm{i}\,\dfrac{\boldsymbol{\sigma}_z}{2}$和$\boldsymbol{W}_0=\boldsymbol{0}$得到

$$\boldsymbol{W}_k+\boldsymbol{G}_1\boldsymbol{W}_{k-1}+\cdots+\boldsymbol{G}_{k-1}\boldsymbol{W}_1=\partial_x\boldsymbol{G}_k+\mathrm{i}\boldsymbol{\sigma}_z\boldsymbol{G}_{k+1}+\boldsymbol{\Omega}\boldsymbol{G}_k \tag{A-23}$$

取

$$\boldsymbol{W}_k=\boldsymbol{\Omega}\boldsymbol{G}_k,\quad k\geqslant 1 \tag{A-24}$$

则

$$\boldsymbol{G}_{k+1}=\mathrm{i}\boldsymbol{\sigma}_z(\partial_x\boldsymbol{G}_k-\boldsymbol{G}_1\boldsymbol{\Omega}\boldsymbol{G}_{k-1}-\cdots-\boldsymbol{G}_{k-1}\boldsymbol{\Omega}\boldsymbol{G}_1),\quad k\geqslant 1 \tag{A-25}$$

当$k=1$时，式(A-24)和式(A-25)中没有项$\boldsymbol{G}_{k-1}\boldsymbol{\Omega}\boldsymbol{G}_1$，故$\boldsymbol{G}_2=\mathrm{i}\boldsymbol{\sigma}_z\partial_x\boldsymbol{G}_1=-\partial_x\boldsymbol{\Omega}$。取$k=2$，$\boldsymbol{G}_3=\mathrm{i}\boldsymbol{\sigma}_z(\partial_x\boldsymbol{G}_2-\boldsymbol{G}_1\boldsymbol{\Omega}\boldsymbol{G}_1)=\mathrm{i}\boldsymbol{\sigma}_z(-\partial_x^2\boldsymbol{\Omega}+\boldsymbol{\Omega}^3)$。

总之，

$$\boldsymbol{G}_1=\mathrm{i}\boldsymbol{\sigma}_z\boldsymbol{\Omega},\quad \boldsymbol{G}_2=-\partial_x\boldsymbol{\Omega},\quad \boldsymbol{G}_3=\mathrm{i}\boldsymbol{\sigma}_z(-\partial_x^2\boldsymbol{\Omega}+\boldsymbol{\Omega}^3) \tag{A-26}$$

$$\boldsymbol{W}_{-1}=\mathrm{i}\,\frac{\boldsymbol{\sigma}_z}{2},\quad \boldsymbol{W}_0=\boldsymbol{0},\quad \boldsymbol{W}_1=-\mathrm{i}\boldsymbol{\sigma}_z\boldsymbol{\Omega}^2,\quad \boldsymbol{W}_2=-\boldsymbol{\Omega}\partial_x\boldsymbol{\Omega},\quad \boldsymbol{W}_3=\mathrm{i}\boldsymbol{\sigma}_z(\boldsymbol{\Omega}\partial_x^2\boldsymbol{\Omega}-\boldsymbol{\Omega}^4) \tag{A-27}$$

容易验证$\boldsymbol{G}_k$满足式(A-17)，$\boldsymbol{W}_k$满足式(A-18)。在$\boldsymbol{W}_k$的表达式中出现了偶数次$\boldsymbol{\Omega}$，这表明$\boldsymbol{W}_k$都是对角矩阵，$k\geqslant -1$。注意，$\boldsymbol{\sigma}_z$和$\boldsymbol{\Omega}$满足反对易关系：$\boldsymbol{\sigma}_z\boldsymbol{\Omega}=-\boldsymbol{\Omega}\boldsymbol{\sigma}_z$。

利用

$$\boldsymbol{\Omega}=\mathrm{i}\sqrt{c}\begin{pmatrix}0 & \psi^*\\ -\psi & 0\end{pmatrix},\quad \boldsymbol{\Omega}^2=c\psi^*\psi\boldsymbol{I},\quad \boldsymbol{\Omega}^4=c^2(\psi^*\psi)^2\boldsymbol{I} \tag{A-28}$$

$$\boldsymbol{\Omega}\partial_x\boldsymbol{\Omega}=c\begin{pmatrix}\psi^*\partial_x\psi & 0\\ 0 & \psi\partial_x\psi^*\end{pmatrix},\quad \boldsymbol{\Omega}\partial_x^2\boldsymbol{\Omega}=c\begin{pmatrix}\psi^*\partial_x^2\psi & 0\\ 0 & \psi\partial_x^2\psi^*\end{pmatrix} \tag{A-29}$$

我们得到

$$\int_0^L\boldsymbol{W}_{-1}(z)\mathrm{d}z=\mathrm{i}L\,\frac{\boldsymbol{\sigma}_z}{2},\quad \int_0^L\boldsymbol{W}_0(z)\mathrm{d}z=0 \tag{A-30}$$

$$\begin{gathered}\int_0^L\boldsymbol{W}_1(z)\mathrm{d}z=-\mathrm{i}c\boldsymbol{\sigma}_z\int_0^L\psi^*\psi\mathrm{d}z=-\mathrm{i}cQ\boldsymbol{\sigma}_z,\quad \int_0^L\boldsymbol{W}_2(z)\mathrm{d}z=-\mathrm{i}cP\boldsymbol{\sigma}_z,\\ \int_0^L\boldsymbol{W}_3(z)\mathrm{d}z=-\mathrm{i}cH\boldsymbol{\sigma}_z\end{gathered} \tag{A-31}$$

由于$\boldsymbol{W}$为对角矩阵，方程(A-12)的解为

$$\begin{aligned}\boldsymbol{D}(L,0|\lambda)&=\exp\left\{-\int_0^L\boldsymbol{W}(z|\lambda)\mathrm{d}z\right\}\\ &=\exp\left\{-\int_0^L(\lambda\boldsymbol{W}_{-1}+\lambda^{-1}\boldsymbol{W}_1+\lambda^{-2}\boldsymbol{W}_2+\lambda^{-3}\boldsymbol{W}_3+\cdots)\mathrm{d}z\right\}\end{aligned} \tag{A-32}$$

利用周期边界条件，$\boldsymbol{G}(0)=\boldsymbol{G}(L)$，从而$\det\boldsymbol{D}(L,0)=1$。$\boldsymbol{D}(L,0)$可表示为

$$\boldsymbol{D}(L,0|\lambda)=\exp\{\boldsymbol{\sigma}_z Z(\lambda)\} \tag{A-33}$$

其中，

$$Z(\lambda)=-\mathrm{i}\frac{\lambda L}{2}+\mathrm{i}c[\lambda^{-1}Q+\lambda^{-2}P+\lambda^{-3}H+O(\lambda^{-4})] \tag{A-34}$$

是依赖 λ 的复数。

由于 $\boldsymbol{T}(L,0|\lambda)$ 和 $\boldsymbol{D}(L,0|\lambda)$ 相似，

$$\tau(\lambda)=\mathrm{tr}\boldsymbol{T}(L,0|\lambda)=\mathrm{tr}\boldsymbol{D}(L,0|\lambda)=\mathrm{e}^{Z(\lambda)}+\mathrm{e}^{-Z(\lambda)} \tag{A-35}$$

当 $\lambda\to\mathrm{i}\infty$，$Z(\lambda)$ 的主要贡献来自第一项 $-\mathrm{i}\frac{\lambda L}{2}$，它趋向 $\frac{L}{2}\infty$，故

$$\ln[\mathrm{e}^{\mathrm{i}\frac{\lambda L}{2}}\tau(\lambda)]\xrightarrow[\lambda\to\mathrm{i}\infty]{}\mathrm{i}c[\lambda^{-1}Q+\lambda^{-2}P+\lambda^{-3}H+O(\lambda^{-4})] \tag{A-36}$$

这就是结论(6－43)。

在量子薛定谔方程情形，式(A－32)中右端项需要取正则排序(normal ordering)，从而

$$\boldsymbol{D}(L,0|\lambda)=\mathrm{e}^{-\mathrm{i}\frac{\lambda L}{2}\boldsymbol{\sigma}_z}[1+\boldsymbol{A}_1\lambda^{-1}+\boldsymbol{A}_2\lambda^{-2}+\boldsymbol{A}_3\lambda^{-3}+O(\lambda^{-4})] \tag{A-37}$$

其中，

$$\boldsymbol{A}_1=-:\int_0^L \boldsymbol{W}_1(z)\mathrm{d}z:$$

$$\boldsymbol{A}_2=-:\int_0^L \boldsymbol{W}_2(z)\mathrm{d}z:+:\int_0^L \boldsymbol{W}_1(z)\mathrm{d}z\int_0^z \boldsymbol{W}_1(y)\mathrm{d}y:$$

$$\boldsymbol{A}_3=-:\int_0^L \boldsymbol{W}_3(z)\mathrm{d}z:+:\int_0^L \boldsymbol{W}_2(z)\mathrm{d}z\int_0^z \boldsymbol{W}_1(y)\mathrm{d}y:+:\int_0^L \boldsymbol{W}_1(z)\mathrm{d}z\int_0^z \boldsymbol{W}_2(y)\mathrm{d}y:$$
$$-:\int_0^L \boldsymbol{W}_1(z)\mathrm{d}z\int_0^z \boldsymbol{W}_1(y)\mathrm{d}y\int_0^y \boldsymbol{W}_1(t)\mathrm{d}t:$$

在极限 $\lambda\to\mathrm{i}\infty$ 下，$\tau(\lambda)=\mathrm{tr}\boldsymbol{D}(L,0|\lambda)=D_{11}(L,0|\lambda)$。从而

$$\ln[\mathrm{e}^{\mathrm{i}\frac{\lambda L}{2}}\tau(\lambda)]\xrightarrow[\lambda\to\mathrm{i}\infty]{}\ln[1+a_1\lambda^{-1}+a_2\lambda^{-2}+a_3\lambda^{-3}+O(\lambda^{-4})]$$
$$=b_1\lambda^{-1}+b_1\lambda^{-2}+b_3\lambda^{-3}+O(\lambda^{-4}) \tag{A-38}$$

其中，a_i 是矩阵 $\boldsymbol{A}_i$ 的第 1 行第 1 列元素，

$$b_1=a_1,\quad b_2=a_2-\frac{a_1^2}{2},\quad b_3=a_3-\frac{a_1a_2+a_2a_1}{2}+\frac{a_1^3}{3}, \tag{A-39}$$

$b_1=a_1$、a_2 和 a_3 都已经正规化了，把 b_2 和 b_3 正规化得到

$$b_1=\mathrm{i}cQ,\quad b_2=\mathrm{i}cP+\frac{c^2}{2}Q,\quad b_3=\mathrm{i}cH+c^2P-\mathrm{i}\frac{c^3}{3}Q \tag{A-40}$$

从而得到量子迹等式(6－43)和(6－45)。

A.4 公式(6－49)的推导

根据矩阵之间的泊松括号定义：

$$\{T_{ij}(x,y|\lambda),T_{kl}(x,y|\mu)\}=\int_y^x \mathrm{d}z_\lambda\int_y^x \mathrm{d}z_\mu\,\frac{\delta T_{ij}(x,y|\lambda)}{\delta V_{ab}(z_\lambda|\lambda)}\frac{\delta T_{kl}(x,y|\mu)}{\delta V_{cd}(z_\mu|\mu)}\{V_{ab}(z_\lambda|\lambda),V_{cd}(z_\mu|\mu)\} \tag{A-41}$$

$\boldsymbol{T}$ 关于 $\boldsymbol{V}$ 的变分为

$$\delta\boldsymbol{T}(x,y|\lambda)=-\int_y^x\boldsymbol{T}(x,z|\lambda)\delta\boldsymbol{V}(z|\lambda)\boldsymbol{T}(z,y|\lambda)\mathrm{d}z$$

故

$$\frac{\delta T_{ij}(x,y|\lambda)}{\delta V_{ab}(z_\lambda|\lambda)}=-T_{ia}(x,z_\lambda|\lambda)T_{bj}(z_\lambda,y|\lambda)$$

从而式(A-41)右边的被积分函数为

$$\begin{aligned}&T_{ia}(x,z_\lambda|\lambda)T_{bj}(z_\lambda,y|\lambda)T_{kc}(x,z_\mu|\mu)T_{dl}(z_\mu,y|\mu)\{V_{ab}(z_\lambda|\lambda),V_{cd}(z_\mu|\mu)\}\\=&[\boldsymbol{T}(x,z_\lambda|\lambda)\otimes\boldsymbol{T}(x,z_\mu|\mu)]^{ia}_{kc}[\boldsymbol{V}(z_\lambda|\lambda)\overset{\otimes}{,}\boldsymbol{V}(z_\mu|\mu)]^{ab}_{cd}[\boldsymbol{T}(z_\lambda,y|\lambda)\otimes\\&\boldsymbol{T}(z_\mu,y|\mu)]^{bj}_{dl}\end{aligned} \tag{A-42}$$

式(A-41)可写为张量形式：

$$\begin{aligned}&\{\boldsymbol{T}(x,y|\lambda)\overset{\otimes}{,}\boldsymbol{T}(x,y|\mu)\}\\=&\int_y^x\mathrm{d}z_\lambda\int_y^x\mathrm{d}z_\mu[\boldsymbol{T}(x,z_\lambda|\lambda)\otimes\boldsymbol{T}(x,z_\mu|\mu)]\{\boldsymbol{V}(z_\lambda|\lambda)\overset{\otimes}{,}\\&\boldsymbol{V}(z_\mu|\mu)\}[\boldsymbol{T}(z_\lambda,y|\lambda)\otimes\boldsymbol{T}(z_\mu,y|\mu)]\\=&\int_y^x\mathrm{d}z[\boldsymbol{T}(x,z|\lambda)\otimes\boldsymbol{T}(x,z|\mu)][\boldsymbol{r}(\lambda,\mu),\boldsymbol{V}(z|\lambda)\otimes\\&\boldsymbol{I}+\boldsymbol{I}\otimes\boldsymbol{V}(z|\mu)][\boldsymbol{T}(z,y|\lambda)\otimes\boldsymbol{T}(z,y|\mu)]\end{aligned} \tag{A-43}$$

第二等式用到了式(6-48)。

$$\begin{aligned}&\boldsymbol{r}(\lambda,\mu)[\boldsymbol{V}(z|\lambda)\otimes\boldsymbol{I}+\boldsymbol{I}\otimes\boldsymbol{V}(z|\mu)][\boldsymbol{T}(z,y|\lambda)\otimes\boldsymbol{T}(z,y|\mu)]\\=&\boldsymbol{r}(\lambda,\mu)\{[\boldsymbol{V}(z|\lambda)\boldsymbol{T}(z,y|\lambda)]\otimes\boldsymbol{T}(z,y|\mu)+\boldsymbol{T}(z,y|\lambda)\otimes\\&[\boldsymbol{V}(z|\mu)\boldsymbol{T}(z,y|\mu)]\}\\=&-\boldsymbol{r}(\lambda,\mu)[\partial_z\boldsymbol{T}(z,y|\lambda)\otimes\boldsymbol{T}(z,y|\mu)+\boldsymbol{T}(z,y|\lambda)\otimes\partial_z\boldsymbol{T}(z,y|\mu)]\\=&-\boldsymbol{r}(\lambda,\mu)\partial_z[\boldsymbol{T}(z,y|\lambda)\otimes\boldsymbol{T}(z,y|\mu)]\end{aligned} \tag{A-44}$$

最后等式用到了式(6-40)。$\boldsymbol{T}$ 也满足下式：

$$\partial_y\boldsymbol{T}(x,y|\lambda)=\boldsymbol{T}(x,y|\lambda)\boldsymbol{V}(y|\lambda) \tag{A-45}$$

所以，

$$\begin{aligned}&[\boldsymbol{T}(x,z|\lambda)\otimes\boldsymbol{T}(x,z|\mu)][\boldsymbol{V}(z|\lambda)\otimes\boldsymbol{I}+\boldsymbol{I}\otimes\boldsymbol{V}(z|\mu)]\boldsymbol{r}(\lambda,\mu)\\=&[\partial_z\boldsymbol{T}(x,z|\lambda)\otimes\boldsymbol{T}(x,z|\mu)+\boldsymbol{T}(x,z|\lambda)\otimes\partial_z\boldsymbol{T}(x,z|\mu)]\boldsymbol{r}(\lambda,\mu)\\=&\partial_z[\boldsymbol{T}(x,z|\lambda)\otimes\boldsymbol{T}(x,z|\mu)]\boldsymbol{r}(\lambda,\mu)\end{aligned} \tag{A-46}$$

把式(A-45)和式(A-46)代入式(A-43)得到

$$\begin{aligned}\{\boldsymbol{T}(x,y|\lambda)\overset{\otimes}{,}\boldsymbol{T}(x,y|\mu)\}=&-\int_y^x\mathrm{d}z\,\frac{\mathrm{d}}{\mathrm{d}z}\{[\boldsymbol{T}(x,z|\lambda)\otimes\boldsymbol{T}(x,z|\mu)]\boldsymbol{r}(\lambda,\mu)\\&[\boldsymbol{T}(z,y|\lambda)\otimes\boldsymbol{T}(z,y|\mu)]\}\end{aligned} \tag{A-47}$$

关于 z 积分,并且考虑到 $\boldsymbol{D}(y,y|\lambda)=\boldsymbol{I}$,得到

$$
\begin{aligned}
&\{\boldsymbol{T}(x,y|\lambda)\overset{\otimes}{,}\boldsymbol{T}(x,y|\mu)\}\\
=&[\boldsymbol{T}(x,y|\lambda)\otimes\boldsymbol{T}(x,y|\mu)]\boldsymbol{r}(\lambda,\mu)(\boldsymbol{I}\otimes\boldsymbol{I})-(\boldsymbol{I}\otimes\boldsymbol{I})\boldsymbol{r}(\lambda,\mu)[\boldsymbol{T}(x,y|\lambda)\otimes\\
&\boldsymbol{T}(x,y|\mu)]\\
=&[\boldsymbol{T}(x,y|\lambda)\otimes\boldsymbol{T}(x,y|\mu)]\boldsymbol{r}(\lambda,\mu)-\boldsymbol{r}(\lambda,\mu)[\boldsymbol{T}(x,y|\lambda)\otimes\boldsymbol{T}(x,y|\mu)]\\
=&[\boldsymbol{T}(x,y|\lambda)\otimes\boldsymbol{T}(x,y|\mu),\boldsymbol{r}(\lambda,\mu)]
\end{aligned}
\tag{A-48}
$$

这就是结论(6-49)。这里用到了

$$
\boldsymbol{r}(\lambda,\mu)(\boldsymbol{I}\otimes\boldsymbol{I})=(\boldsymbol{I}\otimes\boldsymbol{I})\boldsymbol{r}(\lambda,\mu)=\boldsymbol{r}(\lambda,\mu)
$$

附　录　B

附录 B 是第 8 章的补充内容。

B.1　特征标的计算

设(ρ,V)是群 G 的任意不可约表示，R 是 G 的一个共轭类，则 $\sum_{r\in R}\rho(r)=\frac{|R|\chi(r)}{d}I$，其中 I 是从线性空间 V 到自己的恒同映射，复数$\frac{|R|\chi(r)}{d}$中 d 为空间 V 的维数，$|R|$ 为共轭类 R 中元素的个数，$\chi(r)$是 r 表示的特征标。

证明：对于任意 $g\in G$，

$$\rho(g)\sum_{r\in R}\rho(r)=\left[\sum_{r\in R}\rho(grg^{-1})\right]\rho(g)=\left[\sum_{r\in R}\rho(r)\right]\rho(g)$$

最后等式是由于一个共轭类中所有元素的表示都相同。由于表示 ρ 是不可约的，由舒尔定理可知：

$$\sum_{r\in R}\rho(r)=CI \tag{B-1}$$

其中，I 是从线性空间 V 到自己的恒同映射，C 为一个复数。对上述等式两边取迹，$\sum_{r\in R}\chi(r)=Cd$，即 $C=\frac{\sum_{r\in R}\chi(r)}{d}=|R|\chi(r)$，最后等式是由于一个共轭类中的特征标都相同。证毕。

设有两个不同的共轭类 R 和 S，则

$$\frac{|R|\chi(r)}{d}\cdot\frac{|S|\chi(s)}{d}=\sum_{t\in T}c_{RST}\frac{|T|\chi(t)}{d}$$

其中，$T=\{rs\,|\,r\in R,s\in S\}$，$c_{RST}$表示满足 $rs=t$ 的$(r,s)\in R\times S$ 的对数。

证明：式(B-1)的右边可表示为

$$\sum_{(r,s)\in(R,S)}\frac{\chi(rs)}{d}=\mathrm{tr}\left[\sum_{(r,s)\in(R,S)}\frac{\rho(r)\rho(s)}{d}\right]=\mathrm{tr}\left[\sum_{s\in S}\frac{\sum_{r\in R}\rho(r)\rho(s)}{d}\right]$$

$$=\frac{|R|\chi(r)}{d}\mathrm{tr}\left[\sum_{s\in S}\frac{\rho(s)}{d}\right]=\frac{|R|\chi(r)}{d}\cdot\frac{|S|\chi(s)}{d}$$

第三个等式用到了前面的定理。证毕。

设 G 有 N 个共轭类 $R_1,\cdots,R_N$，定义 N 个 N 阶矩阵 $\{\boldsymbol{M}_k\}_{k=1}^N$，第 k 个矩阵 $\boldsymbol{M}_k$ 的第 i 行、第 j 列元素为 $c_{R_kR_iR_j}$，则 N 维向量

$$\begin{pmatrix}\chi(r_1)|R_1|/d\\ \vdots\\ \chi(r_N)|R_N|/d\end{pmatrix}$$

是每个 $\boldsymbol{M}_k$ 的特征向量，对应的特征值为$\chi(r_k)|R_k|/d$。通过计算 N 个矩阵的公共特征向量和相应的特征值就可以得到每个元 $g\in G$ 的特征标，这就是伯恩赛德算法。

B.2 若尔当-维格纳变换

若尔当-维格纳变换实现了费米系统和 spin$-\dfrac{1}{2}$系统之间的转化。

设有 N 量子比特系统，它的希尔伯特空间为$\mathbb{C}^{2^N}$，X_j、Y_j 和 Z_j 分别表示作用于第j 个量子比特上的泡利算符 σ_j^x、σ_j^y 和 σ_j^z。费米算符满足如下对易关系

$$\{a_j,a_k^\dagger\}=\delta_{jk},\quad \{a_j,a_k\}=0,\quad \{a_j^\dagger,a_k^\dagger\}=0 \tag{B-2}$$

令

$$a_j\equiv-\left(\bigotimes_{k=0}^{j-1}Z_k\right)\otimes\sigma_j \tag{B-3}$$

其中，σ_j 是作用于第 j 量子比特的矩阵$|0\rangle\langle1|$。容易验证式(8-97)定义的算符满足式(B-2)。式(B-3)称为若尔当-维格纳变换，它用自旋$-\dfrac{1}{2}$系统描述费米系统。

若尔当-维格纳变换可进行反变换，即泡利算符用费米算符描述。特别有

$$Z_j=a_ja_j^\dagger-a_j^\dagger a_j=-(a_j^\dagger-a_j)(a_j^\dagger-a_j) \tag{B-4}$$

由于 $X_j=\sigma_j+\sigma_j^\dagger$，故

$$X_j=-(Z_0\cdots Z_{j-1})(a_j+a_j^\dagger) \tag{B-5}$$

根据式(B-4)，$Z_0,\cdots,Z_{j-1}$ 可用费米算符表示，代入式(B-5)得到用费米算符表示的 X_j。类似，

$$Y_j=\mathrm{i}(Z_0\cdots Z_{j-1})(a_j^\dagger-a_j) \tag{B-6}$$

也可用费米算符表示。

X_j 和 Y_j 表达式中涉及大量的费米算符。但泡利算符的简单乘积可用费米算符表示，特别有

$$\begin{aligned}Z_j&=a_ja_j^\dagger-a_j^\dagger a_j\\ X_jX_{j+1}&=(a_j^\dagger-a_j)(a_{j+1}^\dagger-a_{j+1})\\ Y_jY_{j+1}&=-(a_j^\dagger+a_j)(a_{j+1}^\dagger-a_{j+1})\\ X_jY_{j+1}&=\mathrm{i}(a_j^\dagger-a_j)(a_{j+1}^\dagger-a_{j+1})\\ Y_jX_{j+1}&=\mathrm{i}(a_j^\dagger+a_j)(a_{j+1}^\dagger+a_{j+1})\end{aligned} \tag{B-7}$$

我们常常考虑有 N 个量子比特的哈密顿量 H，它是下面这些项的累加：Z_j、X_jX_{j+1}、Y_jY_{j+1}、X_jY_{j+1}和 Y_jX_{j+1}。比如，伊辛模型的哈密顿量 $H=\alpha\sum_j Z_j+\beta\sum_j X_jX_{j+1}$。

B.3　若尔当-维格纳表示下的哈密顿量

引入

$$\gamma_{j,\sigma}^{A}=c_{j,\sigma}^{\dagger}+c_{j,\sigma},\quad \gamma_{j,\sigma}^{B}=(-\mathrm{i})(c_{j,\sigma}^{\dagger}-c_{j,\sigma})$$

我们有

$$\{\gamma_{j,\sigma}^{\alpha},\gamma_{k,\tau}^{\beta}\}=2\delta_{jk}\delta_{\sigma\tau}\delta_{\alpha\beta},\qquad (\gamma_{j,\sigma}^{A})^2=(\gamma_{j,\sigma}^{B})^2=1$$

这些反对易关系可通过下面结论验证：

$$\{\gamma_{j,\sigma}^{A},\gamma_{k,\tau}^{B}\}=\{c_{j,\sigma}^{\dagger}+c_{j,\sigma},-\mathrm{i}\ (c_{k,\tau}^{\dagger}-c_{k,\tau})\}=(-\mathrm{i})(\{c_{j,\sigma}^{\dagger},-c_{k,\tau}\}+\{c_{j,\sigma},c_{k,\tau}^{\dagger}\})=0$$

$$\{\gamma_{j,\sigma}^{A},\gamma_{k,\tau}^{A}\}=\{c_{j,\sigma}^{\dagger}+c_{j,\sigma},c_{\tau,k}^{\dagger}+c_{k,\tau}\}=\{c_{j,\sigma}^{\dagger},c_{k,\tau}\}+\{c_{j,\sigma},c_{\tau,k}^{\dagger}\}=2\delta_{jk}\delta_{\sigma\tau}$$

$$\{\gamma_{j,\sigma}^{B},\gamma_{k,\tau}^{B}\}=-\{c_{j,\sigma}^{\dagger}-c_{j,\sigma},c_{\tau,k}^{\dagger}-c_{k,\tau}\}=\{c_{j,\sigma}^{\dagger},c_{k,\tau}\}+\{c_{j,\sigma},c_{\tau,k}^{\dagger}\}=2\delta_{jk}\delta_{\sigma\tau}$$

$$(\gamma_{j,\sigma}^{A})^2=(c_{j,\sigma}^{\dagger}+c_{j,\sigma})^2=c_{j,\sigma}^{\dagger}c_{j,\sigma}+c_{j,\sigma}c_{j,\sigma}^{\dagger}=1$$

另外，

$$\begin{aligned}\gamma_{j,\sigma}^{A}\gamma_{j+1,\sigma}^{B}&=(c_{j,\sigma}^{\dagger}+c_{j,\sigma})\ (-\mathrm{i})(c_{j+1,\sigma}^{\dagger}-c_{j+1,\sigma})\\&=-\mathrm{i}(c_{j,\sigma}^{\dagger}c_{j+1,\sigma}^{\dagger}-c_{j,\sigma}^{\dagger}c_{j+1,\sigma}+c_{j,\sigma}c_{j+1,\sigma}^{\dagger}-c_{j,\sigma}c_{j+1,\sigma})\\\gamma_{j+1,\sigma}^{A}\gamma_{j,\sigma}^{B}&=-\mathrm{i}(c_{j+1,\sigma}^{\dagger}c_{j,\sigma}^{\dagger}-c_{j+1,\sigma}^{\dagger}c_{j,\sigma}+c_{j+1,\sigma}c_{j,\sigma}^{\dagger}-c_{j+1,\sigma}c_{j,\sigma})\end{aligned}$$

把它们相加可得

$$\begin{aligned}\gamma_{j,\sigma}^{A}\gamma_{j+1,\sigma}^{B}+\gamma_{j+1,\sigma}^{A}\gamma_{j,\sigma}^{B}&=-\mathrm{i}(-c_{j+1,\sigma}^{\dagger}c_{j,\sigma}+c_{j+1,\sigma}c_{j,\sigma}^{\dagger}-c_{j,\sigma}^{\dagger}c_{j+1,\sigma}+c_{j,\sigma}c_{j+1,\sigma}^{\dagger})\\&=-\mathrm{i}(-c_{j+1,\sigma}^{\dagger}c_{j,\sigma}-\ c_{j,\sigma}^{\dagger}c_{j+1,\sigma}-c_{j,\sigma}^{\dagger}c_{j+1,\sigma}-c_{j+1,\sigma}^{\dagger}c_{j,\sigma})\\&=2\mathrm{i}(c_{j+1,\sigma}^{\dagger}c_{j,\sigma}+c_{j,\sigma}^{\dagger}c_{j+1,\sigma})\end{aligned}\tag{B-8}$$

而且，

$$\begin{aligned}\gamma_{j,\sigma}^{A}\gamma_{j,\sigma}^{B}&=(c_{j,\sigma}^{\dagger}+c_{j,\sigma})(-\mathrm{i})(c_{j,\sigma}^{\dagger}-c_{j,\sigma})=-\mathrm{i}(c_{j,\sigma}^{\dagger}c_{j,\sigma}^{\dagger}-c_{j,\sigma}^{\dagger}c_{j,\sigma}+c_{j,\sigma}c_{j,\sigma}^{\dagger}-c_{j,\sigma}c_{j,\sigma})\\&=-\mathrm{i}(-c_{j,\sigma}^{\dagger}c_{j,\sigma}-c_{j,\sigma}^{\dagger}c_{j,\sigma}+1)=2\mathrm{i}c_{j,\sigma}^{\dagger}c_{j,\sigma}-\mathrm{i}=2\mathrm{i}\left(n_{j,\sigma}-\frac{1}{2}\right)\end{aligned}\tag{B-9}$$

$$\gamma_{j,\uparrow}^{A}\gamma_{j,\uparrow}^{B}\gamma_{j,\downarrow}^{A}\gamma_{j,\downarrow}^{B}=-4\left(n_{j,\uparrow}-\frac{1}{2}\right)\left(n_{j,\downarrow}-\frac{1}{2}\right)\tag{B-10}$$

式 8-93 的哈密顿量可写为[35]

$$\begin{aligned}H&=-t\sum_{\sigma=\uparrow,\downarrow}\sum_{j=0}^{N-2}(c_{j,\sigma}^{\dagger}c_{j+1,\sigma}+\mathrm{h.c.})+U\sum_{j=0}^{N-1}\left(n_{j,\uparrow}-\frac{1}{2}\right)\left(n_{j,\downarrow}-\frac{1}{2}\right)-\\&\quad\left(\mu-\frac{U}{2}\right)\sum_{\sigma=\uparrow,\downarrow}\sum_{j=0}^{N-1}n_{j,\sigma}-\frac{NU}{4}\\&=\frac{t\mathrm{i}}{2}\sum_{\sigma=\uparrow,\downarrow}\sum_{j=0}^{N-2}(\gamma_{j,\sigma}^{A}\gamma_{j+1,\sigma}^{B}+\gamma_{j+1,\sigma}^{A}\gamma_{j,\sigma}^{B})-\frac{U}{4}\sum_{j=0}^{N-1}\gamma_{j,\uparrow}^{A}\gamma_{j,\uparrow}^{B}\gamma_{j,\downarrow}^{A}\gamma_{j,\downarrow}^{B}-\\&\quad\left(\mu-\frac{U}{2}\right)\sum_{\sigma=\uparrow,\downarrow}\sum_{j=0}^{N-1}\left(\frac{1}{2\mathrm{i}}\gamma_{j,\sigma}^{A}\gamma_{j,\sigma}^{B}+\frac{1}{2}\right)-\frac{NU}{4}\end{aligned}$$

$$=\frac{t\mathrm{i}}{2}\sum_{\sigma=\uparrow,\downarrow}\sum_{j=0}^{N-2}(\gamma_{j,\sigma}^{A}\gamma_{j+1,\sigma}^{B}+\gamma_{j+1,\sigma}^{A}\gamma_{j,\sigma}^{B})-\frac{U}{4}\sum_{i=0}^{N-1}\gamma_{i,\uparrow}^{A}\gamma_{i,\uparrow}^{B}\gamma_{i,\downarrow}^{A}\gamma_{i,\downarrow}^{B}+$$

$$\frac{\mathrm{i}}{2}\left(\mu-\frac{U}{2}\right)\sum_{\sigma=\uparrow,\downarrow}\sum_{j=0}^{N-1}\gamma_{j,\sigma}^{A}\gamma_{j,\sigma}^{B}+N\left(\frac{U}{4}-\mu\right)$$

若尔当-维格纳表示表明了

$$n_{j,\sigma}=\frac{1}{2}+\frac{1}{2}Z_{j,\sigma}\Longleftrightarrow Z_{j,\sigma}=2n_{j,\sigma}-1=-\mathrm{i}\gamma_{j,\sigma}^{A}\gamma_{j,\sigma}^{B}$$

$$\begin{aligned}&4(c_{j+1}^{\dagger}c_{j}+c_{j}^{\dagger}c_{j+1})=4(S_{j}^{+}S_{j+1}^{-}+S_{j}^{-}S_{j+1}^{+})\\&=(X_{j}+\mathrm{i}Y_{j})(X_{j+1}-\mathrm{i}Y_{j+1})+(X_{j}-\mathrm{i}Y_{j})(X_{j+1}+\mathrm{i}Y_{j+1})\\&=2(X_{j}X_{j+1}+Y_{j}Y_{j+1})\end{aligned}$$

这里忽略了下标 σ。$S_{j}^{\pm}=\frac{1}{2}(X_{j}\pm\mathrm{i}Y_{j})$，$X$、$Y$ 和 Z 为 3 个泡利算符。所以，

$$X_{j,\sigma}X_{j+1,\sigma}+Y_{j,\sigma}Y_{j+1,\sigma}=2(c_{j+1,\sigma}^{\dagger}c_{j,\sigma}+c_{j,\sigma}^{\dagger}c_{j+1,\sigma})=-\mathrm{i}(\gamma_{j+1,\sigma}^{A}\gamma_{j,\sigma}^{B}+\gamma_{j,\sigma}^{A}\gamma_{j+1,\sigma}^{B})$$

在若尔当-维格纳表示下，哈密顿量为

$$H=-\frac{t}{2}\sum_{\sigma=\uparrow,\downarrow}\sum_{j=0}^{N-2}(X_{j,\sigma}X_{j+1,\sigma}+Y_{j,\sigma}Y_{j+1,\sigma})+\frac{1}{2}\left(\frac{U}{2}-\mu\right)\sum_{\sigma=\uparrow,\downarrow}\sum_{j=0}^{N-1}Z_{j,\sigma}+$$

$$\frac{U}{4}\sum_{j=0}^{N-1}Z_{j,\uparrow}Z_{j,\downarrow}+N\left(\frac{U}{4}-\mu\right)$$

在半填充时，

$$\frac{1}{tN}\hat{H}=-\frac{1}{2N}\sum_{\sigma=\uparrow,\downarrow}\sum_{j=0}^{N-2}(X_{j,\sigma}X_{j+1,\sigma}+Y_{j,\sigma}Y_{j+1,\sigma})+\frac{U}{4tN}\sum_{j=0}^{N-1}Z_{j,\uparrow}Z_{j,\downarrow}-\frac{U}{4t}\tag{B-11}$$

参考文献

[1] Ashida Y, Gong Z, Ueda M. Non-Hermitian physics [J]. Advances in Physics, 2020, 69(3): 249 - 435.

[2] 李大明. 数值线性代数 [M]. 北京:清华大学出版社,2010.

[3] 吉恩・戈卢布,查尔斯・范洛恩. 矩阵计算 [M]. 程晓亮,译,北京:人民邮电出版社,2020.

[4] Schmid P J. Dynamic mode decomposition of numerical and experimental data [J]. Journal of Fluid Mechanics, 2010, 656: 5 - 28.

[5] Tu J H, Rowley C W, Luchtenburg D M, et al. On dynamic mode decomposition: Theory and applications[J]. Journal of Computational Dynamics, 2014, 1(2): 391 - 421.

[6] Kutz J N, Brunton S L, Brunton B W, et al. Dynamic mode decomposition, data-driven modeling of complex systems [M]. Philadelphia: SIAM-Society for Industrial and Applied Mathematics, 2016.

[7] Mauroy A, Mezić I, Susuki Y. The Koopman operator in systems and control, concepts, methodologies, and applications [M]. Cham: Lecture Notes in Control and Information Sciences 484, 2020.

[8] Williams M O, Kevrekidis I G, Rowley C W. A data-driven approximation of the Koopman operator: extending dynamic mode decomposition [J]. Journal of Nonlinear Science, 2015, 25: 1307 - 1346.

[9] Ablowitz M J, Clarkson P A. Solitons, nonlinear evolution equations and inverse scattering [M]. Cambridge: Cambridge University Press, 1991.

[10] Ablowitz M J, Prinari B, Trubatch A D. Discrete and continuous nonlinear Schrodinger systems [M]. Cambridge: Cambridge University Press, 2003.

[11] Gardner C S, Greene J M, Kruskal M D, et al. Method for solving the Korteweg-de Vries equation [J]. Physical Review Letters, 1967, 19 (19): 1095 -1097.

[12] Lax P D. Integrals of nonlinear equations of evolution and solitary waves [J]. Communications on Pure and Applied Mathematics, 1968, 21: 467 - 490.

[13] Shabat A, Zakharov V. Exact theory of two-dimensional self-focusing

and one-dimensional self-modulation of waves in nonlinear media [J]. Soviet Physics-JETP, 1972, 34(1): 62 - 69.

[14] Ablowitz M J, Kaup D J, Newell A C, et al. Nonlinear-evolution equations of physical significance [J]. Physical Review Letters, 1973, 31(2): 125 - 127.

[15] Ablowitz M J, Kaup D J, Newell A C, et al. The inverse scattering transform-Fourier analysis for nonlinear problems [J]. Studies in Applied Mathematics, 1974, 53(4): 249 - 315.

[16] Wadati M. The modified Korteweg-de Vries equation [J]. Journal of the Physical Society of Japan, 1973, 34: 1289 - 1296.

[17] Wadati M, Ohkuma K. Multiple-pole solutions of the modified Korteweg-de Vries equation [J]. Journal of the Physical Society of Japan, 1982, 51(6): 2029 - 2035.

[18] Ablowitz M J, Kaup D J, Newell A C, et al. Method for solving the sine-Gordon equation [J]. Physical Review Letters, 1973, 30(25): 1262 - 1264.

[19] Ablowitz M J, Yaacov D B, Fokas A. On the inverse scattering transform for the Kadomtsev-Petviashvili equation [J]. Studies in Applied Mathematics, 1983, 69(2): 135 - 143.

[20] Constantin A, Gerdjikov V S, Ivanov R I. Inverse scattering transform for the Camassa-Holm equation [J]. Inverse Problems, 2006, 22(6): 2197 -2207.

[21] Fokas A S, Ablowitz M J. The inverse scattering transform for the Benjamin-Ono equation pivot to multidimensional problems [J]. Studies in Applied Mathematics, 1983, 68(1): 1 - 10.

[22] Constantin A, Ivanov R I, Lenells J. Inverse scattering transform for the Degasperis-Procesi equation [J]. Nonlinearity, 2010, 23(10): 2559 - 2575.

[23] Korepin V E, Bogoliubov N M, Izergin A G. Quantum inverse scattering method and correlation functions [M]. London: Cambridge University Press, 1993.

[24] Bañuls M C, Cichy K. Review on novel methods for lattice gauge theories [J].[J/OL] .[2019 - 10 - 01].https://arxiv.org/pdf/1910.00257.

[25] 李大明. 数学模型：案例指导与分析 [M]，上海：上海交通大学出版社，2022.

[26] Verstraete F, Cirac J I. Continuous matrix product states for quantum fields [J]. Physical Review Letters, 2010, 104(19): 190405.

[27] Haegeman J, Cirac J I, Osborne T J, et al. Calculus of continuous ma-

trix product states [J]. Physical Review B,2013,88(8):085118.

[28] Carleo G,Cirac I,Cranmer K,et al. Machine learning and the physical sciences [J]. Reviews of Modern Physics,2019,91(4):045002.

[29] Carleo G,Troyer M. Solving the quantum many-body problem with artificial neural networks [J]. Science,2017,355(6325):602 - 606.

[30] Sharir O,Levine Y,Wies N,et al. Deep autoregressive models for the efficient variational simulation of many-body quantum systems [J]. Physical Review Letter,2020,124(2):020503.

[31] Choo K,Carleo G,Regnault N,et al. Symmetries and many-body excitations with neural-network quantum states [J]. Physical Review Letters, 2018,121(16):167204.

[32] Landi G T, Poletti D, Schaller G. Nonequilibrium boundary-driven quantum systems: models, methods, and properties [J]. Reviews of Modern Physics,2022,94(4):045006.

[33] Vicentini F,Biella A,Regnault N,et al. Variational neural-network ansatz for steady states in open quantum systems [J]. Physical Review Letters, 2019,122(25):250503.

[34] Wu D,Wang L,Zhang P. Solving statistical mechanics using variational autoregressive networks [J]. Physical Review Letters,2019,122(8):080602.

[35] Dallaire-Demers P L,Stechly M,Gonthier J F,et al. An application benchmark for fermionic quantum simulations[J/OL].[2020 - 03 - 04]. https://arxiv.org/pdf/2003.01862.pdf.

[36] Portugal R. Basic quantum algorithms[J/OL]. [2020 - 01 - 25]. https://arxiv.org/abs/2201.10574.

[37] McMahon D. Quantum computing explained [M]. New York:John Wiley & Sons,Inc or porated,2008.

[38] Cleve R,Ekert A,Macchiavello C,et al. Quantum algorithms revisited [J]. Proceedings of the Royal Society of London Series A:Mathematical, Physical and Engineering Sciences,1998,454:339 - 354.

[39] Benenti G,Casati G,Strini G. Principles of quantum computation and information Volume I:Basic Concepts [M]. New Jersey:World Scientific Publishing private Limited Company,2004.

[40] Nakanishi K M,Mitarai K,Fujii K. Subspace-search variational quantum eigensolver for excited states [J]. Physical Review Research,2019,1(3): 033062

[41] McArdle S,Jones T,Endo S,et al. Variational ansatz-based quantum

simulation of imaginary time evolution[J]. Npj Quantum Information,2019,5(1):1-6.

[42] Jones T,Endo S,McArdle S,et al. Variational quantum algorithms for discovering hamiltonian spectra [J]. Physical Review A,2019,99(6):062304.

[43] Higgott O,Wang D,Brierley S. Variational quantum computation of excited states [J/OL].[2019-06-28].https://arxiv.org/pdf/1805.08138.

[44] McClean J R,Kimchi-Schwartz M E,Carter J,et al. Hybrid quantum-classical hierarchy for mitigation of decoherence and determination of excited states [J]. Physical Review A,2017,95(4):042308.

[45] Parrish R M,Hohenstein E G,McMahon P L,et al. Quantum computation of electronic transitions using a variational quantum eigensolver [J]. Physical Review Letters,2019,122(23):230401.

[46] Yuan X,Endo S,Zhao Q,et al. Theory of variational quantum simulation [J/OL].[2019-09-29].https://arxiv.org/pdf/1812.08767.

[47] LaRose R,Tikku A,O'Neel-Judy E,et al. Variational quantum state diagonalization [J]. Npj Quantum Information,2019 5(1):1-10

[48] Daskin A. Quantum principal component analysis[J/OL]. [2015-11-25]. https://arxiv.org/abs/1512.02109vl.

[49] Harrow A W,Hassidim A,Lloyd S.Quantum algorithm for linear systems of equations [J]. Physical Review Letters,2009,103(15):150502.

[50] Trotter H F. On the product of semi-groups of operators [J]. Proceedings of the American Mathematical Society,1959,10(4):545-551.

[51] Childs A M,Su Y,Tran M C,et al.Theory of trotter error with commutator scaling [J]. Physical Review X,2021,11(1):011020.

[52] Meglio A D,Jansen K,Tavernelli I,et al. Quantum computing for high-energy physics:state of the art and challenges. Summary of the QC4HEP Working Group[J/OL]. [2023-07-06]. https://arxiv.org/abs/2307.03236.

[53] Wiersema R,Zhou C,Sereville Y d,et al. Exploring entanglement and optimization within the Hamiltonian variational ansatz [J]. PRX Quantum,2020,1:020319.

[54] Ho W W,Hsieh T H. Efficient variationalsimulation of non-trivial quantum states [J]. SciPost Physics,2019,6:29.

[55] Khadiev K. Lecture notes on quantum algorithms [J/OL]. [2022-11-29]. https://arxiv.org/abs/2212.14205.

[56] Zhang D B,Chen B L,Yuan Z H,et al. Variational quantum eigen-

solvers by variance minimization [J]. Chinese Physics B,2002,31(12):120301.

[57] Jónsson B,Bauer B,Carleo G. Neural-network states for the classical simulation of quantum computing[J/OL]. [2018-08-15]. https://arxiv.org/abs/1808.05232.

[58] Yoran N,Short A J. Efficient classical simulation of the quantum Fourier transform [J]. New Journal of Physics,2007,76(4):042321.